保 险 学

（第二版）

主　编　何文炯

副主编　蒋庆荣
　　　　刘春杰

浙江大學出版社

图书在版编目(CIP)数据

保险学 / 何文炯主编. —杭州：浙江大学出版社，2000. 7(2019. 2 重印)
ISBN 978-7-308-02349-8

Ⅰ. 保... Ⅱ. 何... Ⅲ. 保险学—高等学校—教材
Ⅳ. F840

中国版本图书馆 CIP 数据核字(2000)第 25816 号

保险学

何文炯 主编

责任编辑	余健波
出版发行	浙江大学出版社 (杭州市天目山路 148 号 邮政编码 310007) (网址：http://www.zjupress.com)
排　　版	浙江时代出版服务有限公司
印　　刷	浙江省良渚印刷厂
开　　本	850mm×1168mm 1/32
印　　张	16.25
字　　数	408 千字
版 印 次	2003 年 6 月第 2 版 2019 年 2 月第 13 次印刷
书　　号	ISBN 978-7-308-02349-8
定　　价	25.00 元

浙江大学出版社市场运营中心联系方式：(0571) 88925591；http://zjdxcbs.tmall.com

序

保险，是商品经济发展到一定阶段的产物。作为一种风险转移机制和经济补偿制度，它在现代经济运行中不可或缺，在国民经济中占有重要地位。

近 20 年来，伴随着社会主义市场经济体系的建设，我国保险业迅速发展，保险的服务功能逐步增强，对经济发展、社会稳定和文明进步发挥了重要作用。1980 年以来，保险业务量以年均 36% 的速度增长，1999 年保险费收入达到 1393.22 亿元。1986 年以前，经营保险业务的公司仅中国人民保险公司 1 家，到 1999 年底发展到 25 家，其中国有独资公司 4 家，股份制公司 9 家，中外合资公司 3 家，外资保险公司分公司 9 家。与此同时，保险中介开始发展，1999 年底，已有专业保险代理公司 9 家，兼业保险代理机构 5.8 万家、保险经纪公司 3 家，保险公估行也已出现。可以说，多元化的竞争型保险市场已初步形成。

然而，与发达国家相比，我国的保险业尚有差距。为使保险业进一步发展，保险市场进一步成熟，需要普及保险知识以提高国民的保险意识，需要培养具有扎实理论基础的保险经营管理人才。而教材建设则是其中的关键之一。

近年来，市场上保险类著作日渐增多。这为培育保险市场无疑创造了有益的条件。今又欣悉，青年学者何文炯主编的《保险学》即将由浙江大学出版社出版。作为第一个读者，看完书稿，觉得该书恰当地处理了保险学内在逻辑与教学规律的关系：体系完备、结构严谨、内容丰富、表述准确、易教易学，是一本有特色的保险学基础教科书。作者吸收最新的保险科研成果，体现于教材之中。例如，书中对于保险的概念、可保风险、保险与大数定律、保险费率、保险准备金、均衡保费制等问题的阐述都有独到的见解。此外，本书以最新的法律、法规和实务操作技术为例阐述保险理论，因而具有较强的实用性。书中每章开篇有导语和关键词汇，结尾都安排适当的复习思考题，书末还有 7 个附录，列出学习保险基础知识常用的文件资料，为读者提供了方便。我相信，这本书出版后，定会受到广大读者欢迎。

陈继儒

2000 年 6 月于北京

目　录

第一章　风险及其管理

风险是保险的对象，故将风险及其管理作为第一章。本章着重讨论以下问题：(1)风险及其特征；(2)风险的类别；(3)风险管理及其作用；(4)风险管理的基本内容。

关键词汇：风险　风险因素　风险事故　损失　纯粹风险　投机风险　财产风险　人身风险　责任风险　信用风险　风险的代价　风险管理　风险识别　风险衡量　风险处理　风险避免　风险预防　风险自留　风险转移

第一节　风　　险

一、风险的概念

现实世界中，自然灾害和意外事故客观地存在着，人类的生命以及由人类所创造的物质财富，时而耗损于各类灾害之中。从历史看，公元前206年到公元1949年这2155年内，中国共发生过大规模水灾1029次。如公元1117年黄河决口，100多万人死于非命。现代社会，灾害事故仍频繁发生。近半个世纪以来，全世界因自然灾害造成的经济损失平均每年达300亿美元。1999年，中国大陆因车祸平均每天死亡200多人，另有800多人受伤。

未来社会中，自然灾害和意外事故将继续存在，但不幸事件何时何地发生，致害于何人，造成何种程度的损失，则是无法预知的。因而，对于特定的事物而言，人们对自己是否会遭遇不幸事件，将受到多大的损失，处于一种不确定的状态。于是，特定的事物，对于特定的人们，就构成了风险（risk）。

风险即损失的不确定性。这种不确定性，包括损失发生与否的不确定和损失程度的不确定。不确定性，意味着预期结果与实际结果之间可能存在差异。根据这一定义，风险的大小本质上决定于不幸事件发生的概率（损失概率）及其后果的严重性（损失程度）。为确定风险的大小，通常需要借助数学和统计学等学科的工具，风险损失（X）的期望值（EX）、均方差或标准差（$\sqrt{DX}$）和变异系数（$\sqrt{DX}/EX$）等是常用的指标。

二、风险因素、风险事故和损失

风险与风险因素、风险事故、损失密切相关，这三者构成了风险存在与否的基本条件。要真正领会风险的本质，就必须弄清这三个概念及其相互联系。

（一）风险因素

风险因素是指促使或引起风险事故发生的条件，以及风险事故发生时，致使损失增加、扩大的条件。风险因素是风险事故发生的潜在原因，是造成损失的间接的和内在的原因。例如，建筑物的建筑材料与建筑结构以及干燥的气候和风力，对火灾而言，是风险因素；人的健康状况与年龄以及业务活动范围和业余生活特点，对人的死伤残而言，是风险因素。根据其性质，通常把风险因素分成实质风险因素、道德风险因素、心理风险因素三种。

实质风险因素是指增加某一标的风险事故发生机会或损失严重程度的物质条件，它是一种有形的风险因素。例如环境污染对人类健康的危害，年老体弱对于劳动能力丧失，汽车刹车系统失灵对于交通事故，建筑材料对于建筑物火灾等，都是实质风险因素。

道德风险因素是指与人的不正当社会行为相联系的一种无形的风险因素。常常表现为由于恶意行为或不良企图，故意促使风险事故发生或损失扩大。例如偷工减料引起产品事故以及欺诈、纵火图赔等。

心理风险因素也是一种无形的风险因素，但与道德风险因素不同。它是指由于人的主观上的疏忽或过失，导致增加风险事故发生机会或扩大损失程度。例如，外出忘记锁门对于室内被盗事件，工程设计差错对于工程项目失败，电线陈旧未予及时更换对于火灾事故等，皆属心理风险因素。

道德风险因素与心理风险因素都与人密切相关，前者强调的是故意或恶意，而后者则强调无意或善意。但保险人在实务操作中往往难以区分，因此，如何防范道德和心理风险因素是保险人核保技术上的一个重要课题。部分地基于这种考虑，有人主张把道德风险因素与心理风险因素合称人为风险因素，于是风险因素也可分为两种：一是实质风险因素，一是人为风险因素。

（二）风险事故

风险事故又称风险事件，是指引起损失的直接原因，它是使风险造成损失的可能性转化为现实性的媒介，也就是说风险是通过风险事故的发生来导致损失的。例如，火灾、爆炸、雷电、船舶碰撞、沉没、地震、人的死亡和疾病等都是风险事故。

（三）损失

损失是指非故意、非计划、非预期的经济价值减少的事实。这里有两个要素：一是经济价值减少，强调的是能以货币衡量，即使对于人身伤亡，也是从由此引起的对本人及家庭产生的经济困难或者其对社会所创造经济价值的能力减少出发来考虑的；二是非故意、非计划和非预期，例如“折旧”、“馈赠”虽然都满足第一个要素，但不满足第二个要素，因为它们都属于计划和预期中的经济价值减少，故不是我们这里所定义的损失。

损失可以分为直接损失和间接损失两种。其中直接损失是指风险事故对于标的本身所造成的破坏事实，而间接损失则是由于直接损失所引起的破坏事实。例如，一家旅店遭受火灾，烧毁了房屋，这是旅店的直接损失；而由于房屋被毁，旅店一度无法正常营业，这种营业中断损失，则是旅店的间接损失。

此外，损失还可分为物质损失、费用损失、收入损失和责任损失四种。例如，某工厂因遭受火灾，损毁厂房一座，此属实质损失；由于厂房损毁一度无法正常生产，又形成收入损失；而由于无法正常生产导致客户无法如期取货，产生了违约责任，此为责任损失；还有，厂房一时无法修复，需迁往临时场所继续生产的，则会形成费用损失。

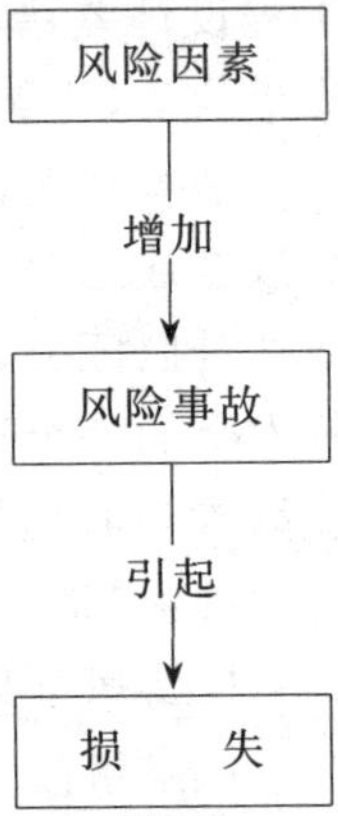

图1-1

(四)风险因素、风险事故、损失三者关系

风险因素、风险事故、损失三者之间的关系是：风险因素引起风险事故，风险事故导致损失。参见图 1-1。例如，一辆汽车由于刹车系统失灵，发生车祸，撞伤一人，压坏自行车一辆。这里，刹车系统失灵是风险因素，车祸是风险事故，撞伤一人和压坏一辆自行车则是损失。应当指出，风险因素存在，未必导致风险事故发生，只有当风险因素增加到一定程度，才会导致风险事故发生。只有风险事故发生，才会导致损失。例如，前述汽车刹车系统失灵是发生车祸的一种风险因素，但不是惟一的风险因素，因为刹车系统失灵未必一定发生车祸。如果我们把风险因素存在的事物（即载体），包括有形的和无形的，视为一个单位，那么此单位与风险事故及损失三者就构成实务中常称的“损失暴露单位”(Loss Exposure)。于是，一幢房屋，一个人，一条船，一种法律责任，甚或某种价值的损失（如一万元或十万元的损失）产生，皆可视为一个损失暴露单位。值得注意的是，同一事件，在一定条件下是造成损失的直接原因，则它是风险事故；而在其他条件下，则可能是造成损失的间接原因，于是它成为风险因素。例如，下冰雹，使得路滑，导致车祸，造成人员伤亡，这时冰雹是风险因素，车祸是风险事故。但若冰雹直接击伤行人，则冰雹便是风险事故了。

顺便指出，风险事故发生的频率与损失的程度具有反向关系，即风险事故发生概率较高的风险，其风险损失的程度一般较低，而风险事故发生概率较低的风险，其风险损失的程度则一般较高。兹以自行车、汽车和飞机为例，这三种交通工具都面临交通事故(如碰撞等)之风险，其中自行车碰撞的频率高于汽车和飞机的碰撞频率，而汽车的碰撞频率高于飞机的碰撞频率。但是这三种交通工具每次事故的损失程度通常是飞机高于汽车，汽车高于自行车。由此可见，大量经常发生的风险事故所造成的损失结果往往小于那些很少发生的特大风险事故所造成的损失，否则，人类社会的存在与发展将是不可想象的。这是人们经过长期的观察和分析后形成的结论。图 1-2 表示的是工业意外伤害事故频率与损失程度之间的关系，揭示了一个同样的道理。

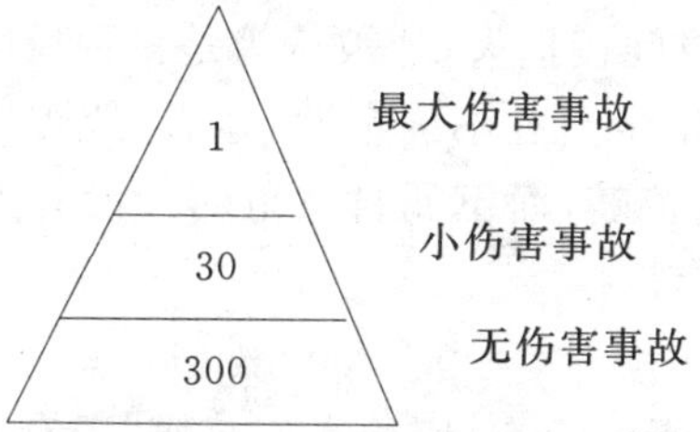

图1-2　海因里希三角形(Heinrich Triangle)

三、风险的特征

(一)客观性

风险是由客观存在的自然现象和社会现象引起的，自然界的地震、洪水、雷电、暴风雨等，是自然界运动的表现形式，甚至可能是自然界自我平衡的必要条件。自然界的这种运动给人类造成生命和财产损失，便形成自然灾害，因而对人类构成风险。人的生老病死，则是人的生命运动的自然表现。我们知道，自然界的运动是由其运动规律所决定的，而这种规律是独立于人的主观意识之外而存在的。人们只能发现、认识和利用这种规律，而不能改变之。另一方面，战争、冲突、车祸、瘟疫、失误、破产，诸如此类，是受社会发展规律支配的，人们可以认识和掌握这种规律，预防意外事故，减少其损失，但终究不能完全消除之。因此，风险是一种客观存在，而不是人的头脑中的主观想象。人们只能在一定的范围内改变风险形成和发展的条件，降低风险事故发生的概率，减少损失程度，而不能也不可能彻底消灭全部风险。

（二）社会性

风险是特定事物对特定人群的一种作用。因而，风险与人类社会的利益密切相关。无论源于自然现象，还是社会现象，风险损失都是相对于人类的财产、利益、身体或生命的危害而言的。单就自然现象本身而言，无所谓风险。例如，地震对于大自然来说，是自身运动的表现形式，也可看作是自然界自我平衡的必要条件。惟有地震对人类造成直接或间接损失，才被认为是一种风险事故。同时，由于地震何时何地发生具有不确定性，才有“地震风险”之说。所以，风险是一个社会范畴，而不属自然范畴。没有人，没有人类社会，也就没有风险可言。

（三）普遍性

风险无处不在，无时不有。因而人们感慨“天有不测风云，人有旦夕祸患”。每一个人都有年老、体弱、疾病和意外伤害的风险，每一个单位都有经营或管理失败之可能；任何政党都有垮台的风险，任何国家都有外敌入侵、分裂或亡国之可能；海上航行的船舶有沉没的风险，途中运输的货物则有被偷盗之可能；家中房屋有火灾的风险，公路上的行人则受车祸之威胁；出借钱物者有不能按期完整收回钱物之风险，股市和生意场上则有血本无归者；竞赛者有失利的可能，参加考试的学生则有考试不及格之风险；等等。今日之社会，科学技术发展了，生产力提高了，社会进步了，但风险依然存在，而且还有新的发展。事实上，风险伴随着人类社会始终，自然灾害、意外事故等永远不会“休息”。

（四）偶然性

前已指出，风险是一种客观存在。我们可以进一步说，从全社会看，风险事故的发生是必然的。然而，对特定的个体来说，风险事故的发生是偶然的，这就是风险的偶然性。这种偶然性是由风险事故的随机性决定的，表现出种种不确定性。其一，风险事故发生与否不确定。例如，就全社会而言，火灾未能消除，这使一切经济单位面临火灾之风险，但具体到某一家庭或企业，火灾是否发生，则就未必了。其二，风险事故何时发生不确定。我们知道，人总是要死的，但对每一个人而言，什么时候死，一般来说是无法预知的。其三，风险事故将会怎样发生，其损失多大，也是不确定的。例如水灾，我国每年有，但就特定的年份而言，水灾发生在哪一地区，财产损失多少，人身伤亡几何，都是不确定的。

（五）可变性

世间万物都处于运动、变化之中，风险更是如此。风险的变化，有量的增减，也有质的改变，还有旧风险的消亡与新风险的产生。风险的变化，主要是由风险因素的变化引起的。这种变化主要来自于：

1. 科技进步。随着科学技术水平的提高，人们认识风险、抵御风险的能力增强，不少风险得到有效控制，使风险事故发生概率降低，风险损失的范围缩小、程度减轻，有些风险甚至被消除。例如，随着船舶及设备的改进和雷达导航技术的采用，远洋运输遭遇海难的风险减小了。又如，随着医疗水平提高和卫生状况的改善，人们所面临的疾病和死亡风险也大大减小，有的“瘟神”则被送走了。另一方面，科技进步还会导致新风险的产生。例如，空难风险、核风险、计算机泄密风险等等。

2. 经济体制与结构的转变。例如，经济结构的转变会增加某些人的失业风险，经济的繁荣或经济萧条也会使风险性质发生变化。又如，计划经济体制下，没有股票市场，因而没有炒股票所导致的投机风险，而市场经济体制下则有这种投机风险。

3. 政治与社会结构的改变。政治制度、法律、政策的改变，民情风俗的变化都会使风险发生改变，战争风险，投资风险等都与之有关。

第二节　风险的分类

基于风险分析、风险管理的需要，我们必须对风险加以分类。从不同的角度出发，可以对风险作出不同的分类。这不是无聊的重复交叉，而是为了更加准确地把握风险的本质。这里介绍常见的几种分类。

一、静态风险与动态风险

静态风险是指在社会经济正常的情况下，由于自然力的不规则作用，或者由于人们的错误或过失行为而招致的风险。例如，洪灾、火灾、海难，人的死亡、残疾、疾病、盗窃、欺诈，呆账、破产等。静态风险是在社会经济正常情况下存在的一种风险，故谓之“静态”。

动态风险是指以社会经济的变动为直接原因的风险，通常由人们欲望的变化、生产方式和生产技术以及产业组织的变化等所引起。例如，消费者爱好转移、市场结构调整、资本扩大、技术改进、人口增长、利率变化、环境改变等。

静态风险与动态风险的划分，以其是否由社会经济变动所引起为标准。二者的区别主要在于：第一，静态风险的风险事故对于社会而言一般有实实在在的损失，而动态风险的风险事故对社会而言并不一定都有损失，即可能对部分社会个体（经济单位）有益，而对另一部分个体则有实际的损失；第二，从影响的范围来看，静态风险一般只对少数社会成员（个体）产生影响，而动态风险的影响则较为广泛；第三，静态风险对个体而言，风险事故的发生是偶然的，不规则的，但就社会整体而言，可以发现其具有一定的规律性，然而动态风险则都很难找到其规律。

二、纯粹风险与投机风险

按照是否有获利机会为标准，风险可以分为纯粹风险和投机风险。

纯粹风险是指那些只有损失可能而无获利机会的风险。纯粹风险的风险事故发生，对当事人而言，必有损失形成。例如，火灾、沉船、车祸等事故发生，则只有受害者的财产损失和人身伤亡，而无任何利益可言。当然，如果为了某种目的蓄意肇事，则从根本上改变了风险因素的性质。

投机风险是指那些既有损失可能也有获利机会的风险。例如，市场行情变化，对此企业造成损失，对彼企业则可能是有利的；对某企业而言，市场的此种变化将遭致损失，而市场的彼种变化则可能带来好处。

纯粹风险的风险事故及其损失，一般可以通过大量的统计资料进行科学测算，而投机风险则难以做到，因为投机风险在很大程度上受到政治环境、市场变化和道德因素等的制约。这与静态风险与动态风险的情形类似。事实上虽然关于纯粹风险与投机风险和静态风险与动态风险的分类既不是按同一标准，也不是完全重叠，但由于纯粹风险与静态风险、投机风险与动态风险所包含的情形大体相同，颇为接近，故有时被相互替代使用。

纯粹风险与投机风险有时相互交织，此时进行风险分析，就必须根据风险因素的形成与风险事故的发生过程进行逻辑分析和判断，以准确认定风险的性质。例如，建筑物失火应该属于纯粹风险，但某幢建筑物在失火前已经被确定为丧失使用价值而准备拆除，如果此时失火将建筑物焚毁，则业主可因此而减少拆除费用的开支。

三、财产风险、人身风险、责任风险和信用风险

按照潜在的损失形态分，风险可以分为财产风险、人身风险、信用风险和责任风险。

财产风险是指财产发生毁损、灭失和贬值的风险。例如，建筑物遭受地震、洪水、火灾的风险，飞机坠毁的风险，汽车碰撞的风险，船舶沉没的风险，财产价值由于经济因素而贬值的风险等等。

人身风险是指由于人的死亡、疾病、残疾、衰老及丧失或降低劳动能力等所造成的风险。人身风险通常又可分为生命风险和健康风险两类。

责任风险是指由于当事人的过失或侵权行为造成他人财产损失或人身伤亡，依照法律负有经济赔偿责任，以及当事人未履行合同致使对方受损而应负的合同责任，所形成的风险。与财产风险和人身风险相比，责任风险是一种更为复杂而又较难控制的风险，尤以专业技术人员如医师、律师、会计师、理发师、教师等职业的责任风险为甚。

信用风险是指在经济活动中，因为义务人未履行义务而使权利人遭受经济损失的风险。例如，在进出口贸易过程中，出口方(或进口方)会因为进口方(或出口方)未能履约而受到损失。

四、自然风险、社会风险、经济风险和政治风险

按照损失形成的原因分类为标准分类，我们可以把风险分成自然风险、社会风险、经济风险和政治风险。

自然风险是指由于自然现象引起的风险。例如，地震、海啸、暴风雨、洪水、山体滑坡、泥石流等。

社会风险是指由于个人行为的反常或不可预料的团体行动而形成的风险。例如：抢劫、偷盗、罢工、暴动等。

经济风险是指生产经营过程中，由于相关因素的变动或估计错误导致产量减少或价格涨跌的风险。

政治风险是指起源于种族、宗教、国家之间的冲突、叛乱、战争所引起的风险。现在人们对政治风险的理解已更为广泛。通常由于政策、制度的变动以及权力的更替而引起的风险也称为政治风险。在国外，政治风险又指投资风险，即因为政局、政策的变化，投资环境恶化，使投资者蒙受损失的风险。

需要注意的是，自然风险、社会风险、经济风险和政治风险是相互联系、相互影响的，有时很难明确区分。例如，由于人的行为引起的风险，以某种自然现象表现出来，则风险本身属于自然风险，但由于它是人们行为的反常所致，因此又属于社会风险。人类对环境的破坏导致气候变暖，对森林的过度砍伐导致水土流失等，即属此类。又如，由于价格变动引起产品销售不畅，利润减少，这本身是一种经济风险，但价格变动导致某些部门、行业生产不景气，造成社会不安定，于是又是一种社会风险。还有，社会问题积累可能演变成政治问题，因此社会风险酝酿着政治风险。

五、其他分类

依照承担风险的主体分，风险可分为个人风险、家庭风险、企业风险、国家风险。其中个人风险、家庭风险和一般企业风险也可谓之个体风险，而国家（政府）风险和跨国企业的风险则称为总体风险；按照风险所涉及的范围分类，风险可分为基本风险和特定风险；按照能否预测和控制，风险可分为可管理风险和不可管理风险；还可将风险分为可分散风险和不可分散风险。

第三节　风险管理及其作用

一、风险管理的概念

风险管理是经济单位通过对风险的识别和衡量，采用合理的经济和技术手段对风险加以处理，以最小的成本获得最大安全保障的一种管理行为。理解这一概念，需要把握以下几点：(1)风险管理的主体是经济单位，即个人、家庭、企事业单位、社会团体和政府部门，以及跨国集团和国际联合组织等；(2)风险管理过程中，风险识别和风险衡量是基础，而选择合理的风险处理手段则是关键；(3)风险管理的目标是以最小的成本取得最大的安全保障。

风险管理同时是一门新兴的管理学科。在其形成和发展的过程中，由于对风险管理出发点、目标、手段和管理范围等强调的侧重点不同，学者们对风险管理提出了各种不同的学说。其中较有代表性的学说有美国学说和英国学说。美国学者通常狭义地解释风险管理，他们把风险管理的对象局限于纯粹风险，且重点放在风险处理上。英国学者关于风险管理的定义，则把重点放在经济控制方面。关于风险管理较为全面而又确切的定义，最早是由美国学者威廉姆斯和汉斯给出的。他们把风险管理并非仅仅看成是一门技术，一种方法或是一种管理过程，而是将其看作一门新兴的管理科学。他们在 *Risk Management and Insurance* 一书(1964)中指出，"风险管理是通过对风险的识别、衡量和控制而以最小的成本使风险所致损失达到最低程度的管理方法。"

为了进一步研究的需要，我们可以对风险管理进行各种分类。比如，按照主体不同，风险管理可以分为：以家庭(或个人)风险为管理对象的家庭(个人)风险管理，以企业风险为管理对象的企业风险管理和以国家和公营事业的风险为管理对象的政府或公共机构风险管理，此外还有世界范围的国际风险管理。本教科书重点讨论企业风险管理。企业风险管理还可细分为生产风险管理、销售风险管理、财务风险管理、技术风险管理、信用风险管理、人事风险管理等。此外，按照风险事故发生的原因分，有火灾风险管理、洪灾风险管理、地震风险管理、海损风险管理、意外事故风险管理、技术风险管理等，按照风险事故发生时受损失的形态分，则有财产风险管理、人身风险管理、责任风险管理和利润风险管理等。

顺便指出，风险管理不同于危机管理。危机管理是为了处理国际政治方面和社会经济方面的重大意外事故而采取的政策和措施，它以影响国家安全方面的危机为主要对象，诸如石油危机、通货危机、粮食危机、财政危机、劫机、特大灾害、重大的政治事件等，危机的范围，不仅直接关系到国家的兴亡和国际争端，而且也影响着经济的稳定和社会的安全。我们注意到，危机管理强调从保卫国家安全的目的出发，以政治、经济和社会的重要紧急情况和不测事件为对象，而风险管理则以维护经济单位（一般主要是企事业单位、地方公共团体或家庭）业务活动或生活安定为出发点。

关于企业风险管理的对象，曾有纯粹风险说和全部风险说两种观点。前者强调风险管理的对象是纯粹风险或静态风险，后者强调企业的风险管理应以全部风险为管理对象，纯粹风险说认为风险管理的基本职能是对威胁企业生存和发展的纯粹风险的确认和分析，并认为风险管理的目的是以最小的费用支出使纯粹风险的不利影响最小化。美国学者在初期研究阶段多数持这一观点。德国学者和英国学者一般主张全部风险说，美国学者中也不乏支持者。他们认为企业的风险管理不仅限于将纯粹风险的不利性减轻到最小限度，还应包括将投机风险的收益性达到最大化。于是防止通货膨胀、提倡技术革新、研究避免风险、价格政策、商品销售等都成为风险管理的内容，德国的风险政策就包括这些。从目前的理论研究看，许多观点已趋同于全部风险说。风险管理从理论到实践都开始向以企业全部风险为管理对象的方向转变。

需要指出的是全部风险说中的企业风险管理不同于企业经营管理。其一，经营管理重在“创业”，风险管理则重在“守业”，二者性质不同，不可混淆，也不能相互替代。其二，经营管理与风险管理殊途同归：二者最终目的一致，但出发点和具体形式不同。前者出发点是企业盈利或增值，后者则重在控制和减少损失，增加获利机会；前者通过具体的经营计划的制定和实施来获得“正效益”，而后者则通过经济和技术手段,以“负效益”的投入最终产生“正效益”。其三,风险管理活动是企业全部经营管理活动的一部分。由于风险存在于企业业务活动的各个环节,因此风险管理贯穿于企业经营过程的始终。

二、风险管理的必要性

风险为什么要进行管理?主要基于以下两方面的理由:一是人类的安全需求;二是风险的代价。

按照著名心理学家马斯洛(A. H. Maslow)的“需要层次论”,人类的需要可以分为五个层次:(1)生理需要;(2)安全需要;(3)社交需要;(4)自尊需要;(5)自我实现需要。照此理论,对于安全方面的需求,是人类与生俱来的。这种需求,是推动社会进步的重要原动力。事实上,寻求安全保障,是人类永恒追求的理想,是人类长期不懈的伟大实践活动。从这个意义上说,一部人类社会发展史,就是人类与风险抗争的历史。现代社会中,谋求社会安全和公民人身财产之安全,已成为政府为之奋斗的重要任务之一,其中许多内容,则作为国家意志通过立法加以保障。例如美国有职业安全和健康法案(Occupational Safety & Health Act: OSHA),我们中国在这方面也有许多法律和政策。

风险管理的必要性还来自于风险的经济成本即风险的代价。

在社会经济生活中,不可能没有风险。事实上,风险的存在有其相当积极的方面。有些风险,除了有损失可能外,还有获利的机会。正是这种获利机会的存在,给人们以想象和希望,刺激着人们的投资欲望,鼓励着人们去奋斗,去改进技术和管理,促进生产发展,从而提高人民生活水平,推动社会进步。

然而,风险总是与损失相联系的。风险尤其是那些没有获利机会的风险,其存在使人们常常担心风险事故的发生会给自己带来损失,从而使生活陷于不安,社会则因此呈现晦涩的景象。于是有必要从经济学的意义上来分析风险对于人们的生产和生活所造成的消极影响，即风险的代价。风险的代价包括风险事故的代价、风险因素的代价和处理风险的费用。

(一)风险事故的代价

对一经济单位而言，风险事故的发生，会导致其损失的形成，有时这种损失是灾难性的。例如，某鞋厂由于操作工人的疏忽，造成注塑机内的鞋胚过热而引发火苗，加上不会使用灭火设备，造成一场大火，厂房被烧，机器设备被毁，甚至全部成品(18.9万双鞋子)毁于一旦。

风险事故造成的损失，可以是直接的，也可以是间接的。例如，一工厂发生机器爆炸，机器损毁自不必说，生产则会停顿，还有职工伤亡，需要医疗、照顾、安顿，甚至可能影响职工士气，造成生产下降和废品增加等后果。

(二)风险因素的代价

一经济单位面临某种风险，即存在一定的风险因素，则其风险损失尚处于潜在的可能状态。由此形成的代价是无形的、隐蔽的，但却是实实在在的。

1.风险因素所导致的社会生产力和社会福利水平的下降。由于风险事故发生的不确定性，以及事故后果的灾难性，人们对于所面临的风险总是存在恐惧和焦虑。为了应付未来可能发生的风险事故，经济单位不得不保持相当数量的准备金，因而直接导致了经济单位福利水平的下降。另一方面，这些资金未能进入生产或流通领域，因而不能成为资本，于是生产领域或流通领域的扩大受到影响，从而降低了社会生产能力。而且，因为风险的存在，人们不愿意把资金投向高风险的高新技术产业，使高新技术的运用和推广受到阻碍，这也会降低社会的生产能力。

2.风险因素所导致的社会资源分配的失衡。按照经济学的原理，任一产业的生产资源的边际生产力相等时，生产资源达到最优配置。然而，由于风险因素的存在，客观上限制了投资方向，并从总体上破坏了社会资源的均衡状态。社会资源过多地流向风险相对较小的部门或行业，而那些风险相对较高的行业则过少。社会资源配置的这种不平衡状况，容易形成部门和行业对资源的垄断，从而抑制生产，限制供给，引起市场价格的变动。这又会引起新的市场风险，实属恶性循环。

(三)处理风险的费用

意识到自己面临的风险，经济单位就会采取各种措施，于是费用便产生了。例如，出资购买防灾减损的设备，并为之支付维护费、咨询费，以及与安全人员有关的一切费用。如果采用购买保险的方式处理风险，则要有保险费的支出。而这些仅仅是经济单位个体所支付的费用。就社会而言，也要为之支付费用。例如，为预防和控制高层建筑的火灾，国家投资研制自动火灾报警系统和自动灭火系统；为防止水灾，国家和集体投资兴修水利、植树造林等。以上费用，当然还应加上其相应的机会成本。

总之，由于风险的存在，给人们的生产和生活带来了消极影响，经济单位个体需要为之付出代价，社会也必须为之付出代价。参见图 1-3。风险管理，即在于改变风险因素，以最小的风险处理费用，使风险损失达到最小，从而减轻经济单位个体和社会的负担。

三、风险管理的作用

前已论及，基于安全的需要和降低风险经济成本的愿望，人们必须对风险进行管理。事实上，有效的风险管理，对于经济单位个体乃至整个社会都有十分重要的作用。

(一)对企业的贡献

风险管理对企业的贡献是多方面的，其中若干对于非营利的其他经济单位也是如此。

1. 风险管理有利于维持企业生产经营的稳定

企业生产经营活动，面临诸多风险，如未能妥善处理，风险事

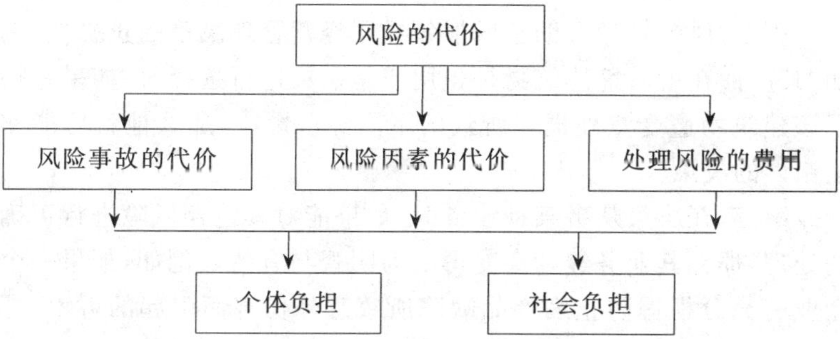

图1-3

故一旦发生，轻则影响生产经营稳定和企业经济效益，重则危及企业之生存。例如，有关产品责任诉讼的巨额赔款，或者生产设施的严重毁坏，如果事先没有恰当的防范措施，则可能使企业陷于停顿、瘫痪，乃至破产。有效的风险管理，可使企业充分了解自己所面临的风险及其性质和严重程度，采取措施避免和减少风险损失，或者当风险损失形成时能及时得到补偿，以保证企业生存并迅速恢复正常的生产经营活动，进而可以继续拥有市场。

2. 风险管理有利于提高企业经济效益

通过风险管理，可以降低企业的费用，从而直接增加企业的经济效益。例如，采取降低成本措施预防和减少意外损失；以最低的转移费用将潜在的重大损失转移给其他组织；通过精算，确定自留风险，提留最合理的自保基金，等等。

另一方面，风险管理对于提高企业经济效益有间接的贡献。主要表现在：

第一，有效的风险管理会使企业上下获得安全感，并增强扩展业务的信心。例如，妥善处理了纯粹风险之后，就可以研究并承担有利的投机风险，否则只好设法避免这种风险。试想，一家正在为厂房设备可能遭受暴风雨而忧心忡忡的企业，怎会有心思去研究扩大生产规模、开拓新市场呢？

第二，风险管理有助于增加领导层经营管理决策的正确性。例如，某厂商在就一幢建筑物是租用或是购买进行选择时，如果忽略了该建筑物遭受意外损坏所致的不同经济影响，那么他就可能作出错误的决策。

第三，在决策从事某种业务时，如果能对其纯粹风险进行正确的处理，那么其业务经营会变得更为明智与有效。例如，如果一个企业有充分把握防止因产品缺陷所致意外伤害而引起的诉讼，那么该企业就可能更积极地扩大其生产规模。

第四，风险管理有助于减弱企业利润和现金流量的波动。风险管理使得风险处理费用有计划地支出，因风险事故突发所引起的巨大财务冲击则可以避免。显然，这有利于吸引投资者，有利于业务的发展。

第五，因为人们总是愿意与一个已经能充分防范风险的企业打交道，所以风险管理有利于企业与顾客、原料供应商和债权人等方面的交往，而这与企业业务发展和经济效益提高关系密切。

3. 风险管理有利于企业造就一个安全稳定的生产经营环境，提高劳动者的积极性和创造性，也有助于企业更好地履行社会责任，并在公众面前树立良好的社会形象。事实上，安定的局面本身就是一种宝贵的非经济财富，它不仅会增进管理人员和业主的身心健康，而且雇员也乐于为这样的企业工作。

(二)对家庭的贡献

风险管理对于家庭(或个人)的作用，我们可以从几方面来分析。其一，通过对家庭可能遭遇的灾难损失之防范，风险管理可保障家庭免于灾难损失的影响，使其仍能维持一定的生活水准。其二，风险管理能使家庭节省保费支出而不减少其安全保障。节省一元钱的保险费，其价值大于增加一元钱所得，即所谓“节省一文，胜于多赚一文”。其三，通过风险管理，家庭财产、人身、责任各方面风险都有充分的保障，这使得家庭充满信心，敢于承担较大的风险去创业或投资，而且这样的家庭容易获得信用，融资将比较便利。其四，风险管理有利于家庭成员解除后顾之忧，促进身心健康，同时也能改善家庭形象。

（三）对社会的贡献

风险管理对企业、家庭（个人）及其他经济单位都有积极的作用和实实在在的贡献，因此社会也从中受益。另一方面，风险管理使得各经济单位的资源得以更有效的利用，这既使风险处理的社会成本下降，又使全社会经济效益增加。所以，风险管理实属利国利民之好事。

第四节　风险管理的基本内容

作为一种管理活动，风险管理是由一系列行为构成的。图 1-4 描述的是一种风险管理机制，其中风险识别、风险衡量、风险处理和风险管理效果评价是风险管理过程的四个实质性阶段。

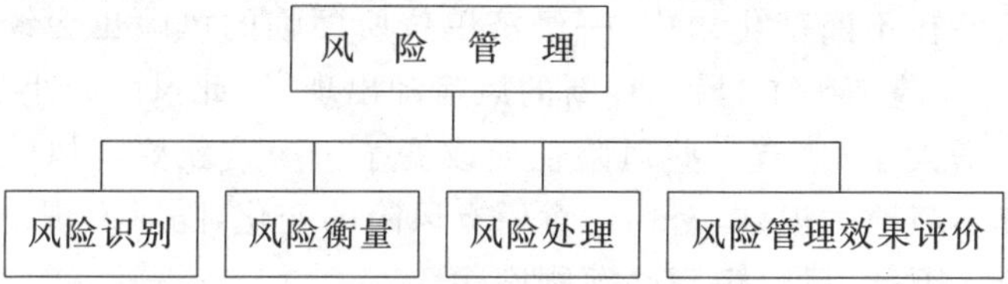

图1-4　风险管理机制

一、风险识别

风险识别是整个风险管理工作的基础，不经过识别并用一定的信息系统（含语言文字等）表述，风险是无法衡量、无法进行科学管理的。风险识别是指风险管理人员通过对大量来源可靠的信息资料进行系统了解和分析，认清经济单位存在的各种风险因素，进而确定经济单位所面临的风险及其性质，并把握其发展趋势。

危害经济单位生存和安全的有各种风险，风险管理人员必须采取有效的方法和途径加以认识。有待识别的风险，不仅仅是那些比较明显的风险因素，而且还有那些潜在的风险因素。一般说来，认识后者要比认识前者更为困难，但常常是更为重要的。识别风险，一方面可以通过感性认识和历史经验来判断，其中类推比较是一种有用的方法；另一方面则是通过对各种客观的经营管理资料（如统计、会计、计划、总结等）和风险事故记录进行分析、归纳和整理，以及必要的专家访问，从而发现各种风险及其损失情况，寻找其规律。

风险识别阶段，通常包括：一是全面分析经济单位的人员构成和资产分布以及业务活动；二是分析人、物和业务活动中所存在的风险因素，判断发生风险损失的可能性；三是分析经济单位所面临的风险可能造成的损失及其形态，如人身伤亡、财产损失、营业中断、民事责任等。此外，需要鉴定风险的性质，以便采取合理有效的处理措施。

应当指出，风险识别是一项具有持续性和系统性的工作。由于各种条件在不断变化之中，一经济单位所面临的风险也会经常变化：一种风险消失了，另一种新的风险却出现了；此风险减小了，彼风险则增大了；还有一些风险性质改变了……这就要求风险管理者持续不断地去识别，密切注意原有风险的变化，随时发现出现的新风险。因此，风险识别必须制度化。

二、风险衡量

风险衡量是对某种特定的风险，测定其风险事故发生的概率及其损失程度。风险衡量是在风险识别的基础上进行的。通过风险识别，发现了经济单位面临的风险，弄清了存在的风险因素，确认了风险的性质，并获得了有关数据。风险衡量主要是通过对这些资料和数据的处理，得到关于损失发生概率及其程度的有关信息，为选择风险处理方法，进行正确的风险管理决策提供依据。

风险衡量以损失概率和损失程度(或强度,Severity)为主要测算指标,并据以确定风险的大小或高低。风险衡量一般需要运用概率论和数理统计方法,必要时借助电子计算机来完成。

需要指出的是,风险衡量与风险识别和风险处理在时间上不能截然分开。事实上,由风险识别向风险衡量的转移,以及风险衡量向风险处理的转移,都是逐渐进行的。有些数量分析活动是在风险识别的过程中发生的,有些风险处理措施(如风险控制)则在风险衡量时就开始采取了。例如,如果在访问某位专家的过程中,某种风险得以识别,那么下一步的行动自然是取得风险损失程度方面的信息,确定一旦风险事故发生将会造成的后果以及可以采取的应付办法。这当中的两项行为一般被视为风险衡量的组成部分,但它们都是在风险识别过程中发生的。

三、风险处理

风险处理是指针对经过风险识别和风险衡量之后的风险问题采取行动或不采取行动,它是风险管理过程的最后一个关键性阶段。

风险管理人员对于经济单位所面临的风险进行识别和衡量,弄清了风险的性质和大小(或等级)之后,必须运用合理而有效的方法对风险加以处理。这一阶段的核心是风险处理手段的选择。

风险处理的手段大体上可分为两类,即控制型(Control Method)和财务型(Financing Method)。控制型风险处理手段是损失形成前防止和减轻风险损失的技术性措施,它通过避免、消除和减少风险事故发生的机会以及限制已发生损失继续扩大,达到减少损失概率、降低损失程度,使风险损失达到最小之目的。这种手段的重点在于改变引起风险事故和扩大损失的条件。控制型手段通常有:避免(Avoidance)、损失预防(Loss Prevention)和损失抑制(Loss Reduction)等。其中,风险避免是指以放弃或拒绝承担风险作为控制方法,来回避损失发生的可能性,例如放弃空中旅行以避免空难；损失预防是指在损失发生前为了消除或减少可能引起损失的各项因素所采取的具体措施，例如锻炼身体增强体质以减少疾病；损失抑制是指在风险事故发生时或发生后，采取措施减少损失发生范围或损失程度的行为，例如救火。采用控制型风险处理手段时往往需要大量的专业技术知识，因此，风险管理人员必须经常求助于各种不同领域里的专家。

财务型风险处理手段是通过事先的财务计划，筹措资金，以便对风险事故造成的经济损失进行及时而充分的补偿。这种手段的核心是将消除和减少风险的代价均匀地分布在一定时期和一定范围之内，以减少因随机性巨大损失的发生而引起财务危机之风险。事实上，以一个较长时期来看，经济单位的风险都是要由自己承担的，即自我补偿风险损失。因此，采用财务型手段将这种代价均摊是明智之举，况且，经过这样的处理，风险的代价可以降低。财务型手段通常有：自留或承担(Retention or Assumption)、转移(Transfer)、中和(Neutralization)等。其中，风险自留是指经济单位自己承担由风险事故所造成的损失，例如某些保险中的自负额；中和是指将获利机会和损失机会平衡，以消除损失风险不利影响的风险处理手段，例如期货买卖；风险转移是指经济单位将自己可能的风险损失及财务后果转移给其他经济单位的行为，例如签订免责协议。如果接受所转移风险的经济单位是保险人，则这种风险转移称为保险转移，否则称为非保险转移。

需要指出的是，风险处理手段的选择是一种综合性的科学决策。决策时，要针对风险的实际状况，又要根据经济单位的资源配置状况，还要注意各种风险处理手段的可行性与效用。风险处理手段的选择，一般来说，不是一种风险选用一种手段，而常常是将几种手段组合起来。只要合理组合，风险处理就会做到成本低、效益高，即以最小的成本获得最大的安全保障。

四、风险管理效果评价

风险管理效果评价是指对风险处理手段的适用性和效益性进行分析、检查、修正和评估。在前一阶段，选定并执行了最佳风险处理手段之后，风险管理者还应对执行效果进行检查和评价，并不断修正和调整计划。因为随着时间的推移，经济单位所面临的社会经济环境及自身业务活动的条件都会发生变化，这会导致原有风险因素的变化，也会产生新的风险因素。因此，必须定期评价风险处理效果，修正风险处理方案，以适应新的情况并努力达到最佳的管理效果。

在一定时期内，风险处理方案是否为最佳，其效果如何，需要用科学的方法来评估。看风险管理效益的高低，主要看其能否以最小的成本取得最大的安全保障，而成本的大小则是指为采取某项风险处理方案所支付的费用及其机会成本，而保障程度的高低则要看由于采取了该项方案而减少的风险损失（包括直接损失和间接损失）。对此，我们记

$$\text{效益比值}=\frac{\text{因采取该项风险处理方案而减少的风险损失}}{\begin{matrix}\text{因采取该项风险处理}\\\text{方案所支付的各种费用}\end{matrix}+\begin{matrix}\text{机会}\\\text{成本}\end{matrix}}$$

容易看出，若效益比值小于1，则该项风险处理方案不可取；若效益比值大于1，则该项风险处理方案可取。从经济效益看，使得此效益比值达到最大的风险处理方案为最佳方案。

风险管理过程的四个阶段，即风险识别、风险衡量、风险处理和风险管理效果评价，是一种周而复始、循环往复的过程。因此，我们也可称其为风险管理周期。

五、风险管理与保险

从前面的讨论可知，购买保险是经济单位转移风险的一种手段，是处理风险的众多方法之一。保险是本教科书研究的主要内容，本段着重讨论风险管理与保险的关系。

其一，风险管理与保险的对象都是风险。风险的客观存在是保险存在的前提，也是风险管理存在的前提。无风险则无保险，无风险则无风险管理。但保险公司不是风险的惟一承担者，它不可能对所有的风险进行承保，而风险管理的内容远比保险丰富。因此，风险管理的范围比保险要宽。事实上，保险只是处理风险的众多方法之一，保险只限于处理可保风险，而风险管理则是考虑各种风险，并从全局的观点进行综合治理。

其二，保险是处理风险的传统有效手段。人们面临的各种风险，一部分可以通过控制的方法消除或减少，但风险不可能全部消除。面对各种风险损失，单靠自身力量解决，就需要提留与自身财产价值等量的后备基金，这样既造成资金浪费，又难以解决巨灾损失的补偿问题。于是，转移就成为风险管理的重要手段。保险作为转移方法之一，长期以来被人们视为传统的风险处理手段。人们通过保险，把不能自行承担的风险转移给保险人，以小额的固定支出换取对可能有巨额损失的风险的经济保障，使保险成为处理风险的有效措施。

其三，保险与风险管理有相辅相成、相得益彰的关系。保险人对风险管理有丰富的经验和知识，经济单位与保险人合作，会使经济单位更好地了解风险，并通过对风险的系统分析，知道哪些需要保险以及购买何种保险等，从而促进风险管理；同时，经济单位加强和完善风险管理，能减少保险事故，减少风险损失，既有利于经济单位，又有利于保险企业提高经济效益，从而有利于社会。另一方面，保险人也是一个经济单位，其自身也面临风险，其风险也需要进行管理，保险人良好的风险管理，是其生存发展和提高经济效益与社会效益的重要保证。

复习思考题

1. 试述风险因素、风险事故、损失及其相互关系。

2. 试述风险的代价。

3. 试述风险管理的作用。

4. 试述风险管理过程。

5. 试述风险管理与保险的关系。

第二章　保险概述

自从有了人类,便有了风险,因此也就有人类对付风险的行为,不论它是出于主动还是出于被动。随着历史的进展,人类面临的风险发展着、变化着,人们的风险意识不断提高,对付风险的办法日益增多,技术越来越精良。在众多的风险处理方法中,保险是重要的一种。本章着重介绍保险的概念、保险的类别、保险基金、保险的职能与作用,并简要回顾保险的发展历史。

关键词汇:保险　经济补偿　可保风险　保险基金　保险职能　共同海损　海上借贷　海上保险　劳合社　差别费率　佟蒂法　均衡保费制　仁济和保险公司

第一节　保险的概念

一、保险的含义

现代保险已经历了几百年的实践,但要为保险确切地下个定义,却不是一件容易的事。事实上,迄今为止,关于保险的定义,学术界尚无统一的表述方式。日本保险学者园乾治把历史上关于保险定义的学说归纳为以下三类:损失说、非损失说和二元说。

(一)损失说

保险产生之初,是解决物质损失的经济补偿问题,它以海上保险为渊源。损失说以"损失"这一概念为中心,从损失补偿这一角度来剖析保险补偿机制,其主要代表有:

1. 损失补偿说。该学说以英国马歇尔(S. Marshall)和德国马修斯(E. A. Masius)为代表,其基本观点是:保险是一种损失补偿合同。这一说法要点有二:一是认为保险是一种合同;二是认为损失补偿是所有保险的共同特征。依照这一学说,人寿保险、年金保险、意外伤害保险等均被排除于保险之外。

2. 损失分担说。该学说系德国华格纳(A. Wagner)首倡,强调在损失补偿中,多数人互助合作共同分担损失的事实。损失分担说将保险作广义解释,把人身保险包括在内,认为保险在经济上的意义就是将少数不幸者的损失由面临同样风险的多数人来摊付。这样可以用财务上的确定性代替生活中的不确定性。这一学说的要点是:(1)保险是一种经济补偿制度;(2)保险的本质在于损失分担。

3. 风险转移说。此学说代表人物是美国魏立特(A. H. Willet)等,他们是从风险处理的角度来阐述保险性质的。该学说认为保险是一种风险转移机制,任何个人或团体可借此以支付一定的代价为条件,将日常生活中的各种风险转移给保险公司。

4. 人格保险说。此学说代表人物是美国休勒纳(S. S. Huebner),他认为人的生命与财产价值一样,可以用货币来衡量。认为人类体内所具有经济性的各种精神与力量,可以产生金钱价值,如健康、技能、经验、判断力、创造力等。人寿保险既然以保障生命价值的丧失为目的,因此就可与损失保险理论相同。

(二)非损失说

1. 技术说。此学说代表人物是意大利费芳德(C. Vivante),他主张以保险的技术性质作为保险性质。认为保险是把处于同等可能发生机会的同类风险下的多数个人或单位集中起来,估测出风险事故发生的概率,据以计算保险费率,当风险事故发生时,保险人支付一定的保险金。因此,技术说主张保险的本质是确定保险费与未来可能的赔偿与给付数额之间关系的技术。有保险学者认为这种学说是重视保险的数理基础,而不考虑保险的经济价值和职能，相当片面。但是，实际上，技术说揭示了保险具有转移风险和分摊损失的基本功能，并且可以解释财产保险与人身保险。了解保险商品的构造及构造技术无疑能更深刻地认识保险的本质。

2. 欲望满足说。该学说以保险能满足经济需要或金钱欲望来解释保险的性质，代表人物是戈比（U. Gobi）和马纳斯（A. Manes）等。他们认为，保险的目的是当意外事故发生时，以最少的费用满足该偶发欲望所需要的资金，并予以充分可靠的经济保障。这种欲望包括直接损失、利益损失、储蓄能力停止、紧急防止损失费用以及其他不能以货币估计的一切损失。

3. 相互金融说。该学说代表人物是日本的米谷隆三。他认为，保险作为应付经济不安定的善后措施，需要以调整货币的收支为目的，所以保险机构是金融机构，是以发生偶然性的事实为条件的相互金融机构。同时，金融的基本概念是货币的交换，现代保险也反映了一种货币交换关系。所以保险也是一种相互金融行为。把保险作为组织和行为来认识，是这一学说的特点。

（三）二元说

二元说基于损失概念不能阐明人寿保险的性质，有的学者便认为人寿保险不是保险，而是一种储蓄和投资。二元说是在这种情况下出现的。二元说主张人寿保险是保险，但与损失保险不同，二者不能作统一解释，应该分别作出不同的定义。二元说的代表人物是德国爱伦贝格（V. ehrenberg），他认为保险合同不是损失补偿的合同，就是以给付一定金额为目的的合同，二者只能择其一，因此二元说又称“择一说”。

进入 20 世纪 80 年代，保险学界关于保险的定义又有新的观点。1981 年，美国学者格林（MarkR. Green）和特里许曼（James S. Trieshmen）在其合著的《风险与保险》一书中这样写道：“保险可以从两个主要含义上来阐述，一是作为解决补偿职能的社会经济制度来考虑；二是作为当事人双方之间所拟订的合法补偿合同。定义，不能只强调上述两个含义的一个方面。”

这一思路是可取的。因此，本教科书不是用简短的语言给出保险的定义，而是从多方面去阐述保险这一概念的涵义。

关于保险这一概念，我们可以从多种角度来认识。

首先，保险属于经济范畴。我国台湾保险学者袁宗蔚先生对保险的定义是：“保险者，为确保经济生活之安定，对特定危险事故发生所致之损失，集合多数经济单位，根据合理计算，共同醵金，以为补偿之经济制度。”据此，保险是集合同质风险单位以分摊损失的一种经济制度，其手段是集合大量同质风险单位，其作用是损失的分摊，其目的是补偿风险事故所造成的损失以确保经济生活的安定。保险这种经济制度，体现一定的经济关系。在投保人（被保险人）与保险人之间，是一种商品交换关系。面临某种风险的经济单位需要一种经济保障，而保险人则能提供这种保障服务，这种保障服务就是一种特殊的商品。在投保人（被保险人）之间，体现的是国民收入的一种再分配关系。一定时期内少数经济单位所遭受的风险损失，由参加保险的全体经济单位分摊，发挥“千家万户帮一家”的作用，因此，投保人（被保险人）之间也是一种互助共济关系。

其次，从法学的角度看，保险是一种合同行为。我国《保险法》第二条：“本法所称保险，是指投保人根据合同约定，向保险人支付保险费，保险人对于合同约定的可能发生的事故因其发生所造成的财产损失承担赔偿保险金责任，或者当被保险人死亡、伤残、疾病或者达到合同约定的年龄、期限时承担给付保险金责任的商业保险行为。”这里强调投保人与保险人在法律上地位平等。在平等、自愿的基础上，经过要约和承诺，订立保险合同。保险合同反映投保人、被保险人、受益人与保险人之间的权利义务关系。保险人的主要权利是向投保人收取保险费，其主要义务是当约定的风险事故（即保险事故或保险事件）发生时向被保险人（或受益人）给付保险金；被保险人（或受益人）的主要权利是当约定的风险事故发生时可以向保险人请求给付保险金，同时投保人（被保险人）需要履行支付保险费及合同规定的其他义务。

其三，从风险管理的角度看，保险是一种风险转移机制。通过这一机制，众多的经济单位结合在一起，建立保险基金，共同对付不幸事故。面临风险的经济单位，通过参加保险，将风险转移给保险公司，以财务上确定的小额支出代替经济生活中的不确定性。而保险公司则是借助概率论中的大数定律，将充分多的面临同样风险的经济单位组织起来，按照损失分摊原则，建立保险基金，使整个社会的经济生活得以稳定。

二、保险的要素

（一）特定风险事故的存在。保险是基于风险的客观存在而产生的，无风险则无保险。就一具体险种而言，总是为相应的风险所设立的，订立保险合同之时，必须约定某种风险事故的发生为给付保险金的条件。保险合同可以为单一风险事故而订立，也可为多种风险事故而订立。风险事故具有偶然性，这种偶然性着重表现为：风险事故发生与否不确定，发生的时间不确定，发生的结果不确定。

（二）众多同质风险单位的集合。如果将众多面临同样风险的同质风险单位集合起来，我们能比较准确地预测风险事故及其损失，从而降低风险的代价。保险正是根据这一原理展开的。集合风险单位的方法有两种：一种是直接集合，即在一定的范围内，面临同样风险的经济单位，为共同的利益，本着“一人为众，众人为一”（One for all and all for one）的精神，建立互助团体，于是众多的风险单位直接结合在一起，相互保险就是这样。例如，某地有民宅1000幢，每幢价值都在20万元左右，假定每年因火灾烧毁一幢，损失概率为1‰，如果忽略其他因素，则每户一年交付200元，形成一笔基金，便可补偿每年遭遇火灾事故的房屋的经济损失。另一种方法是间接集合。这是由第三者作为保险经营的主体，吸收面临特定风险的经济单位，他们通过购买保险单将其所面临的风险转移给保险公司，于是众多的同质风险单位由于保险公司的组织而得以集合，保险公司再将集中的风险损失分摊给各个独立的经济单位。这里，各经济单位所支付的购买保险单的费用，必须能够满足保险公司依照保险合同所承担的保险责任支出及相应的组织费用即经营管理费用的开支。因此，保险的过程既是风险的集合过程，又是风险的分散过程。

（三）公平合理的保费负担。保险费是投保人将风险转移给保险公司取得保险保障所应支付的代价，是保险基金的主要来源。从保险基金支付的保险金实际上是由投保人分担的，因此，这种分担必须公平合理。为保证保险制度的稳定和持续运作，保费必须科学计算。为保证投保人之间负担的公平合理性，保险费必须与所转移的风险相一致。显然，保险费与保险公司所承担的保险责任限额——保险金额有关，保险金额越高，则保险费越高。另一方面，保险费与风险事故损失率相应，损失率越高，则保费也越高。风险事故的损失率是通过对某种业务长期损失的统计分析而得到的，因而保费计算时要充分考虑损失率的偏差情况。损失率的偏差越小，保险经营就越稳定。

（四）保险基金的建立。保险基金是通过商业手段形成的后备基金，主要来源于投保人缴纳的保险费。保险基金专门用于补偿自然灾害、意外事故对保险标的所造成的损失，用于因人身风险事件发生而形成的保险金给付需要。因此，保险基金是保险赔偿与给付的基础。就整个保险业而言，以安定社会经济生活为基本目标，而就具体保险业务而言，则以损失补偿和保险金给付为主要功能。所以，建立保险基金并使其健康运行，是实现保险职能、发挥保险作用的重要保证。

（五）保险合同的订立。保险体现了一种经济关系，而这种经济关系是通过订立保险合同来确定的。保险的对象是风险，而风险事故的发生及风险损失之结果都是随机的。保险对象所具有的不确定性，要求保险人与投保人在确定的法律关系约束下实现各自的权利，履行各自的义务。如果没有法律上承认的明确的权利义务约定，保险经济关系难以成立。因此，订立保险合同是保险活动的重要内容，也是维系保险经济关系的法律保证。

三、保险的特征

保险具有经济性、法律性、科学性和互助性，其中互助性是其最基本的特征。下面通过保险与若干事物的比较，进一步加以揭示。

（一）保险与储蓄

保险与储蓄都是用现金的剩余作准备，以应付将来的经济需要，但它们在技术原理等方面有本质性的不同。

1. 保险是一种互助行为，需要自力与他力的结合。这种结合，需要以科学合理的计算——精算科学（Actuarial Science）为基础。但储蓄属于个人行为，无求于他人，也无需特殊的计算技术。

2. 保险基金来源于众多经济单位所缴的保险费，不得随意处分，而要由保险条件来决定其用途和用法。储蓄则是单个经济单位所形成的一种准备，可自由使用处分。

3. 保险事故一旦发生，只要保险合同有效，不论所缴纳保险费之多寡，也不论缴费之时间长短，被保险人（或受益人）均可获得保险金的给付。储蓄行为则获得确定的本利和。

4. 储蓄有给付与反给付的个别对等即一一对应关系，而保险则不同。就纯保费而言，给付与反给付总体对等但个体不能对等，即保险具有射幸性。

（二）保险与赌博

保险与赌博都具有射幸性，都是决定于偶然事件的发生而获得金钱或财物，但二者有着本质的差异。

1. 保险的目的是基于人类互助合作的精神，谋求经济生活的安定；而赌博的目的则是基于人类欺诈贪婪的恶性，侥幸图利。保险为合法行为，而赌博则为非法。

2. 保险以转移风险为动机，利己不损人；而赌博则以冒险获利为动机，损人利己。

3. 通过保险，变不确定为确定，是风险的转移和减少；而赌博则变确定为不确定，是风险的制造和增加。

（三）保险与自保

保险与自保都是处理风险的财务型方法，对于风险事故所造成的损失，都是以科学方法为基础形成资金准备而应付之。二者不同点是：

1. 保险是众多经济单位的共同行为，而自保是个别经济单位的单独行为。前者通过风险转移来实现，而后者仍属风险自留，是风险自留的一种特殊形式，并无风险的转移。

2. 参加保险后，如保险事故发生，被保险人（或受益人）即可获得保险金；但自保基金的积聚需要相当的一段时间，如果在自保基金形成足够规模之前发生风险事故，则经济单位不能获得充分的补偿。

3. 保险费的缴付，意味着这笔资金的所有权完全转移给保险公司，如无保险事故发生，投保人不得收回。但自保不同，如果风险事故不发生或损失较少，则剩余的准备资金，仍属于该经济单位。

（四）保险与救济

保险与救济都是因特定事件（通常是不幸事故）发生而进行补偿或给付的行为，但二者是不同的。

1. 保险是一种合同行为，要受合同的约束；而救济是一种施舍行为，任何一方都不受约束。

2. 保险是以投保人缴付保险费为前提，双方有着对价交易，保险人承诺承担赔偿责任，被保险人承诺遵守合同条件；而救济则是单方面行为。

3. 保险金的给付有一定的计算方法，且与投保人支付的对价有一定的联系；而救济金的给付则完全出于施舍人的心愿，无一定的对价作基础。

四、可保风险

保险是处理风险的一种有效方法，但保险并不能承担所有的风险。可保风险(Insurable Risk)是指保险可以承担的风险，即投保人可以通过购买保险来转移这种风险。容易理解，可保风险这一概念是对一定时期的保险市场而言的。

一般说来，理想的可保风险需要同时具备以下条件：①

(一)风险是纯粹风险而非投机风险

保险通常只适用于纯粹风险。投机风险一般是不可保的。理由如下：其一，投机风险有获利可能，因而使风险损失的预测变得困难；其二，投机风险有时表现为基本风险，其风险损失为一般商业保险所不能承担；其三，投机风险所造成的损失有时并非意外，这与保险的宗旨相悖；其四，投机风险的风险事故发生，对某人是损失，但对他人可能是获利，因而对全社会而言，可能并无损失。

例外的情形也是存在的，比如，相互基金保险(Mutual Fund Insurance)即允许互助基金股份的买主购买保险，保障其免遭股票价值在规定的若干年后低于购买价格的损失。

(二)风险事故的发生是意外的，但风险损失本身是可以确定的

风险事故的发生，必须是被保险人所不能控制的，即风险损失对于被保险人来说应当是意外的，否则有违保险的宗旨。因此，自然损耗、自杀自伤自残之类，保险公司都不能承保。

保险的运作，须以损失的可测性(Predictability of Loss)为先决条件。这是保险人进行险种设计、合理厘定费率的基础。否则，

---

① 何文炯：试论可保风险的条件，杭州大学学报，1995年第二期。

不是费率太高抑制保险需求，就是费率偏低导致偿付能力不足。另一方面，损失必须在时间、地点、原因以及数额上都能够明确而可鉴定，否则保险的补偿和给付会有困难。通常，财产保险中，机器损坏以其修复或重置费用作为其损失额；医疗保险中，以医药费衡量损失；而在生存或死亡保险中，由于人的死亡对其亲属所造成的损失很难确切衡量，只好在订立保险合同时给予确定，此即定额保险。

（三）风险损失幅度须在一适当的范围内

风险损失幅度太小，则此种风险威胁甚小，通常可采用风险自留方法来处理，而不必通过购买保险来转移。另一方面，倘若开设此类小额保险，则经营成本相对偏高，对投保人来说，不如采用其他方法处理风险更为经济。

风险损失的幅度也不能太大，即巨灾风险不可保。事实上，整个保险市场在一定时期所能提供的总承保能力，在一定程度上表现了社会对于自然灾害、意外事故的抵御能力和准备情况，而这种能力和准备在一定时期内是有限的，因此，可保风险的损失幅度要受承保能力的限制。当然，随着保险技术的创新和保险业的发展，一些巨灾风险逐渐成为可保风险。例如，新近出现的有限风险再保险（Finite Risk Reinsurance，简称 FRR 产品）、选择性风险转移产品（Alternative Risk Transfer Products，简称 ART 产品）、巨灾期货以及其他一些风险证券化的方法等。

（四）大量独立的同质风险单位存在

这是保险经营的数理基础——大数定律的基本要求。所谓"同质"，即各风险单位遭遇风险事故从而造成损失的概率和损失程度大体相近（意指损失分布相同）；所谓"独立"，是指一风险单位是否发生风险事故、发生多大损失，与其他风险单位无关。

保险依靠建立保险基金来实现补偿和给付职能，这是多数人负担少数人损失的一种共济行为，因而，就某种特定的风险而言，要求大量独立的风险单位参加。这一方面使得保险经营有了可行性,另一方面,也使得专业经营风险的保险公司,能比较准确地估计风险损失,从而降低自身的风险,获得较好的经济效益。倘若参加保险的风险单位不独立(即风险单位之间有连带关系,这种情况下,有多数风险单位同时出险的可能),则大数定律失灵,因而所建立的保险基金可能不足(即财务稳定性差)。保险基金不足,将导致保险方不能履行保险责任,于是,此种风险归于不可保。

关于理想的可保风险条件的上述概括,是对可保风险客观的、本质的原则规定。据此,一定时期的保险市场,对各种风险就有具体的判别标准。某些风险之所以不可保,可能是因保险技术之限制,或是因保险营销之不可行。因此对于不可保风险,有的可以采取一定的技术手段,使之满足这些条件而成为可保风险。例如,通过适当的风险分类实现风险同质;通过再保、共保方式增加风险单位或使风险单位独立,从而扩大承保能力;也可采用保险合同中的某些条款来实现。因此,相邻建筑物的火灾风险、一定条件下的自杀、疾病风险、航空航天风险,诸如此类,都变得可保。事实上,随着保险技术的不断改进和承保能力的增强,可保风险的范围是不断扩展的。在一定意义上,我们可以说,一部保险发展史就是可保风险范围的扩展史。但必须看到,理想的可保风险的条件始终不变,因为这些条件体现了可保风险的本质特性。

第二节　保险的分类

当代保险业发展迅速,保险领域不断扩大,新的险种层出不穷,保险的分类还没有形成一个固定的原则和统一的标准。事实上,在不同的场合,根据不同的要求,从不同的角度,可以有不同的分类方法。这里介绍几种常见的分类方法。

一、保险的法律分类

世界各国保险立法对保险的分类，通常作为保险分业经营的依据。具代表性的，主要有以下几种：

（一）财产保险与人身保险

《中华人民共和国保险法》将保险业务分为两大类：财产保险与人身保险。其中人身保险包括人寿保险、人身意外伤害保险和健康保险，财产保险包括财产损失保险、责任保险、信用保证保险等。财产保险有广义和狭义之分，前者指财产保险，后者指财产损失保险。1995 年的《中华人民共和国保险法》规定，保险人不得兼营财产保险和人身保险。2002 年 10 月对此作了修订，允许财产保险公司经营短期的人身意外伤害保险业务和健康保险业务。

（二）财产责任保险与人寿健康保险

美国大多数州的保险法规将保险分为财产责任保险和人寿健康保险两大类。但经营财产责任保险的保险人，一般可以经营健康保险。

（三）损害保险和人寿保险

在日本商法中，保险分为损害保险和人寿保险。日本保险业法也有禁止人寿保险与损害保险兼营的规定。类似地，还有将保险分为损失保险与人身保险的。这里的损失保险与损害保险大致相同，而人身保险比人寿保险范围更大一些。不仅包括一般人寿保险，还包括健康保险和人身意外伤害保险。德国 1908 年保险合同法和法国 1930 年保险合同都采用这种分类方法。

二、按实施方式分类

按照实施方式分，保险可以分为强制保险与自愿保险两大类。

强制保险是国家或团体强制国民或团体成员必须参加的保险。国家通过立法规定强制实行的保险称作法定保险。因此，强制保险的范畴大于法定保险。法定保险是强制保险的主要形式。

国家实行强制保险的原因主要有二:其一,开展某种保险有益于社会公共利益。如汽车第三者责任险实行强制保险,有利于保障交通事故受害者的利益。类似险种还有雇主责任险、损害责任险等。其二,国家为了实行某项社会政策,如社会保险等。

在实施强制保险的过程中,强制的程度是不同的。有的强制保险要求国民或团体成员必须向指定的保险人投保,投保额度一致。但也有一些强制保险只要求国民或团体成员拥有这种保险,至于向哪一个保险人投保,投保金额若干,则可以自由选择。

自愿保险是投保人根据自己的需求自由决定是否参加保险,保险人也可根据情况决定是否承保,双方都有选择的权利。

三、按举办目的分类

按照举办目的的不同,保险可分为商业保险、社会保险和互助合作保险。

商业保险是以盈利为目的的一种商业性活动。通常情况下,若无特殊声明,保险即指商业保险。商业保险大多采用自愿保险形式,但也有少量强制保险。社会保险是国家通过立法强制实施,不以营利为目的的一种保险,包括养老保险、医疗保险、工伤保险、失业保险、生育保险等。互助合作保险是由民间举办的不以营利为目的的一类保险,有相互保险社、交互保险社、相互保险公司及保险合作社等。本教科书讨论的主要是商业保险,同时简要介绍社会保险。

四、按投保主体分类

(一)企业保险与个人保险

这种分类是针对参加保险的投保主体而言。如果投保主体是营利性的企业,称为企业保险。如果投保主体是个体消费者,如个人或家庭,称为个人保险。企业保险范围不仅包括保障企业财产、责任等的企业财产保险和各种责任险,还包括保障企业员工人身风险的人寿保险、意外伤害保险和健康保险。个人保险则包括保障个人或家庭财产、责任以及本人和家庭成员身体和生命的各种保险,如家庭财产保险、私有汽车保险、第三者责任险和众多的人身保险。

(二)团体保险和个人保险

这通常是对人身保险的一种分类。个人保险的投保人为个体消费者,一般为自然人。

团体保险是保险的一种形式,它是以团体为投保人,由保险人签发一张保险单,为该团体的成员提供保障的保险。费率较个人保险低,一般用于人身保险。人身保险通常免验体,但对团体有一定的选择标准。如要求投保团体必须是依法成立的,且有自身专门的业务活动,投保团体中参加保险的人数必须达到规定的标准等。

五、按保险标的分类

按保险标的分类,保险可分为财产损失保险、责任保险、信用保证保险和人身保险四大类。

(一)财产损失保险

财产损失保险是以有形的物质财产为保险标的,对因自然灾害或意外事故所造成的财产损失给予经济补偿的一种保险。它又称普通财产保险,包括单位(企业)的财产保险、家庭财产保险、工程保险、运输工具保险和货物运输保险等。

(二)责任保险

责任保险是以被保险人可能的民事损害赔偿责任为保险标的的一种保险。无论是法人还是自然人,在进行业务活动或日常生活中,都有可能因疏忽、过失等行为而导致他人遭受损害,责任保险就是承保这种风险的。风险事故发生时,被保险人依法对他人负有赔偿责任,保险人对此在一定的限额内予以经济补偿。责任保险可单独承保,也可与其他险种责任综合在一起承保。单独承保的险种主要有:公众责任保险、雇主责任保险、职业责任保险和产品责任保险等。

（三）信用保证保险

信用保证保险是以信用风险为保险标的的一种保险。保险人对信用关系的一方因对方未履行义务或不法行为（如盗窃、诈骗）而遭受的损失，负经济赔偿责任。信用关系的双方（权利方和义务方）都可投保。权利方作为投保人要求保险人担保义务方履约，称之为信用保险；义务方作为投保人要求保险人为其提供担保，称之为保证保险。

（四）人身保险

人身保险是以人的寿命或身体作为保险标的，对被保险人死亡、伤残、疾病、年老丧失劳动力或生存到约定的时点由保险人给付保险金的保险。保险金额一般可根据被保险人的经济生活保障需要和投保人的缴费能力来确定，保险人对某些险种的保险金额也有一限制，以控制道德风险。人身保险主要包括人寿保险、人身意外伤害保险和健康保险等。

六、按照保险精算技术分类

按照保险精算技术的差异，保险可分为人寿保险与非人寿保险。

人寿保险适用寿险精算方法，与其他保险不同，它依据生命表和预定利率，可以精确计算纯保费、准备金，解决与之相关的精算问题。而寿险以外的保险适用非寿险精算方法，其保费计算有赖于损失分布的确定。传统的方法主要依据过去的保额损失率计算保费。稳定性相对较差。国际上常常按寿险与非寿险分别统计保费，以衡量一个国家或地区的保险业发展水平。

七、按照风险转移方式分类

按照风险转移的方式不同，保险可分为原保险、再保险与共同保险。

原保险是指投保人与保险人之间直接签订保险合同而订立的保险关系，故又称直接保险。再保险是指保险人对自己所承担的风险责任，为避免过于集中而因一次或若干次重大灾害事故影响自身的财务稳定性，将其所承保的一部分转移给其他保险人的经济行为。原保险是再保险的基础，只有将其自身承保的风险责任向其他保险人投保才构成再保险。原保险是风险的第一次分散，而再保险是风险的第二次分散。

共同保险是保险的一种特殊形式，它是指几个保险人共同承保同一保险标的，共同与投保人签订一个保险合同的保险。再保险通常是针对原保险来说的，但共同再保险形式在国际保险市场上也日渐普遍。另外，有学者认为保险双方共同分摊损失的保险也是共同保险，例如健康保险中保险双方按比例分摊损失。不足额保险则视同被保险人与保险人共同保险。

第三节　保险基金

一、社会后备基金

人们对付风险的基本方法之一是建立后备基金，即通过社会总产品的分配，形成专门的基金，对社会经济损失进行补偿或为满足某种社会需要而进行给付，以保证社会经济生活的安定。后备基金主要有下列四种形式。

（一）国家后备基金。又称"集中形式的后备基金"。它包括国家储备与财政后备两种形式。国家储备包括由中央政府集中掌握的储备和地方政府掌握的储备。我国的国家储备包括：(1)国家物资储备，即与国计民生有重大关系的生产资料和生活资料的储备，如粮食、布匹、钢铁、燃料等，由政府设专门机构负责储备，政府直接调拨。国家物资储备分为当年储备和长期储备。前者是为满足当年临时追加的物资需要，解决严重自然灾害和重大意外事故造成的损失。(2)可供开发的重要矿藏资源储备。这是为了保证重要的矿产品供应不致中断,以免影响社会再生产的正常进行。(3)黄金外汇储备。财政后备是在国家财政预算中设置的,以保障财政收支的平衡。它由国家预算总预备费、周转金和年终结余等组成,其中总预备费包括中央和地方各级财政的预备费,是当年的机动费;周转金是为了平衡季节性收支,暂供周转之用的资金,年终要恢复原数;年终结余则是财政年度内财政收入大于财政支出的余额,转入下一年度机动使用。

(二)社会保障基金。这是根据国家立法,通过政府拨款、向劳动者及其所在单位征收以及面向社会募集而形成的基金,它由专门机构掌管,用以对贫者、弱者、残疾者实行救助,年老、疾病、失业、工伤和产期的劳动者进行给付,使之享有基本生活和健康保障,对全体公民普遍实施福利措施,以增进社会福利,从而实现全社会的安定,并使每个劳动者乃至全体公民都有生活安全感。社会保障基金包括社会保险基金、社会救助基金、社会福利基金、社会优抚基金等。

(三)自保基金。即"自保形式的后备基金",这是经济单位为保证经济生活的稳定而自行设立、自行弥补损失的一种后备基金。这种基金通常只用于弥补小额损失,以应付经济单位的一部分风险。这是因为:(1)单个经济单位的这种自保基金,其积累规模受自身财力的限制,因而不足以应付较大灾害事故所带来的损失,反之,如果想建立一笔足以应付其所面临的全部风险的后备基金,则基金从数量上与该经济单位全部资产的价值量相等,这势必会影响经济单位资金的循环周转,干扰正常的经济活动;(2)一个经济单位究竟要储备多大的自保基金为合适,这是难以把握的,因为其缺乏科学手段;(3)如果对与小额损失相联系的风险,经济单位均采用购买保险方式来转移,那是不经济的。因为这种保险业务手续繁琐,管理费用高,保险费也高。所以自保基金通常被作为保险基金的一种补充。经济单位对超过一定规模的风险，通过各种方式加以控制和转移（包括购买保险），对小规模的风险则通过建立自保基金来应付，即风险自留。

（四）保险基金。即“保险形式的后备基金”，这是通过商业手段建立，用以补偿特定风险事故所造成经济损失和用于特定给付需要的一种后备基金。这一基金由保险人组织、管理并执行经济补偿（给付）职能。保险基金的形成渠道有两条：一是开业资金，二是保险费，其中以后者为主。

保险基金通常是以各种准备金的形式存在的，故保险基金又称保险准备金。保险准备金有未到期责任准备金、赔款准备金和总准备金三种形式。

二、保险基金的特点

与其他几种后备基金相比，保险基金具有以下特点：

（一）产生条件的特殊性

从基金建立所依赖的条件看，保险基金有别于其他后备基金，各种后备基金有着共同的自然基础和物质基础，即风险和剩余产品的存在，但又有各自所依赖的特殊条件。其中国家后备基金的建立，是通过国家权力来实现的；社会保障基金的建立，是以国家关于社会保障的立法为依据的；自保基金的建立，是以个别经济单位对其所创造剩余产品的一定程度的支配权为必要条件的。而保险基金的建立，则以商品经济的相当发达为必要条件，以投保人自愿缴纳的保险费为主要来源，并通过订立保险合同来实现。

因此，保险基金是各种后备基金中发展最晚，而最具有现代经济色彩的一种。

（二）来源的广泛性和分散性

从基金的筹集来看，保险基金主要是由众多投保人向保险人缴纳的保险费集合形成的，来自千家万户，因而具有广泛性和分散性。这一过程中，投保人缴纳保险费是出于自愿，投保人与保险人在平等的基础上进行等价交换，这不同于其他后备基金的筹集。事实上，国家后备基金由财政预算安排，自保基金则由经济单位自行提取，这都是单方面行为而不涉及第二方；社会保障基金是通过政府拨款、政府向劳动者及其所在单位征收及向社会募集，其中政府征收行为带有一定的强制性。

(三)专项性、返还性和增值性

从基金的管理和使用来看，保险基金具有专项性、返还性和增值性的特点。保险基金有特定的用途，即仅用于保险参加者，这明显地区别于国家后备基金和自保基金。由于险种和险别的不同，承保对象、承保责任、赔付办法、赔付数额因此有异，从而各类保险基金要分别管理、专项使用。例如寿险与非寿险、原保险与再保险等。各类保险基金要单独立账、分别管理。同时，无论哪一类保险基金，都以损失期望值来设计规模，保险人只是这笔基金的管理者，因此保险基金最终必须返还给被保险人(受益人)。需要注意的是，这种返还性是从整体上讲的，即保险基金来自千家万户所缴的保险费，但得到保险金补偿的只能是少数遭遇保险事故的人，这也与国家后备基金和自保基金不同。至于保险基金的增值性，比其他各种后备基金表现得更为突出，这是因为：(1)保险的商业性决定了对资金效益的追求；(2)当代保险中有些险种和险别尤其是人寿保险，本身就具有投资性质，要求保险基金增值；(3)当代保险业的激烈竞争往往导致保费收入低于赔款支出，而对于这种超支的弥补，乃至公司的最后盈利，主要依赖于保险人对保险基金的资金运用成果。

三、保险基金的运动

分析保险基金的运动，可以从不同角度出发。按业务特点不同，保险基金运动有寿险与非寿险基金的运动；从个别资金运动看，有保险基金的循环与周转；从社会总资金的运动看，有保险基金的总体运动。

(一)寿险与非寿险基金的运动

1. 寿险基金的运动是指寿险基金的筹集、运营和支付各环节周而复始的过程。寿险的特点有二:(1)保险期限较长;(2)保险费的缴付多数按年、季、月分期进行。险种不同,其保险基金运动亦有别。

先看生存保险。设一组人同时购买n年期生存保险,在保险期间逐渐有人死亡,则缴保费的人数随之减少,各期缴费总额因此逐渐下降,但由于期满之前不发生给付,不断累积的保险基金完全处于闲置状态,直到保险期满才发生给付。如果采用一次性给付方式,保险基金在期满之时全部付出;如果采取分期给付方式,各期给付金额随被保险人在给付期内逐渐死亡而下降,到给付期满给付完毕。处于闲置状态的保险基金可用于投资。因此,保险期内的保险基金可用于投资,分期给付方式下给付期内的部分保险基金也可用于投资。从动态上看,每一时刻都有保险基金的注入和给付的流出,形成部分长期闲置资金,这部分则可作长期投资之用。

再看死亡保险。对一组被保险人来说,不论参加保险之初的实际年龄如何,在保险期间,其死亡的可能性是逐年上升,所以,一方面缴费人数逐年减少,各期缴费总额随之下降,另一方面死亡人数逐年上升,各期给付总额随之增大。在保险期满之时,累积的保险基金总额与累计的给付总额达到平衡。此间有部分资金处于闲置状态,可用于投资。从动态上看,每天都有保险费收入,同时每天都有保险金的给付。保险费收入随业务扩大而上升,保险金给付随保险业务的扩大也上升,但一般情况下慢于保费的上升,所以形成长期处于闲置状态的部分基金可用于长期投资。

此外,生死两全保险是生存保险与死亡保险的混合,其保险基金的运动兼具前两种保险基金运动的特征。在保险初期,全体投保人均缴纳首期保费;保险期内,随着死亡率逐渐上升,各期保险费收入随之减少,而保险金给付相应增加;保险期满时,累积的保险金大于期内保险金给付总额，其差额要足以保证对生存的被保险人的给付。保险期内有一部分保险基金处于闲置状态，可用作投资。从动态上看，保险基金的注入和流出是不间断的，保险基金中总有一部分长期处于闲置状态，这部分可用于长期投资。

2. 非寿险基金的运动是指非寿险基金的筹集、运营和支付各个环节周而复始、不断重复的过程。非寿险的特点有三：(1)保险期限较短，一般不超过一年；(2)期初一次性收取保险费；(3)保险期内保险事故的发生完全随机。就个别保险关系而言，投保人在期初缴纳一笔保险费，如果保险期内发生保险事故，则被保险人可以得到一笔与损失相当、却远远大于投保人所缴保费的保险金；如果在保险期内没有发生保险事故，则投保人已经缴付的保费不是退还而是归入保险基金，用于对其他遭遇保险事故的被保险人的补偿。这一过程得以实现，需要一个前提，即投保人要充分多。只有这样，才能使建立的保险基金足以保证在整个保险期内因保险事故发生而对被保险人进行补偿的需要。

从动态上看，每一时点上都有保费收入和保险金的赔付支出。一般情况下，保险费的收入随保险标的增加而增加，同时保险人承担的保险责任也随之增长。由于实务中的各期保险责任是重叠的，故赔款支出的增长与保费收入的增长大体同步，所以在任一时期，保险基金在满足该期发生的赔款需要之后，一般有余额存在，以承担未满期的保险责任。

前已指出，处于准备状态的保险基金分成三部分。其中总准备金在发生巨灾损失之前，长期处于闲置状态；未到期责任准备金因责任期长短不同，故总有一部分在相当长时间内处于闲置状态；部分赔款准备金的最后处理，有时也会拖延一段时间，从而参与资金积累。这些闲置的部分保险基金，可以用于投资。

(二)保险基金的循环与周转

保险基金的循环，是指保险基金在收付过程中各种形式依次经过各个不同阶段的运动过程。我们知道，在社会再生产过程中，资金要依次经历货币资金、生产资金和商品资金三种形态，最后回到货币资金形态，从而完成一次循环。假定保险期间等于资金循环一次所需时间，在期初，生产者用货币资金的一部分购买保险，即缴纳保险费，由此形成保险基金，处于责任准备状态。如果在保险期内生产过程的任一环节发生保险事故，保险人都必须用保险基金补偿其损失。生产过程结束，资金循环到终点，保险基金也支付完毕。随着下一次资金循环的开始，保险基金也重新运动。因此，保险基金完成一次循环经历三个阶段：收集保费、责任准备、赔款（给付）支付。

保险基金的循环有以下特征：(1)以风险事故或满期给付发生的必然性为依据；(2)以保障社会资金循环运动的连续性和继起性为目的；(3)在循环过程的三个阶段，保险基金经历保险费、责任准备金和赔款（给付）三种形态，其中由保险费向责任准备金的转化具有确定性，由责任准备金向赔款的转化则因保险事故发生的随机性而具有不确定性；(4)责任准备金有三部分，其中未到期责任准备金和赔款准备金在本次循环中逐渐转化为赔款，即被注入社会资金运动，而脱离保险基金的运动，而总准备金则要从本次循环转到下次循环，准备补偿巨灾损失，所以除了总准备金之外，两次循环之间保险基金的运动会出现一个间断。此外，保险基金运动中，还包含有投资基金的循环。一部分闲置的准备金，以投资的形式，参与社会再生产过程发挥资本的作用。

保险基金的周转是指把保险基金的循环作为周期性的过程来看所呈现的周而复始的过程。保险基金的周转时间，包括保险费缴纳时间和保险金给付时间。关于保险基金的周转，我们分三种情况来讨论。

1. 寿险保险基金的周转，其特征是周转时间长。先看生存保险，其缴费期一般很长，通常有十几年甚至几十年，而其给付往往在缴费期结束后开始。采用一次性给付方式时，保险基金的周转时间与缴费期相等；采用分期给付方式者，给付期可能很长，而周转时间则可能更长。死亡保险的保险缴费与保险给付同在保险期间发生，其保险基金的周转时间等于保险期间。生死两全保险的保险基金周转时间与生存保险基金的周转时间相同。

2. 非寿险保险基金的周转。非寿险的保险期限一般不超过一年，保费通常在期初一次缴纳，保险赔款在保险期内随保险事故的发生而发生。因此保险基金的周转时间等于保险期间。

3. 总准备金的周转。总准备金的周转时间由积累时间和赔款支出时间这两部分构成，由于总准备金长期处于备用状态，只有发生巨灾，总准备金才被动用，投入具体运动过程，然后重新开始积累，故总准备金的周转时间取决于巨灾的出现周期及相应的损失程度。因此总准备金的周转时间具有不确定性，但一般来说是比较长的。

（三）保险基金的总体运动

保险基金的总体运动，是指从社会资金总运动的全局来研究保险基金运动所呈现的状态。

保险基金的总体运动，一方面表现为保险费从社会生产和生活领域源源不断地流出，汇集成巨额的保险基金；另一方面表现为保险基金执行偿付职能，其一部分又源源不断地流回到生产和生活领域，满足各种保险事故所产生的经济补偿需要。与此同时，一部分暂时闲置的保险基金，以投资方式进入社会生产生活领域，从而扩大社会生产规模和消费规模，并且由此带来的投资收益，也使保险基金自身的规模得以扩大，作为连续过程，社会生产不断向前发展，社会生活水平不断提高，从生产和生活领域流出的保险费不断增多，保险基金的规模也不断扩大了，相应地流回社会生产生活领域的保险基金也不断增多；伴随保险基金规模的扩大，保险投资规模不断增大，带来的收益不断增多，保险基金进一步得到充实。

第四节　保险的职能与作用

一、保险的职能

保险的职能即保险所特有的社会功能，这是由保险的本质所决定的，因而保险的职能是保险本质的体现。保险的职能并非一成不变，随着生产力和生产关系的发展变化，原有的保险职能不仅不会消失，而且还会派生新的职能。因此，保险的职能分为基本职能和派生职能。

(一)保险的基本职能

保险的基本职能即保险的固有职能，这是保险在一切经济形态下所具有的职能，指积聚保险基金，对约定保险事故的发生，向被保险人或受益人支付保险金，简言之，即经济补偿或给付职能。

保险的基本职能是保险得以产生和发展的内在根源。经济补偿是建立保险基金的目的，也是保险产生和发展的原因。自然灾害和意外事故的客观存在，使社会再生产过程面临着风险，一旦风险事故发生，社会再生产过程就受到破坏(其特征是经济损失形成)，为了保持再生产过程的稳定，就需要对这种经济损失进行补偿。保险便是为适应这种需要而产生的。事实上，当社会生产处于初级阶段，出现剩余产品以后，人们便开始采取一些类似现代保险的行为，来补偿因自然灾害和意外事故所造成的经济损失，接着为保障人们因意外伤害和疾病等引起的需要，或者生存到一定年龄段生活上的需要，类似人身保险的各种互助行为也出现了。后来随着社会生产的进一步发展，特别是商品经济的相当发展，社会财富迅速增加，风险也相应集中，客观上要求补偿方法进一步完善。经营保险是有利润的，这一“秘密”被商人们发现，是现代商业保险产生的原动力，而在这之前的保险均为原始的保险范畴，是一种纯粹的互助行为或国家行为。由此可见，保险从来就是一种经济补偿行为。

保险的基本职能在现代社会的商品生产和流通过程中体现得更为明显。随着科学技术的发展，生产规模日益扩大，各种风险因素随之增加，一旦发生风险事故，造成的损失往往十分惨重。这时，仅仅依靠单位自保，显然无济于事。因此，组织经济补偿在客观上已十分必要。国家后备基金只能承担对影响到国计民生的重大事故损失给予适当经济补偿，而不可能将全社会各经济单位或个人的灾害事故损失完全包下来；银行的信贷资金也可用于经济补偿，但它是根据有借有还的原则，用于商品流转过程中的资金需要，不能无偿地长期占用；单个经济单位（含个人）提留的自保基金，规模数量有限，不足以应付重大损失。相比之下，保险基金的经济补偿是最有效的。

现代保险的经济补偿或给付，包括以下几方面具体内容：(1)补偿被保险人由于自然灾害和意外事故所造成的经济损失；(2)对被保险人在保险期间发生人身伤亡或生存到保险期满，给付保险金；(3)承担被保险人依法应负的民事赔偿责任；(4)商业信用和银行信用的履约责任。

（二）保险的派生职能

1. 融资职能

保险的融资职能，是指对保险基金的暂时闲置部分，以有偿返还方式重新投入社会再生产过程。

在保险经营过程中，始终存在着一笔处于闲置状态的保险基金。在商品经济中，运动是资本的固有属性，实现价值增值是资本的职能，因此将处于闲置状态的那部分保险基金（保险资本）投入社会再生产过程，则是资本自身的内在要求。

保险基金投入社会再生产过程，有两种方式：一种是保险公司直接运用，另一种间接运用即把保险基金全部存入银行，由银行作为储蓄存款加以运用。这两种方式都使部分保险基金有条件地转为积累基金，因此从宏观上讲，它们具有相同的效果。但是，作为以营利为目的的保险公司，从自身的经济利益出发，总是愿意采用直接运用的方式。

需要注意的是，保险的融资职能是由其基本职能——经济补偿或给付职能派生的，保险基金的运用是以保证偿付为前提的。因此保险基金的运用应当坚持安全返还原则、盈利性原则和流动性原则，这是由保险业的特点所决定的。

2. 分配职能

保险的分配职能，是指保险参与一部分国民收入的再分配。保险的经营活动主要是筹集和使用保险基金。通过向投保人收取保险费而建立的保险基金，实际上是用货币形态表示的一定量的社会产品，它与其他形式的后备基金相互配合，履行对遭遇保险事故而受到损失的被保险人的经济补偿与给付责任。由于保险费是全体投保人缴纳的，而最后从保险公司获得经济补偿与给付的只是满足保险条件的一部分人，故这一部分社会产品就以保险公司为中介，在保险参加者之间进行了一种再分配，这种分配的完成，也就是经济补偿与给付的实现。

3. 防灾防损职能

保险的防灾防损职能是指保险人介入防灾防损活动。保险的这一职能体现了保险双方的共同利益。从广义上说，防灾防损是全社会的共同任务，而且社会上还有专门的防灾防损职能部门，如公安消防、生产安全、交通安全、劳动保护、防震、防汛、防洪部门等。保险公司加入这一行列，这是由保险经营的特点决定的：(1)保险经营的大量业务都同灾害有关，因此积累了丰富的防灾防损工作经验，比如对各类事故的原因和损失情况都有分析、研究和统计资料，这不仅为改善保险企业经营管理提供了科学依据，而且使保险公司有积极参与防灾防损工作的责任。(2)搞好防灾防损，是保险公司把社会效益与经济效益相结合的最有效途径。防灾防损搞好了，保险事故就会减少，保险赔付也随之减少，保险公司的经济效益则因此提高。同时，防灾防损使被保险人乃至整个社会减少因灾害事故造成的损失，有益于社会。保险的防灾防损职能已日益受到人们的重视，并发挥出越来越重要的作用。

（三）关于保险职能的学说

保险学界关于保险的职能有多种学说，主要有以下几种。

1. 单一职能论。主张经济补偿是保险的惟一职能。其理由是：经济补偿是建立保险基金的根本目的，也是保险产生和形成的原因，在社会再生产过程中，存在着风险事故对生产力的破坏与怎样筹资维护生产力的矛盾，保险则通过经济补偿恢复生产力从而解决这一矛盾。保险公司通过收取保险费建立保险基金，其目的既不是为了投资，也不是为了积蓄，而是为了组织弥补被保险人的经济损失。

2. 二元职能论。它与保险性质“二元说”相应。该学说认为，从财产保险的角度看，保险具有经济补偿的职能；从人身保险的角度看，保险又具有保险金给付的职能。其理由是：经济补偿职能只适用于财产保险，因为此类标的都可现实地估价；而人身保险的标的是人的生命和生理机能（或劳动能力），这是不能用金钱来衡量其价值的，因此在人身保险中，对于人的劳动能力受到破坏、死亡或生存到一定年龄时，保险人对于被保险人（或受益人）的保险金给付，不能认为是对人的价值的补偿。事实上这种给付不是基于现实的估价，而是取决于被保险人经济生活的需要和支付保险费的能力。

3. 双重职能论。认为保险有经济补偿职能，同时还有分散风险的职能，且这两个职能是相辅相成的，分散风险作为处理风险事故的技术手段，只是保险经济活动所特有的内在功能，而经济补偿作为积极体现保险行为内在功能的现实表现形式，是保险经济活动的外部功能。分散风险只是处理风险的手段，并不能避免风险事故的发生，所以要使分散风险的措施实现，必须基于科学的计算，在最广大的范围内筹集后备基金，以备进行经济补偿。同样，如果没有保险公司在最大范围内扩大承保面，将所承担的风险责任科学地分散，保险的经济补偿则不能顺利实施。

4. 多元职能论。认为保险有多种职能，具体看法又有不同．(1)主张分散风险和补偿损失是保险较为低级的职能，现代保险还具有积累资金、融通资金等较为高级的职能；(2)主张把保险职能与保险公司职能相区别，提出分散风险和补偿损失是保险永恒的职能；而保险公司作为商品经济条件下的产物，其职能要打上商品经济的烙印，如融资等；(3)主张保险在一切社会形态下的基本职能为分散风险和组织经济补偿，而在不同经济体制下保险还有不同的其他职能。

二、保险的作用

保险的作用是保险职能实现的结果，是保险职能在国民经济中所产生的社会效应。保险职能的发挥对全社会，对国民经济总体所产生的经济效应，就是保险在宏观经济中所起的作用；保险作为经济单位和个人风险管理的财务处理手段，其所产生的经济效应，体现了保险在微观经济中的作用。

(一)保险在宏观经济中的作用

1. 保障社会再生产的正常进行

社会再生产过程由生产、分配、交换和消费四个环节组成，它们在时间上是连续的，在空间上是并存的。自然灾害和意外事故的发生，使得社会再生产各环节之间的连续性可能被迫中断，一个企业的受灾，还将影响社会再生产过程的均衡发展。保险作为一种处理风险的技术，能有效、及时、迅速地对这种中断和失衡起到修复作用，从而保证社会再生产的连续性和稳定性。

2. 有助于财政收支计划和信贷收支计划的顺利实现

财政收支计划与信贷收支计划是国民经济宏观调控的两大方面。对于资金运动来说，物质资料的生产、流通与消费是第一性的，所以，财政和信贷所支配的资金运动首先决定于生产、流通和消费。严重的自然灾害和意外事故的发生，都将造成财政收入的减少和银行贷款归流的中断，同时还要增加财政和信贷的支出，从而给国家宏观调控带来困难。企业通过保险，使灾害事故所造成的财产损失得到保险补偿，有利于企业尽快恢复生产，银行贷款也能得到及时的清偿。因此，保险对财政收支平衡和信贷收支平衡起着保障作用。

3. 有利于对外贸易的发展

在国际贸易中，保险已成为必不可少的一个环节。无论是进口商品还是出口商品，都必须办理保险，保险单是国际结算的必备文件之一。另一方面，一些特殊保险业务的发展，如出口信用保险等，给对外经济贸易提供了强有力的保障，有利于对外经济合作和技术的发展。

如果一个国家或地区具有发达的保险市场，在对外贸易的相关保险业务方面具有优势或强大的竞争力，那么，通过开拓和发展外贸保险业务，将为本国或本地区赚取保险外汇收入，有助于增强国际支付能力。

4. 积聚资金，扩大积累规模

一定时期的国民收入，经过分配和再分配形成积累基金、消费基金和后备基金三部分。其中消费基金被用于生活消费，积累基金要返回社会再生产过程，用于扩大再生产，后备基金用于补偿各种经济损失。前已指出，后备基金中有一部分处于闲置状态，经过保险人的资金运用(包括存入银行)，这部分资金又都返回到社会再生产过程。这是对积累规模的间接扩大。

5. 有利于科学技术向现实生产力的转化

在各种经济活动中，采用新技术将具有更高的劳动生产率。商品竞争从最初简单的价格竞争，向着商品技术含量方面竞争发展。商品价值中，技术附加价值的比重越来越大。但是，新技术的采用，对于生产企业来说将面临新的风险，新技术的开发以及应用于生产过程，或被产品成功吸收等过程，都具有一定的风险。保险为企业开发新技术、新产品以及使用专利提供保障，从而促进科学技术推广应用。

（二）保险在微观经济中的作用

1. 有利于企业经营活动的连续与稳定

生产经营活动中，自然灾害和意外事故是客观存在的，不可能完全避免。企业总是面临着各种不同风险，因此要进行有效与适当的风险处理。保险作为处理风险的一种技术，具有及时、合理补偿的特点。通过保险，将企业面临的部分风险转移给保险人，一旦发生合同约定的灾害事故致使生产经营活动受到影响，甚至中断，保险人将对保险事故所致损失进行补偿，以使企业尽快恢复正常生产活动，同时也减少企业的间接损失。

保险作为企业风险管理的财务手段，能够把企业面临的不确定的巨额损失，转化为固定的、少量的保险费支出，保证企业的经营稳定性。如果企业不购买保险，那么为了应付可能发生的灾害损失，防止严重影响生产经营活动，就需提取一笔风险准备金，并且这笔风险准备金不能投入到生产中去。因此，这种自保型的风险处理手段，具有很大的局限性。

2. 有利于企业加强风险管理

保险具有防灾防损的职能。将这一职能充分发挥，不仅可以使保险公司提高经济效益，而且能大大促进全社会的防灾防损工作，减少各种灾害损失，造福社会。

保险公司的防灾防损有以下几种工作方式：(1)在保险合同条款中，规定投保人和被保险人的防灾防损责任。例如：投保人和被保险人应当遵守国家有关部门制定的消防、安全、生产操作和劳动保护等有关规定，维护劳动者和保险财产的安全。保险人还可以对保险财产的安全情况进行检查，发现不安全的因素，及时提出合理的改进建议，投保人或被保险人应及时采取措施消除之。否则由此引起保险事故所造成的损失，保险人不予负责。(2)利用费率杠杆，促进被保险人的防灾防损工作。例如，机动车辆保险的无赔款续保优惠，对于出险率较高、赔付率较高的车主则要提高费率。(3)建立防灾基金，拨给有关部门增设防灾设备，开展防灾宣传，以增加社会防灾力量。

3. 有利于安定人们的生活

城乡居民生活的安定，是整个社会得以安定的基础，保险在这方面有着重要作用。城乡居民个人所有的生活资料，可以通过参加家庭财产保险获得保障；人的伤、残、病、亡给个人及家庭造成经济上的困难，可通过事先参加人身保险来解决；因民事损害责任造成第三者人身伤亡或财产损失，可通过参加责任保险而使受害者的经济利益得到保障。

第五节　保险的起源和发展

一、保险产生发展的条件

(一)自然灾害和意外事故的客观存在是保险产生发展的自然基础

自然灾害和意外事故的客观存在，决定着风险的存在。人类是在认识自然、改造自然的过程中成长起来的，然而人类对自然的认识是无穷尽的，人类对于自然的改造则是相对的，因此自然灾害的存在是客观的并将是永久的。人类对自然的每一种正确认识和有益的改造，都使自然灾害对人类的威胁得以减轻，人们面临的风险因此减少，但同时人类对自然的任何一种错误认识和有害行为，则必然招致自然对人类的惩罚，使得人们面临更大的风险。而且一项有益的自然科学成果，也常常伴有其消极的因素。另一方面，人类社会是十分复杂的，从宏观看，由于经济、政治、文化和技术等方面的原因，意外事故总是不可避免，使人们陷于风险之中。

一旦风险事故发生，人们所遭受的损失，有物质方面的，也有精神方面的，而且常常使物质生产过程的连续性遭到破坏，社会生活陷于不安定状态。人类对付风险的办法，主要是从两个方面来进行的。一是采取各种措施来防止风险事故的发生，降低风险事故发生的概率，缩小损失规模。在物质技术方面，有修堤、筑坝、安装避雷针等；在管理方面，有制订交通规则、配备防火设备、安装防盗门之类；在社会与政治方面，通过对话和沟通，增进理解，化解矛盾和敌对情绪，通过各种有效途径改善人们的心理素质和心理状态等等。二是建立后备基金，在风险事故发生时，对损失及时进行补偿，使物质生产过程和社会生活秩序尽快得到恢复。而保险便是组织后备基金的有效机制之一。因此，风险的客观存在，即自然灾害、意外事故的客观存在，是保险产生和发展的自然基础。所以保险学界有一句名言："无风险，无保险"。

（二）剩余产品的存在是保险产生发展的物质基础

精神方面的损失通常是难以补偿的，这也不是保险学科所研究的。而物质财富的损失，则要用物质财富来补偿。显然，只有当存在可供补偿用的物质财富时，这种补偿才有可能实现。而可供补偿的物质财富，只有超额生产才能产生，即社会生产出来的产品，在满足简单再生产和基本生活需要后，尚有剩余。因此，这种剩余产品的存在，是物质损失补偿得以实现的前提。在原始社会，生产力非常低下，人们劳动的果实仅仅能维持眼前生活，自然不可能建立什么物资后备。只有到了原始社会末期，完成了第一次和第二次社会大分工，生产力有了发展，产品有了剩余，这时生产者才有可能把剩余产品积存起来，以备日后生活发生困难时用。

由此可见，剩余产品的生产和增多，是建立实物后备的基础，因而也是保险产生和发展的物质基础。

（三）商品经济是保险产生和发展的经济条件

随着生产的发展，商品交换活动日益频繁，社会第三次大分工出现了商人。同时，比较发达的地区形成了为交换服务的市场。在商品交换过程中，充当一般等价物的特殊商品——货币应运而生。于是开始有了货币形式的后备，而货币后备则是保险基金的一般价值形态。

然而，保险的形成，特别是现代商业保险的形成与发展，还有赖于商品经济的进一步发展。

第一，保险是一种商业活动，表现为保险人与被保险人关于保险保障这种特殊商品的交换，而这种交换得以进行，须以保险作为一种独立的职能部门，从社会生产过程中分离出来为前提，因此，保险的形成是社会细分工的结果。

第二，保险商品交换必须按等价交换的原则进行。就被保险人而言，要求自己所付出的保险费与自己所转移出去的风险相适应，另一方面，保险人则希望所收到的保险费与所接受的风险责任相一致。在现实经济生活中，这种等价交换的要求，需要通过价值规律的作用在保险市场上得到实现。

第三，保险基金的形成必须有大量风险单位的集合。而这种集合，在自给自足的自然经济下是无法实现的，只有在商品经济有了相当的发达，生产者之间在广大地域上结成了普遍的经济联系时，才有可能。

社会分工、等价交换和生产的社会化构成了保险形成的必要的社会经济条件。事实上，伴随着封建社会向资本主义社会的历史性过渡，保险资本逐渐从产业资本中的后备资本形态脱离出来，经历了较长的历史时期，保险才由古代的那些风险分散方法和互助组织发展成现代商业保险。

二、古代的保险思想

风险自古就有，因而人类对付风险的办法亦自古有之。

大概在公元前5000年之前，幼发拉底河流域的巴比伦，商业活动已经相当发达。商人雇用推销人员到国外从事贸易活动。商人的货物与金钱托付推销人，推销人则以自己的财产和妻儿作担保。后来，由于盗贼横行，许多推销人在货物或金钱被抢劫之后，还不得不忍痛舍弃妻儿。为改变这一状况，商人与推销人达成协议：万一钱货被劫，而推销人并无串谋或疏忽，在他回来说明真相之后，即可免责。这种方法当时长期为全巴比伦区域所采用。在公元前2250年左右编纂的汉穆拉比法典中就有这种条款的规定。此后这种方法被传到腓尼基，广泛用于各种海上贸易，后来又由腓尼基传至希腊及其他地方。此外，汉穆拉比法典中还有关于类似火灾保险的规定，巴比伦国王命令僧侣、官员和村长向居民征税，以筹集火灾及其他天灾的救济基金。

在公元前4500年左右的古埃及一项文件中记载：当时石匠中盛行一种互助基金组织，通过收缴会费来支付会员死亡后的丧葬费用。

在古希腊，盛行一种团体，聚集有相同观点的政治、哲学或宗教信仰的人或同一行业的工匠入会，每月缴付一定的会费，当参加者遭遇某种不幸时，即由该团体给予救济。

在古罗马历史上也曾经出现过丧葬互助会的组织，其中有一著名的"拉奴维姆丧葬互助会"，参加者交付一定金额入会，当会员死亡时，由丧葬互助会支付焚尸所用的柴火及建立一座坟墓的费用。后来又扩展到对其遗属给付救济金。古罗马帝国的士兵中也有一种团体，士兵缴纳会费，当他调职时，可以领到旅费；终止服役时，可以领回本金；死亡时，家属可以得到一笔抚恤金。

另外，在印度、以色列、巴勒斯坦等地也有许多类似的故事。

中国古代有丰富的原始保险思想与实践。在赈济方面，《周书》有记载："国无三年之食者，国非其国也；家无三年之食者，家非其家也，此谓之国备。"与此思想相联系，西周已建立后备仓储，春秋战国时代逐步形成一套仓储制度，汉文帝时首次建立比较成型的积谷防饥措施——“常平仓”制度，隋文帝建立的“义仓”制度和“官仓”制度则一直延续下来。

在货物运输方面，“公元前三四千年，中国商人即能运用保险基本原理，从事于货物水运。当时扬子江上的帆船商人，冒生命与财产危险，扬帆运货于激流之中。体会老祖母不把鸡蛋放置在一个篮子中提带的道理，同样不将个人全部货物集放一船以分散风险。这种分散与分担风险的方法，实即现代保险的原理与基础”。(美国查尔逊教授语)这一方法在川江盐斤运输和东北漕船等方面得到长期的运用。

此外，约从 14 世纪明朝的永乐年间开始，出现负责押运货物和安全保卫的镖局。商人请镖局护送货物，其货物须经镖局检验并分级，确定相应的价格(运输费和保险费)。镖局收费后签发镖单，货达目的地后由收货人按镖单验收，并在镖单上签注日期，加盖印章，交护送人带回。如果货物被劫，镖局对所保运的货物要按市价赔偿。这实际上起到了一定的经济保障作用。

三、海上保险的起源与发展

(一)共同海损与海上借贷

一般认为，共同海损是海上保险的萌芽，海上借贷则是海上保险的前身。

1. 共同海损

公元前 2000 年左右，地中海一带已有广泛的海上贸易活动。由于海上风险多，那时，航海贸易被认为是一种冒险。在漫长的海事冒险活动中，人们逐渐形成了解除船货共同危险的一种习惯做法，即当船舶遇到海难时，为救人救船的需要，可由船长作出决定将一部分货物抛弃入海，以减轻船舶负担，轻载续航。因抛弃所引起的损失，由获益的全体船货各方进行分摊。这项“一人为众，众为一人”的原则即共同海损分摊原则，有力地促进了海上贸易的发展。公元前 916 年，罗地安海商法采用了这一原则，并正式规定：

“凡因减轻船只载重而投弃入海的货物，为全体利益而损失者，须由全体分摊归还。”通常认为，共同海损是海上保险的萌芽。

2. 海上借贷

早期的海上借贷产生于公元前8世纪至公元前7世纪之间。当时，由于海上运输风险极大，船主或货主的资金周转较为困难，往往在开航前向资本主借得资金，并约定：如果船舶、货物在航海中遭遇海难，可根据损失程度免除债务的全部或部分；如果船舶、货物安全到达目的地，则偿还本金及利息。由于资本主承担了船舶航行的风险，因此其利息比一般借贷要高得多。这种高出一般利息的部分，具有现今保险费的性质。故海上借贷被认为海上保险的前身。

12世纪以后，一种特殊的借贷方式逐渐产生，称之为冒险借贷。冒险借贷实质为古代海上借贷的变形。船主或货主接受资本主的高利贷，当船舶及货物安全到达目的地，即须偿还本金及利息；若中途船货蒙受损失，则可按照损失程度，免除债务的全部或部分。其借贷利息极高，约为本金的1/4至1/3。与古代海上借贷不同的是，冒险借贷在海上遭遇损失时，仍应支付利息。因此，其风险转嫁功能更强。

由于冒险借贷利息太高，后被教会禁止，于是产生了无偿借贷。所谓无偿借贷，是指在航运开始前，资本主以借款人的身份，名义上向船主或货主借入一定款项，如果船货安全到达目的地，资本主不负偿还借款的义务，如果船货中途受损，资本主须偿还借款。无偿借贷的借贷关系和偿还条件，与冒险借贷完全相反。该制度与现代保险制度十分相似。当发生风险事故，偿还金额相当于保险金。

以后，无偿借贷又逐渐演变成假设买卖。假设买卖中，事先订立买卖合同，规定：如果船货安全到达目的地，合同无效；如果船货中途受损，买卖成立，由资本主支付一定金额给船主或货主。这部分金额相当于保险金。至于风险负担费，在订立合同时以定金名义支付给资本主。假设买卖实质与损失补偿合同没有差别。

（二）意大利是近代海上保险的发源地

1182 年，犹太人就开始经营海上保险以维护其财产。但是，海上保险以现代形式出现，则是从意大利的伦巴第、佛罗伦萨、热那亚等城市开始的。11 世纪后期，意大利商人控制了东方和西欧的中介贸易。伦巴第商人因代教会征收和汇划各地缴纳的税款而控制了欧洲大陆的金融枢纽，他们还从事海上贸易，并于 1250 年左右开始经营海上保险。起初，海上保险是口头缔约，后来出现了书面合同。世界上现存最古老的一张保险单是一位名叫乔治·勒克维伦的热那亚商人，在 1347 年 10 月 23 日出立的船舶保险单。这张保单实际上是一张无偿借贷合同，规定船舶安全到达目的地后合同无效。如果中途发生损失，合同成立，由资本所有人（保险人）支付一定金额，而保险费是在合同订立时以定金形式交给资本所有人的。保单还规定，如果船舶改变航道，则合同无效。但这张保单没有订明保险人承保的风险，因而尚不具备现代保险单的基本形式。到了 1397 年，在佛罗伦萨订立的保单，则已出现承保“海上灾害、天灾、火灾、抛弃、王子的禁制、捕捉”等字样。它已开始具有现代保单的形式。

随着海上保险的发展，保险纠纷相应增多，这要求国家制定法令加以管理。1468 年，威尼斯制订了关于法院如何保证保险单实施及防止欺诈的法令。1523 年，佛罗伦萨制定了一部比较完整的条例，并规定了标准保险单的格式。

意大利商人足迹遍及欧洲，伦巴第人早期住在伦敦与犹太人共存，经营海上贸易、金融和海上保险业务。到 1290 年犹太人被驱赶出英国后，伦敦的金融业就被伦巴第人所操纵。英王亨利四世专为他们划定居住区，即今日之伦巴第大街。直到伊丽莎白女王时代，由于种种苛刻的法令，伦巴第人无法继续经营，被迫离境。从英国以往使用的海上保险单条款中可以看到伦巴第大街的保单具有良好的信誉，可见伦巴第商人在现代海上保险中的重要历史地位。

(三)英国成为世界海上保险的中心

16世纪以后，海上贸易中心从意大利转移到英国，保险的中心逐渐移到英国伦敦。1575年，由英国女王特许在皇家交易所内设立保险商会，办理保险单登记和制订标准保险单和条款。1601年，女王伊丽莎白一世颁布了第一部有关海上保险的法律《涉及保险单的立法》，并规定在保险商会内设立仲裁庭以解决海上保险争议的案件。

17世纪的资产阶级革命后，英国逐步成为世界贸易和航运业占垄断优势的殖民帝国。1720年，伦敦保险公司和皇家交易所各向英国政府捐款30万英镑，从而取得了专营海上保险的特权，即政府禁止其他公司或商业团体从事海上保险业，这为英国开展世界性的海上保险提供了有利条件。1775—1783年，美国独立战争，1793—1815年，法国战争，海上风险增大，而此时伦敦市场相对安宁。1824年，英国撤销有关限制建立团体性保险公司的1720年法令，于是大量资金涌入伦敦保险市场，英国保险业出现了黄金时期。到1860年，英国有保险公司213家，1900年则发展到424家。

1756—1778年，英国上院首席法官曼斯菲尔德(Mansfield)收集了大量海上保险案例，经过20多年的努力，编制了一部海上保险法案，为以后的保险立法奠定了基础。1906年以此为基础的保险法案获得国会通过，此即著名的英国1906年《海上保险法》。这部法律在世界保险立法方面有相当大影响，其基本原则至今仍为许多国家采纳或仿效。

1688年，爱德华·劳埃德在伦敦泰晤士河畔的塔街开了一家咖啡馆，名叫劳埃德咖啡馆。由于地理之便，劳埃德咖啡馆成为人们交换航运信息，购买保险以及交谈商业新闻的场所。1691年，劳埃德咖啡馆从塔街迁至商业金融中心伦巴第大街，不久便成为船舶、货物和海上保险交易的中心。劳埃德咖啡馆于1696年9月开始出版每周三次的《劳埃德新闻》，着重报道海事航运消息。1734年，又开始出版《劳埃德动态》。

18世纪中叶，伦敦商业投机之风日盛，赌博保险(即无可保利益之保险)蔓延到劳埃德咖啡馆，一些保险商对此甚为不满，而当时的咖啡馆老板却安于现状。1769年3月21日，原为劳埃德咖啡馆侍者的托马斯·费尔廷在一批忠实主顾的鼓动下，在伦巴第街教皇胡同建立了新劳埃德咖啡馆，并继续收集海事情报，发行《新劳埃德动态》。1771年12月13日，79名新馆常客，包括商人、保险人和经纪人，决定另觅新址，专营海上保险。他们每人出资100镑，并经无记名投票选举产生一个委员会来管理这笔基金，负责策划乔迁。1774年，该委员会在皇家交易所租下房子并迁入办公。从此，专营海上保险的保险人组织——劳合社成立。1785年，位于伦巴第街的旧劳埃德咖啡馆破产倒闭，《新劳埃德动态》又恢复原名——《劳埃德动态》继续出版。1871年，英国议会通过法案，劳合社正式成为一个社团组织。起初的法令规定劳合社只能经营海上保险，1911年的法令取消了这一限制，允许其经营一切业务。

劳合社不是一个保险公司，而是一个社团，是保险人(或者说承保人)的一个社团组织。更确切地说，它是一个保险市场。它只向其成员提供交易场所及有关服务，本身并不承保业务。保险业务通过经纪人代找承保人，一般由经纪人填写一份投保单，递交给从事某种保险业务的承保组合，再由一个牵头的承保人确定费率并承保一定份额，其余份额由同一组合中的其他成员承保。经纪人还可与其他承保组合联系，直到承保人认足份额后，再送签单部签单。过去劳合社会员对其承保的业务一直采用无限责任制，近年来已改为有限责任制。劳合社由其成员选举产生的一个管理委员会来管理，下设理赔、签单、会计、法律、出版等部门，并且在100多个国家设有办事处。

在历史上，劳合社设计了第一张盗窃保险单，为第一辆汽车和第一架飞机出立保单。近几年又是计算机保险、石油能源保险和卫星保险的先驱。劳合社承保人的业务十分广泛，甚至可以承保钢琴家的手指、芭蕾舞演员的双脚、赛马优胜者的腿、演员的生命之类，但其特色是海上保险和再保险，这两方面，劳合社在国际保险界有着重要地位。

四、火灾保险、人寿保险、责任保险的起源与发展

（一）火灾保险

现代火灾保险是在17世纪中叶以后逐渐发展起来的。在中世纪，手工业者按各自的行业结成的行会对其会员遭到的火灾损失给予救济，这是相互保险社的开始。1591年，德国汉堡有酿造者组成的火灾救助协会，1676年，由46个协会合并，在汉堡市设立火灾保险局，这是世界上第一个公营的火灾保险公司。1718年，柏林市也设立了公营的火灾保险所。其后，德国各地陆续成立了同样的这种组织。

私营的火灾保险始于英国。1666年9月2日，由于皇家面包店烘炉过热引起一场大火，使伦敦市蒙受了极大的灾难。火灾持续五天，伦敦城的五分之四被毁，13200多户住宅和90个教堂被烧毁，20万人无家可归，惨痛万状。这场空前的灾难促使人们重视火灾保险。第二年，牙科医师尼古拉斯·巴蓬独资开办了一家专业承保火灾的营业所，开创了私营火灾保险的先例。1680年，由于业务的发展，他邀集3人集资4万英镑，设立了一个火险合伙组织。保险费是根据房屋的租金和结构计算，砖石建筑的费率定为年房租的2.5%，木屋费率则为5%。正因为使用了差别费率，巴蓬被誉为“现代火灾保险之父”。

18世纪，火灾保险迅速发展，而且保险组织以股份公司形式为主。最早以股份制形式的保险组织是1710年由英国查尔斯·波文创办的“太阳保险公司”，它不仅承保不动产，而且将保险标的扩展到动产，其营业范围遍及全国。它是英国迄今仍存在的最古老的保险公司之一。1714 年，英国又出现联合火灾保险公司，这是一个相互保险组织，费率计算方面，除了考虑建筑物结构外，还考虑建筑物的场所、用途和财产种类，即采用分类计算费率，这是火灾保险的又一大进步。

1752 年，著名科学家和政治活动家本杰明·富兰克林在费城创办了美国第一家火灾保险社。1792 年建立的北美保险公司在两年后开始承保火险业务。

19 世纪，欧美的火灾保险公司大量出现，火灾承保能力因此大为提高。1871 年，芝加哥一场大火造成 1.5 亿美元损失，其中有 1 亿美元的损失是投过保的，可见当时保险之发达。而且从承保范围看，火灾保险的标的开始由单纯的建筑物扩大到其他财产，承保的风险则从单一的火灾扩展到风暴、地震、暴动等。由于火险事业的发展，保险同业间竞争加剧，保险同业公会因此相继成立，共同制订火灾保险统一费率。早期美国的火灾保险，保险人各自设计自己使用的保单，常常引起理解上的不一致。1873 年，马萨诸塞州首先使用标准火险保单，1886 年，纽约州也通过了类似的法律。由于采用了标准火险保单，大大减少了损失理算的麻烦和法院解释的困难，实属火灾保险的一大进步。

(二)人寿保险

早在公元前 4500 年前，类似人寿保险的原始形态已经出现。到中世纪，欧洲出现基尔特制度，即职业相同者基于相互扶助的精神组成团体，一方面维护行业的利益，一方面对其会员死亡、火灾、疾病、盗窃等灾害开展互助共济活动。此被视作人寿保险和火灾保险等的萌芽。从这种互助共济性质的活动发展到以科学计算为基础的现代人寿保险，是一个长期的探索和演变过程。

12 世纪，意大利境内出现了蒙丹斯组织的公债基金组织，对公债认购人每年给予一定金额作为报酬，直到认购人死亡才停止给付，本金则不退还。

15世纪后期，奴隶贩子把贩运的奴隶作为货物投保，后来船长和船员也可以投保。到16世纪，安特卫普的海上保险对乘客进行保险。

1653年，出身于意大利的银行家洛伦佐·佟蒂在担任法国宰相秘书时，提出一个募集国债计划。3年后，以他的名字命名的年金保险办法"佟蒂法"被提出，但因议会反对而搁置。时隔30多年，法王路易十四为筹集战争经费，于1689年采用"佟蒂法"，每人缴纳300法郎，规定在达到一定的保险期限后，每年支付一成金额的利息，并把认购人按年龄分成14个群体，对年龄较高的群体付给较多的利息，同时每一群体的利息都分配给本群体中的生存者，直到群体成员全部死亡，国库只支付利息，任何时候都不还本金。由于这种办法不还本金，且生存者所得利息随本群体中死亡者的增加而增加，引起了某些相互残杀事件，因此到19世纪，欧洲所有国家都禁止了"佟蒂法"。

"佟蒂法"的提出和实施，特别是其对生命规律的统计研究，不断受到人们的注意，一批数学家开始对人寿保险的计算问题进行研究，1661年，英国数学家约翰·格兰特(John Graunt)发表关于生命表思想的论文；法国数学家帕斯卡(Blaise Pascal)把概率论用于年金保险；1671年，荷兰数学家威特(John DeWitt)运用概率论原理，依据人的生存或死亡概率计算年金；1693年，英国天文学家哈雷(Edward Halley)根据德国布勒斯劳市的居民死亡资料，编制出一张完整的生命表，用科学方法精确地计算出各年龄人口的死亡率；18世纪40至50年代，辛普森(Thomas Simpson)根据哈雷的生命表，作成依死亡率递增的费率表，1756年数学家陶德森(James Dodson)提出了"均衡保险费制"，为现代人寿保险的蓬勃发展奠定了科学的理论基础。

现代人寿保险是从英国开始的。1583年，在英国出现了第一张用文字书写的人寿保险合同。1698年,英国成立了人寿保险企业乌萨斯公司,1699年,又成立孤寡保险社,承办死亡保险业务。1706年,英国友谊保险会社获得皇家特许,经营寿险业务。到1720年,英国已有20家人寿保险公司。1762年,在英国创办了世界上第一家科学的人寿保险公司——公平人寿保险公司。该公司以生命表为依据,采用均衡保险费的理论来计算保险费,并且对不符合标准的保户另行加费。对于缴纳保险费的宽限期,保单失效后申请复效的手续等方面都作了具体规定,并载明于保险单之中,使经营管理逐步完善。这表明现代人寿保险制度开始形成。

此后,英国每年都有新的人寿保险公司成立,直到1830年,发展都很顺利。19世纪中叶,被称为保险公司的"洪水时代",由于争相滥设,经营基础薄弱的公司,在激烈竞争中大批倒闭。1844年英国制定股份公司法,着手对保险公司进行监督,但收效甚微。直到1870年制定和实施人寿保险公司法,施行严厉的监督,人寿保险业才得以走上正轨。

其他国家的人寿保险也随之发展。法国于1787年,荷兰于1807年,德国于1828年,南非于1831年,均建立了人寿保险公司。美国的人寿保险开始时从属于海上保险,到19世纪初才出现人寿保险公司,其业务主要为满足少数特权阶层的需要,如商人和官员,缺乏广泛的经营基础。1843年,有两家相互人寿保险公司成立。到1869年,美国共有110家人寿保险公司,其中多数为相互保险组织,并通过代理人展业。

(三)责任保险

责任保险开始于19世纪中叶的欧美国家。1855年,英国铁路乘客保险公司首次向铁路部门提供承运人责任保险,开责任保险之先河。接着,建筑工程公众责任保险,马车第三者责任保险,雇主责任保险,职业责任保险,汽车第三者责任保险,产品责任保险相继出现。

雇主责任保险是工业革命的产物，也是工人阶级为争取自己人身和经济保障所作斗争的成果之一。19世纪初期，英国的工业革命把许多人引向城镇，在普遍使用机器的工厂里工作。由于工作环境和条件恶劣，加上工人对机器的性能不熟悉，因而经常发生事故。然而因工受伤的工人却很难从雇主那里得到赔偿，因为法律给雇主留有许多辩护的余地。于是工人们纷纷要求修改法律。1846年，英国议会通过《致命事故法令》，由于对过去的法律修改甚微，公众不满。1880年，议会又通过《雇主责任法》，规定雇主经营业务中因过错致使雇员受到伤害者须负法律赔偿责任。因此，当年就有雇主责任保险公司成立。1897年，英国议会通过《劳动赔偿法令》，根据这一法令，自行补偿原则适用于在从事某些种类的危险工作时所发生的一切事故。到1906年，终于把赔偿的范围扩大到所有雇佣劳动者。于是，一些老资格的保险公司纷纷开始经营这一保险业务。1925年起，英国通过了一系列关于雇主责任强制保险的法令，并于1972年得到全面实施。

1880年，英国《雇主责任法》的通过，促进了公众责任保险的开办，最早的有建筑工程公众责任保险、承包人责任保险、升降梯责任保险和业主房东住户责任保险等。随着公众对损害事故索赔意识的增强和法制的日益完善，在发达国家，到20世纪40年代，公众责任保险已进入家庭，到20世纪70年代，公众责任保险则已成为机关、企业、团体和各种游乐、公共活动场所及家庭、个人的必需之保障。

产品责任保险起源于公众责任保险。早期的产品责任保险主要承保与人体健康直接有关的产品，如食品、药品、饮料等，因而也称毒品责任保险。以后，产品责任保险逐渐扩大到轻纺、机械、石油、化工、电子等行业的产品。

进入20世纪以来，责任保险迅速发展，大部分发达国家对许多公众责任保险，用法律规定必须进行投保。第二次世界大战后，责任保险的种类越来越多，如产品责任保险和各种职业过失责任保险等，在发达国家已成为制造商和自由职业者不可缺少的保险。

五、我国保险业的形成与发展

(一)1805—1949年

1805年，英商在广州开设了广州保险公司，这是中国这块土地上最早的一家保险公司。随后，英商在1835年在香港开设友宁保险公司又称保安保险公司，在广州和上海设有分支机构。19世纪70年代后，陆续有英资的“扬子保险公司”、“太阳保险公司”、“巴勒保险公司”和“太古洋行保险部”、“怡和洋行保险部”等在上海设立。

1865年，第一家华商保险公司——上海义和公司保险行成立，但业务范围不大，影响较小。清政府洋务派官僚为打破外商垄断，提出“自办保险、自建行栈”，1875年12月28日保险招商局成立，并于1876年招股25万银两，成立“仁和水险公司”。1878年3月15日又招股20万两成立“济和水火险公司”。因业务发展需要，1886年“仁和”“济和”合并成立了“仁济和保险公司”，股本100万两，业务范围包括水险、火险。这是我国民族保险业发展初期最具影响的保险公司。由中国经营的第一家人寿保险公司——中国永年人寿保险公司于1899年在香港成立。据统计，到1911年，经注册的民族保险企业仅7家。

“五四”运动以后，特别是20世纪20至30年代，有30多家保险公司成立，但当时外商仍占优势。据1935年《中国保险年鉴》统计，外商在上海有166家保险公司，而民族保险公司仅48家。

1926年后，中国保险市场出现了新迹象，这就是中国的银行资本相继投资于保险业。1926年12月11日，交通、中南、大陆、金城、国华、蓬莱等银行筹资开办了安平保险公司。1929年金城银行独资开办太平保险公司，后形成了太平保险集团。1931年起，官僚资本渗入保险业。同年，以官僚资本为后盾的中国银行投资设立中国保险公司。1933 年成立的华商保险股份公司专营再保险业务。1935 年 10 月 1 日成立中央信托局保险部，资本 500 万，分保方面依靠伦敦市场。1935 年 11 月中国保险公司在香港设立总驻港处，1938 年 8 月在香港和新加坡两地同时设立分公司，向海外发展。1937 年抗战后，中国农业银行于 1943 年设立中国农业保险公司，1943 年 12 月，交通银行设立太平洋保险公司。

为了发展民族保险业，在 20 世纪 30 年代后期，中国民族保险业进行了一些改良：(1)保险单改用中文；(2)提倡和宣传华商保险；(3)发展华商同业之间的协作；(4)发展联合经营方式。

1945 年 8 月抗日战争结束后，中国保险市场上，外国公司以美国的美亚保险公司为主，它主要承保国民政府机构的大部分进出口货物运输保险。官僚资本的公司以中国保险公司和中央信托局保险部的实力较强，另外较有实力的是中国农业保险公司和太平洋保险公司。至 1949 年 5 月，上海约有中外保险公司 400 家左右，其中华商保险公司 126 家。

(二)1949—1979 年

1949 年，政府开始对大陆旧保险业进行整顿与改造，接管了官僚资本的保险公司，整顿改造私营保险公司，改变外商公司对中国保险市场的垄断局面，并于 1949 年 10 月 20 日在北京建立了中国人民保险公司。

国家保险是在整顿改造旧保险业的基础上建立和发展起来的，当时的主要工作有：

1. 接管和清理官僚资本的保险公司。1949 年 5 月开始在上海接管了官僚资本的保险公司 21 家，并对两家与官僚资本合资的保险公司实行监理。

2. 整顿和改造民族资本保险业。首先是对愿意恢复营业的私营保险公司实行重新登记，淘汰一批投机性的私营保险公司，批准一批私营保险公司复业。其次是对复业的私营保险公司进行改造。

先是切断他们与外资保险公司的分保关系之后，于 1951 年将继续营业的 28 家私营保险公司并为“新丰”、“太平”两家保险公司，并由国家参与部分资本。

3. 排挤外资保险公司。上海取消了外商在中国经营的特权，加强对外商公司的管理，严禁其投机倒把，从事非法经营活动。对外资保险公司，当时并没有从法律上取缔，而是采取切断其业务来源（包括直接业务和分保业务）的方式，使其自动撤离。1949 年批准复业的外资保险公司共 41 家，因揽不到业务，这些公司陆续申请停业，到 1952 年底，全部撤出中国大陆保险市场，至此完全肃清了帝国主义在我国大陆保险市场的垄断势力。

4. 进行组织制度建设。中国人民保险公司建立了大区、省、市和县级机构，吸收并开始培养保险干部。1950 年底，已有机构 158 个，干部 4268 人。同时，整顿清理旧的保险规章，初步建立新的规章制度，保险费率一再降低，承保责任则不断扩大，例如：1951 年火险费率较抗战前平均水平低 25%，较 1946 年平均低 46%。

5. 积极开展保险业务。到 1950 年 5 月，大陆保险市场上，国营公司占 70%，华商私营公司占 8%，外商公司占 22%，这一本质上的改变，标志着国营公司主导地位的确立，表明帝国主义国家通过在华公司操纵、垄断中国保险市场的局面已经结束。

中国人民保险公司成立之初期，开展的主要业务是火灾保险和运输保险，并以棉花、粮食、煤、盐、糖、木材、茶叶、植物油等物的运输保险为重点。另外，还开办了新的保险业务，如寿险、汽车险、旅客意外险、邮包险、航空运输险、金钞险、船舶险、渔业险等。开展业务的主要对象为国营企业的财产保险。1953 年的保费收入接近于 1950 年的 4.5 倍。与此同时，保险组织机构也有很大发展。1949 年，中国人民保险公司各级机构总共 20 个，职工人数 300 人，到 1952 年，机构增到 1300 个，职工人数增至 3.4 万人，并设有 3000 多个代理处。

据统计，从1949年到1958年的10年内，各种保险费收入总计16亿元，共支付赔款3.86亿元，上缴国库5亿元，积累保险资金4亿元，拨付防灾费用2300万元，结余的资金都存银行作为信贷资金使用。这一时期里，普遍设立了保险机构，制定了新的规章制度，培养了一大批保险干部，并与世界上大部分国家和地区建立了直接和间接的分保关系和货损、船损检验的代理关系，可以说，已经建立起了比较完善的社会主义保险体系。同时也应看到，由于对创办社会主义保险事业的经验不足，保险业在指导方针上出现过波动，在开展保险业务过程中也出现过一些失误。

20世纪50年代末，国家建立起了高度集中的计划经济体制，农村开始了人民公社化运动。当时认为，保险在大陆已无存在之必要。1958年国务院在西安召开的全国财贸工作会议决定，中国人民保险公司除国外保险业务必须办理以外，国内保险业务应立即停办。从1959年5月起，除上海等大城市保留部分国内保险业务外，中国人民保险公司停止了全部国内保险业务，改为专营海外保险业务的机构。随着国民经济以调整为中心的“八字方针”的贯彻，1964年广州、天津等地又相继恢复了国内保险业务。但到1967年7月，国内保险业务又全部停办。

(三)1979年以来

1979年经国务院批准，中国人民保险公司恢复国内保险业务，并开始恢复组建各地分支机构。到1980年底，除西藏以外的大陆28个省市自治区都恢复了中国人民保险公司分支机构。同时，开办了许多新险种，并把国内保险业务从大中城市逐步向小城镇和农村发展，由主要面向国营企业发展到面向中小型集体企业、合资企业、私营企业和个体户、城乡居民。

恢复国内保险业务以来的20多年，我国保险业得到了蓬勃发展。保险业务快速增长，保险机构日渐增多，保险市场初具规模，保险法制日益完善，保险监管不断加强，保险经营管理水平和国际化程度逐渐提高，保险业在国民经济和社会发展中发挥着越来越重要的作用。

1980 年大陆地区保险费收入 4.6 亿元，1990 年为 94.06 亿元，2000 年为 1595.9 亿元，到 2002 年已达到 3054 亿元，其中，财产险保费收入 778.3 亿元，人身险保费收入 2274.8 亿元。保险险种不断增多，提供保障的范围越来越大，并且已涉及到核电站、卫星发射等高科技领域。保险深度和保险密度都有显著提高，2002 年，大陆地区保险深度为 3%，保险密度为 237.6 元。保险公司总资产迅速增长，2002 年大陆地区保险行业资产总规模达到 6494 亿元，保险资金可运用余额达 5799 亿元。

二十多年来，保险公司数量逐渐增加。1986 年 7 月，新疆建设兵团农牧业生产保险公司成立。1988 年 3 月，股份制的平安保险公司在深圳成立。同年，中国交通银行设立保险部，并于 1993 年正式成立中国太平洋保险公司。1994 年以后，大众保险公司、天安保险公司、泰康人寿保险公司、华泰财产保险公司、新华人寿保险公司等相继成立。1992 年，美国友邦保险公司在上海设立分公司，大陆保险市场开始对外开放。随后，日本东京海上火灾保险公司被批准在上海设立分公司，一批中外合资保险公司也先后成立。1996 年，经国务院批准，中国人民保险公司改组为中国人民保险（集团）公司（简称“中保集团”），下辖中保财产保险有限公司、中保人寿保险有限公司和中保再保险有限公司三家子公司。1998 年 11 月 18 日中国保险监督管理委员会正式挂牌成立后，中国人民保险（集团）公司便完成了其历史使命。其下属的三家子公司也分别更名为中国人民保险公司、中国人寿保险公司和中国再保险公司，成为各自独立的国有法人企业。到 2002 年年底，在大陆保险市场上正式营业的中外保险公司共有 57 家，其中国有独资 6 家，股份公司 20 家，中外合资 9 家，外国分公司 22 家。

随着保险市场的发展，保险中介人逐步壮大起来。在保险中介人中，发展最早、数量最多的是保险代理人。1982 年左右中国人民保险公司开始设立农村代办所。1992 年对保险代理机构进行清理整顿后，城市中的兼业代理正式挂牌营业。同年，美国友邦保险公司进入上海，随后引入了个人代理营销机制。个人代理制度的实施，使保险市场营销获得了较大的成功，特别是推动了人身保险市场的迅猛发展。1996 年 12 月进行首次保险代理人资格考试以来，已有 70 余万人拿到了资格证书，这表明我国的保险代理在向规范化的方向发展。保险代理人具备一定规模之后，保险经纪人和保险公估人也开始起步。1999 年 5 月大陆首次保险经纪人资格考试使保险经纪人的发展迈向正规化的轨道。1993 年 3 月，大陆第一家保险公证机构——东方公估行在上海成立。随后，上海大洋物产公估行、天津北方公估行等保险公估公司纷纷成立。2002 年年底，大陆地区共有个人代理人 108 万人；有专业性保险中介公司 160 多家，其中保险代理公司 121 家，保险经纪公司 16 家，保险公估公司 23 家；有兼业代理机构近 10 万家，销售服务部 21519 家。

1995 年 6 月 30 日，全国人大常委会通过了《中华人民共和国保险法》，同年 10 月 1 日起实施。这是中华人民共和国建立以来第一部保险基本法。它标志着我国大陆保险体制改革在法制化、规范化方面迈出了重要一步，随后，与《保险法》配套的一系列行政法规颁布施行，对规范保险市场、促进保险业发展，发挥了重要作用。1996 年 2 月 2 日，公布了《保险代理人管理暂行规定》，1997 年 11 月 30 日修改后又颁布了《保险代理人管理规定(试行)》；1996 年 7 月 25 日公布了《保险管理暂行规定》；1998 年 2 月 24 日公布了《保险经纪人管理规定(试行)》；2000 年 1 月 13 日公布了《保险公司管理规定》(3 月 1 日起实施)；2001 年 11 月 16 日颁布了《保险公估机构管理规定》、《保险经纪公司管理规定》和《保险代理机构管理规定》(均为 2002 年 1 月 1 日起施行)；2002 年 2 月 1 日发布了《保险公司营销服务部管理办法》(2002 年 3 月 1 日起施行)；

2002年3月1日发布了《保险公司高级管理人员任职资格管理规定》(2002年4月1日起施行);2002年3月15日修订了《保险公司管理规定》;2002年9月17日发布并开始施行《再保险公司设立规定》;2002年10月28日第九届全国人民代表大会常务委员会第三十次会议通过了"全国人民代表大会常务委员会关于修改《中华人民共和国保险法》的决定"(该决定自2003年1月1日起施行);2003年3月24日发布并开始施行《保险公司偿付能力额度及监管指标管理规定》。

与此同时,保险监管不断加强。1998年11月,国家保险监管体制改革。此前,中国人民银行作为国务院金融监管部门,承担对保险业监管的职责。1998年11月14日,国务院发出通知,决定成立中国保险监督管理委员会(简称"中国保监会"),同年11月18日正式挂牌。中国保险监督管理委员会是全国商业保险的主管部门,为国务院直属事业单位,根据国务院授权履行行政管理职能,依照法律、法规统一监督管理保险市场。在监管的内容方面,1990年之前,我国保险监管一直侧重于市场行为的规范方面。随着保险主体的增加和业务的发展,特别是保险对外开放进程的加快,中国保监会成立之后确立了偿付能力和市场行为并重的监管目标,并提出最终将过渡到对保险公司偿付能力的监管上。这种监管方式将促使保险公司在偿付能力充足的前提下,规范竞争,健康发展,从而使被保险人的利益得到保障。

复习思考题

1. 请谈谈您对保险的理解。
2. 理想的可保风险应具备哪些条件?
3. 简述保险的分类。
4. 简述保险基金的特点。
5. 简述保险的职能。

6. 试述保险在宏观经济和微观经济中的作用。

7. 试述保险产生和发展的条件。

8. 什么叫海上借贷？它在哪些方面具有保险的基本特征？

9. 试析我国保险业的发展前景。

第三章　保险的基本原则

在长期的发展过程中，保险逐渐形成了一些特殊的原则，这些原则贯穿于整个保险实务之中，并通过保险法规和保险条款表现出来。保险的基本原则有：保险利益原则、最大诚信原则、补偿原则、近因原则。

关键词汇：保险利益　保险利益原则　最大诚信原则　告知　保证　弃权与禁止反言　补偿原则　代位求偿　委付　重复保险　近因　近因原则

第一节　保险利益原则

一、保险利益原则的含义

保险利益原则，又称可保利益原则，是指保险合同的法律效力，须以投保人对保险标的具有保险利益为前提。英国 1906 年《海上保险法》第四条规定："赌博或赌注合同无效"，"被保险人对保险标的无保险利益，而且在缔约后仍无获得该项保险利益的可能"者即为赌博或赌注合同。《中华人民共和国保险法》(以下简称《保险法》)第十二条规定："投保人对保险标的应当具有保险利益。投保人对保险标的不具有保险利益的，保险合同无效。"

保险利益(Insurable Interest)又称可保利益，是指投保人对于保险标的具有的法律上承认的经济利益。保险利益的本质，在于投保人对保险标的有利害关系，即保险标的的损害或灭失会使投保人遭受经济上的损失。如果投保人对保险标的具有这样的关系，我们就认为其具有保险利益，否则就认为其没有保险利益。关于这一概念的理解，我们必须把握以下几点：

1. 保险利益必须是合法的利益，即保险利益必须是符合法律规定，符合社会公共秩序要求，为法律所认可并受到法律保护的利益。这种合法性体现在两个方面：一是标的存在的合法性；二是投保人与标的关系的合法性。保险作为一种合同行为，必须具有严格的合法性，如果投保人对保险标的不具有合法的利益，那么他与保险人签订的保险合同显然是无效的。例如：投保人为与己毫无利害关系的人购买的死亡保险单便是无效的；又如为走私货物而订立的货物运输保险合同和为盗窃所得财物而订立的财产保险合同都是无效的。

2. 保险利益是一种经济上的利益，保险利益必须是可用货币计量的利益，对于不能以货币计量的非经济上的损失，如精神创伤、刑事处罚、政治上的打击之类，保险是无能为力的。事实上，保险以补偿损失或给付保险金为目的，不是经济上的利益损失，不能用货币来衡量，则补偿或给付便无法进行。

3. 保险利益必须是确定的利益。所谓确定的利益有两个层次。第一层次是现有利益。其特征是现实已经存在并可用货币计量其价值，这对绝大多数财产如此。对某些“无价之宝”，如古玩字画之类，也可商定一个货币金额作为其价值。第二层次是由现有利益产生并有实现依据的预期利益，如运费、利润、租金、存款利息之类。过去，预期利益是不承保的。有的国家(如法国)甚至明令禁止预期利益的保险。随着保险业的发展，预期利益保险逐渐得到承认，并且有进一步发展的趋势。目前，直接以预期利益为标的的运费保险、营业中断险不仅作为附加险，而且还被作为独立险种单独承保。

二、财产保险的保险利益

(一)保险利益的种类

1. 财产损失保险的保险利益。这种利益包括财产的现有利益及由其产生的预期利益。现有利益包括由所有权、共有权、抵押权等产生的利益，而预期利益则必须有得以实现的合法而有效的依据。如前述运费，就要有运输合同为凭。

2. 责任保险的保险利益。凡可能在法律上对发生事故引起的后果负有经济赔偿责任的人，都有责任保险的保险利益。例如产品制造商、销售商、修理商对因产品有缺陷而产生的损害赔偿责任，专业技术人员对其因工作上的疏忽或过失造成他人人身伤害或财产损失的经济赔偿责任，都具有保险利益。产品责任保险、职业责任保险就是以这种保险利益的存在为前提的，公众责任保险、雇主责任保险也是如此。一般地，"责任"可以分为刑事责任、行政责任、民事责任，而保险强调的是经济上的利益，投保人投保、责任保险人承保的保险利益，只能是因民事法律责任而产生的保险利益。

3. 信用、保证保险的保险利益。凡因义务人未履行其义务而使权利人可能遭受经济损失者，权利人即具有保险利益。例如：出口商按合同规定发货后，可能因对方(进口商)不履行付款义务而遭受经济损失，出口商因此就具有信用保险的保险利益。出口信用保险就是以这种保险利益的存在为前提条件的。

(二)保险利益的来源

1. 财产所有人对其财产具有保险利益。例如：房屋所有人和通过分期付款方式购买房屋的人，对各自的房屋均有保险利益；船舶所有人将船租给他人，尽管承租人答应在该船灭失时履行赔偿责任，但船舶所有人仍可投保有关险种；自行车主对正在自行车修理行修理的自行车具有保险利益等。

需要指出的是，在许多情况下，所有权人并不一定能充分行使所有权，所有权的部分权利往往由其他民事主体行使，例如：股份制企业的财产所有权属于全体股东，但经营管理财产的往往是董事会任命的总经理或其他管理人员。股东对财产的保险利益是通过财产的经营管理人员来实现的。同样道理，国有企业的财产为国家所有，但长期行使经营管理权的是该企业的负责人，国家对该企业财产的保险利益是通过该负责人来实现的。

2. 他物权人对依法享有他物权的财产具有保险利益。例如，承租人对承租的房屋有保险利益。又如，前述企业经营管理人员对其经营管理的财产具有保险利益。再如，对财产享有抵押权的人对受押的财产具有保险利益。抵押贷款中，抵押人（债务人）要把财产抵押给抵押权人（债权人）作为还款的保证，这时抵押人对抵押的财产有保险利益，因他负有还款的责任；抵押权人对抵押的财产也有保险利益（以他的债权为限额），这种保险利益是由抵押贷款的合同关系引起的。事实上，债务人如不履行债务，债权人有权依法以该抵押物折价或以拍卖、变卖该财产的价款优先受偿。如果抵押物因自然灾害或意外事故遭受损失，则债权人就丧失或减少了对抵押物的权益。

3. 当事人对其因侵权行为或违约行为而可能产生的经济赔偿责任具有保险利益。责任保险就是以此种保险利益为前提的。受托人受托保管财产，如受托人有过失而造成托管财产损失，则受托人负有赔偿委托人损失的责任。因此，旅馆经理对于住客的行李，修理行、洗染店对委托者的财物具有保险利益。

4. 保险人对保险标的的保险责任具有保险利益。再保险就是以这种保险利益的存在为前提的。

需要进一步指出的是，作为保险标的的同一财产，可能有多种不同的保险利益。例如，甲有一建筑物，几年前出租给乙，租约有效期 20 年，租定后，乙花数十万元加以改造，以适应业务需要。租约还规定，此建筑物如因火灾或其他事故而遭受严重毁损时，该租约则告终止。对这种情况，我们分析甲、乙两人对该建筑物所具有的保险利益如下：（1）甲对此建筑物本身有保险利益，并且对其按期收取的租金也有保险利益；（2）乙对此建筑物的改造部分有保险利益，因为改造部分的使用权属于乙；(3)乙对此建筑物的租权利益有保险利益，这种租权利益表现为自己使用或转租给他人；(4)如果租约中规定，乙同意将来按照此建筑物原有租入时的完好状态归还给甲，则乙对此建筑物有保险利益；(5)如第三者在此建筑物内受伤，则甲、乙对第三者的损害有赔偿责任。因此，甲、乙对于因建筑物的所有或使用而应负的法律责任有保险利益。照此分析，甲可投保的保险利益，包括对此建筑物所有权的利益，建筑物租金收入的利益，以及由建筑物所有权所引起的可能对第三者人身或财产损害赔偿责任的利益；乙可投保的保险利益，包括对此建筑物改造部分的利益，租赁权利的利益，将来归还甲时应保持建筑物原有状态这一合同责任的利益，以及因使用建筑物而引起的对第三者人身、财产损害赔偿责任的利益。在实际中，由哪一方投保，通常由租赁合同来确定。

(三)保险利益的存在时间

财产保险的保险利益，只要求损失发生时必须存在，而并非要求投保时必须存在。英国1906年《海上保险法》第六条规定："(1)虽然投保时被保险人无需对保险标的具有保险利益，但保险标的发生损失时，被保险人必须对其具有保险利益……(2)被保险人如在损失发生时对保险标的无保险利益，在知晓损失发生后，不能由于采取了任何行为或抉择而获得该项利益。"这一规定是国际上所通用的。

之所以作这种规定，是为便利保险合同的订立，有助于保险业务的开展，这样一来，在某些情况下，虽然订立保险合同时，保险利益尚未确定，但只要损失发生时已经确定，则此种保险合同应属有效。例如：海上保险中，预约保单订立后，对继续各次运送的货物，均属有效；火灾保险中，自动保单因建筑物价值逐渐增加，而增加其承保的风险；在再保险中，再保险合同对于原保险人将来承保的业务也有效；又如商店为吸引顾客，以不定的买主作为被保险人，商店为投保人，为本店出售的电冰箱投保财产保险。这种情况下，商店投保时被保险人（未定的顾客）显然没有保险利益，但一旦某位顾客买了电冰箱，他就获得了对这台电冰箱的保险利益。

需要注意的是，如果投保时有保险利益，但到损失发生时已经丧失保险利益，则保险合同便随之失效，因为在保险事故发生时，如果被保险人对于保险标的已无利害关系，那么他已没有可享受的利益，自然也就没有损失可言，因而补偿就无从谈起。例如某人对某建筑物已投保火灾保险，但在保险期间，他已将此建筑物出售给别人，则从此开始，此人对此建筑物就无保险利益。凡此后发生的该建筑物损失，与此人无关。

三、人身保险的保险利益

（一）保险利益的确认

一般认为，下列人员对被保险人具有保险利益，可以成为投保人：

1．被保险人本人。即任何具有行为能力的自然人都可以为自己投保人身保险。被保险人还可指定他人为受益人，此时应视为被保险人把自己的利益转移，这是处理自己权利的一种民事行为，受到法律保护。

2．被保险人一定范围内的亲属。这范围通常限于夫妻之间，父母子女之间。即在丈夫对妻子的生命、身体健康具有保险利益，妻子对丈夫也同样，因此丈夫为妻子、妻子为丈夫均可投保人身保险。父母与子女之间也是这种关系。但有的国家认为，父母与子女之间如果已经没有金钱利益关系的话，就不能为对方投保人身保险。也有则规定对儿童不开办死亡保险。至于其他亲属，原则上应当有金钱利益的证明，才具有保险利益。有的国家法律规定，永久共同生活的亲属之间具有保险利益。还有的国家对“保险利益”不局限于金钱上的利益，只要一般的关系就可以，例如热恋中的情人也可以为对方投保人身保险。

3. 与被保险人有扶养、赡养或抚养关系的人。

4. 被保险人的债权人。债权人对债务人具有保险利益，但这种利益以实际的债权数额为限。例如：某人负债 100 万元（含利息），倘若此人因意外事故而亡，则债权人的利益就有可能落空。因此债权人可以为债务人投保人身保险，在这一例中保额当以 100 万元为限。

5. 被保险人所在单位及与被保险人有业务关系的团体或个人。例如：企事业单位对于本单位职工、合伙关系中一合伙人对另一合伙人、委托人对受托人等等，均具保险利益。因此，企业可以为职工投保人身保险，也可以为一些重要职员（如厂长、经理、总工程师、有特种技术的工人等）投保有关人身保险。

关于人身保险保险利益的立法方式有两种，一种是定义式，多为英美法系地区所采用。如美国纽约州《保险法》第 146 条规定："下列两种情形下具有人身保险的保险利益：(1)以感情为基础有切身利益的血亲或姻亲；(2)上列人员以外对被保险人的生命、健康或安全具有合法的实际的经济上的利益的人。"另一种是列举式，一般为大陆法系地区采用。如我国《保险法》第 53 条规定："投保人对于下列人员具有保险利益：(1)本人；(2)配偶、子女、父母；(3)前项以外与投保人有扶养、赡养或抚养关系的家庭其他成员、近亲属。"

此外，保险利益也可通过被保险人同意和确认。我国《保险法》第 53 条规定："除前款规定外，被保险人同意投保人为其订立合同的，视为投保人对被保险人具有保险利益。"德国、日本也有类似的规定。在国际上这种做法称为同意主义，即是否存在保险利益，以被保险人的同意为条件，而不是以亲属关系、利益关系为依据。

（二）被保险人的同意权

当投保人与被保险人相分离时，一般情况下，投保人与保险人签订保险合同，特别是以死亡为给付保险金条件的合同，须经被保险人同意并认可保险金额，此为合同得以成立的要件之一。之所以这样规定，是为防止弊端。对于与被保险人无利益关系的投保人，其与保险人签订保险合同，弊端已十分明显。例如：18世纪的英国，当时因没有关于保险利益的规定，一些人为与己毫无关系的人购买保险单而被保险人一无所知。这些人为图早日获取保险金，指望被保险人早出意外，甚至不惜采用暗杀手段。1774年英国通过《人寿保险法》，规定没有保险利益的人寿保险合同无效，确立了保险利益原则。因此，对被保险人无保险利益的人不能与保险人签订人身保险合同。我国《保险法》第56条规定："以死亡为给付保险金条件的合同，未经被保险人书面同意并认可保险金额的，合同无效。"

（三）保险利益的存在时间

人身保险的保险利益，强调在签订保险合同时必须存在，至于在保险事故发生时，这种保险利益是否存在，并不重要。英国1774年的《人寿保险法》仅要求投保人在保险单成立之日具有对被保险人的保险利益，以后各国保险立法都采用了这一原则。

之所以规定保险合同订立时必须有这种保险利益的存在，是为避免投保人对被保险人并无利害关系而危及被保险人生命及身体的安全，这一点前面叙述较多。至于不必规定在保险事故发生时存在这种保险利益，其理由是：从技术构造上看，财产保险中要求出险时存在保险利益，是出于补偿损失的需要，而人身保险合同不是补偿性合同，因此对于出险时必须存在保险利益这一要求，就并不像财产保险那样严格；从社会的公允性看，人寿保险具有一定的储蓄性质，被保险人（受益人）将来所得的保险金，相当部分是过去所缴保险费及其利息，如果保险人可以"保险事故发生时已不具保险利益"为由，拒绝承担其给付义务，这就有失公允了。例如：夫妻离婚，丈夫除按月付一定的生活费外，并以购买人寿保险单交给妻子，作为丈夫死后妻子的生活保障。保险公司如果在丈夫死后以不具有保险利益为理由，拒绝给付保险金，则显然是违背人道与公平原则的。所以在人身保险中，并不强调保险利益要始终存在。

四、保险利益的变动

在保险合同有效期内，保险利益可能因各种原因发生变动，即投保人（或被保险人）对保险标的的经济利害关系出现变化，这种变化可能引起保险合同的终止或变更。这一问题，在财产保险中表现得比较重要，而在人身保险中则不然。事实上，前已指出人身保险保险利益的存在时间，强调的是在订立保险合同之时，至于在订立之后发生变化与否并不重要，而相反，财产保险的保险利益存在时间，强调的是在出险之时，因此在保险合同有效期内保险利益的变化，是值得研究的。关于保险利益的变动，主要有以下两类情况。

（一）保险标的消失。保险标的消失，如果是保险事故所引起，则保险人赔付保险金，保险合同终止；如果不是由保险事故所引起，例如人身保险中的自杀身亡，财产保险中被保险人的故意行为造成标的全损，则保险利益不再存在，保险合同随即终止。

（二）保险标的转移。保险标的转移，并不一定能使保险利益当然随之转移，保险合同也未必能继续有效，因为保险单不是保险标的的附属品。事实上，保险合同是对人合同，保险人与投保人双方都有一个相互选择的问题，保险标的所有权一旦转移，被保险人就不再对其具有保险利益，从而保险合同中的主体——被保险人发生变更，保险关系则相应消失。要使保险合同对保险标的新的所有者继续有效，就需要保险利益能相随转移，而这要在一定条件下才能实现。

1. 出售或转让。在海上货物运输保险中，保险单或保险凭证可以由被保险人即货物的所有人随着货物所有权的转移而背书转让。这就是承认保险利益随保险标的的转移而转移。这是因为在运输过程中，货物并不是由被保险人控制保管的，保险人对被保险人无须选择。所以通常有这样的做法:货物还在运输途中,货物所有人就以发货票等为凭证,将货物卖给他人,这时只要货物售卖人在保险单或保险凭证上签上自己的姓名,并写明货物受买人的姓名,保险单或保险凭证即随货权的转移而转移。而在其他的财产保险中,通常有这样的规定:如果投保人或被保险人将标的物转移他人而未取得保险人的同意或批注,则保险合同效力终止。这一规定的实质是要求获得保险标的物的人履行批注手续,接受保险人的"考察",而并不排除保险利益随保险标的物转移的可能性。不过,也有的国家(如法国、日本、德国、瑞士)强调保护受让人的利益,对于保险标的的转让,承认保险利益随之转移,因此保险合同继续有效。还有的国家则分别情况而规定之,如奥地利规定,保险标的物若为不动产,保险利益可随之转移;若为动产,保险利益不得转移,保险合同随即消失。

2. 继承。大多数国家的保险立法规定,在财产保险中,投保人或被保险人死亡,其继承人自动获得继承财产的保险利益,保险合同继续有效直到合同期满。

3. 破产。在财产保险中,被保险人破产,保险利益转移给破产财产的管理人和债权人。但各国法律通常规定一个期限,在此期限内保险合同继续有效,超过这一期限,破产财产的管理人应与保险人解除保险合同。

顺便指出,保险单诉权可以转让。这是指保险事故发生后,被保险人可以把赔偿请求权转让给他人。这种转让,如同债权人授权任何人请求债务人对债务的履行一样,是被保险人自由处分其财产权的一种民事行为,一般不会产生道德风险,因此法律上通常予以承认。被保险人可依不同的请求和赔偿数额,将保险单的部分诉权分别转让给保险标的物的担保人、抵押人或被保险人的债权人等。保单诉权的转让无须征得保险人同意,但须通知保险人。

五、坚持保险利益原则的意义

坚持保险利益原则，有以下三方面的意义：

1. 避免赌博行为。保险与赌博的区别，前已有论述。如果保险合同的成立不以保险利益的存在为前提，保险则与赌博无异。例如，在财产保险中，倘若以没有保险利益的他人财产充作保险标的，则就带有赌博性质。事实上，他人财产即使发生风险事故，投保人并未有任何损失，如果让投保人获得赔偿，则与赌博就无本质区别。在人身保险中，也是类似情况，如投保人为与自己毫无利益关系的人购买死亡保险，并以自己为受益人，因此而得到的死亡保险给付金，与赌博所得也无差异。典型的例子是：在18世纪英国《禁止赌博法》颁布之前常常有一些人，对于某位病中的名人是否将死进行赌博，其赌博方式便是为这位病中的名人购买一张死亡保险单。18世纪英国海上保险中也出现过赌博保险单，旧劳合社因此垮台。所以必须规定投保人对保险标的具有保险利益，以防止把保险变成赌博。

2. 防范道德风险。如果与保险标的毫无利害关系的人，可以利用保险而在保险事故发生后获得赔偿，那么投保人可以任意为他人的财产、生命或身体购买保险单，然后故意促使保险事故发生，甚至为图取保险金，不惜采用纵火、故意杀人等手段制造保险事故，这必然会给社会造成混乱，与保险的宗旨完全相悖。如果坚持保险利益原则，情况就不同了。例如在火灾保险中，投保人（被保险人）对其房屋有保险利益，即使房屋被焚毁，被保险人至多能获得原有的利益，因此一般情况下，被保险人便无纵火之必要。所以坚持保险利益原则有利于防范道德风险。

3. 限制赔偿（给付）金额。保险利益原则是补偿原则履行的依据。由于保险利益不是保险事故发生以后才产生的利益，恰恰相反，投保人或被保险人对于保险标的的保险利益必须在保险事故发生前（至少在保险事故发生的那一时刻）已经存在，所以保险事故发生后，被保险人请求损害赔偿或给付的范围，当以保险利益为限制。在财产保险中，如有超额投保，则超过财产实际可保价值的那部分无效。这对于防范道德风险是有效的。例如，一幢价值10万元的房屋，即使保险金额为15万元，其在遭受全损的情况下，也只能获得10万元的赔款。人寿保险中，由于人的价值无法用货币衡量，保险金额应根据被保险人的保障需要和投保人的缴费能力由保险双方协商确定，只要投保人对被保险人具有保险利益，则当保险事故发生时，受益人即可依照保险金额获得保险金。但债权人为其债务人投保人身保险，其保险利益以债权额度为限，故保险金额也以此为限。

第二节　最大诚信原则

一、最大诚信原则的含义

诚信原则是世界各国调整民事法律关系的一项基本准则。它起源于古罗马裁判官所采用的一项司法原则，即在处理民事案件时考虑当事人的主观状态和社会所要求的公平正义。近代一些国家的民法最初将其作为债务履行的原则。《法国民法典》、《瑞士民法典》、《日本民法典》等对此都有明确的规定。《中华人民共和国民法通则》第四条规定："民事活动应当遵循自愿、公平、等价有偿、诚实信用的原则。"所谓诚实，就是指一方当事人对另一方当事人不得隐瞒、欺骗；所谓信用，就是任何一方当事人都应当善意地、全面地履行自己的义务。诚实信用原则为我国民法的基本原则，适用于一切民事活动。保险合同行为属于一种民事法律行为，合同双方当然要受诚信原则规范制约。

然而，保险作为一种特殊的民事活动，其要求当事人所具有的诚信程度，要比其他一般民事活动更为严格。因此，在保险活动中，保险双方当事人要始终保持最大的诚实和信用。此即最大诚信原则。我国《保险法》第四条规定:“从事保险活动必须遵守法律、行政法规,遵循自愿和诚实信用的原则。”保险活动须坚持最大诚信原则的理由如下:

1. 现代保险由海上保险发展而来,而最大诚信原则是维持海上保险正常进行的必要条件。许多情况下,投保人向保险人投保时,船舶与货物可能已经离开了港口,保险人只能依据投保人告知的情况确定是否承保和以怎样的条件(费率)承保,这就要求投保人有最诚实的态度。

2. 保险合同是射幸合同,坚持最大诚信原则才能维持保险合同的运行与操作。事实上,投保人缴纳保险费,保险人承担保险责任。但保险事故是否会发生,损失多大,则是不确定的。从投保人角度看,可能因保险事故发生而以较少的保费使被保险人或受益人获得大额保险金,或因保险事故不发生而丧失其所缴保费。从保险人来说,则同样有相反的射幸性。这就要求当事双方有最大的诚信。

3. 保险标的广泛而复杂,在决定承保之前,保险人不可能对标的一一进行全面彻底的了解,即便要做,也离不开投保人的配合。保险人通常是依据投保人告知的情况来决定承保与否及承保条件(费率等)的,这就要求投保人本着最大诚信履行其告知保证义务。

4. 保险合同尤其是保险条款通常是保险人单方拟订的,而且技术性较强,一般的投保人难以充分了解和掌握,这就要求保险人从最大诚信原则出发,向投保人说明保险合同的主要内容及条款的含义,并履行保险合同规定的责任和义务。最大诚信原则的内容主要是告知、保证以及弃权与禁止反言。

二、告知

(一)告知义务及其理论依据

告知是保险当事人的一种义务。对投保人而言,告知义务是指在与保险人签订保险合同时，应当把与保险标的风险有关的重要事实如实告诉保险人；对保险人而言，告知义务即说明义务，要把保险合同内容及其含义如实告诉投保方。需要注意的是，告知义务不是合同义务，而是根据法律规定加给保险当事人的一项特别义务，告知义务的履行是在保险合同订立之前或订立之时。告知并非保险合同的一部分，但与保险合同的订立有密切关系，它是构成最大诚信原则的重要组成部分，因而必须有告知义务的规定。关于这一点，学说颇多，主要有以下三种：

1. 诚信说。由于保险合同是最大诚信合同，故订立合同时投保人应该把有关标的风险的重要事项，据实告知保险人；同时，保险人则要把保险合同内容及其含义向投保方说明。

2. 合意说。保险合同的成立，以双方当事人对保险合同中关于标的风险程度及保险责任范围等内容，意思完全一致为必要条件，而保险当事人的告知义务，就是为达到双方合意所必须。

3. 技术说。又称风险测定说。保险合同的成立，以能测定、计算保险费为前提，因此，告知义务是保险技术上的要求。尽管风险大小的估计，主要是保险人的责任，但投保人应以将重要事实告知协助之。根据投保人所告知的事实情况，保险人判断风险的大小，进而确定承保条件。

(二)告知的内容与方式

告知的内容，是指与订立保险合同有关的重要事实。那些无关紧要的事实不在此列。所谓重要事实，对投保方而言，一般认为：凡能够影响一个正常的、谨慎的保险人决定其是否承保，或者据以确定保险费率，或者是在保险合同中增加特约条款的因素，均属重要事实。

然而，由于对告知义务的立法形式不同，投保人告知的内容和方式有所不同。采用无限告知义务立法形式时，法律对告知的内容不作具体规定，只要实际上与保险标的风险状况有关的任何重要事实，投保人都有告知的义务。在保险发展初期，限于当时的保险技术，一般采用无限告知义务的立法形式。例如：英国 1906 年《海上保险法》规定，投保人必须向保险人告知所知的一切重要事实，而且投保人对保险标的有关的重要事实，不论其实际上是否知道，都推定为投保人应该知道的事实，必须告知。目前法国、比利时及英美法系国家的保险立法都采用这一形式，但实务中对告知义务已放宽。在这一形式下，“重要事实”的标准就显得很关键。尽管这些国家中，在订立保险合同时保险人也采用书面询问方式，而且可以认为，保险人的书面询问均属重要事实，但问题在于：重要事实不限于此。

采用有限告知义务的立法形式时，保险人根据“重要事实”的标准，结合以往的经验，事先设计一系列问题，当投保人来投保时，向投保人询问。投保人对于保险人询问的问题，必须一一如实告知，但对于保险人未询问的问题，投保人没有告知的义务。这一形式又称询问回答告知。采用这一形式，比之前一形式，对投保人较为有利：(1)对保险人没有询问到的问题，即使事实上是重要并且投保人已知，投保人也可不告知而并不构成对告知义务的违反；(2)投保人的告知以其所知为限。投保人只要尽其所知回答保险人的询问，就算已履行了告知义务。目前大多数国家的保险立法采用这一形式。《中华人民共和国保险法》也是如此。我国《保险法》第 17 条规定，保险人“可以就保险标的或被保险人的有关情况提出询问，投保人应当如实告知”。

在国际保险市场上通常认为，以下事实投保人不必告知：(1)保险人声明投保人不必告知的事实；(2)与减少风险有关的事实；(3)保险人已经知道的事实；(4)保险人应当知道的事实。

对保险人而言，在保险合同订立时应当主动向投保人说明保险合同条款的内容。如果保险合同中规定有关保险人责任免除条款的，在订立保险合同时保险人应当向投保人明确说明。我国《保险法》第 17 条、18 条有相应的规定。

至于保险人的告知形式，一般有两种：明确列明与明确说明。明确列明是指保险人只须将保险的主要内容明确载明于保险合同之中，即视为已告知投保人。明确说明则是指保险人不仅应将保险的主要内容明确载明于保险合同，还须对投保人进行明确提示，并加以适当的、正确的解释。即：明确说明＝明确列明＋解释。

（三）告知义务的违反

投保人如果违反了告知义务，其产生的后果有两种。

第一种：宣告保险合同无效。这是因为，告知是保险合同订立的必要条件和基础，如果投保人违反了告知义务，则合同就失去了存在的基础，因而保险合同自始无效。例如：某人为其一房屋投保火险时，隐瞒了其屋内存有易燃易爆物品这一事实，则一旦发现，保险人即可宣布保险合同无效。

第二种：保险人享有保险合同解除权。通常情况下，保险合同一经成立，保险人不能解除或变更合同。但如果投保人违反了告知义务，则保险人有权在规定期限内解除合同，而且其效力可以追溯到保险合同成立之时，对于在保险事故发生后，保险人行使保险合同解除权的，保险人即无给付保险金的义务。这种规定比前一种"宣告保险合同无效"更为灵活，因为保险人可以解除合同，也可以放弃这一权利而通过加收保险费或减少保险金额等办法使保险合同继续有效。

根据我国《保险法》第 17 条规定，投保人故意隐瞒事实，不履行如实告知义务的，保险人有权解除保险合同，并对保险合同解除前发生的保险事故，不承担赔偿或给付保险金的责任，且不退还保险费。至于因过失未履行告知义务的后果，因未告知的内容不同而有区分。投保人因过失未履行如实告知义务，足以影响保险人决定是否同意承保或者提高保险费率的，保险人有权解除保险合同；未告知的事实对保险事故的发生有严重影响的，保险人对于保险合同解除前发生的保险事故，不承担赔偿或给付保险金的责任，但可以退还保险费。

投保人违反告知义务的行为主要有三种：告知不实、遗漏、隐瞒与捏造。

1. 告知不实。也称“误告”，这是指投保人所告知的内容与事实不相符。过去，不论是故意还是过失造成的告知不实，保险人均可以“违反告知义务”为由解除保险合同。现在，随着保险业的发展，实务中告知不实判定标准的具体掌握有适当的放宽。一般认为，只要投保人尽其所知（知道或应该知道）以告之，就应该认为已做到了“如实告知”，而不能算“告知不实”。事实上，有些情况，虽然对保险人决定是否承保或以怎样的条件承保至关重要，但投保人确实不知道或无法知道。例如：某人已得晚期癌症，但未曾发现，此时他为自己购买了死亡保险单，后来他死于癌症，保险人就不能以“告知不实”为由拒绝给付保险金。还有，如果某一项告知不能构成保险合同的一项条款（即不能构成保证），并且这项告知也不是合同成立的实质性基础，则只要不是出于投保人的故意，即使这项告知的内容与事实不符，也不构成“告知不实”，保险人不可因此解除保险合同。此外，对于告知不实的处理，方法可灵活多样，不一定解除保险合同。例如，对过失“误告”，通常是采用修改保险合同条件的方式加以纠正。

2. 遗漏。这是指投保人因过失导致应当告知保险人的内容没有告知保险人。例如：船舶保险可以在启航后办理投保手续，如果在签订保险合同之前，投保人接到该船遇险的电报，但因疏忽，未及时拆阅电报，以致该消息未能告知保险人。

3. 隐瞒与捏造。隐瞒，是指投保人将已知的重要事实故意不告知保险人。例如上例船舶保险中关于船舶遇险的电报，如投保人在签订合同前事实上已拆阅而知其内容，但故意不告知保险人，则为隐瞒。捏造，是指投保人向保险人虚构不真实的“重要事实”。隐瞒与捏造，均属欺诈行为，由此签订的保险合同均无效，并且如果保险人因此受到经济损失，则有权向欺诈者请求赔偿。判断某一行为是否属于隐瞒或捏造，在实务中常常有一定难度，需要谨慎对待。有时候，如果保险人没有充分的证据而指责对方有欺诈行为，则很容易使对方提出诽谤之反诉，使保险人自身处于不利的地位。

对于保险人而言，如果保险合同中规定有关于保险人责任免除条款的，保险人在订立合同时未履行明确说明义务，则该免责条款无效，即从保险合同成立之时起该条款对投保人不产生效力。我国《保险法》第 18 条对此有明确规定。因此保险人在承保时务必加以重视，严格遵守，以避免产生不必要的争议。此外，保险人及其工作人员在保险业务中隐瞒与保险合同有关的重要情况，欺骗投保方，或者阻碍投保人履行如实告知义务，或者诱导其不履行如实告知义务，或者拒不履行保险合同约定的赔偿或给付保险金的义务，要承担相应的法律责任。

三、保证

(一)保证的含义与性质

保证，是指保险人与投保人在保险合同中约定，投保人担保对某一事项的作为或不作为或担保某一事项的真实性。英国 1906 年《海上保险法》对保证是这样解释的：保证，“即被保险人凭此保证去做或不做某种特定的事情，或保证履行某种条件，或者肯定或者否定某些事实的特定状态的存在”。美国纽约州《保险法》对保证一词的解释是：保险合同中的条款，如规定需要有某种使风险得以减少的事实存在，或是需要有某种使风险得以增加的事实不存在，并以此作为合同生效的先决条件，或是作为保险人承担责任的先决条件，此种条款即为保证。

由此可见，保证是投保人对保险人所作的特定的承诺。例如：某人购买盗窃保险单时，答应外出时必须把门窗关好锁好，并以此构成保险合同的一部分，则此一承诺即为被保险人的保证。又如：

某人购买火灾保险单时，在保险合同内同意不在屋内放置危险品，那么这一承诺也是被保险人的保证，倘若没有这类保证，保险人不会出售这些保单，或者需要改变费率才能出售。因此，保证总被认为是重要的。

保证与告知都可能是投保人的义务，但两者不同，差异有三：(1)告知不是保险合同的组成部分，故不包括在保险单内，而保证则是保险合同的组成部分，或者在保单内予以规定(如火灾保险)，或者另纸规定而在保单内说明其为保险合同的一部分(人寿保险常这样做)；(2)保证必然是重要的，被保险人必须严格遵守，而告知则未必一定重要；(3)就其对保险合同的影响而言，保证事项必须是绝对真实的，如有违反，不论其故意与否，均可据以解除合同，但告知则未必要求绝对真实，而要视告知的种类与性质来确定。

(二)明示保证与默示保证

明示保证是指在投保单或保险单中载明保证事项。它是保证的主要表现形式。事实上，当投保人的告知构成保险合同的一项履行条件，而以文字形式规定于保险单内或记载于附属文件时，便构成投保人的明示保证。

明示保证又可分为承诺保证和确认保证。承诺保证是指投保人对将来某一特定事项的作为或不作为的保证，即向保险人担保："此事现在如此，将来还是如此。"例如：某人购买房屋保险单时，保证该屋在保险期间不出租，即属承诺保证。如果该房屋后来出租了(保险期间)，即构成违反承诺保证。又如，汽车保险条款订明："被保险人或其雇佣的司机，对被保险人汽车应妥善维护，使其经常处于适宜驾驶的状态，以防止发生事故。"确认保证是指投保人对过去或现在某一特定事实的存在与不存在的保证，它强调的是对过去或当前事实的保证，即只保证过去或现在如此，至于将来则未必如此。确认保证的形式可以是书面的，也可以是口头的。例如：人寿保险单中，被保险人在保险单内写明健康情况，这项保证健康的允诺，只要在签订合同时被保险人是健康的，保险合同即能成立，至于将来被保险人在保险期间生病，甚至死亡，并不能认为其破坏了保证，而恰恰相反，它有可能正是保险人给予保障的责任，即保险事故发生，这时保险人就必须给付保险金。

默示保证是指在保险合同中虽然没有载明，但在保险实践中，按照法律、国际公约和行业习惯等，被保险人应予遵守的一类保证事项。例如：海上保险中就有三项：(1)船舶适航保证，即被保险的船舶在构造、性能、人员、装备、给养等方面，均应具有适合预定航行的能力；(2)不得绕航保证，即被保船舶不应驶离两个港口之间的通用航道，除非为了避难或救助；(3)航行合法保证，即被保险人不得从事非法运输，如走私之类。默示保证与明示保证在法律上有相同的效力。

(三)对违反保证的处理

投保方对其保证的事项，必须严格遵守，如有违反，保险合同即归于无效。保证的事项，都推定为重要事项，每当涉及诉讼，保险人只要举证被保险人违反保证即可。而且只要被保险人违反保证，不论其有意还是无意，也不论其是否给对方造成损失，保险人均可解除合同，并且不负赔偿责任。

对于违反保证的处理，还应当坚持客观的和实事求是的分析态度。从被保险人违反保证的原因来分析，如果是属于被保险人方面的原因，则保险人从违约之日起不负赔偿责任且不退还保险费；如果由于不可抗力的原因导致被保险人不能履行其所保证的事项，如法令改变、环境改变、条件改变等，保险人可以解除保险合同，也可以修改保证条件，增收保险费继续予以承保；对由于保险人事先弃权而引起被保险人违反保证事项，则保险人不得因被保险人违反保证为由提出解除保险合同。从违反保证的行为发生与保险事故发生的时间先后来分析，如果违反在前事故在后，则保险人可不承担赔偿责任；反之，如果事故在前违反在后，保险人仍应负责。

保证条款是对投保方的一种约束。保险业也曾出现过滥用保险合同中的保证条款致使被保险人不利的情况。现在各国立法均加以限制，以维护保险合同中保证条款制度的正常运行：(1)要求保证的事项必须是重要的；(2)投保单中的保证条款应在保险单中加以确认或重新载明；(3)如被保险人违反保证义务，保险人应向被保险人发出书面通知，方可解除保险合同。

四、弃权与禁止反言

弃权，是指合同的一方放弃其在保险合同中可以主张的某种权利。禁止反言，是指当事人既已放弃其主张的权利，尔后不得再向他方主张这种权利。弃权与禁止反言，在法律上的含义虽有区别，但产生的效果却是一样的。就保险合同而言，弃权与禁止反言，并不是有效条件。但是，有时订立保险合同就有这样的情况，在合同的当事一方中没有弃权的条件下，合同本来是不成立的，而由于合同一方的弃权行为，合同才得以成立。这就是说，保险人或其代理人倘诱使投保人相信，他可以做保险单所禁止的某种事情，或者可以不做保险单要他做的某种事情，这时，保险合同一经成立，保险人就不得以被保险人的此种作为或不作为为由，而主张保险合同无效。例如：某被保险人投保人身意外伤害保险时，向保险代理人声明(告知)，在某一时间内将从事一些危险性较高的工作，而保险代理人为了招揽业务，认为对于合同的有效和开价可不受影响。倘若在保险期间发生意外事故，正是由于从事危险性较高的工作而引起的，那么，根据弃权与禁止反言的规则，保险人不能行使保险合同的解除权，也不能拒绝给付保险金。又如在美国和加拿大，汽车保险限制行驶区域。如果被保险人在投保汽车保险时，告知保险代理人，他将在某段时间(在保险期间)驱车去南美洲旅行，而保险人接受了投保，那么一旦在南美洲旅行期间保险汽车发生保险事故，保险人就不能拒绝赔款。

关于保险合同，通常还有除斥期间的规定。除斥期间是指保险人的合同解除权只在一定的期间能够主张，超过了这一期间，保险人不得主张，保险合同的解除权随之消失。在人寿保险合同中，此称为不可抗辩条款。除斥期间一般不得延长。

第三节 补偿原则

一、补偿原则的含义

保险的补偿原则有两层含义：一是保险合同订立后，一旦发生保险责任范围内的损失，被保险人有权按照保险合同的约定，获得全面、充分的补偿；二是保险人对被保险人的补偿恰好使被保险人对保险标的的经济利益恢复到保险事故发生之前的状况，即保险补偿以被保险人的实际损失为限，被保险人不能因保险赔偿而得利。

这一原则的依据是民事法律关系中的一项基本原则——损害赔偿原则，即民事损害赔偿应贯彻全部赔偿和赔偿实际损失的原则，反映在保险法律关系中，投保人与保险人签订保险合同，把特定的风险转由保险人承担，当保险事故发生时，保险人给予被保险人的经济补偿恰好填补被保险人遭受保险事故的经济损失。因此，补偿原则有三个要点：

1. 补偿须以被保险人的损失为前提。“无损失，无赔款”，保险是补偿损失的一种手段，不发生损失，当然不存在补偿问题。同时要强调的是，这种损失必须是被保险人的损失，也就是说，当损失发生时，被保险人对标的须有保险利益，因而这种补偿须以被保险人的保险利益为限。事实上，如果被保险人对标的无保险利益，那么标的的损失就与被保险人无关，即被保险人未受损失，补偿便无从谈起。

2. 损失必须是保险责任范围内的损失。根据保险合同，保险人只对特定的保险事故负责，因而对由于保险事故以外的原因造成的损失不予负责。从数量上看，保险合同规定保险金额作为保险人的最高责任限额，因此，保险人的补偿金额须以保险金额为限。

3. 补偿必须限制在实际损失限度以内。如果超过这一限度，便构成被保险人的不当得利。同时强调，损失金额的确定以出险当时的实际价值为准。

二、补偿原则的应用

前已述及，保证补偿有三个限额即损失额、保险金额和保险利益价额。在保险实务中，运用补偿原则时，关键是要确定受损财产的实际损失额，其方法主要有以下几种：

1. 按市场价格确定实际损失，这是最常见的确定实际损失的方法。如某保险标的受到损害或损毁，就按同等型号、新旧程度相当的同类物品在市场上的价格确定保险补偿金额。如果保险标的已被淘汰，其实际损失应比照类似产品的市价确定。采用这种方法时，如果保险人与被保险人就保险补偿金额不能达成一致意见，保险人可以市场价格在市场上购买相同实物赔偿被保险人。

2. 按被保险人实际上损失的费用确定实际损失。在责任保险、信用保险、保证保险中，被保险人遭受的实际损失往往可以直接用货币形式表现。这时即可采用这种方法来确定赔偿金额。但下列费用应予除外：(1)刑事罚金；(2)行政罚款；(3)除非保险合同另有约定，被保险人因涉及法律或合同支付的各项费用；(4)被保险人没有涉及法律或合同义务，自愿支付的费用。

3. 按恢复原状所需费用确定实际损失。保险标的遭受部分损失时，一般将保险标的修复，恢复原状。恢复原状所需费用，被认为是被保险人的实际损失。所谓恢复原状，是指基本恢复保险标的原有形态和效用。如果经过修复，保险标的提高了性能，从而提高其价值，根据补偿原则，保险人有权将超过部分予以相应扣除。如果修复后的功能不如过去，保险人应考虑补偿差额。

4. 按重置成本扣减折旧确定实际损失。保险标的发生损失时，如果市场上不能找到新旧程度相当的同类商品，不能按同类物品的市场价来确定实际损失，则可按保险标的重置重建价格减去折旧的方式确定保险标的的实际损失，如房屋、机器、汽车、家具等的保险即可采用本方法。

补偿原则是保险的一项基本原则，但是也有一些例外情况，主要有：

1. 人身保险。人身保险（医疗保险除外）的标的是人的寿命和身体，这是不能用货币来衡量的，或者说，人的价值是无限的。因而除医疗保险以外的各类人身保险不适用补偿原则。事实上，在人寿保险中，保险事故发生后，保险人即按约定的保险金额给付保险金。人寿保险合同是一种给付性合同。

2. 定值保险。有些保险标的（如古玩字画）的实际价值，随着时间、空间的不同而变化，在技术上很难准确估计，因而订立保险合同时，保险双方约定其价值，此谓定值保险。当保险事故发生时，保险人以约定的保险价值为基础，计算赔偿金额，而不问保险标的在保险事故发生时的实际价值。这种情况下，补偿原则就不完全发挥作用了。

3. 重置成本保险。重置成本保险按重置成本确定保险金额而承保，在确定损失赔付时不扣除折旧而按重置成本确定损失额。其目的在于充分发挥保险的经济补偿功能，使被保险人在发生保险事故时能获得重置保险标的的经济补偿。这体现了补偿的充分性，但补偿可能超过实际损失，因而容易造成被保险人放松责任心甚至形成道德风险。

三、权益转让原则

权益转让原则即代位原则，主要对财产保险而言，指保险事故发生，保险人向被保险人支付了保险金之后，保险人可以取得有关保险标的的所有权或向第三者的请求权。这一原则是民法中代位原则在保险中的体现，也是保险补偿原则的直接应用。

（一）权利代位

权利代位，即对第三者的权利由被保险人向保险人转移。换句话说，假定保险事故系由第三者的行为所造成，则被保险人可以向负有肇事责任的第三者请求赔偿，也可向负有保险责任的保险人请求补偿。如果被保险人选择后者，那么保险人在履行了保险赔偿责任之后，便从被保险人那里取得以赔偿金额为限度的向第三者请求赔偿的权利，故权利代位又称代位求偿、代位追偿等。

这里有以下问题需要注意：

1. 权利转移的时间是在保险赔偿金给付之时。从保险人看，只有当支付了全部赔偿金之后，他才取得向第三者追偿的权利。从被保险人看，在得到保险人保险赔款之前，他仍享有向第三者要求赔偿的权利。这时要防止被保险人向第三者做出某种承诺而损害保险人的利益。对此，各国一般都有规定：(1)保险事故发生，第三者负有责任，而被保险人向保险人提出索赔的，被保险人应同时向负有赔偿责任的第三者提出赔偿请求，或者采取行动保留保险人将来的代位权；(2)被保险人与责任第三者达成某种协议或作出某种承诺，应征得保险人的同意。如因被保险人的行为导致保险人的代位追偿权受到损害时，保险人有权在保险赔偿中作相应扣减。

2. 保险人行使代位追偿权向第三者追偿时，可以被保险人的名义，也可以保险人自己的名义。早期，保险人的追偿权是以被保险人的名义行使的，后来，随着保险追偿案件的增加，各国保险立法逐渐规定，被保险人在获得保险赔款后，必须将追偿权转移给保险人，同时各国司法实践普遍承认，保险人也可以保险人自己的名义行使代位追偿权。另外，被保险人要协助保险人行使代位追偿权。代位追偿的费用由保险人承担。

3. 保险人的代位追偿权以其实际支付的保险赔偿金额为限。在不定额保险或比例承保的情况下，保险人应按实际承担的保险责任，取得代位求偿权。例如：火灾保险中，保险标的可保价值 10 万元，投保人投保 6 万元，如果因为第三者肇事发生保险事故，导致保险标的全损，则保险人负责赔偿 6 万元，代位求偿权也是 6 万元，另 4 万元的赔偿请求权属于被保险人。在实务操作上有两种观点，一种认为 6 万元和 4 万元的请求权应分别由保险人和被保险人提起。另一种认为，无论保险人还是被保险人提起请求权，都应该就保险标的在该次保险事故中的一切损失（这里是 10 万元）进行追偿。追偿所得的款项（本例中假定追回 8 万元）有三种处理方法：(1)优先补偿被保险人的全部损失，即 8 万元中 4 万元先用于补足被保险人损失（另 6 万元已由保险人补偿），剩余的 4 万元归保险人所有；(2)优先补偿保险人已支付的赔款，即 8 万元中 6 万元归保险人，剩余的 2 万元归被保险人；(3)按比例分配追回的款项，即 $\frac{6}{10}\times 8=4.8$ 万元归保险人，$\frac{4}{10}\times 8=3.2$ 万元归被保险人。如果保险标的发生部分损失，也是类似处理。

权利代位通常由以下情况产生：

(1)侵权行为。由于第三者的故意或过失，保险标的遭受损失，或根据法律，第三者应承担赔偿责任。如甲车已参加汽车保险，保险期间甲车受到乙车碰撞致损，则乙车（第三者）负有对甲车的赔偿责任。

(2)合同责任。第三者在合同中违约造成保险标的损失或根据合同约定第三者需对保险标的损失承担赔偿责任。如在铁路货物运输中，运输企业在合同约定项下对运输货物的损毁应负的责任。

(3)不当得利。由于第三者的不当得利行为产生的民事责任。如保险标的丢失后，第三者非法占有之。

(4)共同海损。保险标的由于共同海损造成损失，保险人在赔偿损失后，可以向共同海损受益者追偿。

（二）物上代位

物上代位即保险标的的所有权由被保险人向保险人转移。物上代位通常发生于全损或推定全损的保险事故处理，指保险人对于保险标的所发生的损失，在支付了全部保险金之后，即可取得对保险标的物的所有权。日本《商法》第661条规定："在保险标的全部损失时，保险人已支付全部保险金时，则保险人取得对标的的所有权。"德国、法国、英国均有类似规定。保险人因此得到的这种权利称为物上代位权。

物上代位主要有两种情况。

1. 委付。委付一般与推定全损有关，指被保险人将保险标的物的一切权利转移给保险人，并要求保险人支付全部保险金额的请求。如果保险人接受委付，则便取得物上代位权。需要注意的是，委付与代位追偿不同：(1)委付成立，则标的物所有权转移，这里包括权利转移和义务转移两个方面。例如：海上船舶保险中，一艘已被委付的船沉没在港口主航道海底，影响航行，航管部门下令打捞，则打捞费用由接受委付的保险人承担。而代位追偿只是权利转移，而不包括义务。(2)代位求偿权是以保险人实际支付的保险金为限，而保险人接受委付以后，便获得了对保险标的的一切权利。(3)委付通常适用于推定全损，并且保险人可以接受也可以不接受，而代位追偿不受推定全损限制，而且代位追偿权必须转移。

2. 实际全损。保险人按照实际全部损失对被保险人进行足额补偿之后，对保险标的享有物权，通常情况下这种物权没有意义。但是下列情况下是有实际意义的：

(1)保险人承保了偷窃、提货不着、灭失等风险时，保险事故发生，保险标的客观上是存在的，只是被保险人丧失了对保险标的的有效占有，当保险人按实际全损赔偿后，即具有了对保险标的的物权。当保险标的重新出现时，保险人可以此对抗第三者。

(2)在保险事故发生时，保险标的已实际灭失，但随着科学技术的发展，保险标的可能重新有效控制。如几十年前的沉船，当今得到打捞，这时保险人享有对打捞物的物权，由物权产生的利益也归保险人所有。

（三）权益转让原则的例外

1. 人身保险。权益转让原则由补偿原则派生而来，而补偿原则不能用于人身保险（医疗保险除外），权益转让原则当然也不能用于人身保险。事实上，人的价值无从谈起，代位追偿的前提不存在。至于物上代位不能用于人身保险，那是显而易见的。

2. 除非故意行为，保险人对被保险人的家庭成员或其组成人员不行使保险代位追偿权。因为如果允许这样，就会丧失保险的意义。

3. 保险人可以放弃代位求偿权。为了满足有些被保险人的特殊需要，保险人可以使用合同条款放弃代位求偿权。例如：为了出租一套公寓住宅，房东可以同意房客对房屋损坏不负责任。如果房东的保险人在火灾保险合同中放弃了代位求偿权，一旦房客不小心引起了一场火灾，保险人要赔偿房东的火灾损失，但不能向房客追偿。保险人也可以在保险事故发生后决定不行使代位求偿权，这通常是因为法律费用可能超过追回来的补偿额而得不偿失，或者是因为保险公司希望与公众保持良好关系。

四、分摊原则

（一）重复保险与分摊原则

重复保险是指投保人就同一标的同一风险向若干家保险公司投保，在相同的保险期限内，保险金额之和超过保险标的的实际可保价值。重复保险通常是由于投保人或被保险人的疏忽，或求稳心理过强，或者由于标的价值下跌或投保时估价过高等原因造成的。

为了防范道德风险，各国的保险条款一般都规定，发现重复保险时，被保险人（投保人）必须及时通知每个保险人，否则属于违反通知义务。同时，对于重复保险情况下发生保险事故，其赔偿金额确定，遵循补偿原则的精神来进行，形成了分摊原则。重复保险下保险事故发生，被保险人所获得的赔偿金额不能超过其实际损失，并且其赔偿金额由有关保险人分摊。

顺便指出，在重复保险下，对某一保险人而言，其他有保险责任的保险人均为第三者，如果适用代位原则，则将带来保险人之间无休止的追偿。因此各国保险立法均要求，在保险赔偿的债务人是两个或两个以上时，保险人之间适用分摊原则而不是代位原则。

(二)保额比例分摊制

这是重复保险理赔中最常用的方式。其要点是：保险事故发生后，各保险人按各自承保的保险金额占总的保险金额的比例即承保比率承担保险金赔偿责任，各保险人承担的保险赔偿金额总和不超过保险标的的实际损失。

设投保人就某财产向保险人 A_1 购买保额为 a_1 的保险单，向保险人 A_2 购买保额为 a_2 的同种保险单……向保险人 A_n 购买保额为 a_n 的同种保险单。假定某日发生保险事故，财产损失额为 c，经查验，出险时财产价值为 a，又这几张保单均有效，且 $\sum_{i=1}^{n} a_i > a$，此属重复保险，保险人 $A_1, A_2, \cdots A_n$ 的承保比率分别为：

$$\frac{a_1}{\sum_{i=1}^{n} a_i}, \frac{a_2}{\sum_{i=1}^{n} a_i}, \cdots, \frac{a_n}{\sum_{i=1}^{n} a_i}$$

所以他们应承担的赔偿金额分别为：

$$\frac{a_1 c}{\sum_{i=1}^{n} a_i}, \frac{a_2 c}{\sum_{i=1}^{n} a_i}, \cdots, \frac{a_n c}{\sum_{i=1}^{n} a_i}$$

例：某企业就一幢房屋向甲、乙、丙三家保险公司同时签订一年期火灾保险合同，承保金额分别为 10 万元、6 万元和 4 万元，保险期间因火灾损失 10 万元，而当时该幢房屋价值 15 万元。因为 10 万＋6 万＋4 万＞15 万，故属重复保险，所以按上述分析，甲、乙、丙三家保险公司分别应赔偿：$\frac{10\times10}{10+6+4}=5$（万元），$\frac{6\times10}{10+6+4}=3$（万元），$\frac{4\times10}{10+6+4}=2$（万元）。

采用保额比例分摊制，对保险人是合理的，但对被保险人却不利：(1)被保险人必须向各保险人分别索赔，手续麻烦；(2)若是其中某家保险公司无力支付，则这部分便得不到赔偿。

（三）赔款限额比例分摊制

这种方式是假定在没有重复保险的条件下，按各家保险公司单独应负的最高赔偿限额与各家保险公司应负最高赔偿限额总和的比例即赔款比率来分摊责任。

沿用前面的记号，设在没有重复保险的条件下，各家保险公司单独应负的最高赔偿限额分别为 $b_1,b_2,\cdots b_n$，则各家的赔款比率分别为 $\frac{b_1}{\sum_{i=1}^{n}b_i},\frac{b_2}{\sum_{i=1}^{n}b_i},\cdots,\frac{b_n}{\sum_{i=1}^{n}b_i}$。因此，各家应赔

$$\frac{b_1c}{\sum_{i=1}^{n}b_i},\frac{b_2c}{\sum_{i=1}^{n}b_i},\cdots,\frac{b_nc}{\sum_{i=1}^{n}b_i}.$$

对被保险人而言，这种方式的缺点与保额比例分摊制一样。

例：某工厂就一厂房同时向甲、乙两家保险公司投保火险，甲承保保额 12 万元，乙承保保额 4 万元。在保险期间发生火灾，厂房受损 6 万元，当时厂房价值 14 万元。由于 12 万+4 万>14 万，故出现重复保险。假定无重复保险，则甲公司至多赔 6 万元，乙公司至多赔 4 万元，所以甲、乙公司实际赔款分别为$\frac{6\times6}{6+4}=3.6$（万元）和$\frac{4\times6}{6+4}=2.4$（万元）。

（四）顺序责任制

这种方式主要用于异时重复保险。保险事故发生后，先由签订

合同时间最早的第一家保险公司首先承担赔偿责任，第二家保险公司只有在其所保金额超出第一家保险公司的保额时，才依次承担责任。例如，一批货物由发货人向甲公司投保水渍险10万元，但其代理人次日又向乙公司投保相同的水渍险10万元，货物因船在运输途中发生触礁损失价值12万元。在这种情况下，甲公司赔付10万元，乙公司不赔，因为乙的保额也是10万元，没有超过甲公司的保额，但乙公司应将所收保费退还给被保险人。如果乙公司的保额是13万元，那么乙公司应赔2万元，并且将多收的保费(与10万元保额相应的保费)退还给被保险人，即相当于保额3万元赔偿2万元。

这种方式也可用于同时重复保险，这时要先选定一家保险公司作为第一家。

采用顺序责任制时，如果第一家保险公司发生财务危机，那对被保险人是非常不利的。

(五)连带责任方式

按照这种方式，保险人之间负连带责任。被保险人有权向任何一个保险人请求保险金的全部。而给付保险金的保险人对其他保险人享有请求权，各保险人承担的保险责任，按各保险人承保的保险金额与总的保险金额的比例即承保比率计算。

第四节　近因原则

近因原则是保险当事人处理保险赔案，或法庭审理有关保险赔偿的诉讼案，在调查事件发生的起因，确定事件的责任归属时所遵循的原则。按照近因原则，当保险人承保的风险事故是引起保险标的损失的近因时，保险人负责赔偿(给付)责任。英国1906年《海上保险法》第55条第一款规定："依照本法的规定，除保险单另有约定外，保险人对于由所承保的风险近因所致的损失，负赔偿责任，但是对于非由所承保的风险近因所致的任何损失，概不负责。”这是第一次以法律的形式，确立了判断承保风险与保险损失之间因果关系的“近因原则”。

一、近因

英国1906年《海上保险法》颁布之初，对“近因”没有解释，当时的诉讼案件，也没有一致的结论。早期的学者和法官对此有过各种理解。但随着近因理论的发展，法官和学者们逐渐取得比较一致的认识，将近因理解为“最具优势的原因”、“能动而有效的原因”。现在，保险界对“近因”的一般解释是：近因，不是指最初的原因，也不是最终的原因，而是一种能动而有效的原因，这既指原因和结果之间有直接的联系，又指原因十分强大有力，以致在一连串事件中，人们从各个阶段上可以逻辑地预见下一事件，直到发生意料中的结果；如果有多种原因同时起作用，那么近因是其中导致该结果的起决定作用或强有力的原因。

当多种风险事故成为引起损失不可缺少的原因时，判断其中哪一个为近因，国际上通常采用约翰·I·斯蒂尔先生所提出的两种确定因果关系的方法。第一种：从最初事件出发，按逻辑推理，问下一步将发生什么。若最初事件导致了第二事件，第二事件又导致了第三事件，……如此推理下去，导致最终事件，那么最初事件为最终事件的近因。若其中两个环节间无明显联系，或出现中断，则其他事件为致损原因。第二种：从损失开始，沿系列自后往前推理，问为什么会发生这样的情况。若追溯到最初事件，且系列完整，则最初事件即为近因。若逆推理出现中断，则其他原因为致损原因。

二、近因与赔偿责任

前已指出，按照近因原则，当承保的风险事故是致损的近因时，保险人负有赔偿责任。其相反的情形有两种：(1)承保的风险事故不是致损近因；(2)致损近因并非属于保险人承保的范围。实务中，风险事故发生，损失形成，要判定保险人的赔偿责任，可分三种基本情况来研究。

1. 单一原因。当造成损失的原因只有一种时，这种原因是造成损失的近因，如果这一原因是保险人承保的风险事故，那么保险人负责赔偿；否则保险人不负责赔偿。

2. 一连串原因。设有一连串的事件发生，最终导致损失形成，其中各原因（事件）之间的因果关系连续即后果是前因自然的、直接的结果，那么这一串事件中第一个事件（第一个原因）即为近因。按照约翰·I·斯蒂尔的判断方法，我们有：(1)如果第一个原因是承保的风险事故，则不论其他原因如何，保险人负有赔偿责任；(2)如果第一个原因不是承保的风险事故，则不论其他原因如何，保险人都不负赔偿责任。

3. 多种原因共同致损。假定损失由多种原因造成，但又无法合理地区分其时间先后。如果它们都是保险人承保的风险事故，那么全部损失由保险人负责赔偿。如果这些原因中既有承保的风险事故又有不承保的风险事故，那么要看损失能否分清。如果损失能够分清，则保险人对于承保的风险事故所造成的相应损失负责赔偿，另一些损失则不予负责；如果损失无法分清，有两种观点：一种主张酌情赔偿部分损失，另一种主张保险人对损失概不负责，特别是其中一项原因是除外责任时。

实务中，在调查损失发生的原因时，可能找出众多的原因，我们需要按前三种情况进行分解或组合，然后分别据以确定保险人的责任。

三、近因原则的运用

1. 近因是最具优势的原因。试看下列两个案例。

例 1：甲某对其房屋投保了火险。保险期间，一场大火使甲房屋的一堵墙处于危险状态。紧接着，房主甲某来不及抢救，一阵狂风就吹倒了这堵墙，整幢房屋因此倒塌。甲就房屋倒塌所受损失向保险公司申请索赔，保险公司赔偿了其损失。

例 2：乙某对其房屋也投保了火险。保险期间，同样有一场大火使这幢房屋的一堵墙处于危险状态。几天之后，也是一阵狂风吹倒了这堵墙，整幢房屋也因此倒塌。乙某便就房屋倒塌所受损失向保险公司提出索赔，保险公司拒赔，乙某不服，上告法院。法院判定，保险公司拒赔理由成立，即致损近因是房主未能及时修复这堵处于危险状态的墙，而火灾不是近因。

这两个案例的区别在于：第一例中，火灾之后，墙壁虽未倒塌，但已处于危险状态，房主来不及采取补救措施，狂风就把它吹倒了。而第二例中，墙壁虽然处于危险状态，但房主还来得及补救，然而他没有采取补救措施。

2. 近因是能动而有效的处于支配地位的原因，而不一定是时间上最先发生者，这一原则是从一个著名的判例开始的。

第一次世界大战期间，一艘轮船被敌潜艇用鱼雷击中，但仍奋力驶向某港口施救。由于轮船的情况十分严重，港方担心它会沉在码头泊位上，而且当时正好刮起大风，遂命令其移泊外港。在外港停泊中，因退潮时搁浅，涨潮时浮起，轮船终于受损沉没。这条船当初只投保了一般海难，而未投保战争险。于是，关于其损失能否得到赔偿，便引起争议。最后法院判决：鱼雷攻击为近因，而一般海难不是近因。所以保险公司有理由拒赔。这一判决否定了以时间先后来判断近因的方法，支持了“近因是能动而有效的处于支配地位的原因”的观点。事实上，试设想：一条船在船东的默许下被蓄意凿沉，如果认为损失的近因是水的实际侵入(海上风险之一)，因此提出索赔，这种只看形式上较近的原因而不看凿船这一实质性的行为，那是多么荒谬。

3. 害怕一项风险，并不能使这项风险成为损失的近因。例如：1914 年第一次世界大战爆发时，一艘投保了战争险、载有黄麻的德国轮船，从加尔各答驶往汉堡途中，进入墨西哥港口。被保险人因此不能保证交货，遂向保险公司要求以推定全损赔偿，于是产生争议。最后法院判定，损失不是由承保的风险事故所造成，而是由于船长害怕被俘，选择放弃航程所造成的，因此损失的原因是害怕风险，而不是因为出现了保险事故。同样道理，一些实际上完好的商品，由于来自某个出事地点，买主担心其有问题而不愿付足市价，这种没有实际损失的“损失”，显然不是保险事故所引起的。

复习思考题

1. 试述保险利益及其构成要件。

2. 试分析财产保险保险利益与人身保险保险利益的差异。

3. 试分析告知与保证的差异。

4. 试分析委付与代位追偿的差异。

5. 试分析下列案例中的近因。

(1)某大楼已投保火灾保险。保险期间内某日该大楼楼顶失火，本身损失并不大，但由于火烧及电线，造成短路，致使楼下机器停转，并引起一系列事故，最终使机器和大楼受到严重损失。试析上述损失的近因及火灾保险单应负的责任。

(2)某船舶载皮革与茶叶，途中遭遇海难，海水渗入船舱，皮革发生腐烂，虽然海水未直接接触茶叶，但由于皮革腐烂发出恶臭，茶叶因此串味变质。试分析导致茶叶变质的近因。

第四章　保险合同

保险法律关系是通过投保人与保险人订立保险合同而形成的，保险法律关系主体权利义务的实现主要以保险合同作为依据，保险合同是构成保险制度的核心部分之一。本章主要讨论有关保险合同的定义、特征和种类，保险合同关系的构成要素以及保险合同关系运行等方面的问题。

关键词汇：保险合同　定值保险合同　不定值保险合同　补偿性保险合同　给付性保险合同　保险人　投保人　被保险人　受益人　保险代理人　保险经纪人　保险公估人　保险责任　保险期间　保险价值　保险金额　代位权　保险条款　投保单　保险单　暂保单　保险凭证　批单

第一节　保险合同概述

一、保险合同的定义

《中华人民共和国合同法》(以下简称《合同法》)把合同定义为：平等主体的自然人、法人、其他组织之间设立、变更、终止民事权利义务关系的协议。民法上的合同有广义和狭义之分，狭义合同专指债权合同，即两个以上的民事主体之间设立、变更、终止债权债务关系的协议。广义合同除了债权合同之外，还包括物权合同、身份合同等。保险合同属于狭义合同的一种。

订立合同是商品经济社会中人们进行商业活动的一种主要方式。保险是一种商业行为，而这种商业行为的基础就是保险合同。

保险关系主体都是通过订立保险合同来确定双方之间的权利义务关系。《中华人民共和国保险法》(以下简称《保险法》)第十条把保险合同定义为:“保险合同是投保人与保险人约定保险权利义务关系的协议。”

我们认为一个完整的保险合同定义应涵盖“保险”这一经济制度的基本含义和合同的本质特征。基于此,我们将保险合同定义为:保险合同是指投保人与保险人约定的关于投保人支付保险费,保险人对承保标的因保险事故发生所造成的损失,在保险金额范围内承担补偿责任,或者当被保险人死亡、伤残、疾病或者达到约定的年龄、期限时承担给付保险金义务的协议。

二、保险合同的特性

保险合同是民事合同的一种,因而具有一般合同共有的法律特征,同时又因为保险关系的特殊性而使保险合同具有区别于其他民事合同的法律特征。

(一)保险合同的一般特征

1. 保险合同当事人必须具有民事法律行为能力。保险合同的投保人必须是具有相应民事行为能力的自然人、法人或其他合法的社会组织;保险人必须是依法设立的保险经营机构,合同的订立必须符合其经营范围。

2. 保险合同是双方当事人意思表示一致的法律行为。保险合同的当事人必须是对立的双方,即投保方和保险方。当然在一个保险合同中也可能存在几个保险人,如共同保险合同;或者数个对同一保险标的具有不同保险利益的投保人。保险合同是当事人协商一致的产物,是两个或两个以上当事人的意思表示一致的协议。合同当事人的法律地位平等,任何一方不能强迫另一方接受自己的意志。

3. 保险合同属于合法行为。国家有关法律、法规对保险合同的主体、内容及合同的订立和履行等方面都作了相应的规定,只有符合这些规定的保险合同才受法律保护。

(二)保险合同的特性

1.保险合同是保障性合同。保险是一种无形的服务性商品,保险人以保险合同为依据向被保险人提供保障服务。这种保障服务直接表现为:保险人承诺当约定的保险事故发生造成保险标的的损害时,保险人对被保险人遭受的经济损失进行补偿,或者当被保险人死亡、伤残、患病或者达到约定的年龄或期限时,向被保险人或受益人给付保险金,保证他们的经济安全,以消除自然灾害、意外事故及其他风险事故对被保险人或受益人经济安全的威胁。保险人通过保险合同提供的保障承诺是以投保人缴纳的保险费为对价。保障性使保险合同区别于其他民事合同,从而使其特定化。需要说明的是,保障性绝对地存在于每一个保险合同,我们不能说被保险人最终未获得保险赔偿金或给付金就没有获得保险人的保障,因为保障不等于保险赔偿或给付金,而是保险人对被保险人所负的保险责任。

随着现代保险业的发展,许多寿险合同在具有保障性的同时,也具有一定的投资性,有时甚至以投资性为主要特征,以满足投保人对保险产品多样化的需求。

2.保险合同是附合性合同。附合性合同是指一些专业性、行业性较强的,被大量重复使用的特殊合同,其合同条款通常由一方当事人事先拟就,另一方当事人对这些条款没有太大的协商余地,只能作取或舍的决定,故又称格式合同或标准合同,是与协商合同相对应的合同类型。保险合同是附合性合同,其基本条款通常是由保险人事先拟定。投保人对于此类条款,或同意接受,或不同意接受,一般没有修改某项条款的权利。如果有必要修改或变更合同的某项内容,通常也只能采用保险人事先准备的附加条款或附属保单。

保险合同具有附合性是因为保险合同的主要内容——保险责任范围和费率的确定,与标的经验损失率和保险人的风险责任承受能力密切相关，需要在大量经验数据资料的基础上通过精算技术加以确定。这种专业技术实非每个投保人具有，而且保险人每年承保大量风险单位，无法与每个投保人具体协商确定合同条款，为节约成本、追求高效，需要保险合同条款标准化、定型化。此外，为防止保险人任意扩大或缩小保险责任范围，或者任意降低或提高费率，从而影响保险人的财务稳定性或使投保人遭受不公平待遇，各国保险法律通常规定保险公司制定的保险险种的基本条款和费率必须报保险监督管理部门审批或备案。如我国《保险法》第一百零七条即有这样的规定。

为防止保险人不适当地利用保险合同的附合性，法律通常规定，订立合同时保险人必须如实地向投保人告知、解释保险合同的主要内容，对于与投保人利益最密切相关的责任免除条款必须用特殊的、明确的方式提示投保人，否则该责任免除条款无效。此外，当保险合同出现文字歧义而导致法律纠纷时，法院或仲裁机构通常会做出有利于被保险人或受益人的裁决。

保险合同并非全部采取标准合同的形式，在承保一些特殊标的如卫星、核电站等时，或保险经纪人为其客户的特殊需要而拟定保单，或一些大型企业的风险管理部门为自己的需要而拟定特殊的保单等情况下，保险人往往会与投保人共同协商确定保险合同的内容。

3.保险合同是对人合同。保险事故发生概率的大小，与被保险人有密切的联系。因此，保险合同总是建立在保险人与被保险人之间相互了解、相互信任的基础上。保险人在决定是否承保，以及在确定保险费率时，一般也是在考虑被保险人的具体情况之后作出的。在财产保险合同中，标的物的风险状况与被保险人密切相关，即对同一保险标的物而言，被保险人不同，则其风险不同，任意变更被保险人就会使保险人无法控制所承担的风险责任。所以财产保险单一般不随保险标的物的转让而转让，只有经过保险人事先同意或符合法律的规定，标的物受让人才能取得保险合同约定的保障权益。货物运输保险是一例外，这是因为货物运输保险的标的物不为被保险人控制。因此，我国《保险法》第三十四条规定：“保险标的的转让应当通知保险人，经保险人同意继续承保后，依法变更合同。但是，货物运输保险合同和另有约定的合同除外。”当标的物转让时，如未经过保险人同意，则标的物受让人无权向保险人索赔，原被保险人则因丧失保险利益而失去保障权益。

保险合同的对人性存在以下几种例外情况。第一是法律中有相反规定的，如《保险法》第三十四条规定货物运输保险合同可以随保险标的转让而转让，无需事先征得保险人同意；第二是合同中有相反规定的，保险标的转让后保险合同随之转让；第三是人寿保险合同可以不经保险人同意而自由转让，变更投保人。此外，国外法律通常规定，如果标的物的转让系法律上之当然转让时，变更被保险人可以不经保险人同意，如因标的物的法定继承等。

4. 保险合同是双务有偿合同。双务合同是当事人双方因合同关系的发生，互负义务的合同。保险合同成立后，投保人负有按合同约定缴纳保险费的义务，保险人则负有于保险事故发生时支付保险赔偿金的义务。双方既然互有给付义务，理应属于双务有偿合同。

与其他合同相比，保险合同的双务有偿具有一定的特殊性。首先是保险人履行义务的条件性。并非保险合同成立后，保险人都必须给付保险金，只有在保险期限内保险事故发生，保险人才需履行此项义务；其次是合同双方当事人对价的悬殊性。如果在保险期限内未发生保险事故，则投保人所支付的保险费并不能获得相应的价值金额回报，如果在保险期限内发生保险事故，则保险人可能付出百倍、千倍于保险费的保险赔偿金，这与一般的买卖合同或其他对价合同显然不同；最后是当事人履行义务的不同时性。在一般合同中，双方当事人均负义务，任何一方在履行自己的义务之前，无权要求对方先履行义务(法律规定或合同约定者除外)。而在保险合同中,投保人应在合同成立后及时缴纳保险费,保险人也有权要求投保人及时履行缴费义务,但保险人履行给付保险金义务通常是在投保人缴纳保险费之后,对于未发生保险事故的情况,则根本无需履行此项义务。保险合同的等价有偿具有这些特殊性是因为保险业是经营风险的特殊行业,保险人所承保的风险具有不确定性。

5.保险合同是最大诚信合同。缔结任何合同都必须遵守诚实信用原则。我国《合同法》第六条规定:“当事人行使权利、履行义务应当遵循诚实信用原则。”保险合同对当事人的诚信要求更为严格,所以称保险合同为最大诚信合同。之所以如此,乃因为投保人、被保险人对保险标的的情况比较了解,保险人有赖于投保人的如实告知来了解保险标的风险状况,并据此确定承保条件。如果投保人、被保险人违反诚信原则可能使保险人蒙受巨大损失,损害其他被保险人的利益,破坏保险活动的正常秩序。此外因保险合同具有很强的专业性、技术性,保险人也应本着诚信的精神向投保人解释说明保险条款的主要内容,使投保人确切知悉自己的权利义务,不得有欺诈行为。法律和保险合同通常对合同主体如何保持最大的诚信作了具体的规定,违反这些规定的法律后果是:保险人可以解除合同,如果投保人心存欺诈(故意行为),保险人还可不退还保险费;对合同解除前发生的保险事故,保险人可以拒绝承担赔偿责任。投保人则可因保险人违反诚信而主张某些条款(责任免除条款)无效,或向保险人主张保险责任以外的赔偿。

三、保险合同的种类

保险合同的种类可依不同标准进行划分。随着保险业的发展,保险关系越来越复杂,保险险种不断推陈出新,相应保险合同分类的标准也日益多样化。在此我们介绍几种常用的分类标准与保险合同种类:

(一)定值保险合同与不定值保险合同。这是以保险标的的保险价值是否预先确定为标准对保险合同进行的一种分类。由于在人身保险中,保险标的是人的寿命和身体,是无法估价的,故人身保险不存在保险价值问题,所以这种分类仅适用于财产保险。

1. 定值保险合同。定值保险合同又称定价保险合同,是指双方当事人在订立合同时即已确定保险标的的保险价值,并将之载明于合同中的保险合同。定值保险合同成立后,一旦发生保险事故,应以双方预先确定的保险价值作为保险赔偿金额的计算依据。如果保险事故造成保险标的的全部损失,无论该保险标的当时的实际价值如何,保险人均应全额赔偿,不必对保险标的重新估价;如果保险事故仅造成保险标的的部分损失,则在确定保险标的损失程度基础上,以该损失程度的比例与双方确定的保险价值的乘积作为保险人应支付的赔偿金额,同样无须重新对保险标的实际价值进行估量。例如,在足额保险的情况下,双方事先确定的保险标的的保险价值为 20 万元,保险事故发生后,如果保险标的全损,则保险人应赔偿 20 万元;如保险标的损失程度是 60%,则保险人应承担 12 万元的赔偿金额。

定值保险合同中,保险标的的保险价值由双方根据法律规定的或合同约定的方式自愿协商确定,其有可能高于或低于保险事故发生时保险标的的实际价值。除非保险人能够证明投保人在确定保险价值上有欺诈行为,否则在保险事故发生后保险人不得以保险标的的实际价值与双方约定的保险价值不符为由而拒绝履行合同义务。定值保险合同的运用主要是为了方便一些特殊标的物的承保,如字画、古玩、古董或船舶等不易确定其价值的财产,或价值在时空上差异较大的海洋运输货物等财产,因此以这些财产为保险标的的财产保险常采用定值保险合同。定值保险合同虽然方便了保险标的价值的确定以及保险人的理赔,但倘若保险人对保险标的缺乏估价的经验或特有的专业知识,则易使投保人过高地确定保险价值，进行保险欺诈。正因为如此，定值保险合同的运用范围是受到一定限制的。

2.不定值保险合同。不定值保险合同是指保险合同双方当事人在订立合同时不预先确定保险标的的保险价值，仅载明保险金额作为最高赔偿限额，在保险事故发生后再估计其实际价值，以确定受损标的实际损失的保险合同。不定值保险合同双方当事人仅约定了保险金额，而将保险价值的估算留待保险事故发生后，需要确定保险赔偿金额时进行。如果保险金额等于保险标的出险时的实际价值，则为足额投保，保险人按实际损失进行赔偿。如保险金额低于保险价值，则为不足额投保，保险人通常按保险金额与保险价值的比例对实际损失进行赔偿。如保险金额超过保险标的出险时的实际价值，则为超额投保，根据《保险法》的规定，保险金额超过保险价值的部分无效，保险人按足额投保进行赔偿。一般财产保险都采用不定值保险合同的形式。

由于在保险合同成立至保险事故发生这一期间，据以确定保险标的实际价值的市场价格会因供求关系及其他因素的变化而变动，所以在不定值保险合同中，实际是由被保险人承担保险标的价格变动的后果，保险人只根据出险时保险标的的实际价值在保险金额内进行赔付。例如保险金额为10万元，如果出险时保险标的的市场价格为8万元，则保险标的全损时保险人赔偿8万元；如果出险时保险标的的市场价格为12万元，则保险标的全损时保险人的赔付以保险金额为限，只赔偿10万元。

（二）单个保险合同、集合保险合同与总括保险合同。这是以保险标的是否单一以及是否特定为标准对保险合同的一种分类。

1.单个保险合同。单个保险合同是指以一人或一物为保险标的而订立的保险合同，又称单独保险合同。大多数保险合同都是单个保险合同。

2.集合保险合同。集合保险合同是指以多数特定的人或物为保险标的而订立的保险合同。在保险合同中，对每一保险标的分别订有各自的保险金额，如果保险事故发生，保险人对每一保险标的在其保险金额内承担赔付责任。例如，在财产保险中，某运输公司以其五十辆汽车与保险人订立一份汽车保险合同；在人身保险中，某雇主以其所有雇员或部分雇员为被保险人与保险人订立一份团体人寿保险合同。

3. 总括保险合同。总括保险合同是指无特定保险标的，仅在一定标准所限定的范围内，一般指某种保险利益或某类保险标的，而确定一个总的保险金额的保险合同，又称概括保险合同或包括保险合同，习惯上称相应的保险单为统保单。在总括保险合同中，对所承保的保险标的只是以财产性质、存放地点、保险利益关系及保险金额等要素进行固定，而不以特定的保险标的为限，例如以一仓库内存放的货物为保险标的投保，只明确货物的性质及与被保险人的关系，并确定一个总的保险金额，那么即使在保险期间内仓库中的货物有进有出，发生保险事故后保险人也要在保险金额内进行赔付。又如以全体旅客为被保险人，但不一一列出特定旅客姓名的人身保险合同。

此外，还有一种预约保险合同，又称继续保险合同，它与总括保险合同非常相似，指当事人以将来待确定的标的物为条件，而预先订立一总括的保险合同，日后标的物确定时，再由投保人通知保险人。如货物运输者以自己将来一定时期内可能运送的货物为保险标的与保险人预先订立一个货物运输保险合同。也有人将预约保险合同视为总括保险合同的一种。

（三）特定险保险合同与一切险保险合同。这是根据保险人所承担风险的范围不同为标准对保险合同的一种分类。

1. 特定险保险合同。特定险保险合同是指保险人仅承保特定的一种或数种风险的保险合同。在特定险保险合同中，保险人承保的风险都在保险责任条款中予以明确列举，凡不在列举范围都属于不保风险。仅承保一种风险的保险合同，为单一险保险合同。这一风险通常属于出险概率较高，损失后果严重，人们的保障需求较高的风险，如盗窃、汽车碰撞等。保险人承保两种以上风险的保险合同称为多种风险保险合同。随着保险人承保技术的提高，承保力量的增强以及人们保障需求的发展，在现代社会中，多种风险保险合同越来越普遍，而单一险保险合同的适用范围日趋缩小。当然人们风险管理手段的多样化也使单一险保险合同有其存在的必要。

2.一切险保险合同。一切险保险合同指保险人承保的风险为合同列举的不保风险（除外责任）之外一切风险的保险合同。保险人在一切险保险合同中并非承保一切风险，而是有一定的范围限制，只不过这种限制采用的是“除外”的方法，即只要不属于除外责任条款所列举的风险事故，都在保险人的承保范围之内。

一切险保险合同所承保的风险具有广泛性，有利于切实保障被保险人利益。同时，这种保险合同所规定的风险具有概括性，如经常在保险责任条款中有“其他不可预料和突然发生的事故”之类的内容。在发生保险事故后，便于确定责任，易于理赔。所以，在现代保险业务中被广泛采用，并不断取得发展。当然，一切险保险合同也存在一些缺点，例如，不易区分保险标的的具体风险状态，由此易产生投保人对投保风险所支付的费用分配不甚合理的情况。

（四）原保险合同与再保险合同。这是以保险合同当事人责任关系为标准对保险合同的一种分类。

1.原保险合同。原保险合同是指投保人与保险人订立的保险合同。如果保险标的发生损失，由保险人直接向被保险人和受益人承担赔付责任。

2.再保险合同。再保险合同是保险人在与投保人订立保险合同后，将其所承担的保险责任，以分保形式部分转移给再保险人而订立的保险合同。

原保险合同与再保险合同密切相关。无原保险合同，则无再保险合同;无再保险合同,也无原保险合同这一基础。再保险合同的许多内容,如保险风险、保险金额、保险期限等均受原保险合同的制约。在保险期限内,如果发生保险事故,保险人依原保险合同向被保险人履行赔付义务。保险人(再保险分出人)承担赔付责任后,可依再保险合同的规定,向再保险人摊回赔款。尽管原保险合同与再保险合同密切相关,但它们却是两个独立的合同,合同当事人权利义务的履行都是相互独立的。我国《保险法》第三十条规定:"再保险接受人不得向原保险的投保人要求支付保险费。原保险的被保险人或者受益人,不得向再保险接受人提出赔偿或者给付保险金的请求。再保险分出人不得以再保险接受人未履行再保险责任为由,拒绝履行或者迟延履行其原保险责任。"

(五)财产保险合同与人身保险合同。这是以保险标的的不同性质为标准对保险合同的一种分类,也是最常见的一种分类。

1.财产保险合同。财产保险合同是指以财产及其有关利益为保险标的的保险合同。

2.人身保险合同。人身保险合同是指以人的寿命和身体为保险标的的保险合同。

(六)补偿性保险合同和给付性保险合同。这是以保险合同的不同保障目的为标准对保险合同的一种分类。

1.补偿性保险合同。补偿性保险合同的保障目的在于保险人对被保险人因保险事故所遭受的经济损失进行补偿,以保持被保险人既有的经济利益。在补偿性保险合同中,保险人向被保险人支付赔款的前提条件是:约定的保险事故发生,造成保险标的受损及费用支出,从而使被保险人的经济利益受损。保险人对被保险人的补偿以实际损失为限,无损失(包括标的物损失和费用损失)则无补偿,并且不得超过保险金额。当保险人对被保险人进行补偿时,还必须限制被保险人获得多份补偿而滋生道德风险。以损失补偿原则为基础的财产保险合同一般属于补偿性保险合同。

2.给付性保险合同。给付性保险合同是指保险人给付保险金不以被保险人遭受经济损失为前提，只要约定的事故发生，保险人即按事先约定的保险金额给付保险金。绝大多数人身保险合同属于给付性保险合同。这是因为，作为人身保险合同标的的人的寿命或身体无法用金钱加以衡量，故当保险事故发生时，被保险人所遭受的人身伤害客观上是无法获得真正补偿的。与此同时，在生存保险等保险合同中，只要保险期限届满被保险人仍然生存，保险人即应向其支付约定的保险金，在此情况下，既无意外事故发生，也无损失存在，保险金的支付只是满足被保险人的特殊需要。给付性保险合同不适用损失补偿原则，因保险人给付保险金无须考虑被保险人的实际损失，所以在人身保险合同中，并不限制被保险人多方求偿。不过，少数人身保险合同具有补偿性质，如一些疾病保险合同中，保险人对被保险人所支出的医疗费用进行赔付即具有补偿性。

（七）为自己利益订立的保险合同与为他人利益订立的保险合同，这是以投保人与保险金赔付请求权人的关系为标准对保险合同的一种分类。

1.为自己利益订立的保险合同。此类合同是指投保人为自己设立权利和义务，从而享有保险金赔付请求权的保险合同。财产保险合同的投保人与被保险人通常为同一人，所以财产保险合同一般是为自己利益订立的保险合同。在人身保险合同方面，一般有两种情况：(1)投保人与被保险人为同一人，未指定受益人；(2)投保人和被保险人不为同一人，但指定投保人自己为受益人。

2.为他人利益订立的保险合同。此类合同是指投保人不自行享有保险金赔付请求权的保险合同。一般有三种情形：(1)投保人自己为被保险人，同时指定他人为受益人；(2)投保人与被保险人不为同一人，且未指定受益人；(3)投保人与被保险人不为同一人，且指定有受益人。在为他人利益订立的保险合同中，投保人虽不享有保险金赔付请求权，但其是保险合同的当事人，故享有其他的权利，如解约权、受益人指定权等，同时也需履行一定的义务。

第二节　保险合同的主体和客体

一、保险合同的主体

合同主体是指在合同中享有权利、承担义务的人，也是合同不可缺少的基本构成要素之一。任何合同都有订立合同的当事人，就保险合同而言，其当事人即为保险人和投保人。但保险合同与一般合同也有不同之处：一般合同多是当事人为自己的利益而订立，而保险合同经常是当事人为他人的利益而订立，例如在人寿保险合同中常指定有受益人。不仅如此，保险合同是一种保障性合同，其保障的对象是与保险合同有重要关系的被保险人。所以保险合同的主体还包括被保险人和受益人，即保险关系人。保险合同的保险人、投保人、被保险人、受益人等通常均在合同中准确载明。

（一）保险合同的当事人

1. 保险人。保险人又称承保人，是指依法成立的，在保险合同成立时，有权收取保险费，并于保险事故发生时，承担赔付保险金责任的人，也即经营保险事业的组织。我国《保险法》第十条将保险人定义为："保险人是指与投保人订立保险合同，并承担赔偿或者给付保险金责任的保险公司。"保险人一般为法人组织，只有极少数国家允许个人作为保险人，如英国劳合社的个人承保人。

保险人通过收取保险费，建立保险风险责任准备金的方式，承担着分散社会风险的重要责任，对社会的稳定和国民经济的发展起着极大的保障作用。保险人经营情况的好坏不仅关系到保险合同当事人的权益，而且还影响到整个社会的安全和稳定，所以各国法律对保险人的组织形式、设立条件、经营活动均做了严格的规定。没有取得法定资格的保险人所订立的保险合同一律无效。

随着我国保险业的发展，保险市场主体呈多样的发展趋势，目前已有五十多家保险公司在我国大陆地区经营业务，其中既有国有独资保险公司，如中国人民保险公司、中国人寿保险公司等，又有国有股份有限公司，如中国太平洋保险公司、中国平安保险公司、泰康人寿保险公司等，另外还有中外合资保险公司，如中宏人寿保险公司、太平洋安泰人寿保险公司等，以及国外保险公司在华的分支机构，如美国友邦保险公司上海分公司和广州分公司、日本东京海上火灾保险株式会社上海分公司等。

2. 投保人。投保人又称要保人，是指对保险标的具有保险利益，与保险人订立保险合同，并按照保险合同，并按照保险合同负有支付保险费义务的人。我国《保险法》第十条将投保人定义为："投保人是指与保险人订立保险合同负有支付保险费义务的人。"投保人可以是自然人，也可以是法人、其他经济组织，但必须具备两个条件：

(1)要有相应的民事行为能力。订立保险合同是一种民事法律行为，要求行为人具有相应的民事行为能力。如果投保人为自然人，则应具有完全行为能力。如果保险合同是以简明的保险凭证方式订立的，如旅客意外伤害保险合同，则投保人也可以是限制民事行为能力者。如果投保人为法人或其他经济组织，则必须是合法成立的。

(2)对保险标的必须具有保险利益。否则保险合同无效。

(二)保险合同的关系人

1. 被保险人。被保险人是指其财产、利益或寿命和身体受保险合同保障的人。我国《保险法》第二十二条将被保险人定义为："被保险人是指其财产或者人身受保险合同保障，享有保险金请求权的人，投保人可以为被保险人。"在财产保险中，通常投保人是保险标的的所有人或其他权利人(如享有财产经营管理权、抵押权的人等)，发生保险事故必然遭受损失，并可要求保险人赔偿其损失，所以投保人与被保险人一般为同一人。在人身保险中，如果投保人以他人的身体或生命为保险标的投保，则投保人与被保险人为不同人；如果投保人以自己的身体或生命为保险标的投保，则投保人即为被保险人。

保险合同中被保险人的人数可以是一个，也可以是多个，如团体人身保险合同；可以在合同中列明，也可以用“多方面适用的条款”确定被保险人的范围，而不具体明确被保险人。被保险人既可以为自然人，也可以是法人或其他组织，但人身保险合同的被保险人必须是有生命的自然人。另外，为了保护未成年人的合法权益，各国保险法律一般禁止以未成年人为被保险人而订立死亡保险合同。我国《保险法》第五十五条规定：“投保人不得为无民事行为能力人投保以死亡为给付保险金条件的人身保险，保险人也不得承保。父母为其未成年子女投保的人身保险，不受前款规定限制，但是死亡给付保险金额总和不得超过保险监督管理机构规定的限额。”我国台湾《保险法》一百零七条也规定：“以十四岁以下之未成年人，或心神丧失或精神耗弱之人为被保险人，而订立之死亡保险契约无效。”

2.受益人。受益人是指人身保险合同中由被保险人或投保人指定的，于保险事故发生时，享有保险金请求权的人。我国《保险法》第二十二条将受益人定义为：“受益人是指人身保险合同中由被保险人或者投保人指定的享有保险金请求权的人，投保人、被保险人可以为受益人。”受益人通常只存在于人身保险合同中，特别是死亡保险合同。

受益人可以由被保险人指定，也可以由投保人指定。当投保人指定受益人时，应征得被保险人的同意。投保人或被保险人可以在保险合同中指定一人或数人为受益人。当受益人为数人时，可在保险合同中约定受益人的顺序和受益份额，若没有约定的，各受益人按相等份额享有受益权。投保人和被保险人可在订立保险合同时指定受益人，也可在保险合同成立之后再行指定。投保人和被保险人可以中途撤销或变更已指定的受益人，指定、撤销或变更受益人都无须征得保险人及受益人的同意，但应通知被保险人。对受益人的资格无严格限制，自然人、法人、其他组织均可，也不要求受益人对被保险人必须具有保险利益。

受益人所享有的受益权是由投保人或被保险人的指定行为而产生的，对某一具体受益人来说是一种不完全确定的期得权利，因为受益权是可以撤销的权利，并且受益人享有受益权以其在保险事故发生时仍然生存为前提，受益人的继承人并不能继承该受益权，受益人也无权转让其受益权。受益权的实现，即受益人享有保险金请求权也是以发生保险事故为条件。受益人并非以被保险人的继承人身份受领保险金，受益权与继承权是两种性质不同的权利，所以受益人领取保险金无须为被保险人偿还生前债务，也无须缴纳遗产税。由此看来，将保险金受领人等同于受益人的观点是错误的。因为保险金受领人既可以是被保险人，也可以是被保险人的继承人或是受益人，甚至是责任保险中的受害人。受益人丧失受益权主要有以下几种原因：(1)受益人在保险事故发生时已死亡；(2)受益人被撤换；(3)受益人放弃受益权；(4)受益人依法丧失受益权，主要指受益人故意造成被保险人死亡或者伤残的，或者故意伤害被保险人未遂的，依法丧失受益权。

二、保险合同的辅助人

保险合同的辅助人虽不是保险合同的主体，在保险合同中不享有权利、承担义务，但他们居于当事人之间充当媒介，对保险合同的订立和履行起着极其重要的辅助作用，所以习惯上称之为保险合同的辅助人，又称保险中介人。

1. 保险代理人。保险代理人是指根据保险人的委托，向保险人收取代理手续费，并在保险人授权的范围内代为办理保险业务的单位或者个人。保险代理人在保险人的授权范围内以保险人的名义办理保险业务，如代理销售保险单、代理收取保险费、协助保险人进行事故勘查和理赔等。保险代理人代理活动的法律后果由保险人承担。保险代理人参与保险合同的订立和履行的现象非常普遍。目前在我国保险市场上，特别是在寿险市场活跃着大批保险代理人，他们为我国保险业的发展做出了巨大的贡献。

保险代理人有不同的类型，在美国，习惯上依据业务种类的不同将保险代理人分为三类，即总代理人、营业代理人和特约代理人。我国《保险代理人管理规定》根据本国具体情况，将保险代理人分为专业代理人、兼业代理人和个人代理人三种。保险代理人从事保险代理活动一般都需要经过保险监督管理机构的资格审查，以维护被保险人的利益及保险市场的正常秩序。

2. 保险经纪人。保险经纪人是基于投保人的利益，代向保险人洽订保险合同，而向承保的保险人收取佣金的人。我国《保险法》第一百二十六条将其定义为："保险经纪人是基于投保人的利益，为投保人与保险人订立保险合同提供中介服务，并依法收取佣金的单位"。在欧美国家，盛行保险经纪人制度，相当多的保险合同是通过保险经纪人订立的。因为保险经纪人一般都是保险专家，熟悉保险业务与市场，能为投保人提供最合理、最有效的保险方案，同时也可为投保人提供各种咨询服务。因此，也可以说保险经纪人是投保人的辅助人。

保险经纪人是基于投保人的利益进行保险活动的，但如未经投保人特别授权，保险经纪人并不能代其订立保险合同，因为保险经纪人并非投保人的代理人。保险经纪人的法律地位与保险代理人不同，在办理保险业务中，保险经纪人如有过错，给投保人、被保险人造成损失的，由保险经纪人承担赔偿责任。

各国对保险经纪人的管理较保险代理人更为严格，我国专门制定有《保险经纪人管理暂行规定》，对保险经纪人进行管理。

3. 保险公估人。保险公估人是指为保险人或被保险人办理保险标的的查勘、鉴定、估价及赔款的计算洽商等事项给予证明的人，又称保险公证人。一般来说，保险公估人是一种经过资格认定的法人组织，其业务范围主要是接受保险人或被保险人的委托，承办保险事故发生后的出险原因、毁损程度、残值的查勘、验损、估价等理赔事项，提供公估查证报告，有时也在订立保险合同过程中提供对保险标的进行估价的服务。保险公估人所提供的证明是处理保险赔案的重要依据，其酬金由委托人支付。

保险公估人必须具备两个基本条件：(1)坚持公平、独立原则，不偏向于任何一方；(2)具备足够的专业技术水平。保险公估人由于工作中的过错造成委托人的损失，由其独立承担赔偿责任。

三、保险合同的客体

合同的客体是合同权利义务所共同指向的对象。保险合同属于保障性合同，保险合同主体的权利和义务都是以保障为目标，无疑保险合同的保障对象即为保险合同的客体。在保险合同中，保险人承担保险责任虽以保险标的发生保险事故为前提，但保险人只是保障被保险人对保险标的所具有的经济利益即保险利益不受损失，而非保障保险标的不遭损害，所以保险合同的保障对象实非保险标的，而为保险利益，而且保险利益发生变化足以引起合同双方权利义务的变更。

第三节　保险合同的内容

保险合同的内容是指保险合同中所应包括的主要事项及当事人双方的权利义务关系，是保险合同主体之间享有权利、承担义务的基础。由于保险合同种类繁多，其保险标的、承保风险各不相同，在内容上必然有所差异，但都具有一定的共同内容，这些内容一般都通过法律规定为保险合同不可缺少的基本内容。

一、保险合同的主要事项

保险合同的主要事项是保险合同中必须载明的事项，也是制定保险合同条款及安排合同格式的重要依据，缺少任一事项都会使保险合同在内容上不完整。我国《保险法》第十九条规定保险合同应当包括下列事项：

1. 保险人名称和住所。明确保险人的名称和住所，首先是为了以此明确保险人；其次也是保证投保人、被保险人以及受益人能够履行合同权利义务的前提。因为投保人缴纳保险费、在危险程度增加时通知保险人、出险后通知保险人并进行索赔都需知道保险人的住所；再次当双方发生纠纷时也是确定诉讼管辖权的依据；最后由于保险人多是通过其分支机构订立保险合同的，所以明确该分支机构的名称和住所也是判断其有无超出规定的经营区域范围的依据。

2. 投保人、被保险人以及受益人名称和住所。投保人是保险合同的当事人，明确其名称和住所，便于保险人通知其按期缴纳保险费。当投保人与被保险人或受益人不为同一人时，应在保险合同中分别载明被保险人、受益人的名称和住所。有些保险合同属于不指名合同，则在保险合同中无须明确被保险人的名称及住所。

3. 保险标的。保险标的是保险利益的载体，是保险人承保的对象。明确保险标的可以明确保险人承担保险责任的对象范围，可以确定投保人对保险标的是否具有保险利益，对于保险价值的确定以及明确核损的对象都至关重要。在财产保险合同中，应载明标的物的详细名称、型号、清单、编号、坐落地点以及与投保人的利益关系。在人身保险合同中，应载明被保险人的姓名、年龄和身份证号码以及与投保人的关系，有的还应包括被保险人的职业、健康状况。

4. 保险责任和责任免除。保险责任是保险合同约定的保险人所承保的风险及应承担的经济赔偿或给付责任。保险责任条款一般以列举的方式明确保险人承保的风险及经济赔偿责任。保险责任按保险人的承保方式不同分为两种：(1)基本责任，指订立保险合同即为保险人所接受承保的风险责任，双方当事人对此不必经过特别约定；(2)特约责任，指须经双方当事人特别约定并增加保费，保险人才接受承保的风险责任，如附加险责任。保险的险别一般就是以保险责任范围不同来划分的。

责任免除是指保险人对承保风险责任的限制，明确保险人不承保的风险及保险人不承担赔付责任的情况，主要包括保险合同中的除外责任条款及其他约定的责任免除条件。一般把责任免除分为三类：一类是不承保的风险，即损失原因免除，如家庭财产保险中的地震为责任免除风险；第二类是不承担赔偿责任的损失，即损失项目免除，如正常维修、保养等引起的费用及间接损失，保险人不负责赔偿；第三类是不承保标的，如文件、票证、违章建筑等。另外保险人为控制其所承担的风险责任或为了促进被保险人加强防灾防损，对一些承保风险特别约定承担赔偿责任的条件或标准也属于责任免除部分，例如虽将火灾作为承保风险，但因吸烟引起火灾造成的损失，保险人不负责赔偿；又如疾病虽列为承保风险，但对保险合同成立后180天之内被保险人所患的疾病，保险人不承担保险责任。

保险人对责任免除部分应在订立保险合同时用特殊方法提示投保人。

5.保险期间和保险责任开始时间。保险期间是指保险合同有效的期限，也是保险人依约承担保险责任的期限。保险事故只有发生在保险期间内，保险人才承担保险责任。保险期间由投保人与保险人在合同中具体约定，通常有两种计算方法：(1)用年、月计算，如财产保险一般为一年，期满后可以再续订合同，人身保险一般期间较长，有五年、十年、二十年等；(2)以某一事件的始末为保险期间，如货物运输以一个航程为期间，农作物保险以农作物的一个生长期为期间。保险期间的具体起讫时间通常以起保日零时开始到期末日的二十四时止，如约定从 2001 年 5 月 1 日零时至 2002 年 4 月 30 日 24 时为一保险期间。

保险责任开始时间通常就是保险期间开始的时间，但为了适应不同的保障需求和保险人的承保需要，保险责任开始时间与保险期间开始时间不一致的情况也经常发生，这时保险期间即只表示保险合同有效的期限，如溯期保单、疾病保险中规定一定时间的观察期等。有时同一保险合同对不同保险责任也会规定不同的开始时间。

6.保险价值。保险价值是指保险标的在保险合同中的价值。保险价值是确定保险金额和损失赔偿的计算基础，也是衡量投保人是否足额投保的标准，当保险金额小于保险价值时即为不足额保险。保险价值的确定方式有三种：第一，由投保人和保险人在订立合同时约定并在合同中载明，如定值保险合同；第二，由法律规定保险价值的计算标准，如我国《保险法》第四十条规定："保险标的的保险价值，……，也可以按照保险事故发生时保险标的的实际价值确定。"我国《海商法》第二百一十九条规定："保险人与被保险人未约定保险价值的，保险价值依照下列规定计算：(1)船舶的保险价值，是保险责任开始时船舶的价值，包括船壳机器、设备的价值，以及船上燃料、物料、索具、给养、淡水的价值和保险费的总和……。"第三，由保险人在保险条款中规定保险价值的计算标准，我国财产保险基本险条款中规定固定资产的保险价值按出险时的重置价值确定，流动资产的保险价值按出险时帐面余额确定。

人身保险合同中并无保险价值的内容。

7.保险金额。保险金额是指保险人承担赔偿和给付保险金责任的最高限额，也是保险人计收保险费的基础。在财产保险合同中，保险金额的确定应根据投保人保险利益的多少以及保险价值来确定，当保险金额超出保险利益或保险价值时，因保险人只按照保险利益或保险价值进行赔偿，投保人就会因此而浪费保险费；如果保险金额少于保险价值，因属于不足额保险，保险人按保险金额与保险价值的比例进行赔偿，被保险人则将得不到充足的保障。在人身保险合同中，保险金额由投保人根据其缴费能力及被保险人的保障需要，在法律允许的范围内，与保险人协商确定，一般无明确的确定标准。

在保险合同中往往会针对不同的保险标的或不同的保险责任分别确定保险金额，在保险事故发生后，保险人则区分不同的保险标的或保险责任，在各自的保险金额内进行赔付。

8. 保险费及其支付办法。保险费是投保人为取得保险保障而支付给保险人的费用。保险费作为保险基金的主要来源，是建立保险基金的基础。保险费的多少，主要取决于保险金额和保险费率这两个因素。保险金额大，保险费率高，投保人应缴的保险费就多。反之，则少。在财产保险合同中，通常要求投保人在订立保险合同时一次性缴清保险费，也可以在保险合同中约定分期缴付保险费。在人身保险合同中，特别是一些长期寿险合同，因为采用趸缴方式所需缴纳的数额较大，多数投保人无法承受，所以通常采用分期缴费的方式，如年缴、季缴或月缴。此外保险合同中对保险费按何种方式、何种币种支付也要做出规定，例如是采用现金支付还是转帐付款，是使用人民币还是外币。

9. 保险金赔偿或者给付方法。这是关于保险人履行保险责任的具体方式的内容。在财产保险合同中，主要包括：保险标的发生全损或部分损失时的赔偿方法、对费用损失的赔偿方法、残值处理、索赔的具体要求(包括需提供的单证、索赔时间、程序等方面)、赔付期限、免赔比例或金额等内容。在人身保险合同中，主要包括：给付保险金的时间、方式、领取保险金前需提供的单证资料等内容。

10. 违约责任和争议处理。违约责任是合同当事人因其过错不正确履行合同而应承担的民事责任。在保险合同中，投保人、被保险人以及保险人因过错不正确履行其义务，就必须承担相应的违约责任。比如保险人在投保人、被保险人违约时可拒绝赔偿或扣除部分赔款，也可以解除保险合同或不退还保险费，保险人不及时履行赔付义务的，应承担被保险人或受益人因此受到的损失，这些都是保险合同中较为常见的违约责任方式。关于违约责任还应注意以下几点：(1)违约责任承担的依据既包括保险合同的规定，也包括有关法律的规定；(2)保险合同中约定的违约责任不允许与法律的强行规定相冲突；(3)在保险合同中不仅要约定投保人、被保险人的违约责任，也必须规定保险人的违约责任。

争议处理是指保险合同发生纠纷后的解决方式，通常有协商、仲裁和诉讼三种方式。

11. 订立合同的年、月、日。这即为保险合同成立的日期，是判断投保时投保人对保险标的有无保险利益、合同订立时保险事故是否发生(这是判断是否属于保险欺诈的直接依据)的时间标准。当保险合同属于成立即生效的合同时，这也是保险责任的开始时间。

二、保险合同主体的权利和义务

保险合同主体通过享有权利、承担义务实现订立合同目的。保险合同主体的权利和义务由两个部分构成，一是在合同中约定的；二是合同中虽无约定，但在有关法律中直接做了规定，即法定的权利和义务。

(一)投保方的权利

投保方是指投保人、被保险人、受益人的总称，是与保险人相对应的另一方主体。由于投保方的一些权利并非投保人、被保险人和受益人都能享有的，可能只属于其中某个主体，所以我们在讨论具体的某项权利时，有必要明确该权利的享有者。

1. 投保人享有解约权。保险合同成立后，投保人可以根据自己的意志解除保险合同，并通知保险人。投保人行使解约权受着法律和保险合同的限制。我国《保险法》第十五条规定："除本法另有规定或者保险合同另有约定外，保险合同成立后，投保人可以解除保险合同。"第三十五条规定："货物运输保险合同和运输工具航程保险合同，保险责任开始后，合同当事人不得解除合同。"投保人解除保险合同时，可以要求保险人退还全部或部分保险费，退费的标准由法律或合同确定。

2. 被保险人、受益人享有请求赔付的权利。当发生保险事故时，被保险人、受益人可以就所遭受的经济损失或保险合同约定的金额请求保险人进行赔付。索赔时，被保险人、受益人应当向保险人提供其所能提供的与确认保险事故的性质、原因、损失程度等有关的证明和资料。保险人对其请求进行查验、审核后，应与被保险人和受益人达成赔付协议，并及时支付保险金。被保险人及受益人享有此项权利是有约定的时效的，我国《保险法》第二十七条规定："人寿保险以外的其他保险的被保险人或者受益人，对保险人请求赔偿或者给付保险金的权利，自其知道保险事故发生之日起二年不行使而消灭。人寿保险的被保险人或者受益人对保险人请求给付保险金的权利，自其知道保险事故发生之日起五年不行使而消灭。"

3. 投保人、被保险人享有指定和变更受益人的权利。由投保人指定和变更受益人时，须征得被保险人的同意。由于指定受益人是一种法律行为，需要行为人具有行为能力，所以被保险人为无民事行为能力或限制民事行为能力人时，可以由其监护人指定受益人。

4. 投保人享有保单现金价值的所有权。长期人寿保险合同在合同成立一定时间后一般都具有现金价值，投保人是缴纳保险费的人，所以投保人可以作为保单现金价值所有人转让保险单，或者以保单质押进行贷款。当保险合同被解除时，投保人可要求退还保单现金价值。对于依照以死亡为给付保险金条件的保险合同签发的保险单，投保人进行转让或质押时，须征得被保险人的同意。

（二）投保方的义务

1. 投保人负有缴纳保险费的义务。缴纳保险费是投保人最主要的义务，投保人必须按照合同约定的时间、数额和方式缴纳保险费。缴费义务的履行不具有人身属性，投保人以外的其他人可以代其履行缴费义务，但保险人不得主张投保人以外的其他人履行。财产保险合同一般约定投保人一次缴清保险费，如果投保人未正确履行此项义务，在保险合同中有约定的前提下，保险人可解除保险合同，或者在发生保险事故时不承担赔偿责任。保险人也可以诉讼方式要求投保人缴纳保险费及迟延利息。对于分期缴纳保费的人身保险合同，各国法律一般规定，在投保人缴纳第一期保险费后，保险合同方才生效。我国《保险法》虽无此直接规定，但其第五十七条、第五十八条的规定也是采取相同的主张。所以在人身保险合同中，投保人未缴纳首期保险费，则保险合同不生效；投保人支付首期保险费后，除合同另有规定外，投保人超过规定的期限六十日未支付当期保险费的，合同效力中止或者由保险人按照合同约定的条件减少保险金额。自合同效力中止之日起二年内双方未达成恢复合同效力协议的，保险人有权解除合同。由于人寿保险合同的保险费通常具有储蓄性，所以保险人除可以催缴外，不得以诉讼方式要求投保人缴纳保险费。

保险费是构成保险基金的主要来源，投保人不缴纳保险费而享有保障权益会损害其他投保人的利益，所以保险人不得随意免除投保人的缴费义务，但如果保险人为达到社会宣传等目的，用自己的广告宣传等费用代为投保人支付保险费也未尝不可。

2. 投保人、被保险人和受益人负有通知义务。通知义务包括两方面：一是保险标的危险程度增加的通知义务；二是保险事故发生的通知义务。

(1)危险程度增加的通知义务

在保险合同中，保险标的危险程度增加是指在保险合同订立后，保险事故发生前，保险标的危险程度发生明显的增加变化，这种变化是双方当事人订立合同时都无法预料的。保险标的危险程度增加的原因有两个：一是由被保险人的行为所致，例如，被保险人将原先的办公用房改为生产用房，或者改为堆放危险品的仓库；二是由被保险人以外的原因所致，例如被保险人的房屋附近新建了一座加油站。由于保险人收取保险费、确定承保条件是以订立合同时保险标的的危险程度为依据，合同成立后保险标的的危险程度增加无疑使保险合同双方的权利义务失衡，所以被保险人必须及时地将保险标的的危险程度增加情况通知保险人，保险人也有权要求增加保险费或解除合同。如果被保险人未及时通知保险人，保险人对因危险程度增加而发生的保险事故不承担赔偿责任。此外，如果保险标的的危险程度明显减小，保险人也需要相应退还部分保险费。

被保险人履行危险程度增加的通知义务，对保险人控制其所承担的风险责任具有重要意义。因此各国保险立法均对此作出明确的规定。

(2)保险事故发生的通知义务

保险事故发生后，投保人、被保险人或受益人应及时通知保险人。保险人如果能够及时得知情况，一方面可以采取适当的措施对保险标的进行施救，防止损失的扩大；另一方面可以迅速调查事实真相，不致因延误时间而丧失证据，影响责任的确定；此外还为保险人准备赔偿金提供必要的时间。我国《保险法》对投保方履行此项通知义务的期限无具体规定，只要求投保方及时通知保险人。有的保险合同对通知期限作了具体规定，如我国《家庭财产盗窃保险》要求被保险人在保险事故发生后二十四小时内向公安部门报案，并通知保险人。如果在保险合同中未约定具体的通知期限，则应根据险种及保险事故发生的具体情况判断投保方是否及时通知。投保方如果未正确履行此项义务，则有两种可能的法律后果：一是保险人承担赔付责任，但可以要求投保方赔偿因此而遭受的损失；二是保险人不承担赔付责任。

3.被保险人负有加强防灾防损的义务。保险标的受损后，保险人的赔偿虽然可以补偿被保险人的经济损失，但社会财富的减少却是绝对的，并且被保险人投保后的懈怠心理往往会增加保险标的的出险概率。所以投保人、被保险人正确履行此项义务具有很大的社会意义，各国保险立法均规定被保险人在投保后必须遵守有关消防、安全、生产操作、劳动保护等方面的规定，加强防灾防损，以维护保险标的的安全。被保险人的防灾防损费用由其自己承担，保险人可根据情况进行适当的资助。保险人也可根据合同的约定对保险标的的安全状况进行检查，及时向被保险人提出消除不安全因素和隐患的书面建议。这既是保险人的一项权利，同时从保证保险经营的社会效益，消除保险补偿机制的负面效应角度看，也是保险人的一项义务。保险人为维护保险标的安全，经被保险人同意，可以对保险标的采取安全预防措施，当然由此发生的费用由保险人承担。当被保险人未按照约定履行其对保险标的的安全应尽的责任时，保险人有权要求增加保险费或者解除合同。

4.被保险人负有施救义务。保险事故发生时，被保险人有责任尽力采取必要的措施进行施救，防止或者减少损失。被保险人履行此项义务，一方面可以维护保险人的经济利益，减少保险人的赔款支出；另一方面也可避免社会财富的不必要的减少，具有重大的社会意义，所以施救义务属于法定义务，被保险人必须严格履行。如果被保险人在保险事故发生后不积极进行施救，保险人有权拒赔或者不负责赔偿因不施救而扩大的那部分损失。被保险人为防止或者减少保险标的损失所支付的必要而合理的费用，由保险人承担。保险人所承担的数额在保险标的损失赔偿金额以外另行计算，最高不超过保险金额的数额。

5. 被保险人负有协助保险人向有责任的第三方进行追偿的义务。当保险事故的发生是因第三方的过错所致时，保险人依保险合同应承担保险赔偿责任，而第三者依法律规定应承担侵权赔偿责任或违约责任。为避免被保险人多方获赔，当被保险人先从保险人一方获得赔偿时，必须在赔款金额内将向有责任的第三方之求偿权转移给保险人。由于被保险人是直接的受害者，保险人在向第三方追偿时往往需要被保险人的协助，如果被保险人有所懈怠，将使保险人的利益受到损害。我国《保险法》第四十八条规定："在保险人向第三者行使代位请求赔偿权利时，被保险人应当向保险人提供必要的文件和其所知道的有关情况。"为促使被保险人更好地履行此项义务，有必要在法律中或合同中规定相应的责任。

（三）保险人的权利

1. 保险人享有收取保险费的权利。保险合同是双务有偿合同，保险人向被保险人提供保障服务，相应地有权收取保险费。当投保人未按时缴纳保险费，保险人可以拒绝承担保险责任或解除合同，也可以催促投保人缴纳，甚至用诉讼方式要求投保人缴纳。

2. 保险人在一定条件下享有解约权。《保险法》第十六条规定："除本法另有规定或者保险合同另有预定外，保险合同成立后，保险人不得解除合同。"当保险合同约定的事件或法律规定的条件满足时，保险人享有解约权。这些条件通常有：

（1）保险合同具体约定的条件。

（2）投保人未履行告知义务，足以影响保险人决定是否承保或提高保险费率的，保险人有权解除合同。

（3）被保险人或者受益人慌称发生保险事故并向保险人索赔时，保险人有权解除保险合同，并不退还保险费。投保人、被保险人及受益人故意制造保险事故的，保险人有权解除保险合同。

（4）被保险人未按照约定履行其对保险标的安全应尽的责任的，保险人有权解除合同。

(5)在保险合同有效期间内，保险标的危险程度增加时，保险人有权解除保险合同。

(6)人身保险合同效力中止之日起二年内双方未达成复效协议的，保险人有权解除合同。

3.保险人享有代位权。代位权包括物上代位权和代位求偿权。物上代位权是指保险事故发生后，保险人已支付了全部保险金额，并且保险金额相等于保险价值的，受损保险标的的全部权利归保险人；保险金额低于保险价值的，保险人按照保险金额与保险价值的比例取得受损保险标的的部分权利。代位求偿权是指因第三者对保险标的的损害而造成保险事故的，保险人自向被保险人赔偿保险金之日起，在赔偿金额范围代位行使被保险人对第三者请求赔偿的权利。由于人的生命和身体无法用金钱估价，所以在人身保险合同中，保险人向被保险人或受益人给付保险金后，一般不享有向第三者追偿的权利，但因健康保险中的医疗费保险具有补偿性质，所以保险人对被保险人的医疗费用进行赔偿后，可相应取得对第三者的追偿权利。另外，除被保险人的家庭成员或者其他组成人员故意造成保险事故外，保险人不得对被保险人的家庭成员或者其组成人员行使代位请求赔偿的权利，因为被保险人与其家庭成员或组成人员的经济利益是相一致的，保险人行使代位求偿权将使被保险人得不到经济补偿。保险人行使代位求偿权并不影响被保险人就未取得赔偿的部分向第三者请求赔偿的权利，被保险人也不得损害保险人的代位求偿权，否则保险人可以不承担赔偿保险金的责任或相应扣减保险赔偿金。

代位权是为了限制被保险人因保险事故发生而额外获利，从而增加道德风险，同时也是为了惩治违法侵害人，以免其逃脱承担法律责任，所以保险人的代位权对于被保险人来说是一项法定义务，被保险人在获得保险人的赔偿后，必须将保险标的上的权利或向第三者请求赔偿的权利转让给保险人。

（四）保险人的义务

1. 保险人负有及时签发保单的义务。投保人提出保险要求，经保险人同意承保，并就合同的条款达成协议，保险合同即告成立。由于保险合同属于持续性合同，合同的内容如不用书面形式加以确定，在双方当事人之间容易产生纠纷，所以保险合同成立后，应及时用特定的书面形式明确其内容。保险合同是附合性合同，合同的基本条款通常由保险人提供，所以保险人应当在合同成立后及时向投保人签发保险单或者其他保险凭证，并在保险单或者其他保险凭证中载明当事人双方约定的合同内容。保险人未及时签发保单，不影响保险合同的成立。

2. 保险人负有保密义务。商品经济活动中，商业经营者对客户的有关情况、资料负有保密的义务，这既是一个基本的商业道德要求，也是现代各国法律的普遍规定。在保险活动中，依据最大诚信原则，投保人在订立保险合同时应保险人的询问，如实告知其经济状况、健康情况等个人隐私事实。为了保护被保险人的利益，无论保险合同是否成立，凡因保险合同的订立而使保险人知晓的投保人、被保险人和受益人的业务和财产情况及其他个人隐私，保险人都应当保密。保险人必须妥善保管客户的有关资料，如因泄密造成投保人、被保险人及受益人损失的，保险人应当赔偿其损失。在再保险合同中，再保险接受人对再保险分出人的有关业务等情况同样负有保密义务。

3. 保险事故发生时，保险人负有赔偿或给付保险金的义务。这是保险合同中保险人最主要的义务，保险人应严格依照有关法律规定及合同约定，及时而又充分地履行损失赔偿或给付保险金的义务。保险人履行此项义务的成效如何直接关系到保险人服务质量的好坏。

由于保险合同具有射幸性，保险人承担保险合同载明的损失赔偿或给付保险金的责任需符合以下条件要素：一是保险合同责任条款中约定的保险事故在保险期间内发生；二是被保险人遭受到经济损失，该损失包括保险标的的直接损失和其他费用损失；三是保险事故与被保险人的经济损失有因果关系；四是索赔人具有索赔资格，即索赔人是被保险人或其继承人、受益人及他们的代理人之一。

保险人支付的保险金通常包括以下几项内容：一是赔偿给付金额，即对保险标的实际损失的赔偿金额或约定的给付保险金额；二是施救费用，即被保险人在发生保险事故时为抢救以及保护、整理保险标的而支出的必要的、合理的费用；三是查勘定损费用，即被保险人为查明和确定保险事故的性质、原因和保险标的的损失程度所支付的必要的、合理的费用；四是仲裁或者诉讼费用，这主要发生在责任保险合同中，被保险人因给第三者造成损害的保险事故而被提起仲裁或者诉讼的，除合同另有约定外，被保险人支付的仲裁或者诉讼费用以及其他必要的、合理的费用由保险人承担。保险人通常以货币的形式进行赔付，而不负责以实物补偿或恢复原状，但双方在合同中有约定的除外。

为了防止保险人拖延履行赔付义务的时间，损害被保险人或受益人的利益，我国《保险法》第二十四条规定，对属于保险责任的，保险人在与被保险人或受益人达成有关赔偿或者给付保险金额的协议后十日内，履行赔偿或者给付保险金义务。保险合同对保险金额及赔偿或者给付期限有约定的，保险人应当依照保险合同的约定，履行赔偿或给付保险金义务。《保险法》第二十六条规定："保险人自收到赔偿或者给付保险金的请求和有关证明、资料之日起六十日内，对其赔偿或者给付保险金的数额不能确定的，应当根据已有证明和资料可以确定的最低数额先予支付；保险人最终确定赔偿或者给付保险金的数额后，应当支付相应的差额。"

在发生合同约定的责任免除事故时，保险人有权不予以赔付。除此种情况外，保险人还可以根据以下《保险法》规定的免责事由不承担赔付义务：

(1)投保人故意不履行如实告知义务的，或因过失未履行如实告知义务而对保险事故的发生有严重影响的，保险人对于解除保险合同前发生的保险事故，不承担赔偿或者给付保险金的责任。

(2)投保人、被保险人或者受益人故意制造保险事故的，保险人不承担赔偿或者给付保险金的责任；保险事故发生后，投保人、被保险人或者受益人以伪造、变造的有关证明、资料或者其他证据，编造虚假的事故原因或者夸大损失程度的，保险人对其虚报的部分不承担赔偿或者给付保险金的责任。

(3)在合同有效期内，保险标的危险程度增加，被保险人未及时通知保险人，因保险标的危险程度增加而发生的保险事故，保险人不承担赔偿责任。

(4)保险事故发生后，在保险人未赔偿保险金之前，被保险人放弃了对第三者请求赔偿的权利的，保险人不承担赔偿保险金的责任。

(5)以死亡为给付保险金条件的人身保险合同，自成立之日起二年内被保险人自杀的，保险人不承担给付保险金的责任。

(6)被保险人故意犯罪导致其自身伤残或者死亡的，保险人不承担给付保险金的责任。

保险人收到被保险人或者受益人的赔偿或者给付保险金的请求后，如根据法律规定或者合同的约定不需承担赔偿或者给付保险金责任的，应当向被保险人或者受益人发出拒赔或拒绝给付保险金的通知书。

三、保险合同条款

合同的条款是指合同双方当事人约定并载明于合同中，用以明确当事人相互间的基本权利和义务的条文。一般的保险合同属于格式合同，即同一险种的保险合同具有相同的基本事项。作为该类保险合同既定的内容，通常由保险人一方事先制定，如保险责任、除外责任、保险费率、被保险人的义务等。使每一份保险合同特定化的是关于合同主体、保险标的、保险金额以及保险期间等方面的内容。这些内容通常由投保人在投保单上提出，经保险人审核同意后作为保险合同的内容。保险合同的全部内容正是由这两部分构成。广义的保险合同条款是指保险合同全部内容的条文；狭义的保险合同条款则指由保险人事先制定的条文。本书采用狭义保险合同条款的含义。

(一)保险合同条款的分类

1.基本条款和附加条款。这是根据保险合同条款的不同确定方式而划分的。

基本条款是指保险人根据不同险种事先在保险单上载明的，有关保险合同当事人双方权利义务的基本事项。投保人投保该险种，基本条款即作为保险合同的当然内容。

附加条款是指保险合同当事人双方在基本条款的基础上所附加的，用以扩大或限制原基本条款中所规定的权利和义务的补充条款。它产生的原因主要在于：一是扩大基本条款的伸缩性，以适应投保人的特别需要；二是变更保险合同原规定的内容，如扩大承保的风险责任、承保范围等。附加条款通常也为制式条款，其内容由保险人提出，而由投保人选择是否作为保险合同的内容。

在保险实务中，一般把基本条款规定的保险人承保的风险责任称为基本险，附加条款所规定的保险人承保的风险责任称为附加险。投保人只有在投保基本险的基础上，才能投保附加险。

2.法定条款和任意条款。这是根据保险合同条款的不同约束力进行的划分。

法定条款是指根据法律必须明确规定的保险合同条款。法定条款一般都属于强行性规定，保险合同双方当事人都必须遵守。这些内容即使在保险合同中未载明，也作为保险合同的当然内容。

任意条款是相对于法定条款而言的，它是由保险人根据需要列入保险合同的条款。

（二）保险合同条款的制定

为保证保险人具有足够的偿付能力，促进保险人之间的公平竞争，维护被保险人的利益，我国《保险法》第一百零七条规定：“关系社会公众利益的保险险种、依法实行强制保险的险种和新开发的人寿保险险种等保险条款和保险费率，应当报保险监督管理机构审批。保险监督管理机构审批时，遵循保护社会公众利益和防止不正当竞争的原则。审批的范围和具体办法，由保险监督管理机构制定。其他保险险种的保险条款和保险费率，应当报保险监督管理机构备案。”

（三）保险合同条款的解释

保险合同作为双方的协议，只要符合法律的要求，一经成立即具有法律效力，其所用文字、涉及内容不能随意变动，并受法律保护。但由于制订条款的经验问题或保险合同条款本身的局限及文字语言表达方式的灵活性，尽管在订立合同时要求文字清楚、责任明确、内容具体、手续完备，也很难就有关的情况进行详尽无遗的约定，或者说很难避免文字上和内容上的不明确和不全面、条款制订的不严密。在保险合同履行过程中，双方当事人就具体事宜对保险合同条款的含义在理解上经常因经济利益的对立而产生纠纷。所以当双方当事人就保险合同条款的含义理解产生歧义时，对保险合同条款进行合理的解释是保险合同正确履行的必要保证。

保险合同条款的解释方法有以下几种：

1. 文义解释。文义解释是指按保险合同条款用语的文字及特定含义或使用方式解释保险合同条款的内容。这种方法主要是根据条款文字的通常含义或者专业术语的特定含义来解释保险合同条款。在同一保险合同条款中，多处出现的同一字词含义相同。文义解释是解释保险合同条款最主要的方式。

2. 意图解释。意图解释是指在保险合同的条款文义不清或者有歧义时，通过逻辑分析及其他背景材料等判断合同当事人订约时真实意图的方式解释保险合同的内容。保险合同是双方当事人意思表示一致的协议。当无法用文义解释方法解释保险合同条款时，意图解释方法可以对保险合同条款作出较为合理的解释。使用意图解释方法有两个前提条件：一是无法使用文义解释方法；二是存在判断当事人订约时真实意图的事实依据。

3. 补充解释。补充解释是指对保险合同条款约定内容有遗漏或不完善时，借助商业习惯、国际惯例，在公平原则的基础上，对保险合同欠缺的内容进行合理的补充解释。

4. 有利于被保险人、受益人的解释。保险合同条款通常由保险人事先制定，合同双方就条款内容理解有争议时，理应作出有利于被保险人、受益人的解释。我国《保险法》第三十一条规定："对于保险合同的条款，保险人与投保人、被保险人或者受益人有争议时，人民法院或者仲裁机关应当作有利于被保险人和受益人的解释。"当然对保险合同条款发生争议的原因很多，一律作出有利于被保险人和受益人的解释，对保险人显然是非常不公平的。这种解释方法只能在保险合同条款所用语句含义模糊文意不清，存在严重歧义的情况下，在尊重保险合同条款原义的基础上使用。

第四节　保险合同的订立、变更和终止

一、保险合同的订立

（一）保险合同订立的程序

保险合同的订立是指保险人与投保人在平等自愿的基础上就保险合同的主要内容经过协商达成协议的法律行为。订立保险合同与订立其他合同一样，要经历两个法定程序，即要约和承诺。

1. 要约。要约是指一方向另一方提出订立合同的建议。在订立保险合同的过程中，一般先有投保人向保险人提起要约，即投保

的请求，而保险展业人员的展业宣传则一般视为一种要约邀请。投保人首先对自己面临的风险以及所需要的风险保障进行全面的评估，然后通过咨询或保险展业人员的宣传，结合自身的财务计划安排明确所要投保的保险险种及险别，并以填写投保单的方式向保险人或保险人的代理人提出投保的请求。

2. 承诺。承诺是指受约人在收到要约后，对要约的全部内容表示同意并作出愿意订立合同的意思表示。保险合同的订立一般由保险人予以承诺。在投保人提出投保请求后，保险人通过对投保单的审核、对保险标的查验以及对投保人的询问，确定承保的具体条件，对投保人作出承保的承诺，保险合同正式成立。保险人作出承诺的意思表示方式通常有：①保险人在投保单上签章；②保险人向投保人出具保险费收据；③保险人向投保人出具保险单或暂保单等保险凭证；④保险人以其他书面形式或口头形式表示同意承保。判断保险人的意思表示是否具有承诺的法律效力，即是否使保险合同得以成立，主要依据保险人的承诺内容是否包括了保险合同的实质内容，如保险标的、保险金额、保险险种及险别的种类等，并且双方就这些内容是否已经完全协商一致等。由于保险合同具有附合性，除当事人在通常情况下无法预先知道的事项（如保险标的、保险金额等）外，保险合同的一些内容可能通过推定的方式证明双方已达成协议，如保险责任、投保方权利义务等。

保险合同订立过程的繁简程度与保险合同种类密切相关，有些保险合同的订立过程非常简明，如旅游点出售的游客意外伤害保险，只要游客向为保险人进行代理的售票员提出购买并支付保险费，售票员交付游客意外伤害保险凭证，则保险合同即告成立；有些保险合同的订立过程则要复杂得多，如一些大型工程项目或大型运输工具等保险标的投保，往往在投保人提出要约之后，保险人再提出反要约，双方经过反复协议之后，才能最终确定保险合同的内容。当然无论保险合同订立过程的繁简程度如何，一旦保险人作出有效的承诺，保险合同即告成立。

在保险合同订立过程中，双方当事人必须严格遵守最大诚信原则。投保人须根据保险人的要求如实告知有关保险标的风险情况及其他情况，如有隐瞒或不实告知，保险人可以根据法律或合同的约定以此对抗投保人，使投保人承担不利后果。保险人应当向投保人说明保险合同的条款内容，并就保险合同的责任免除条款以特殊方式进行明确说明。另外，保险人或保险人的代理人自愿放弃其在保险合同中可能主张的权利的，日后不能再向另一方主张已放弃的权利。例如保险人明知被保险人已患有某种疾病，仍以健康体予以承保，则无论投保人对此情况是否告知，保险人也不得以此对抗投保人和被保险人。

（二）保险合同的凭证

合同凭证是指合同当事人在订立合同中所使用的具有固定格式的书面形式。在保险合同订立过程中，通常保险人是以保险凭证形式记载双方协议的事项和保险合同的内容。这一方面是由保险合同的附合性决定的，另一方面也可以规范保险合同的订立。依据保险合同的订立程序，保险合同的凭证大致有以下五种：

1. 投保单。投保单又称投保书或要保书，它是投保人向保险人申请订立保险合同的书面要约。投保单由保险人准备，通常有统一的格式。投保单本身并非正式合同的文本，但一经保险人接受后，即成为保险合同的一部分。

在财产保险合同的投保单上，投保人需要如实填写保险标的性质、所在地、内外部环境、使用性质、消防设备、保险金额、保险期限以及投保人名称、联系方式等项目；在人身保险合同的投保单上，投保人要如实填写被保险人的健康状况、既往病史、年龄、职业、生活癖好、受益人等项目，以供保险人核保，决定承保条件。如果投保人在投保单中填写不实或有意地隐瞒、欺诈，都将影响保险合同的效力。有些内容投保单上如有记载，保险单上即使遗漏，其效力与记载在保险单上一样。

在保险实践中，一些保险合同的订立无需使用投保单，投保人可以口头形式或其他书面形式向保险人提出要约。

2.暂保单。暂保单又称临时保单，即正式保险单签发之前，保险人出立的临时单证。暂保单的内容比较简单，只载明被保险人的姓名、承保风险种类、保险标的、保险金额等重要事项。暂保单的法律效力与正式保险单完全相同，但其有效期较短，通常在30天以内。保险单签发之后，暂保单自动失效，保险人亦可在正式保险单签发之前终止暂保单效力，但必须提前通知投保人。

出立暂保单并不是订立保险合同的必经程序，暂保单的使用一般有下列几种情况：

(1)保险代理人在争取到业务而尚未向保险人办妥保险单出单手续时，给被保险人临时开出的证明。

(2)保险公司的分支机构在接受投保后，还需请示上级公司审批，在这种情况下出立的保障证明。

(3)在洽订或续订保险合同时，订约双方虽已就合同主要内容达成协议，但还有一些条件需要进一步商讨，在完全谈妥之前，先由保险人出立的保险证明。

(4)保险人无法及时出具保险单或保险凭证，而投保人又急需，则保险人先出立暂保单作为保险证明。例如，在办理出口贸易结汇时，保险人在出具保险单或保险凭证前，可先出立暂保单，以资证明出口货物已经办理保险，作为结汇的凭证之一。

暂保单一般用于财产保险，而人寿保险通常不使用暂保单，因为除非投保人违反约定义务，人寿保险合同的保险人不得中途解约，而且在正式保险单签发之前，保险人对于承保的风险必须完全接受，保险合同才能有效，仅有暂保单，很难说明保险人已对投保人承诺。不过有时一些寿险保险代理人为争取业务，在收到第一次保险费时向投保人出立具有暂保单效力的暂保收据。

3.保险单。保险单简称保单，是保险人与投保人订立保险合同的正式书面证明。保险单应将包括保险人的责任和双方当事人权利义务在内的保险合同的全部内容明确详尽地载明其中，投保人有权要求保险人及时签发保险单。在保险事故发生后，保险单是被保险人向保险人提出索赔，保险人进行理赔的主要依据。

由于保险单载明的事项通常涵盖保险合同的全部内容，因此，在保险实践中，保险单与保险合同在称谓上往往相互通用，但实际上两者之间却有着严格的区别。保险单只是保险合同的一种书面证明，将保险单等同于保险合同会造成因过分强调保险合同的书面形式，从而使被保险人可能得不到及时的保险保障的结果。尽管有些保险人在保险合同条款中规定以保险单的签发作为保险合同生效的条件，我们还是有必要明确一点，即保险合同成立与否并不取决于保险单的签发，只要投保人与保险人就合同的内容协商一致，保险合同即成立。当然签发保险单也可以作为保险人作出承诺的意思表示方式，这时保险合同的成立与保险单的签发在时间上才是一致的。

4.保险凭证。保险凭证也是保险合同的书面证明之一，是保险人发给投保人以证明保险合同已经订立或保险单已经正式签发的一种凭证。保险凭证一般只载明保险金额、承保险别等少数重要的合同内容，其他内容以同一险种保险单的内容为准，因而是一种简化了的保险单，但它与保险单具有同等法律效力。保险凭证只在少数几种保险业务中使用，例如团体保险、货物运输保险、机动车辆保险以及旅客意外伤害保险等。

5.批单。批单是保险合同成立后，双方对保险期限、保险费率、保险金额、运输工具等合同内容进行变更时经常使用的一种书面形式，通常保险人会根据需变更的内容事先拟定不同的批单格式，供被保险人变更合同内容时使用。

以上五种保险合同的凭证是订立保险合同时或订立后经常使

用的制式书面形式。除此之外，保险合同还可以采用其他非制式的书面形式订立。此外我国《保险法》也未否定口头形式保险合同的效力。在保险实践中，保险合同的订立具体采用哪种形式才会具有法律效力取决于三方面：一是有关法律的规定，如果法律规定某种保险合同的订立只能采用书面形式，则以口头形式订立的保险合同无效；二是国家保险监管部门的有关规定；三是合同双方当事人的约定。

（三）保险合同的无效

保险合同的无效是指合同虽已成立，但法律不予承认和保护，没有法律效力的保险合同。保险合同是否成立属于法律事实上的判断，而保险合同是否有效则属于法律价值上的判断。保险合同的订立符合法律的形式要求即成立，但已经成立的保险合同是否有效，是否受法律承认和保护，则要视其是否满足法律关于合同有效的条件。导致保险合同无效的原因除《中华人民共和国合同法》第五十二条规定的几种情形之外，根据《保险法》还包括：(1)投保人对保险标的不具有保险利益；(2)保险金额超过保险价值的部分无效；(3)保险人对责任免除条款未向投保人明确说明的，该条款无效；(4)投保人为无民事行为能力人投保以死亡为给付保险金条件的人身保险者（投保人非为未成年被保险人的父母）；(5)以死亡为给付保险金条件的合同，未经被保险人书面同意并认可保险金额者。

保险合同的无效可以分为全部无效和部分无效。保险合同全部无效是指保险合同内容全部不产生法律效力，例如，投保人对保险标的无保险利益，保险合同全部无效。保险合同的部分无效是指保险合同部分内容无效，并且不影响其他部分的效力，合同其他部分仍然有效。例如，保险人未向投保人明确说明责任免除条款，该条款无效。

保险合同确认无效的，保险人应向投保人返还所收取的保险费，被保险人如果已获得赔款，应将赔款返还给保险人，有过错的一方应当赔偿对方因此所受到的损失，双方都有过错的，应当各自承担相应的责任。保险合同当事人恶意串通，损害国家、集体或者第三人利益的，因此取得的财产收归国家所有或者返还集体、第三人。

二、保险合同的变更

保险合同成立，双方必须全面履行合同的权利和义务，任何一方无权擅自变更。但是，在保险合同有效期内，由于实际情况发生变化，当事人双方会产生变更合同的要求。各国保险法律都允许保险合同有所变更，我国《保险法》第二十一条规定："在保险合同有效期内，投保人和保险人经协商同意，可以变更保险合同的有关内容。变更保险合同的，应当由保险人在原保险单或者其他保险凭证上批注或者附贴批单，或者由投保人和保险人订立变更的书面协议。"由此可见，我国允许保险合同当事人通过协商以书面形式对保险合同进行变更。

保险合同的变更包括主体的变更和内容的变更两种情况。

1. 保险合同主体的变更。主体的变更是指合同当事人和关系人的变更。保险人的变更主要在保险公司破产、解散、合并、分立等原因导致保险人所承担的全部保险合同责任转移给其他保险人或政府有关基金承担才会产生变更。这种变更并不多见，保险合同主体的变更更多的是指投保人、被保险人以及受益人的变更。投保人及被保险人的变更通常又叫做保险合同的转让。由于保险合同的主要凭证是保单，因此，这种变更在习惯上又叫做保单的转让。

在财产保险中，保单的转让往往因保险标的转让（如买卖、赠与或继承等）而发生。关于保单转让的程序，世界各国法律对此大致有两种不同的规定。一种是保单转让必须征得保险人的同意。在这种情况下，保单不得随保险标的的转让而自动转让，必须经保险人同意，并且由保险人在原保险单或其他保险合同凭证上批注或者附贴批单，以资证明，否则保险合同从保险标的转让时即告终止。另一种规定是允许保单随着保险标的转让而自动转让，不需要征得保险人的同意。货物运输保险合同主体的变更通常适用这种规定。被保险人以背书的方式将保单转让给货物受让人，货物受让人即取得保单被保险人的法律地位，无须征得保险人的同意。因为运输货物具有很强的流动性，货物在运输途中，物权可能几经易手，保险利益也就随之转移。如果每次被保险人的变更都得到保险人的审批，必然影响商品流转，不利于贸易交往。我国法律只允许货物运输保单和合同中有专门约定的保单自由转让，例如，我国《保险法》第三十四条规定："保险标的转让应当通知保险人，经保险人同意继续承保后，依法变更合同。但是，货物运输保险合同和另有约定的合同除外。"

在人身保险中，保单的转让是指投保人，即缴费人的变更，一般无须征得保险人同意，但须通知保险人作相应的批改。如果是以死亡为给付保险金条件的人身保险合同，须经被保险人书面同意。在人身保险合同中，被保险人的寿命和身体是保险标的，所以一般不允许变更被保险人，只有在团体人身保险中，可对其中个别被保险人进行变更。人身保险合同的受益人可以由被保险人指定变更，或者经被保险人同意由投保人指定变更，无须得保险人同意，但应通知保险人，并办理变更手续。

2.保险合同内容的变更。保险合同内容的变更是指在主体不变的情况下，对合同中的约定的某些事项的变更。例如被保险人地址的变更；保险标的数量或价值的增减；保险标的存放地点和用途的变更；保险责任范围的变更；保险金额、保险期限的变更等等。所有这些变化，都会影响保险人所承担的风险责任的大小，所以各国保险立法一般都规定，保险合同订立后，投保人可以提出变更合同内容的请求，但须经保险人的同意，办理变更手续，有时还需增缴保费才可变更合同内容。

保险合同内容的变更主要包括以下两种情况：

(1)保险合同成立后，投保人根据实际需要的变化，要求变更保险合同的某些内容，如延长或缩短保险期限、增加或减少保险标的数量等，在经保险人同意并办理变更手续后，保险合同的内容发生相应变化。在此种情况下保险合同的变更是基于双方当事人的协商而进行的。

(2)保险合同成立后，由于客观情况的变化，被保险人有义务向保险人申请办理批改手续，否则将承担不利的后果。如《保险法》第三十七条第一款规定："在合同有效期内，保险标的危险程度增加的，被保险人按照合同约定应当及时通知保险人，保险人有权要求增加保险费或者解除合同。"

此外，由法律规定的保险合同双方应享有的权利及应尽的义务是不允许进行协商变更的。

保险合同变更一般应采用书面形式，批单是保险合同变更时最常用的书面单证，其他书面形式亦可，变更后应将批单或其他书面协议附贴在原保险单或保险凭证上。

三、保险合同的终止

保险合同的终止，又称保险合同的消灭，是指当事人之间根据合同所确定的权利义务关系因一定事由的出现而消灭的法律事实。引起保险合同终止的原因很多，主要有以下几种：

1.因期限届满而终止。这种情况又称为保险合同的自然终止。由于保险合同都规定有一定的保险期限，无论是长期或短期的保险合同，凡合同订明的期限届满时，合同即告终止。保险合同到期后的续保只是新保险合同的开始，而非原保险合同的延续。由于保险事故的发生一般都是偶然的，所以期限届满是保险合同终止的最普遍、最基本的原因。

2.因履行而终止。保险人在保险合同中承担的赔偿或给付保险金责任不但有时间上的限度，同时也有金额上的限度。只要保险人履行赔偿或给付保险金达到全部保险金额时，无论是一次还是数次累计，均属于保险人已实际履行了其全部保险责任，则保险合同即告终止。例如在家庭财产保险合同中，被保险房屋在保险期限内先后遭受两次火灾，保险人两次支付的赔款(不包括施救费用)累计已达到全部保险金额，虽然保险期限未满，但合同即告终止。有些保险合同对保险人在保险期限内支付的赔款并不要求累计，只要保险人的一次赔偿未达全部保险金额，保险合同仍然有效，而不论保险人数次累计支付的赔偿金额是否达到或超过全部保险金额，如我国大陆地区的国内船舶保险、机动车辆第三者责任险等。

3.因保险标的全部灭失而终止。保险标的全部灭失可能是因为保险事故的发生导致的，也可能是因为非保险事故的发生导致的。因为保险标的是保险合同存在的基础，所以当非保险事故发生导致保险标的全部灭失，则保险合同即告终止；当保险事故发生导致保险标的全部灭失，即使保险人的赔偿金额未达到全部保险金额，保险合同也告终止。

4、因解除而终止。解除是保险合同终止较为常见的一种原因。保险合同的解除分为法定解除、约定解除和协商解除三种。

(1)法定解除。法定解除是指法律规定的原因出现时，保险合同当事人一方(通常为保险人)依法行使解除权，使合同效力消灭。法定解除是一种单方面的法律行为，具有解除权的当事人解除保险合同无须征得对方同意，只要通知对方即可。

(2)约定解除。约定解除是指当合同中所约定的原因出现时，保险合同当事人一方或双方即有权解除保险合同。约定解除也是一种单方面的法律行为，一方行使解除权无须征得另一方同意，但应通知对方当事人。

(3)协商解除。协商解除是指在保险合同履行过程中，某种在保险合同订立时未曾预料的情形出现，导致合同双方当事人无法履行合同或合同履行已无必要，于是通过友好协商，解除保险合同。协商解除必须由双方协商一致才能生效。

保险合同的终止以保险合同具有法律效力为前提，只对将来失去效力，并不溯及既往，当事人不承担恢复原状的义务。

复习思考题

1. 保险合同有哪些特性？
2. 简述保险合同的种类。
3. 保险合同有哪些主体？
4. 在保险合同中，投保方一般有哪些权利，哪些义务？
5. 保险合同的解释方法有哪些？
6. 保险合同的凭证主要有哪些？
7. 引起保险合同终止的原因主要有哪些？

第五章 保险的技术原理

保险是处理风险的一种方法。通过集合大量性质相同或相近的风险单位，预测损失总额，在各风险单位之间分摊，以预先征集保险费所形成的保险基金，对约定的风险事故所致损失给予补偿或给付保险金。保险的目的是实现经济补偿，其采用的手段是损失分摊。这一过程中有一系列技术问题，需要有具体的解决办法，更要有坚实的理论基础。

本章主要讨论：(1)保险的技术基础；(2)保险费及其计算原理；(3)保险责任准备金及其计提原理。

关键词汇：大数定律　财务稳定性系数　收付平衡原则　保险费　保险费率　纯费率　附加费率　判断法　分类法　增减法　生命表　终极生命表　利率　保额损失率　赔款准备金　未到期责任准备金　理论责任准备金　实际责任准备金　保险保障基金　公积金　总准备金

第一节 保险与大数定律

保险的技术基础是大数定律。本节主要讨论大数定律与保险的关系。

一、大数定律

大数定律(Lawsof Large Number)，简称大数律，又称大数法则，是概率论与数理统计学的基本定律之一，是关于随机变量序列的算术平均值向常数收敛的一系列极限定理的统称。

大数定律是对现实世界中一类重要现象的数学描述。以独立重复投掷一枚均匀硬币的随机试验为例，记 n 次投币试验中出现正面的次数为 μ_n。显然，对于不同的几次试验，μ_n 可能不同，但当 n 越来越大时，出现正面的频率 μ_n/n 将大体上逐渐接近于 1/2。再如，称某一物体的重量，假设衡器不存在系统偏差，由于衡器的精度等各种因素的影响，对同一物体重复称量 n 次，则可能得到 n 个不同的重量数值 $X_1, X_2, X_3, \cdots, X_n$。但若取其算术平均值

$$\overline{X}_n = \frac{1}{n}\sum_{i=1}^{n} X_i, \tag{1}$$

则随 n 增大，一般说来 $\overline{X}_n$ 也将逐渐接近于该物体的真实重量。

历史上，雅各布·伯努利(Jacob Bernoulli, 1652—1705)率先从数学上论述了这一现象。他证明了：若 μ_n 是 n 次独立重复试验中事件 A 出现的次数，p 是事件 A 的概率，则对任意小的正数 ε，有

$$\lim_{n\to\infty} P_r\left(\left|\frac{\mu_n}{n} - p\right| \geqslant \varepsilon\right) = 0. \tag{2}$$

这一结论表明，对任意小的正数 ε，只要 n 充分大，频率 $\frac{\mu_n}{n}$ 与概率 p 发生大于 ε 的偏差的可能性就很小，即大多数试验只使 $\frac{\mu_n}{n}$ 与 p 发生较小的偏差。这一结论是历史上第一个严格说明频率稳定性的定律，被称为伯努利大数定律。

后来，陆续有数学家研究大数定律，得到了一系列极为重要的极限定理。根据随机变量序列 $\overline{X}_n = \frac{1}{n}\sum_{i=1}^{n} X_i$ 向常数收敛的方式不同，大数定律有弱大数定律、强大数定律和均方大数定律等。大数定律中最重要的一类是讨论独立试验序列的，比较常见的除伯努利大数定律外还有切比雪夫大数定律、泊松大数定律、辛钦大数定律、波莱尔强大数定律、柯尔莫哥洛夫强大数定律等。当然，大数定

律中涉及的随机变量序列$\{X_n\}$也可以不是相互独立的。此外，大数定律还可以推广到不是算术平均向常数收敛的情形。

大数定律有着重要的理论价值和实践意义。根据大数定律，对同一随机变量 X 的 n 次独立观察值 $X_1, X_2, \cdots, X_n$ 的平均，将随 n 的增大而收敛于它的期望值 EX。据此，数理统计中常常取多次重复观测的算术平均作为 EX 的较精确的估计。此外，可以利用频率的稳定性来对事件的概率和随机变量的分布进行估计，还可以利用样本矩向总体矩的收敛，取样本矩作为总体矩的近似。保险，则以大数定律为其经营的技术基础，无论是原保险还是再保险，从风险衡量到损失预测，从保费计算到实现经营稳定，都需要大数定律的理论支撑。

二、大数定律与不确定性

保险是一种风险转移机制。投保人通过购买保险，将风险转移给保险人，以确定的小额保险费支出摆脱或部分摆脱可能的、不确定的大额损失支出，从而增强确定性、减少不确定性。保险人接受众多投保人转移的风险，将大量风险单位的同类风险集中了起来。我们注意到，这时的保险人所面临的风险并非十分可怕，其本身的不确定性并不是全体投保人原有的不确定性之简单相加，而事实上，集中起来的大量风险之不确定性大多“相互抵消”了。这是大数定律的作用。按照大数定律，保险人本身的经营风险随其承保的风险单位数量增多而降低，保险经营失败的可能性随其承保的风险单位数量增加而减小。因此，在保险活动中，保险人并不畏惧投保标的数量的增加，恰恰相反，对于满足相应条件的投保标的，保险人主张多多益善。

由此可见，保险人与投保人在各自面临的风险及其对风险的认识与估计方面是有差异的。一般说来，投保人对自己所面临的风险比较清楚，即对自己的投保标的遭受损失可能性及损失情况比他人更为了解，但投保人对其他保险标的的风险与损失情况则不易掌握。换言之,投保人易知己但不易知他人。而保险人呢?虽然在承保决策时保险人较多地依据投保人的陈述,其对单个投保标的风险状况之了解不及投保人自己,但保险人对其所承保的保险标的风险的总体状况之了解,则远远胜过单个投保人。换言之,保险人虽不易知个别但善知总体。而大数定律正是用以了解并刻画总体的科学工具。于是,保险人借助大数定律实现了投保人单一力量所无法做到的对风险损失比较准确的预测,进而处于虽承担着大量风险但自己却风险很小的有利地位。正是这一原因,保险得以成为一种商业活动,且经久不衰。

衡量保险经营的风险,有一重要指标,即财务稳定性系数(又称风险系数),它反映某一保险企业或其某项保险业务,保险人对被保险人或受益人所承担的赔偿或给付保险金义务的能力之可靠程度。保险企业财务稳定,即要求实际发生的赔款或给付不超过预计的保险赔偿或给付基金。超过的可能性越大,保险业务的稳定性就越差;超过的可能性越小,保险业务的稳定性就越好。这里所说的保险赔偿或给付基金,即纯保费总数(详见本章下节),是根据预计的未来保险损失额得到的,但实际付出的赔款或给付可能超过也可能达不到这个数。这个相差的幅度越大,财务稳定性就越差;幅度越小,财务稳定性就越好。于是

$$\text{财务稳定性系数 } K = \frac{\text{保险赔款或给付均方差 } \sigma}{\text{保险赔款或给付基金 } P}, \tag{3}$$

其中保险赔款或给付均方差 σ 表示未来可能支付的赔款(或给付)与保险赔款(或给付)基金的偏差程度(注意:这里前者为一随机变量,后者则是这一随机变量的数学期望),它与保险标的的保险金额有关,因此是一个绝对数。而财务稳定性则是一个相对数。例如,一项有 10 亿元赔偿或给付基金的保险业务,5000 万元的偏差对于它来说只是基金的 5%;而对另一项仅有 2 亿元赔偿或给付基金的保险业务,5000 万元的偏差却已等于基金的 25%。相比之下,

前者的财务稳定性当然要比后者好得多。

为简单计，设某项保险业务承保 n 个保险标的，其纯费率为 q，各保险标的的保险金额均为 a，则

$$P=n\cdot a\cdot q, \tag{4}$$

$$\sigma=a\sqrt{n\cdot q(1-q)}, \tag{5}$$

于是稳定性系数可表示为

$$K=\frac{a\sqrt{nq(1-q)}}{naq}=\sqrt{\frac{1}{n}\left(\frac{1}{q}-1\right)}. \tag{6}$$

例如，某项保险业务承保 5000 个保险标的，每个保险标的的保额相同，纯费率为 5‰，则其稳定性系数为

$$K=\sqrt{\frac{1}{5000}\times\left(\frac{1}{5‰}-1\right)}=\sqrt{\frac{199}{5000}}=0.1995.$$

从公式 $K=\sqrt{\frac{1}{n}\left(\frac{1}{q}-1\right)}$ 我们看到，K 与 n 和 q 成反比。因此在保额相同的同类保险业务中，要想增强财务稳定性（使 K 变小），就必须增大 n（即扩大业务量，增加保险标的数量），或者加大 q（即提高纯费率）。通常，增强财务稳定性的主要途径是扩大业务量，因为扩大业务量比提高纯费率更为可行，而且这两种方法对于财务稳定性的影响也是以扩大业务量更为显著。为研究增强财务稳定性所需扩大的业务量，由

$$K=\sqrt{\frac{1}{n}\left(\frac{1}{q}-1\right)},$$

解出

$$n=\frac{1-q}{K^2q}, \tag{7}$$

我们看到，对于既定的纯费率 q，可以通过所期望的稳定系数 K 推算出所应具有的基本业务量 n。

例如，设纯费率 5‰，要求稳定数不超过 0.1，则业务量至少要达到

$$n=\frac{1-5‰}{0.1^2\times 5‰}=\frac{995}{0.05}=19900,$$

即至少要求保 19900 笔保险业务。

三、大数定律与收付平衡原则

辛钦大数定律：设 $X_1,X_2,\cdots,X_n$ 是相互独立的随机变量序列，它们服从相同的分布，且有有限的数学期望（$\mu<\infty$），则对任意的 $\varepsilon>0$，有

$$\lim_{n\to\infty}P_r\left(\left|\frac{1}{n}\sum_{i=1}^{n}X_i-\mu\right|<\varepsilon\right)=1. \tag{8}$$

联系保险活动。考虑 n 个投保人同时投保，这 n 个标的相互独立（所谓相互独立是指一标的是否发生保险事故、损失多大，与其他标的无关），假定每个标的发生损失的概率都是 p，且保险金额与赔款条件都相同。记第 i 个被保险人（或受益人）可得到的赔款为 X_i，显然，$X_i\geqslant 0$，$X_1,X_2,\cdots,X_n$ 相互独立，且有相同的数学期望，记作 μ。即

$$EX_1=EX_2=\cdots=EX_n=\mu.$$

我们知道，每个被保险人（或受益人）实际得到的赔款金额与其所能获得赔款金额的期望值未必相等。但根据大数定律，平均每个被保险人（或受益人）实际获得的赔款金额与每个被保险人（或受益人）获得赔款金额的期望值是十分接近的，只要 n 足够大。事实上，由辛钦大数定律，我们有

$$\lim_{n\to\infty}P_r\left(\left|\frac{1}{n}\sum_{i=1}^{n}X_i-\mu\right|<\varepsilon\right)=1,$$

其中 $\frac{1}{n}\sum_{i=1}^{n}X_i$ 表示平均每个被保险人（或受益人）实际获得的赔款金额。

于是，当 n 充分大，即保险人承保了足够多的标的，则近似地有

$$\frac{1}{n}\sum_{i=1}^{n} X_i \doteq \mu. \tag{9}$$

另一方面，每个投保人所缴的纯保费应相当于其被保险人（或受益人）所获赔款的期望值，记 P_i 为第 i 个投保人所应缴之纯保费，则

$$P_i = EX_i \quad (i=1,2,\cdots,n),$$

故全体投保人所缴纯保费总数为

$$\sum_{i=1}^{n} P_i = \sum_{i=1}^{n} EX_i = n\mu. \tag{10}$$

又由(9)式推知 $\sum_{i=1}^{n} X_i \doteq n\mu$，所以当 n 充分大时，有

$$\sum_{i=1}^{n} P_i \doteq \sum_{i=1}^{n} X_i. \tag{11}$$

上式表明：当保险标的数量足够多时，投保人缴纳的纯保费总数与被保险人（或受益人）实际获得的赔款总额近似相等。此即收付平衡原则。这一原则告诉我们，假如能够承保足够多的保险标的，则可按未来的赔款额（给付额）收取保险费，而未来的赔款额（给付额）则是一个期望值。

因此，辛钦大数定律为保险人合理收取纯保费提供了科学的依据。

四、大数定律与损失预测

根据伯努利大数定律，我们有了以局部推断总体、以过去推断未来的统计推断。联系保险活动，如果承保的保险标的足够多，由伯努利大数定律，保险事故发生的频率和保险损失的程度将是稳定的，即损失频率与损失概率、损失程度与其真值有较大偏差的可能性极小。这为保险人利用经验数据通过统计推断进行损失预测提供了科学依据。兹以寿险和非寿险分述之。

先看人寿保险，仅考虑死亡或生存为保险事件。而死亡与生存

为互补事件，一个人或生存或死亡，二者必居其一且只居其一，故知道其中之一概率，另一概率即可获得。死亡概率或生存概率通常体现于生命表之中。有了生命表，保险人可据以计算保险费。生命表反映群体生死规律，其构造则以过去大量的经验数据为前提。对于生存率和死亡率的估计，用的是统计推断方法，只是涉及人的生死问题，选用了一些特殊的表现形式和专门的技巧。因此，统计方法获得的生死概率与真实的生死概率接近且可以前者近似代替后者，实乃大数定律之贡献。

再看非人寿保险，如果有足够且较为充分的经验损失数据，保险人可以此为基础，对与过去风险单位及其风险状况相似的风险单位未来风险损失进行预测。假设已知过去 n 个风险单位中有 N 个发生风险损失，损失总额为 $\sum_{i=1}^{n} X_i$（其中 X_i 表示第 i 个风险单位的损失，显然有 $n-N$ 个 X_i 为 0），则

$$损失频率=\frac{N}{n},$$

$$平均损失=\frac{1}{n}\sum_{i=1}^{n} X_i,$$

现进一步假定保险人将要承保的风险单位相当多，且它们的风险状况与过去风险单位相似，如保险金额、独立性等。于是，根据大数定律，随着 n 的增大，$\frac{N}{n}$ 与未来的损失频率接近，$\frac{1}{n}\sum_{i=1}^{n} X_i$ 则与未来的平均损失接近。所以，只要 n 充分大，即过去风险单位足够多，我们就可以 $\frac{N}{n}$ 和 $\frac{1}{n}\sum_{i=1}^{n} X_i$ 分别近似代替现在承保的风险单位的损失频率与平均损失，且 n 愈大偏差愈小。正因如此，我们可以经验损失率为依据计算纯保费。

此外，风险管理者和保险人都要研究风险损失的分布，精算学中有一系列风险模型，这里列出关于短期保险的两种模型。

个别风险模型(Individual Risk Model):设 S 是某种风险将来的随机损失总额(对已承保的风险来说这就是保险人将来要付出的赔款总额),X_i 为第 i 个风险单位(保险标的)的损失额,n 是风险单位总数,则

$$S = \sum_{i=1}^{n} X_i, \tag{12}$$

其中 $X_1, X_2, \cdots, X_n$ 是相互独立的随机变量。利用中心极限定理,可以获得这一独立随机变量和分布的数值近似。

聚合风险模型(Collective Risk Model):记 N 是某一时期内某种风险事故发生的次数,X_i 是第 i 次风险事故造成的损失金额,则

$$S = \sum_{i=1}^{N} X_i, \tag{13}$$

表示这一时期内风险事故造成的总损失金额。通常假定 $X_1, X_2, \cdots, X_n$ 具有相同的分布,且 N 与 $X_1, X_2, \cdots, X_n$ 相互独立。于是,S 的分布可以用 N 的分布和 X_i 所服从的共同分布来表示,S 的数学期望、方差和矩母函数也可得到表示,而且 S 的分布函数则可由 N 的分布和 X_i 的共同分布通过卷积表示出来。风险事故次数 N 通常选为泊松分布或负二项分布随机变量,X_i 的共同分布通常选为正态分布、伽玛分布等。当 N 服从泊松分布时,S 的分布为复合泊松分布(Compound Poisson Distribution);当 N 服从负二项分布时,S 的分布为复合负二项分布(Compound Negative Binomial Distribution)。

第二节　保险费率

一、保险费

保险费(Premium)简称保费,是投保人为转移风险取得保险

保障而应付出的价值，亦是保险人承担保险合同所约定的保险责任，为被保险人提供风险保障服务而取得的报酬。保险费是保险基金的主要来源，也是保险人履行赔偿与给付义务的基础。因而，缴纳保险费是投保人的基本义务。《中华人民共和国保险法》第14条规定："保险合同成立后，投保人按照约定交付保险费；保险人按照约定的时间开始承担保险责任。"这说明，保险双方当事人的权利义务关系与保险费密切联系在一起。因此，保险费是保险活动的重要内容之一。

保险费又称毛保费(Gross Premium)、营业保费(Office Premium)，可以分解为纯保费(Pure Premium)和附加保费(Loding)两部分。纯保费是保费的主要部分，用以建立保险赔偿与给付基金，是保险费的最低界限，根据对保险标的未来保险损失的预测(期望值及一定的安全附加)而确定。附加保费用于保险人的经营管理开支和预期利润，包括职工工资、业务费用、管理费用、中介费用、宣传费用、税金、利润等。

影响保险费的直接因素有三个。一是保险金额。保险费与保险金额成正相关。保险期限与保险费率一定，则保额愈高保费愈多，保额愈低保费愈少。二是保险期限。保险费与保险期限成正相关。保险金额与保险费率一定，则保险期限愈长保费愈多，保险期限愈短保费愈少。三是保险费率。保险费与保险费率也成正相关。保险金额与保险期限一定，则保险费率愈高保费愈多，保险费率愈低保费愈少。

二、保险费率及其特点

保险费率(Premium Rate)是指单位保险金额的保费。因此，保险费一般是按保险金额乘以保险费率来计算的，即：保险费＝保险金额×保险费率。此外，也有按基本保险费再加上保险金额与保险费率的乘积计算的，即：保险费＝基本保险费＋保险金额×保险费率；还有的则直接按约定保险费收取而不出现保险费率。与保险费相应，保险费率也分解成纯费率与附加费率，按纯费率收取的保费为纯保费，按附加费率收取的保费为附加保费。从某种意义上说，对保险费的研究，主要归结为对保险费率的研究。

显然，保险费率即保险价格。但保险费率与一般商品的价格有所不同，其主要特点有三。

其一，就单个保险合同而言，保险费率与保险补偿或给付之间没有必然联系，即投保人按费率缴纳保险费后，未必能获得保险补偿或给付，而且费率高未必给付多，费率低未必给付少。这与一般商品交换活动不同。虽然保险活动中也坚持费率与风险相应的原则，即风险高则费率高，风险低则费率低，但保险活动具有很强的射幸性。有的投保人缴纳了保险费，因为保险事故未发生，其被保险人（或受益人）未得到任何给付；有的投保人缴纳了保险费，因为保险事故的发生，其被保险人（或受益人）得到远远大于投保人所缴保险费的保险金。

其二，保险费率的计算在成本发生之前。一般商品价格的决定，通常发生在成本已知之后。而保险费率的确定虽然是依据过去的经验数据，但毕竟只是对将来保险损失的一种预测，因此当前决定的费率事实上是用以补偿未来发生的成本。

其三，保险费率受政府管制远较一般商品为严。市场经济社会中，一般商品的价格，政府管制较少，通常由市场供求关系决定。保险费率则不同。由于保险技术的复杂性，为保护被保险人的合法利益并保证保险事业的健康发展，许多国家规定，政府保险监管部门不仅具有核定保险费率的权力，而且规定保险费率的计算方法，甚至可以要求保险人调整保险费率。

三、保险费率厘定的原则

（一）保证偿付原则。指保险人按保险费率向投保人收取的保险费，必须足以应付赔款与给付支出及各种经营费用。亚当·斯密在《国富论》第一卷第十章（1776）中写道，保险费“必须足以补偿通常的损失、支付管理费，并提供一份同额资本在任何通常的贸易中所能获得的相等的利润”。事实上，保险费是补偿保险标的损失和保险金给付的基本来源，如果费率过低，就会导致保险人缺乏偿付能力，最终使被保险人因得不到保障而受到严重损害。

（二）公平合理原则。指保险费率在保险人与投保人之间及各投保人之间要体现公平合理。保险人与投保人之间的公平合理，一方面表现为保证偿付原则之贯彻，另一方面则强调保险费率不能偏高。保险费率过高，会损害投保人利益而使保险公司获得过多的利润。因此，纯费率的制定必须以损失概率分布为依据，而制定附加费率时对经营管理费用和预期利润的估算均须适当。各投保人之间的公平合理，是指保险人向投保人收取的保险费，应当与保险标的所面临的风险程度相适应。要按照风险的大小，相应地分担保险损失与费用。对风险程度高的保险标的，按较高的保险费率收取保险费；对风险程度低的保险标的，按较低的费率收取保险费。

（三）相对稳定原则。指保险费率的厘定，要考虑到保险收费标准的相对稳定性。因为如果费率经常波动，会诱发投保人的投机心理，此与保险宗旨相悖；也会使投保人难以确定保费预算，增加对保险人的反感，终将导致保险业务量的减少；另外还会给保险人本身的财务核算带来困难。当然，稳定是相对的。随着社会的发展，事物的变化，对于不适当的费率，应当根据实际统计资料加以调整，以符合实际情况。

（四）促进防损原则。指保险费率的厘定，要能促进防灾防损，减少保险事故，利于社会安定。这里，一方面要鼓励和引导被保险人从事预防损失的活动，例如配置防火救火设备以减少火灾风险，配备防盗装置以降低盗窃风险等等，皆可降低费率。另一方面，保险人也应积极从事防灾防损活动，其所需经费，在厘定保险费率时，也应予以考虑。

四、保险费率厘定的一般方法

(一)判断法

判断法(Judgement Rating),又称观察法或个别法,是对每一投保标的分别单独计算确定费率的方法。费率计算者凭借其过去的经验和对未来发展趋势的把握,通过对投保标的风险因素的分析,估计其损失概率,进而直接决定保险费率或提出费率供双方协商。这一方法通常适用于没有可信的损失统计资料可据之情形。这时,费率计算者的个人直觉判断能力就显得极为重要了。再保险、海上保险中常常用判断法,一些新险种费率的厘定也往往采用此法。

需要指出的是,判断法显然带有主观色彩,但并非完全不科学。事实上,用判断法定费率,虽针对个别标的而言,但计算者往往根据过去的费率和经验,并仔细分析对标的有影响的各种因素后才确定费率。例如海上保险厘定费率时,常常要考虑标的物、被保险人、航行区域、以往索赔记录等因素。因此可以说,判断法并非不利用经验资料,只不过较粗略而已。况且,在风险单位数量很少的情况下,我们若将风险性质差异很大的风险单位硬性集中在一起,而统一制订保险费,则是违反大数定律之前提条件(独立同分布)的。

(二)分类法

分类法(Class Rating)是基于风险分类而计算保险费率的一种方法。费率厘定者利用适当的标志将投保标的分成若干类别,同类的标的被认为具有大体相同的风险,因而适用相同的费率。按照这一方法确定的费率,通常被载入保险手册,供业务人员查阅,因而分类法又称手册法(Manual Rating)。这一方法被广泛用于人身保险和财产保险的许多险种。

分类费率代表某一类标的的平均损失经验,为保证其精确度,一方面要求分类适当,另一方面要求各类标的都有足够的数量。分类法用于住宅火灾保险时，同一建筑的住宅，常常可以归入同一类别中。某一城市中，木结构住宅而有标准屋顶者为一类，砖结构住宅又为一类，防火建筑则可列为费率更低的一类。每类费率决定时，主要应考虑相同的建筑、相同的风险以及相同期限内相同的风险经验。

分类费率的计算方法有两种，一是纯保费法（Pure Premium Method），一是损失率法（Loss Ratio Method）。如果分类风险有足够的资料作基础，则可用前者，否则采用后者。

1. 纯保费法。方法要旨：根据统计资料计算风险事故的频率，作为风险事故概率的近似，进而确定纯费率，再加一定的附加费率，即得毛费率。由于这一方法以足够的资料为基础，故计算所得费率一般较为精确，不仅具有适当性，而且能顾及投保人之间的公平合理性。此外，纯费率厘定后，经过一段时间，常常需要根据实际经验作适当调整。事实上，适当地合理地调整费率是费率厘定工作的重要一环，而且从某种意义上说，非新险种的费率调整要比计算更为重要。

2. 损失率法。如果分类风险缺乏足够的资料，则要用此法。例如，分类较多致使每一类别中在一定期限内只有少量风险单位，从统计观点看，不足以作为费率计算之基础。损失率法就是将风险性质较为接近的类别的损失资料合并，作为计算费率的基础。这时，我们可以延用纯保费法来得到费率。而这一方法的正确性则由泊松（Poisson）大数定律所保证。

泊松大数定律：设某一随机事件在第一次试验中以概率 p_1 出现，在第二次试验中以概率 p_2 出现……在第 n 次试验中以概率 p_n 出现。若以 μ_n 表示前几次试验中该事件出现的次数，则对于任意的正数 ε，有

$$\lim_{n\to\infty} P_r\left(\left|\frac{\mu_n}{n}-\frac{p_1+p_2+\cdots+p_n}{n}\right|<\varepsilon\right)=1. \tag{14}$$

泊松大数定律表明，当试验次数无限增加时，其平均概率与观察结果频率之差异将充分小。联系我们所讨论的问题，相互独立的风险单位，其损失概率可能各不相同，但只要有足够的保险标的，仍可以在平均意义上求出相同的损失概率。损失率法正是这样。为了有足够的标的数量，把性质相近的各类别的标的集中起来，求出一个关于整体的费率，再以调整法进行适当的调整。

（三）增减法

增减法（Merit Rating）又称修正法（Modification Rating），是在分类法基础上，结合个别标的风险状况进行适当修正以确定费率的一种方法。因此，用增减法确定的费率，对分类费率可能有所增加，也可能有所减少。通常要以分类法确定基本费率，再依照实际经验进一步细分之，据情提高或降低费率。增减法能结合风险程度的差异，故能反映个别标的的风险状况，因而有利于投保人对保费的合理负担，还有促进防灾防损之作用。增减法计算费率的具体方法有表定法、经验法、追溯法等。

1. 表定法。即以每一风险单位为计算依据，先对其确定一个基本费率，再根据个别标的的风险状况加以修正。例如，关于建筑物火灾保险，可以砖结构、具有一般消防设备的建筑物为基点，对影响建筑物火灾的四个主要因素（用途、位置、构造、防护措施）列出调整幅度。费率厘定者根据具体的建筑物在这四方面的情况作出调整。这一方法的优点在于能切实反映标的风险状况，且鼓励防灾防损，但这一方法往往只列出一些主要的实质性风险因素，可能导致某些企业偏重机器安全等实质性风险因素，而忽视全面管理方面，特别是较为抽象的风险因素。

2. 经验法。经验法根据被保人以往的损失经验，对按分类法制定的费率进行增减变动，即被保险人以往的损失经验（一般用最近3～5年）平均值被用于确定下一保险期间的费率。显然，这种方法与表定法相比有一优点，即表定法只注重实质性风险因素，而经验法反映的是各种风险因素综合作用之结果。这一方法通常适用于有较大规模与多种形式作业部门，有较多风险单位且某些风险因素能被保险人适当控制的企业。

3. 追溯法。这一方法以保险期限内被保险人的实际损失为基础，计算被保险人当期应缴保费，即保险费率在当期终了时依据实际经验再加以调整。采用这种方法，要先预缴保险费(通常在投保之时)，并规定保险期间的最低保险费和最高保险费。如果损失小，则取最低保费；如果损失大，则取最高保险费；其余情况则在最低与最高保费之间选择一个适当的保费数。显然，这一方法能促进防灾防损，但其运用要比经验法更为复杂。这一方法通常只适用于大型企业。

第三节　寿险保费计算原理

人寿保险① 是以被保险人的寿命为保险标的，以其生存或死亡为给付保险金条件的人身保险。从保费计算和准备金计提的原理看，寿险与非寿险(财产保险、人身意外伤害保险、健康保险)有较大的差异。事实上，寿险“损失”X 这一随机变量的取值只有两种可能：

$$X=\begin{cases}0,\text{若被保险人死亡}\\1,\text{若被保险人生存}\end{cases}$$

而非寿险损失 Y 这一随机变量的取值范围为

$$Y\in[0,M]\quad(M>0)$$

本节主要讨论寿险保费的计算原理。

---

① 人寿保险简称寿险，又称生命保险，有广义与狭义之分。广义的人寿保险即人身保险。本节所定义的人寿保险为狭义的人寿保险。除特别声明外，本教科书所称人寿保险都是狭义的。

一、计算基础

一般说来，对某一寿险险种而言，计算其保费需要考虑被保险人的性别和年龄、保险金额或保险金给付额及其给付方式、保险期限、保险费缴付方式、采用的生命表（预定死亡率或生存率）、预定的利息率、保险人经营费用等因素，其中预定死亡（生存）率、预定利息率和预定费用率是计算寿险保费的三项重要基础。

（一）生命表

生命表（Life Table）又称寿命表、死亡表（Mortality Table），是关于人的生命规律的统计表，反映每个年龄的人的死亡率及生存率，由特定时期特定地区或特定人群的有关生命统计资料经整理、计算编制而成。生命表在人口研究、社会公共政策制定、社会保险和人寿保险保费计算等方面有极其重要的作用。

1. 生命表的内容

一般地，生命表包括以下项目（参见附录三）：

（1）年龄 x。通常从 0 岁开始，到 100 岁为止，也可根据需要以其他年龄为起止之年龄。

（2）生存数 l_x。表示 x 岁的人在年初的生存人数。通常，0 岁年初的人数（即刚出生的人数）假定为 100,000 人，即 $l_0=100,000$。

（3）死亡数 d_x。表示 x 岁的人在这一年内死亡的人数，即 x 岁至 $x+1$ 岁之间死亡的人数。显然，

$$l_x-d_x=l_{x+1}, \tag{15}$$

这表明，从 l_x 中减去 d_x 即为年初 l_x 个 x 岁的人到年底仍然生存的人数，也即 $x+1$ 岁年初的生存数。进一步，${}_nd_x$ 表示 l_x 个 x 岁的人在到达 $x+n$ 岁前的死亡人数。

（4）生存率 p_x。表示年初 x 岁的人到年末依然生存的概率，即年末生存人数与年初总人数之比率

$$p_x=\frac{l_{x+1}}{l_x}=\frac{l_x-d_x}{l_x}, \tag{16}$$

进一步，${}_np_x$ 则表示 x 岁的人生存到 $x+n$ 岁的概率，即 x 岁的人生存到 $x+n$ 岁的人数与 x 岁的生存人数之比率

$$ {}_np_x=\frac{l_{x+n}}{l_x}. \tag{17} $$

(5)死亡率 q_x。表示 x 岁的人在一年内死亡的概率，即年内死亡人数与年初生存人数之比率

$$ q_x=\frac{d_x}{l_x}, \tag{18} $$

进一步，${}_nq_x$ 表示 x 岁的人在 n 年内死亡的概率，即 x 岁的人在 $x+n$ 岁以前死亡的人数与 x 岁的生存人数之比率

$$ {}_nq_x=\frac{{}_nd_x}{l_x}, \tag{19} $$

显然，${}_np_x+{}_nq_x=1$。特别地，当 $n=1$ 有 $p_x+q_x=1$。

(6)完全平均余命 $\mathring{e}_x$。又称完全平均余寿，表示现年 x 岁的人能再生存年数的平均数，也即 x 岁的人今后尚可生存的平均年数。显然，0 岁的人的平均余命即为平均寿命。对于在 x 岁生存的 l_x 个人，未来生存人年数为 T_x 年，则平均每人可再活 T_x/l_x 年，故

$$ \mathring{e}_x=T_x/l_x, \tag{20} $$

其中 $T_x=L_x+L_{x+1}+L_{x+2}+\cdots+L_\omega$（$\omega$ 表示极限年龄），L_x 表示 x 岁的 l_x 个人从年龄 x 到 $x+1$ 岁活的人年数，即 $L_x=\int_x^{x+1}l_t\mathrm{d}t$ 。

2. 生命表的种类

(1)按照死亡（生存）率统计对象不同，生命表可分为国民生命表和经验生命表。国民生命表又称普通生命表，由特定地区全体国民的人口统计资料编制而成，通常将政府的人口普查或抽查资料与死亡统计资料进行综合作为依据。经验生命表则由寿险公司承保的被保险人实际死亡统计资料编制而成。相比之下，经验生命表更能反映各种被保险人的死亡（生存）率特征，因此寿险保费计算一般采用经验生命表。此外，国民生命表的资料源于人口普查式抽

查，其统计对象男女老幼、体质强弱者均有，而寿险公司的被保险人则经过核保后才被承保，是曾被筛选过的。经验生命表是寿险保费计算和准备金计提的重要基础，也是寿险成本核算的重要依据。

(2)按照详细程度不同，生命表可分为完全生命表和简略生命表。完全生命表反映每一年龄的生死概率，根据比较准确的人口普查与统计资料，按年龄分别给出死亡率、生存率、平均寿命等生命函数。简略生命表则只反映年龄组别生死概率，按照一定的年龄段(如每 5 岁或 10 岁为一段)编制，可直接根据人口统计资料编制，也可从完全生命表压缩而成。

(3)按照死亡统计调查期间不同，生命表可分为选择生命表、终极生命表和综合生命表。选择表是依据选择效果仍然存在的人口统计资料编制而成的生命表。寿险核保的过程实即风险选择，经过选择的被保险人，其死亡率通常低于一般人口的死亡率，而且最近几年选择的被保险人的死亡率低于以前选择的被保险人的死亡率。考虑了这种选择因素的影响之后编制的生命表便是选择生命表。终极生命表是按照承保选择的影响消失后的死亡率来编制生命表。著名的 1958 年美国保险监督官标准普通生命表就是一种终极生命表。综合生命表不考虑保险合同生效后的年数，而是根据整个保险期间内不同年龄被保险人的死亡(生存)资料编制而成的生命表，即由综合了被保险人在保险合同生效后最初几年及以后数年的死亡(生存)统计资料编制而成。容易看出，综合生命表的死亡率介于选择生命表与终极生命表之间。综合生命表常常被用于计算简易人寿保险的保费。

此外，因为同一年龄的男女死亡(生存)率不同，生命表有男性生命表与女性生命表之分；由于根据人寿保险经验数据编制的生命表不适用于年金保险，需要专为年金保险编制一种生命表，因而生命表有寿险生命表与年金生命表之分；人寿保险所使用的生命表一般是静态表，但随着社会经济与科技的发展，死亡率呈现持续下降的趋势，这些静态表则要定期被根据较近经验数据编制的静态表所代替，故生命表还有静态表与结合预测的生命表之分。

(二)利息

利息是资本借入者使用资本的代价，也是资本出借者暂时转让资本使用权而获得的报酬。利息计算有三要点：本金、利率和时期。其中利率是衡量资本生息水平的指标，表示单位本金在单位时间内孳生的利息。

1. 单利与复利

利息计算有单利法和复利法两种基本方法。

单利法，仅对本金生息，而对产生的利息不再生息。记利息额为 I，本金为 A，期数为 n，利率为 i，第 n 期期末本利和为 S_n，则

$$I=niA, \tag{21}$$

$$S_n=A+niA=(1+ni)A. \tag{22}$$

复利法，不仅对本金生息，还对产生的利息生息，即利息自动再投资。设 A、n、i 与前述意义相同，S_n' 为第 n 期期末本利和，则

$$S_n'=(1+i)^nA \tag{23}$$

显然，$S_n'\geqslant S_n$，$n\geqslant 1$。

寿险一般为长期性业务，寿险保费计算必须考虑利息因素，而且要以复利计算。

2. 名义利率与实际利率

按照复利计算利息，涉及到名义利率与实际利率的问题。如果计算利息的期间与基本的时间单位一致，则此利率称为实际利率。这种情况下，利息在基本时间单位的终止时刻记入。例如，利息通常是每年结算一次，本金 1 元、一年结算利息一次所得的利息就是实际利率。

如果计算利息的期间与基本的时间单位不一致，就有名义利率之说了。若在基本时间单位的一个分期结算一次利息，则为名义利率。例如，本金 1 元借贷 1 年，按年利 6%计息，到期时有利息 6

分，则实际利率6%。但若到6个月满结算一次利息，则6%为名义利率，每年复利两次。在6个月到期结算利息后，把所得3分利息并入本金计息，则在第二个6个月结算利息时，除了两次3分的利息外，还须再加上第一个6个月3分利息的3%。因此，本金1元1年的实际利息即实际利率为

$$2\times 0.03+0.03\times 3\%=6.09\%.$$

进一步，如将复利计算期改为3个月，则6%的年利率意味着1.5%的利息在每一季度末记入。这时，年初1元本金到年底会增至1.06136元。因此，逐季记息的6%的名义年利率等价于6.136%的实际年利率。

由此可见，一年内结算利息次数的多少，对于实际利率有影响，但名义利率并不改变。一般地如果以i表示实际年利率，以$i^{(m)}$表示每年可记息m次的名义利率，则有

$$i^{(1)}=i,\quad i^{(m)}\leqslant i,\quad (m\geqslant 1). \tag{24}$$

3. 终值与现值

寿险保费计算中，常常需要计算复利终值和复利现值。终值是一定的本金在一定的利率条件下经过一定时间后的本利和，即前段的S_n。现值是按某种利率计算的、在未来某一时刻要积累终值1个货币单位而现在所需要的货币量。换言之，现在需要多少本金，将来加上利息才能积累而获得1个货币单位的终值。在式$S_n=(1+i)^n A$中令$S_n=1$，则

$$A=\frac{1}{(1+i)^n}.$$

令$v=\frac{1}{1+i}$，则

$$v^n=\frac{1}{(1+i)^n}. \tag{25}$$

v^n通常称为折现因子或贴现因子，一元钱的复利终值和复利现值（即折现因子）已被制成数表，成为日常的计算工具，在寿险保

费计算中则是必不可少。

二、纯保费计算

(一)计算原则

将本章第一节中所述收付平衡原则用于寿险保费计算，则我们有下列计算原则：

在整个保险期间的任意一点，保险人已收到的纯保费终值及其将来可收的纯保费之现值与其已给付的保险金终值及其将来要给付的保险金现值相等。

特别地，我们有：

(1)在保险期间届满之时，期内纯保费收入的终值与保险期间内已给付保险金之终值相等；

(2)在保险责任开始之时，未来纯保费收入之现值与未来保险金给付之现值相等。

寿险保费计算用的是后一方法。

(二)若干假定

在寿险纯保费计算中，我们要作若干假定：

1. 除特别声明外，保险金额均为1个货币单位；

2. 被保险人的生死规律服从给定的生命表；

3. 纯保费以预定利率复利计息，且利率固定不变，均为i；

4. 同一种类的保险合同都于某年龄之初同时订立，因而保费缴纳于保单年度之初；

5. 保险金给付都在保单年度之末。

(三)趸缴纯保费计算

寿险保费的缴费有趸缴(即一次性缴)和分期缴两种。从保费计算的原理看，分期缴纯保费是趸缴纯保费在各缴费期的均摊。因此，这里先介绍趸缴纯保费的计算方法，再介绍分期缴纯保费的计算方法。

寿险产品无穷无尽，但都是从死亡保险和生存保险这两个基本险种组合、演变、发展而来的。故我们只介绍死亡保险、生存保险和生死两全保险的趸缴纯保费计算方法。

1. 死亡保险的趸缴纯保费计算

先看定期死亡保险。定期死亡保险通常称定期寿险，保险人对被保险人在保险期间内因约定的保险事件发生导致死亡承担给付保险金责任，对保险期间届满依然生存的被保险人则不给付保险金。令有年龄为 x 的 l_x 个被保险人参加了 n 年期定期寿险，设 n 年内各年死亡人数分别为 $d_x, d_{x+1}, \cdots, d_{x+n-1}$，保险人于死亡年末向受益人给付保险金 1 元，预定年利率 i。于是，保险人给付的保险金现值历年之和为

$$v \cdot d_x + v^2 \cdot d_{x+1} + \cdots + v^n \cdot d_{x+n-1},$$

用 $A^1_{x:\overline{n}|}$ 表示被保险人投保时年龄为 x 岁，保额为 1 元的 n 年定期寿险的趸缴纯保费，则由收付平衡原则有

$$l_x \cdot A^1_{x:\overline{n}|} = v \cdot d_x + v^2 \cdot d_{x+1} + \cdots + v^n \cdot d_{x+n-1}$$

于是

$$A^1_{x:\overline{n}|} = (v \cdot d_x + v^2 \cdot d_{x+1} + \cdots + v^n \cdot d_{x+n-1})/l_x$$

$$= \sum_{k=0}^{n-1} v^{k+1} \cdot d_{x+k}/l_x \tag{26}$$

$$= \sum_{k=0}^{n-1} v^{k+1} \cdot {}_kp_x \cdot q_{x+k} \tag{27}$$

显然，如令 $n \to \omega - x$（ω 表示极限年龄），则定期寿险即为终身寿险。终身寿险即终身死亡保险，保险人对保险有效期内被保险人因保险事件发生所致死亡承担给付保险金责任。用 A_x 表示一份终身寿险的趸缴纯保费，则

$$A_x = \sum_{k=0}^{\omega-x-1} v^{k+1} \cdot {}_kp_x \cdot q_{x+k} \tag{28}$$

例 1　一位 40 岁的男性投保人为自己投保 5 年期死亡保险，保险金额 100,000 元，预定利率为 5%，采用中国人寿保险业经验

生命表非养老金业务男表CL1(1990～1993)(见附录三)。求投保人应缴的趸缴纯保险费。

解:设投保人应缴 A 元趸缴纯保险费,则

$$A = 100000 \times A^{1}_{40:\overline{5|}} - 100000\sum_{k=0}^{4} v^{k+1} \cdot d_{40+k}/l_{40}$$

$$=100000(0.952381\times1966+0.907029\times2153+0.863838\times2358+0.822702\times2584+0.783526\times2831)\div958785$$

$$=1064.49(\text{元})$$

2. 生存保险的趸缴纯保费计算

生存保险是以被保险人生存到约定的期限为给付保险金条件的人寿保险。因此被保险人生存到保险期限届满,则保险人给付保险金;如被保险人在保险期限内死亡,则保险人不给付任何保险金。令有年龄为 x 的 l_x 个被保险人参加了 n 年期生存保险,设到第 n 年末生存 l_{x+n} 人,保险人向每位生存者给付 1 元钱,则给付总额的现值为 $v^n \cdot l_{x+n}$。

用 $A_{x:\overline{n|}}^{\ \ 1}$ 表示被保险人投保时年龄为 x 岁保额为 1 元的 n 年期生存保险的趸缴纯保费,则由收付平衡原则有

$$l_x \cdot A_{x:\overline{n|}}^{\ \ 1} = v^n \cdot l_{x+n}, \qquad (29)$$

于是

$$A_{x:\overline{n|}}^{\ \ 1} = v^n \cdot l_{x+n}/l_x = v^n \cdot {}_np_x. \qquad (30)$$

例 2　一位 40 岁的男性投保人为自己投保 5 年期生存保险,保险金额 100000 元,预定利率 5%,采用中国人寿保险业经验生命表(1990～1993)(见附录三)。求投保人应缴纳的趸缴纯保险费。

解:设该投保人应缴 A 元趸缴纯保险费,则

$$A = 100000\times A_{40:\overline{5|}}^{\ \ 1}$$

$$=100000\times v^5 l_{45}\div l_{40}$$

$$=100000\times0.783526\times946893\div958785$$

$$=77380.77(\text{元})$$

3. 生死两全保险的趸缴纯保费计算

生死两全保险是生存保险与死亡保险的组合。如果被保险人在约定的保险期限内死亡，则保险人承担给付死亡保险金责任；如果被保险人满期生存，则保险人承担给付生存保险金责任。因此，生死两全保险的纯保险费是同期同保额的死亡保险和生存保险相应纯保费之和。若以 $A_{x:\overline{n|}}$ 表示被保险人投保时年龄为 x、保额为 1 元的 n 年期生死两全保险的趸缴纯保费，则

$$A_{x:\overline{n|}}=A^{1}_{x:\overline{n|}}+A_{x:\overset{\ \ 1}{\overline{n|}}}$$

$$=\sum_{k=0}^{n-1}v^{k+1}\cdot d_{x+k}/l_x+v^n\cdot l_{x+n}/l_x \tag{31}$$

$$=\sum_{k=0}^{n-1}v^{k+1}\cdot {}_kp_x\cdot q_{x+k}+v^n\cdot {}_np_x. \tag{32}$$

例 3　一位 40 岁的男性投保人为自己投保 5 年期两全保险，保险金额 100000 元，预定利率 5%，采用中国人寿保险业经验生命表(1990～1993)(见附录三)。求投保人应缴纳的趸缴纯保险费。

解：设该投保人应缴 A 元趸缴纯保险费，则

$$A=100000\times A_{40:\overline{5|}}$$

$$=100000\times(A^{1}_{40:\overline{5|}}+A_{40:\overset{\ \ 1}{\overline{5|}}})$$

$$=100000\times(0.0106449+0.7738077)$$

$$=78445.26(\text{元})$$

(四)年缴纯保费计算

在趸缴保费的方式下，投保人一次性缴纳的保险费数额往往较大，一般感到负担较重，因此，实务中大多数长期寿险业务采用分期缴费的方式，即将一次性缴费改为逐期分别缴费。现代人寿保险中，分期缴费一般采用均衡保费制，即投保人每期缴纳相同的保险费，而不随被保险人年龄的变化而逐年改变。分期缴费可以年缴、半年缴、季缴，也可以月缴，历史上甚至有过每周缴一次的。目前，我国大陆寿险市场上多数为年缴。年缴纯保费是指年缴均衡纯

保费，即每年缴纳的纯保费数额都相等。在年缴保费的方式下，投保人缴纳的年缴纯保费在投保时的现值总和，应等于趸缴纯保费，按照收付平衡原则，也应等于未来给付的保险金在投保时的现值之和，即

$$\text{年缴纯保费现值}=\text{趸缴纯保费}=\text{给付保险金现值} \quad (33)$$

下面分别介绍死亡保险、生存保险和生死两全保险的年缴纯保费计算方法。

1. 死亡保险的年缴纯保费计算

若以 $P^1_{x:\overline{n}|}$ 表示被保险人投保时年龄为 x 岁、保额为 1 元的 n 年定期寿险的年缴纯保费，则投保人缴纳的纯保费的现值为 $P^1_{x:\overline{n}|}\cdot(l_x+v\cdot l_{x+1}+v^2\cdot l_{x+2}+\cdots+v^{n-1}l_{x+n-1})$，而保险人在 n 年内给付的保险金现值为

$$v\cdot d_x+v^2\cdot d_{x+1}+\cdots+v^n\cdot d_{x+n-1},$$

由收付平衡原则，我们有

$$P^1_{x:\overline{n}|}\cdot(l_x+v\cdot l_{x+1}+v^2\cdot l_{x+2}+\cdots+v^{n-1}\cdot l_{x+n-1}),$$
$$=v\cdot d_x+v^2\cdot d_{x+1}+\cdots+v^n\cdot d_{x+n-1},$$

于是

$$P^1_{x:\overline{n}|}=\frac{v\cdot d_x+v^2\cdot d_{x+1}+\cdots+v^n\cdot d_{x+n-1}}{l_x+v\cdot l_{x+1}+v^2\cdot l_{x+2}+\cdots+v^{n-1}l_{x+n-1}} \quad (34)$$

$$=\frac{A^1_{x:\overline{n}|}}{\ddot{a}_{x:\overline{n}|}}. \quad (35)$$

其中 $\ddot{a}_{x:\overline{n}|}$ 表示现年 x 岁者每年年初支取一次，年金额为 1 元的 n 年生存年金的现值，即

$$\ddot{a}_{x:\overline{n}|}=(l_x+vl_{x+1}+v^2l_{x+2}+\cdots+v^{n-1}l_{x+n-1})/l_x. \quad (36)$$

2. 生存保险的年缴纯保费计算

若以 $P_{x:\overline{n}|}^{\ \ 1}$ 表示被保险人投保时年龄为 x 岁，保额为 1 元的 n 年期生存保险的年缴纯保费，则投保人缴纳的纯保费现值为

$$P_{x:\overline{n}|}^{\ \ 1}(l_x+v\cdot l_{x+1}+v^2\cdot l_{x+2}+\cdots+v^{n-1}\cdot l_{x+n-1}),$$

而保险人在 n 年末给付的保险金现值为 $v^n \cdot l_{x+n}$，由收付平衡原则，我们有

$$P_{x:\overset{1}{\overline{n}|}}(l_x+v\cdot l_{x+1}+v^2\cdot l_{x+2}+\cdots+v^{n-1}\cdot l_{x+n-1})$$
$$=v^n\cdot l_{x+n},$$

于是

$$P_{x:\overset{1}{\overline{n}|}}$$
$$=v^n\cdot l_{x+n}/(l_x+v\cdot l_{x+1}+v^2\cdot l_{x+2}+\cdots+v^{n-1}\cdot l_{x+n-1}) \tag{37}$$

$$=\frac{A_{x:\overset{1}{\overline{n}|}}}{\ddot{a}_{x:\overline{n}|}}. \tag{38}$$

3. 生死两全保险的年缴纯保费计算

用 $P_{x:\overline{n}|}$表示被保险人投保时年龄为 x 岁、保额为 1 元的 n 年期生死两全保险的年缴纯保费，与前面的讨论类似，我们有

$$P_{x:\overline{n}|}=P^1_{x:\overline{n}|}+P_{x:\overset{1}{\overline{n}|}} \tag{39}$$

$$=\frac{A_{x:\overline{n}|}}{\ddot{a}_{x:\overline{n}|}}. \tag{40}$$

例 4　若上例的投保人投保 5 年期的定期死亡保险、生存保险、两全保险，保险金额 100000 元，预定利率 5%，采用中国人寿保险业经验生命表(1990～1993)(见附录三)。分别求投保人每个险种的年缴纯保费。

解：设投保人购买定期死亡保险、生存保险、两全保险分别应缴纳年缴纯保费 P_1、P_2、P_3 元，则

$$\ddot{a}_{40:\overline{5}|}=\sum_{k=0}^{4}v^k l_{40+k}/l_{40}$$
$$=(958785+0.952381\times956819+0.907029\times954666+0.863838\times952308+0.822702\times949724)\div958785$$
$$=4.5264899,$$

$$P_1 = 100000 \times P^1_{40:\overline{5}|}$$
$$= 100000 \times \frac{A^1_{40:\overline{5}|}}{\ddot{a}_{40:\overline{5}|}}$$
$$= 100000 \times 0.0106449 \div 4.5264899$$
$$= 235.16(元),$$
$$P_2 = 100000 \times P_{40:\overset{1}{\overline{5}|}}$$
$$= 100000 \times \frac{A_{40:\overset{1}{\overline{5}|}}}{\ddot{a}_{40:\overline{5}|}}$$
$$= 100000 \times 0.7738077 \div 4.5264899$$
$$= 17095.09(元).$$
$$P_3 = P_1 + P_2 = 235.17 + 17095.11 = 17330.28(元).$$

三、附加保费计算

前已指出，毛保费为纯保费与附加保费之和。因此，在已知纯保费计算方法后，毛保费计算问题便归结为附加保费的计算问题了。

(一)附加费用分析

1. 按照用途不同，附加费用可以分为初始费用、行政费用、中介费用、理赔费用等。初始费用主要指为保险合同订立而发生的相关费用，如宣传广告费、保单印制费、被保险人体检费、订立保险合同的办公费用等；行政费用主要指保险合同订立后的日常经营管理费用，如职工工资、办公费、固定资产、折旧费等；中介费用主要指支付给保险代理人、经纪人的手续费、服务费等；理赔费用包括调查、鉴定、诉讼等的费用。

2. 按照其与保险金额和保险费的相关程度分，附加费用可以分为三类。一是与保险金额无关的固定费用，如保险单成本费用、收取保险费的手续费、理赔时的费用等；二是与保险金额大小有关的费用，如体检费用等；三是与保险费多少有关的费用，如营业税、保险代理人与保险经纪人的佣金等。

3. 按照其发生的环节不同，附加费用可分为新合同费用、维持费用和收费费用。新合同费主要指保险人为推销保险商品、招揽新的保险业务，在保险合同订立当年开支的费用，如宣传广告费、体检费、外勤人员薪金、代理人和经纪人的手续费或佣金、单证印制费等；维持费用主要指从保险合同订立到终止整个保险期间为维持保险合同所需要的费用，如缴费通知单的寄送费、变更批单的相关费用、行政管理费、工资、固定资产折旧费、调查与理赔费用、诉讼费用等；收费费用包括收费员工资、代收服务费等。

（二）附加保费的计算方法

确定附加保费就要遵循适度、公平的原则，并考虑竞争因素，既要保证经营管理的需要，又不增加投保人的负担，以保持在保险市场中的竞争能力。附加保费的计算方法通常有以下几种。

1. 保额比率法。即以保险金额的一定比率计提附加保费。如设保额为A，计提比率为d，则附加保费为$P^l=d\cdot A$。采用这种方法时，对相同保额而言，纯保费额较小的保险合同，其附加保费比重较高；纯保费额较大的保险合同，其附加保费比重较低。对与保险金额有密切关系的费用项目可用此法。

2. 毛保费比率法。即以毛保费的一定比率计提附加保费。如设毛保费为P'，计提比率为r，则$P^l=r\cdot P'$。采用这种方法时，对相同的保险金额而言，纯保费小的保险合同，所提取的附加保费较少；纯保费较大的保险合同，所提取的附加保费较多。对与保费成比例变动的费用项目可用此法。

3. 定额法。即无论保险金额高低，都计提相同的附加保费。对于仅与保单数目有关的费用项目，可采用此法。采用这种方法时，高保额保险合同的附加保费比重较低，低保额保险合同的附加保费比重较高。

4. 三元素法。此法由 T. B. Spraque 提出，故又称 Spraque 法。该法对新合同费按保额的一定比率(α)在第一年提取，对维持费按固定金额(β)每年提取,对收费费用按总保费的一定比率(γ)每年提取,从而可直接计算毛保费。

例如,对于被保险人投保时年龄为 x 岁,保额为1元,满期缴费的 n 年期生死两全保险,记 $P'_{x:\overline{n}|}$ 为其年缴毛保费,则附加保费在签单时精算现值为

$$\alpha+\beta\ddot{a}_{x:\overline{n}|}+P'_{x:\overline{n}|}\gamma\ddot{a}_{x:\overline{n}|},$$

趸缴纯保费为 $A_{x:\overline{n}|}$,从而

$$\alpha+\beta\ddot{a}_{x:\overline{n}|}+P'_{x:\overline{n}|}\gamma\ddot{a}_{x:\overline{n}|}+A_{x:\overline{n}|}=P'_{x:\overline{n}|}\ddot{a}_{x:\overline{n}|},$$

$$P'_{x:\overline{n}|}=\frac{1}{1-\gamma}\left(P_{x:\overline{n}|}+\frac{\alpha}{\ddot{a}_{x:\overline{n}|}}+\beta\right). \quad (41)$$

第四节 非寿险费率计算原理

前已指出,非寿险保费计算与寿险保费计算有差异。事实上,非寿险保费计算适用非寿险精算理论,而寿险保费计算则适用寿险精算理论。鉴于直接介绍非寿险精算理论,初学者可能有一定困难,并超出了本书的要求,这里我们根据非寿险精算的原则,介绍一种方法。

先确定纯费率。依照保险费率厘定的原则,纯费率应当等于损失概率。因此,纯费率的确定,可以从损失概率入手。损失概率是反映未来保额损失的可能性,我们能够借助统计学的原理,利用过去的资料来推断这种可能性的大小(即损失概率)。

实务中,通常是选择一组适当的历年保额损失率,计算其算术平均值——我们称之为平均保额损失率,用以近似地代替损失概率,进而据以确定纯费率。

一、保额损失率

保额损失率是同类业务一定期间保险赔偿金额(赔款数额)与

承保责任金额(保险金额)之比。它是由该类保险标的平均出险次数、毁损率、毁损程度和受损标的的平均保额与所有保险标的的平均保额之比四个因素决定的。

例 1　某公司承保某项业务,保险金额为 6000 万元,在保险期间共支付赔款 30 万元,则该项业务的保额损失率为:

$$\text{保额损失率}=\frac{30\text{ 万元}}{6000\text{ 万元}}=5‰.$$

这表明每千元保险金额平均损失 5 元。

关于保额损失率这一概念,需要指出两点:

第一,保额损失率不是保险标的损失额与保额之比,而是赔款额与保额之比。保险实务中,保险人并不是对所有保险标的损失都予以赔偿。事实上,由于各种赔偿方式和保险责任的具体规定,保险人实际赔偿的损失即赔偿金额与标的实际损失金额总是有差异的,而二者之中赔偿更符合保险人的赔偿责任。所以这里我们用赔偿金额代替保险标的损失额。

第二,数据必须源于保险公司的经验。为求未来的损失概率,我们需要借助过去的经验,即过去的保额损失率。但要注意的是,这必须是源于保险公司的经验数据,而不是出自社会的财产损失统计资料。事实上,保险财产的损失率一般要高于社会平均财产损失率。所以计算保费时只有使用保险公司的经验数据,才是公平合理的,才能保证保险公司的财务稳定性。这与计算人寿保险费通常依据经验生命表而非国民生命表是同样道理。

下面举例说明平均保额损失率的计算。

例 2　某公司过去十年某项业务各年保额损失率统计如表 5-1。

那么该公司十年平均保额损失率为:

$$\overline{X}=\frac{1}{10}(6.1‰+5.7‰+5.4‰+6.4‰+5.8‰+6.3‰+6‰+6.2‰+5.9‰+6.2‰)=6‰.$$

表 5-1

年　度	保额损失率(‰)	年　度	保额损失率(‰)
1990	6.1	1995	6.3
1991	5.7	1996	6.0
1992	5.4	1997	6.2
1993	6.4	1998	5.9
1994	5.8	1999	6.2

二、历年保额损失率的选择

为使平均保额损失率能较高精度地替代损失概率，必须选择适当的历年保额损失率。因为对于过去真实情况反映越是准确，它与未来损失概率就越接近。所谓“适当”，即指：

1. 必须有足够的年数。一般地说，至少需要有保险事故发生比较正常的连续五年的保额损失率。

2. 每年的保额损失率的建立必须基于大量的统计资料。

3. 这一组保额损失率必须是稳定的。

为此，引入稳定性系数 (K) 这一指标，用该组保额损失率的均方差与其算术平均值之比来反映该组保额损失率的稳定性。

$$K=\frac{\sigma}{\overline{X}},\tag{42}$$

其中 σ 为均方差：

$$\sigma=\sqrt{\frac{\sum_{i=1}^{n}(X_i-\overline{X})^2}{n}}\quad,$$

$\overline{X}$ 为算术平均值：

$$\overline{X}=\frac{1}{n}\sum_{i=1}^{n}X_i\quad.$$

容易看出，稳定性系数 K 越大，则这组保额损失率的稳定性就越差，即各年保额损失率差别越大，损失赔付情况就越不平衡；

反之，稳定性系数 K 越小，则该组保额损失率的稳定性就越好，即各年保额损失率差别就越小，损失赔付情况就越均匀。

例 3　现有甲、乙两组保额损失率，试比较它们的稳定性。

数组甲是甲项保险业务以往 9 年的各年份保额损失率，依大小排列如表 5-2：

表 5-2

保额损失率(‰) X_i	偏　差(‰) $X_i-\overline{X}$	偏差的平方(10^{-6}) $(X_i-\overline{X})^2$
3.3	−0.7	0.49
3.5	−0.5	0.25
3.6	−0.4	0.16
3.8	−0.2	0.04
4.0	0	0
4.1	0.1	0.01
4.4	0.4	0.16
4.6	0.6	0.36
4.7	0.7	0.49
$\sum_{i=1}^{9} X_i = 36$	$\sum_{i=1}^{9}(X_i-\overline{X}) = 0$	$\sum_{i=1}^{9}(X_i-\overline{X})^2 = 1.96$

$$\text{平均保额损失率 } \overline{X}_{\text{甲}} = \frac{36‰}{9} = 4‰$$

数组乙是乙项保险业务以往 9 年的各年份保额损失率，按大小排列如表 5-3：

表 5-3

保额损失率(‰) X_i	偏　差(‰) $X_i-\overline{X}$	偏差的平方(10^{-6}) $(X_i-\overline{X})^2$
1.2	−2.8	7.84
1.4	−2.6	6.76
1.8	−2.2	4.84
2.6	−1.4	1.96
2.7	−1.3	1.69
3.9	−0.1	0.01
5.2	1.2	1.44
7.2	3.2	10.24
10.0	6.0	36.00
$\sum_{i=1}^{9} X_i = 36$	$\sum_{i=1}^{9}(X_i-\overline{X}) = 0$	$\sum_{i=1}^{9}(X_i-\overline{X})^2 = 70.78$

$$\text{平均保额损失率 } X_{乙}=\frac{36‰}{9}=4‰.$$

现计算甲、乙两数组的稳定性系数$K_{甲}$和$K_{乙}$。

$$\sigma_{甲}=\sqrt{\frac{\sum_{i=1}^{9}(X_i-\overline{X}_{甲})^2}{9}}=\sqrt{\frac{1.96}{9}}/1000=0.467‰,$$

$$K_{甲}=\frac{\sigma_{甲}}{\overline{X}_{甲}}=\frac{0.467‰}{4‰}=0.117;$$

$$\sigma_{乙}=\sqrt{\frac{\sum_{i=1}^{9}(X_i-\overline{X}_{乙})^2}{9}}=\sqrt{\frac{70.78}{9}}/1000=2.804‰,$$

$$K_{乙}=\frac{\sigma_{乙}}{\overline{X}_{乙}}=\frac{2.804‰}{4‰}=0.701.$$

我们看到，虽然甲乙两组的平均保额损失率均为4‰，但它们的稳定性系数却相差很大。计算结果表明，数组甲比数组乙稳定得多，因此数组甲可以作为甲项业务确定纯费率的依据，而数组乙则由于各年份保额损失率波动太大，则必须增加观察年度或扩大调查统计，才能据以确定可靠的纯费率。

三、附加均方差，确定纯费率

根据一组适当的保额损失率，我们能够得到纯费率的近似值——平均保额损失率，但还不能直接把它定为纯费率。事实上，平均保额损失率既然是以往各年份保额损失率的算术平均值，那就必然有些年份的保额损失率比它高，而有些年份的保额损失率就比它低。倘若我们直接以平均保额损失率为纯费率，则一般说来每两年就会有一年的赔偿金额超过当年的纯保费。

为了减少不利年份（即赔偿金额超过纯保费的年份）的出现，通常采用在平均保额损失率上附加这组年保额损失率的一次、二次或若干次均方差的方法来确定纯费率。

例4　根据例2的资料，我们可以列出表5-4：

表 5-4

保额损失率(‰) X_i	平均保额损失率(‰) $\overline{X}$	偏　差(‰) $X_i-\overline{X}$	偏差的平方 $(X_i-\overline{X})^2$
6.1	6	0.1	0.01×10^{-6}
5.7	6	−0.3	0.09×10^{-6}
5.4	6	−0.6	0.36×10^{-6}
6.4	6	0.4	0.16×10^{-6}
5.8	6	−0.2	0.04×10^{-6}
6.3	6	0.3	0.09×10^{-6}
6.0	6	0	0
6.2	6	0.2	0.04×10^{-6}
5.9	6	−0.1	0.01×10^{-6}
6.2	6	0.2	0.04×10^{-6}
$\sum_{i=1}^{10}X_i=60‰$	6‰	$\sum_{i=1}^{10}(X_i-\overline{X})=0$	$\sum_{i=1}^{10}(X_i-\overline{X})^2=0.84\times10^{-6}$

由此可以求出均方差：

$$\sigma=\sqrt{\frac{\sum_{i=1}^{10}(X_i-\overline{X})^2}{10}}=\sqrt{\frac{0.84\times10^{-6}}{10}}=0.29‰,$$

若附加一次均方差，则纯费率为

$$6‰+0.29‰=6.29‰;$$

若附加二次均方差，则纯费率为

$$6‰+2\times0.29‰=6.58‰;$$

若附加三次均方差，则纯费率为

$$6‰+3\times0.29‰=6.87‰.$$

那么，纯费率应该在平均保额损失率上附加几个均方差为宜？假定保额损失率是服从正态分布的，则我们可以得出附加均方差与不利年份的关系，见表 5-5：

表 5-5

附加均方差	赔偿金额超过纯保费的概率	几年一遇
一次均方差	0.15866	$6\frac{1}{2}$
二次均方差	0.02275	44
三次均方差	0.00135	741
四次均方差	0.00003	33333

由此可见，附加均方差次数越多，赔偿金额超过纯保险费的可能性越小。这对保险公司来说，得到的保障就越多，但对于投保人来说，负担也就越重。根据费率厘定的原则，附加均方差的次数必须适当。一般认为，所附加均方差与平均保额损失率之比，以 10%～20%为宜，像例 4 这种情况，附加二次或三次均方差都可认为是合适的，因为

$$\frac{2\sigma}{\overline{X}}=\frac{0.58‰}{6‰}=9.67\%,$$

$$\frac{3\sigma}{\overline{X}}=\frac{0.87‰}{6‰}=14.5\%.$$

四、附加费率的确定

附加费率的确定方法比较简单，可按单位保额所需的附加费用来确定，即

$$附加费率=\frac{附加费用}{保险金额}\times 1000‰ \tag{43}$$

由于实务中通常按保险费的一定比例提取附加费用，如营业税、代理手续费、业务费之类，为与此相适应，上述公式可变形为：

$$附加费率=\frac{保险费\times 按保险费提取附加费用的比例}{保险金额}$$

$$=保险费率\times 按保险费提取附加费用的比例 \tag{44}$$

另外，附加费率也可由纯费率的一定比率来提取。

第五节　保险准备金

保险准备金是保险人为履行其承担的保险责任或者备付未来的赔款，从所收取的保险费或税后利润中提留的资金准备。它分为赔款准备金、未到期责任准备金和总准备金三种。

我国《保险法》第 94 条规定："保险公司应当根据保障被保险人利益、保证偿付能力的原则，提取各项责任准备金；保险公司提取和结转责任准备金的具体办法由保险监督管理机构制定。

一、赔款准备金

赔款准备金是保险人在会计年度决算时，为该会计年度已发生保险事故应付而未付赔款所提存的一种资金准备，赔款准备金可分为三种类型：

(一)未决赔案应提取的未决赔款准备金。所谓未决赔案，是指被保险人已提出索赔，但保险人与索赔人就索赔案件是否属于保险责任范围、保险赔款应为多少等事项尚未达成协议的案件。未决赔款准备金的估计方法有三：

1. 逐案估计法。即由理赔人员逐一估计每起索赔案件的赔款额，然后记入理赔档案，到一定时间把这些估计的数字汇总，并进行修正，据以提留准备金。这种方法比较简单，但工作量大，适用于索赔金额确定，或索赔数额大小相差悬殊而难以估算平均赔付额的财产保险业务，如火灾保险、信用保险之类。

2. 平均值估计法。先根据保险公司的以往损失数据计算出平均值，然后再根据对将来赔付金额变动趋势的预测加以修正，把这一平均值乘以已报告未决赔案数目就得出未决赔款额。这一方法适用于索赔案多而索赔金额并不大的业务，如汽车保险。

3. 赔付率法。选择一个时期的赔付率来估计某类业务的最终赔付数额，从估计的最终赔付额中扣除已支付的赔款和理赔费用，即为未决赔款额。这种方法简便易行，但假定的赔付率与实际赔付率可能会有较大出入，此时按这种方法计算则不很准确。

我国现行《保险公司财务制度》规定，未决赔款准备金按最高不超过当期已经提出的保险赔偿或者给付金额的100%提取。

(二)已决未付赔案应提取的已决未付赔款准备金。所谓已决未付赔案，是指索赔案件已经理算完结，应赔金额也已确定，但尚未赔付或尚未支付全部赔款的案件。这种情况下，赔款准备金只要逐笔计算即可。

(三)已发生保险事故但尚未报告的赔案应提取的已发生未报告赔款准备金。此类赔款的估计比较复杂。一般以过去的经验数据为基础，然后根据各种因素的变化进行修正，如出险单位索赔次数、金额、理赔费用的增减、索赔程序的变更等。这种索赔估计需要非常熟悉和精通业务的管理人员准确判断。我国大陆《保险公司财务制度》规定，这一项目按不高于当年实际赔款支出额的4%提取。

由于赔款准备金包括赔款额和理赔费用两部分，因此应把两部分分别提留。在美国，理赔费用准备金约占全部准备金的5%～20%。

二、未到期责任准备金

在我国大陆《保险公司财务制度》中，属于未到期责任准备金的项目有短期险未到期责任准备金、长期责任准备金、寿险责任准备金和长期健康险责任准备金。

(一)短期险未到期责任准备金

短期险未到期责任准备金又称保费准备金，系指保险期限在一年及一年以内的非寿险保单，保险人在会计年度决算时将保险责任期尚未届满、应属于下一年度的部分保费提存出来形成的准备金。非寿险合同的有效期常常跨年度，而这些保单的保费都已在前一年度由保险公司收入，所以前一年度年终未满期的保单，其保费不能全部算作前一年度的保费收入，应留出一部分作为后一年度的保险责任准备金。

短期险未到期责任准备金在会计年度决算时一次计算提取。提留方法有：

1. 年平均估算法。假定每年中的所有保单在365天中逐日均匀开立，即每天开立的保单数量及保险金额大体相等，每天收取的保险费数额也差不多，这样一年的保单在当年还有50%的有效部分未到期，则应提留有效保单保费的50%作为准备金。

2. 月平均估算法。假定一个月内所有承保的保险单是30天内逐日开出的，且保单数量、保额、保费大体均匀，则对一年期保单来说，出立保单的当月末已到期责任为1/24，23/24的保费则是未到期责任准备金。以后每过一个月，已到期责任加上2/24。未到期责任准备金减少2/24，到年末，一月份开出的保单其未到期责任准备金为保费的1/24，二月份的是3/24，其余类推，到十二月份的保单则为23/24。具体见表5-6：

表 5-6

出立保单月份	1	2	3	4	5	6	7	8	9	10	11	12
年末未到期责任	1/24	3/24	5/24	7/24	9/24	11/24	13/24	15/24	17/24	19/24	21/24	23/24

这种方法比年平均估算法精确，适用于月内每日开出的保单份数与保额大致相同而各月之间差异较大的业务。

3. 季平均估算法。假定每一季度中承保的所有保单是逐日开出的，且每天开出的保单数量、每份保单的保额及保险费大体均匀。于是每季度末已到期责任为1/8，未到期责任为7/8，然后每过一季，已到期责任加上2/8，未到期责任减去2/8，因此有：

年末未到期责任准备金

$$=第一季度保费收入\times\frac{1}{8}+第二季度保费收入\times\frac{3}{8}$$

$$+第三季度保费收入\times\frac{5}{8}+第四季度保费收入\times\frac{7}{8} \quad (45)$$

另外还有日平均估算法。此法更为精确，但工作很大，它是根据所有有效保单保险期天数和未到期天数来计划准备金的：

$$未到期责任准备金=有效保单保费\times\frac{未到期天数}{保险期天数} \quad (46)$$

我国现行《保险公司财务制度》规定，未到期责任准备金按当期自留保费收入的50%提取。同时规定，有条件的公司在执行上述规定的基础上，可按八分之一法、二十四分之一法或三百六十五分之一法提取未到期责任准备金。并在开始实行年度前，报主管财政机关及保险监督管理部门备案。未到期责任准备金提取方法一经确定，不得随意变动，如需变动，应报主管财政机关批准。

（二）长期责任准备金

长期责任准备金是指对保险期限在一年以上（不含一年）的非寿险业务，在业务未到结算损差年度时，保险人在年终按业务到期年份将历年累计的保费收入与赔款支出的差额提取准备金，即对长期工程险、再保险等业务，在未到结算损益年度时，按业务年度营业收支差额提存的准备金。保险业务按业务年度结算损差，年限根据业务性质确定。非结算年度的收支差额，全额作为长期责任准备金提存，不确认利润，并于次年转回滚存到结算年度终了时结算损益。

（三）寿险责任准备金

寿险责任准备金是指保险人对寿险保单生效后应承担的未到期责任，依据精算结果计提的准备金。

寿险责任准备金产生于均衡保费制。在均衡保费制之下，一定的时期内，投保人缴纳的均衡纯保费大于自然纯保费，而此后缴纳的均衡纯保费又小于自然纯保费。对于投保人早期缴纳的均衡纯保费中高于自然纯保费的部分，不能作为保险人的业务盈余来处理，而应视为保险人对投保方的一种负债，必须逐年提取，并加以运用，使之保值并以不低于预定利率水平的收益率增值，以保证履行将来必然要发生的保险金给付义务。因此，计提寿险责任准备金是为了保证保险人的偿付能力。我国现行《保险公司财务制度》规定，寿险责任准备金依据精算结果计算提取，提取计算方法一经确定，不得随意变动。

寿险责任准备金有理论责任准备金和实际责任准备金两种。理论责任准备金是根据纯保费计算的，并不考虑附加保费及其在时间上的分配，而实际责任准备金则要考虑这些因素。实际责任准备金是以理论责任准备金为基础加以修订得到的，因而又称修正责任准备金。事实上，长期寿险的保险期限较长，而经营费用在第一年开支最多，以后逐年减少，但经营费用在均衡毛保费中是被均匀分摊到全部缴费期内的。如果投保人因种种原因终止缴纳保险费，则保险人有无法摊用其已开支的经营费用之风险。因而保险实务中，常常以理论责任准备金为基础，扣除一定数额后形成实际责任准备金。由于这种扣除的方式是多种多样的，因而实际责任准备金的计提也有许多方法。

1. 理论责任准备金计算原理

根据收付平衡原则，在保险期限内的任一时点上，保险人已收均衡纯保费的终值和未来应收均衡纯保费之现值，等于保险人已给付保险金的终值和未来应给付保险金的现值，即

$$\begin{aligned}&\text{已收纯保费终值}+\text{未收纯保费现值}\\&\quad=\text{已付保险金终值}+\text{未付保险金现值}\end{aligned}\tag{47}$$

移项，得到：

$$\begin{aligned}&(\text{已收纯保费}-\text{已付保险金})\text{的终值}\\&\quad=(\text{未付保险金}-\text{未收纯保费})\text{的现值}\end{aligned}\tag{48}$$

(48)式左边和右边反映的都是理论责任准备金。图 5-1 可帮

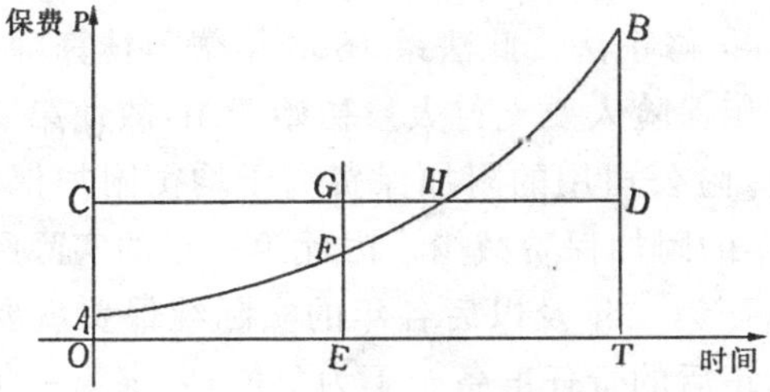

图 5-1

助我们更好地明白这个道理。

图中直线 O 到 T 是保险期间，曲线 AB 为自然纯保费线(同时反映保险金给付水平)，CD 为均衡纯保费线，E 是 O 到 T 之间的任意一点。于是上述两个公式即(47)、(48)式可写成(在精算意义下等式成立，下同)：

$$\text{长方形 } COEG + \text{长方形 } GETD = \text{曲边梯形 } AOEF + \text{曲边梯形 } FETB \qquad (47')$$

$$\text{长方形 } COEG - \text{曲边梯形 } AOEF = \text{曲边梯形 } FETB - \text{长方形 } GETD \qquad (48')$$

注意到　$\text{长方形 } COEG - \text{曲边梯形 } AOEF = \text{曲边梯形 } CAFG$ (49)

此即投保人在时刻 O 到时刻 E 之间缴纳的均衡纯保费高于自然保费的部分，亦即理论责任准备金。此法从等式(48)的左边即按时刻 E 以前的资料计算得到 E 时刻的理论责任准备金，故称追溯法(Retrospective Method)，又称过去法。而根据等式(48)，从右边计算责任准备金，即按时刻 E 以后的资料计算责任准备金，则称预期法(Prospective Method)，又称未来法。显然，在预定利率和预定死亡率不变的假定下按未来法计算所得理论责任准备金与按过去法计算所得理论责任准备金是一样的。

2. 实际责任准备金的计算方法

前已指出，实际责任准备金的计算方法有多种。这里介绍两种。

(1)Zillmer 修正法。此法系 1863 年德国精算师 Zillmer 所提出。考虑第一年保险人要支付大量初始费用，故使第一年收入的保费中可用于保险公司用的附加保费高于均衡附加保费，而使第二年及以后各年的附加保费减少。因此第一年的实际纯保费要少于均衡纯保费，而第二年及以后各年的实际纯保费就要高于均衡纯保费。为使修正后的责任准备金不为负值，要求第一年的实际纯保费不得小于当年的自然保费。

如果用 P_x 表示均衡纯保费，α 为修正后的第一年纯保费，β 为第二年及以后各年修正后的纯保费，则

$$\beta=P_x+\frac{\beta-\alpha}{\ddot{a}_{x:\overline{n}|}} \tag{50}$$

(2)一年定期修正法(FPT 法)。此法将第一年的自然纯保费作为修正的第一年纯保费，以后各年的纯保费为以 $x+1$ 岁开始的同一类保险的均衡纯保费(这里假定投保时被保险人年龄为 x 岁)。

此外，比较著名的实际责任准备金计算方法还有美国保险监督官协会提出的修正法(CRVM 法)、加拿大标准法(CAN 法)等。

(四)长期健康险责任准备金

长期健康险责任准备金是保险人对长期性健康保险业务为承担未来保险责任而按规定提存的准备金。长期健康险责任准备金亦产生于均衡保费制。对于投保人早期缴纳的均衡纯保费中高于自然纯保费的部分，视为保险人对投保人的负债，必须逐年提取，加以运用，使之保值增值，以保证将来给付义务的履行。

三、总准备金

总准备金是保险人为应付周期较长的巨额赔款而建立的资金准备。从前面的讨论，我们可以看到，按纯费率收取的纯保费，在一

般情况下能够满足保险赔款支付的需要，并可略有节余。但由于自然灾害和意外事故发生的随机性，在个别年份有可能会使保险人入不敷出。对于实际损失超过损失期望的情况，保险人必须有相应的对策——建立总准备金，即保险人应在平时提留一部分资金，累积起来，以预防和弥补这种不正常年度所发生的超过纯保费的赔款开支。

与赔款准备金和未到期责任准备金不同，总准备金有以下特点：

第一，总准备金的积累必须年复一年地进行，经过较长时期，形成一笔巨额资金。总准备金可在保险人处长期存放，并可充分地、稳妥地加以运用，使之增值，进而增强保险人的偿付能力。

第二，影响总准备金积累规模的因素很多。它不仅取决于保险人承担保险责任的规模和经验损失率，而且受到保险基金运行机制和保险业外部环境的制约。例如，在分保机制完善的条件下，保险公司可通过再保险方式将超过其负担能力的风险责任转嫁给其他保险人，这时该保险公司的总准备金就可以少留一点。

根据我国《保险法》和《保险公司财务制度》，与总准备金有关的项目有保险保障基金、公积金和总准备金。

(一)保险保障基金

我国《保险法》第 97 条规定："为了保障被保险人的利益，支持保险公司稳健经营，保险公司应当按照保险监督管理机构的规定提存保险保障基金；保险保障基金应当集中管理，统筹使用；保险保障基金管理使用的具体办法由保险监督管理机构制定。"设立保险保障基金，旨在当保险人缺乏偿付能力时通过这项基金给予支持。这既保障了被保险人的利益，又在一定程度上分担了保险人的经营风险，有利于其经营之稳定。按照《保险公司财务制度》规定，保险保障基金按当年自留保费收入的百分之一提取，计入当期损益，当该项基金提取金额达到保险人总资产的百分之六时，停止提取。所谓集中,是指以保险业为基础的集中,而不是集中到保险业以外的渠道上;所谓统筹,是指以各保险公司集中起来的财力,要以各保险公司为对象,统一筹划使用。因此,保险保障基金应单独提取,专户存储于国家保险监管机关指定的商业银行。

(二)公积金

保险公司的公积金是按《保险法》和《公司法》的规定设立的,须按照《公司法》的规定来提取。公积金是公司中不作股利分配而储以备用的那部分利润。保险公司设立公积金的目的,在于运用这部分资金弥补亏损,增强偿付能力,扩大经营规模,拓宽业务范围,提高公司信誉。公积金有资本公积金、法定公积金和任意公积金三种。其中资本公积金的来源主要是法定财产重估增值、股本溢价以及国务院财政主管部门规定列入资本公积金的其他收入。法定公积金是由法律规定必须提取的公积金。按照有关规定,公司分配当年税后利润时,应当提取利润的百分之十列入公司法定公积金,当法定公积金达到注册资本的50%时,可不再提取。保险公司的法定盈余公积金可用于弥补亏损或转增资本,但转增资本后,保险公司的法定盈余公积金一般不得低于注册资本的25%。任意公积金是由保险公司自行决定提取的公积金,旨在多用一部分利润来增强保险公司的财力,以利于保险公司的稳定和发展。在法定公积金提取后,经股东会议决定即可提取任意公积金。

(三)总准备金

按照《保险公司财务制度》,保险公司经主管财政机关或公司董事会批准,可提取总准备金,用于巨灾保险事故的补偿,不得用于分红、转增资本。提存总准备金并使它的积累达到适度规模,有助于保险业的发展,对保证保险人的偿付能力,保障被保险人的利益十分重要。

复习思考题

1. 试述大数定律对保险的重要意义。

2. 试述保险费率的概念与特点。

3. 保险费率厘定应坚持哪些原则?

4. 试述保险费率厘定的损失率法及其理论依据。

5. 试述死亡保险的趸缴保费计算方法。

6. 试述生存保险和生死两全保险的年缴纯保费计算方法。

7. 非寿险费率计算中,选择历年保额损失率要注意哪些问题?

8. 试述短期险未到期责任准备金的计算原理。

9. 试述寿险理论责任准备金的计算原理。

第六章　财产保险

财产保险是以财产及其有关利益为保险标的的保险。根据保险标的范围不同，财产保险有广义和狭义之分。狭义财产保险的保险标的主要是有形的物质财产，其业务种类通常包括火灾保险、货物运输保险、运输工具保险、工程保险以及农业保险等；广义财产保险的保险标的范围包括有形的物质财产、与物质财产有关的利益以及损害赔偿责任，其具体保险种类除狭义财产保险外，还包括责任保险、信用保证保险等。本章所讨论的是广义的财产保险，限于篇幅，对农业保险不作专门介绍。此外，虽然海上保险主要由货物运输保险和船舶保险构成，但因其国际性很强，涉及关系复杂，而且通常由海商法专门进行规范，故本章在第五节对其作专门介绍。

关键词汇：财产保险　火灾保险　企业财产保险　家庭财产保险　机动车辆保险　船舶保险　飞机保险　建筑工程保险　安装工程保险　货物运输保险　海上保险　海洋货物运输保险　平安险　水渍险　一切险　“仓至仓”条款　海洋船舶保险　海运条款　船舶修理招标条款　姐妹船条款　责任保险　公众责任保险　产品责任保险　雇主责任保险　职业责任保险　保证保险　信用保险　出口信用保险

第一节　火灾保险

一、火灾保险概述

火灾一直是人们面临的一种主要风险事故。火灾保险则是以动产及不动产为保险标的，以火灾为保险事故的保险。在现代保险业中，火灾保险已发展成为最为发达和最重要的保险业务之一。

保险学界普遍认为，现代火灾保险的真正兴起是在 1666 年英国伦敦大火之后。从 1667 年牙科医生尼古拉斯·巴蓬在英国伦敦开设世界上第一家现代火灾保险经营机构算起，火灾保险已经历了三百多年的发展过程。从保险标的看，最初的火灾保险只承保不动产，即房屋、建筑物，后来又逐步扩大到动产，到目前，火灾保险的标的不仅包括动产和不动产，而且还包括与标的有关的利益，如预期利益和租金收入等。从火灾保险的承保风险来看，开始的火灾保险只承保单一的火灾风险，而且只承保火灾引起的直接损失，对间接损失不予承保，后来又逐步扩展到与火灾相关的爆炸、闪电及雷击，到目前，火灾保险的承保风险已扩展到包括火灾在内的各种自然灾害和意外事故，即以批单或附加保单形式承保地震、洪水、暴风、暴雨、雪灾、泥石流等，还可承保盗窃、机损及战争等意外事故，不仅可承保直接损失，而且还可承保间接损失，如营业中断损失、连带营业中断损失、租金损失等。从保险费率的厘订看，最初的火灾保险采取按房屋建筑物的结构分类确定费率等级，但分类比较简单，而且费率都比较高。到目前，火灾保险的费率厘定采用更加科学的分类方法，运用现代统计学原理，对标的损失率进行科学计算，确定合理的费率。从火灾保险的承保能力看，开始的火灾保险经营者承保能力很低，保额较高的标的要找几家保险公司投保，随着再保险市场的形成和发展，保险人之间相互分摊风险，承保能力大大提高。目前不论多大的标的，都可以先由一家火险公司承保，然后办理分保。从赔偿范围看，开始的火灾保险一般只负责赔偿保险标的损失，现在的赔偿范围还包括施救、清理等费用。从火灾保险的承保方式来看，开始时各个保险人的条款不尽相同，从1873年美国马萨诸塞州推出第一份火险标准保单后，各国纷纷效仿，由此减少了损失理赔和法院解释的困难。目前的火灾保险通常都使用标准保单形式承保，例如纽约标准火险保单现为美国46个州采用，制订于1943年，其余4个州有自己的标准火险保单，但它们的基本内容与纽约标准火险保单相同。纽约标准火险保单是一种保险责任范围并不完整的合同，它必须加上适当的附属保单或批单后才能使用，从而使火灾保险条款更具有针对性和适用性。能加入标准火险保单的附属保单和批单多达200余种，这是因为各种财产具有不同特点，个人和企业对火灾保险的需要也不相同。由于许多财产保险的基本概念在标准火险保单中都得到解释，它也是学习财产保险基本概念和原则的范本。

目前我国开办的企业财产保险、机器设备损坏险以及家庭财产保险都是在火灾保险的基础上，通过扩大保险责任范围和简化实务手续而形成的，但其基本原理仍是以传统的火灾保险为基础，属于火灾保险的范畴。

二、企业财产保险

企业财产保险是以投保人存放在固定地点的财产为保险标的的保险业务。1996年，我国将企业财产保险更名为财产保险，为叙述方便，本书仍沿用旧称。企业财产保险是我国财产保险业务中的主要险种业务之一。

我国的企业财产保险分为财产保险基本险和财产保险综合险两个险别，这两个险别的区别主要表现在保险责任范围有所不同，其他方面基本一致。

（一）适用范围

可以向保险公司投保企业财产保险的投保人包括：

1.各类企业。包括工、商、交、建等行业的国有企业、集体企业和私营企业。

2.国家机关、事业单位及社会团体等组织,其中包括党政机关、科研单位、学校、医院、文化艺术团体和宗教组织等。

个体工商户、军事机关和部队以及三资企业不属于企业财产保险的适用范围。

(二)保险标的范围

1.可保财产。可保财产是指保险人可以直接予以承保的财产。这类财产的范围可用三种不同的方式来表示。第一,以投保人具有的保险利益关系来表示,可保财产的范围包括属于被保险人所有或与他人共有而由被保险人负责的财产;由被保险人经营管理或替他人保管的财产;其他具有法律上承认的与被保险人有经济利害关系的财产。第二,以会计核算内容来表示,可保财产的范围包括固定资产、流动资产、专项资产和账外资产。第三,以企业财产项目类别来表示,可保财产包括房屋、建筑物和装修设备、机器及附属设备、仪器仪表、原材料、在产品、产成品等等。

2.特约承保财产。此类财产一般属于价值较难确定,或风险较为特殊的财产。投保人必须事先与保险人特别约定,并在保险单上特别注明,保险人才能予以承保。这些财产主要有:

(1)金银、珠宝、钻石、玉器、首饰、古币、古玩、古书、古画、邮票、艺术品、稀有金属等珍贵物品。

(2)堤堰、水闸、铁路、道路、涵洞、桥梁、码头。

(3)矿井、矿坑内的设备和物资。

3.不保财产。主要有:

(1)土地、矿藏、矿井、矿坑、森林、水产资源以及未经收割或收割后尚未入库的农作物。

(2)货币、票证、有价证券、文件、账册、图表、技术资料、电脑资料、枪支弹药以及无法鉴定价值的财产。

(3)违章建筑、危险建筑、非法占用的财产。

(4)在运输过程中的物资(此类财产属于货物运输保险的承保范围)。

(5)领取执照并正常运行的机动车辆(此类财产属于机动车辆保险的承保范围)。

(6)牲畜、禽类和其他饲养动物(此类财产属于农业保险的承保范围)。

(三)保险责任

财产保险综合险的保险责任包括以下三个方面:

1. 保险人对因列明的自然灾害和意外事故造成的保险标的损失承担赔偿责任。列明的自然灾害包括雷击、暴雨、洪水、台风、暴风、龙卷风、雪灾、雹灾、冰凌、泥石流、崖崩、突发性滑坡、地面突然塌陷。意外事故包括火灾、爆炸、飞行物体及其他空中运行物体坠落。

2. 被保险人拥有财产所有权的自用供电、供水、供气设备因保险事故遭受损害,引起停电、停水、停气以致造成保险标的直接损失,即“三停”责任。

3. 被保险人在发生保险事故时,为抢救保险标的或防止灾害蔓延,采取合理而必要的措施所造成保险标的的损失,或者为防止或减少保险标的的损失所支付的必要而合理的费用。

财产保险基本险的保险责任不包括保险标的因暴雨、洪水、台风、暴风、龙卷风、雪灾、雹灾、冰凌、泥石流、崖崩、突发性滑坡、地面突然塌陷等自然灾害造成的损失,其他的保险责任与财产保险综合险完全相同。

(四)除外责任。财产保险综合险的除外责任包括:

1. 战争、军事行动、敌对行为、武装冲突、罢工、暴动;

2. 被保险人及其代表的故意行为或纵容所致损失;

3. 核反应、核子辐射和放射性污染;

4.保险标的遭受保险事故引起的各种间接损失；

5.地震所造成的一切损失；

6.保险标的本身缺陷、保管不善导致的损毁；保险标的的变质、霉烂、受潮、虫咬、自然磨损、自然损耗、自燃、烘焙所造成的损失；

7.堆放在露天或罩棚下的保险标的以及罩棚，由于暴风、暴雨造成的损失；

8.由于行政行为或执法行为所致的损失；

9.其他不属于保险责任范围内的损失和费用。

财产保险基本险的除外责任还包括暴雨、洪水、台风、雪灾、雹灾、冰凌、泥石流、崖崩、滑坡、水暖管爆裂、抢劫、盗窃造成保险标的的损失。

（五）保险费率

企业财产保险的保险费率根据财产的使用性质分为工业险、仓储险和普通险三个类别。每一类别又按照财产的风险性质和风险事故发生概率，分为不同的档次。例如，工业险费率划分为六级，二级工业险费率为2‰，适用于一般机械零件制造、修配工业。每一投保企业原则上适用一个费率标准，但在全部财产都投保的情况下，如果投保人要求按厂区、仓库、生活福利设施分别制订费率，只要账面价值能分清，而且相互之间的间距符合公安消防部门的有关规定，也可分别制订费率。企业财产保险的保险期限通常为一年，保险费率也采用年费率制，以每千元保险金额为单位计算。如果投保人中途退保或投保期限不满一年，就需要按短期费率计算保险费。

（六）保险金额

企业财产保险属不定值保险，其保险金额分固定资产、流动资产、账外财产及代保管财产三个项目确定。固定资产的保险金额由投保人按照账面原值或原值加成数确定，也可以按照投保当时的重置价值或其他方式确定，固定资产的保险价值以出险时的重置价值作为确定标准。流动资产的保险金额由投保人按投保时最近12个月中任意月份的账面余额确定或由投保人自行确定，流动资产的保险价值以出险时账面余额作为确定标准。账外财产和代保管财产可以由投保人自行估价或按重置价值确定保险金额，其保险价值以出险时重置价值或账面余额作为确定标准。

（七）赔偿处理

保险标的发生保险责任范围内的损失时，保险人按照保险金额与保险价值的比例承担赔偿责任，按以下方式计算赔偿金额：

1. 保险标的发生全部损失时，如保险金额等于或高于保险价值时，其赔偿金额以不超过保险价值为限；保险金额低于保险价值时，按保险金额赔偿。

2. 保险标的发生部分损失时，如保险金额等于或高于保险价值，其赔偿金额按实际损失计算；保险金额低于保险价值时，其赔偿金额按保险金额与保险价值的比例计算。

保险人对被保险人所支付的施救费用的赔偿金额在保险标的损失以外另行计算，最高不超过保险金额的数额。若受损保险标的按比例赔偿时，则该项费用也按与财产损失赔款相同的比例赔偿。

保险标的遭受部分损失经保险人赔偿后，其保险金额相应减少，被保险人若需恢复保险金额，则应补缴保险费，由保险人出具批单批注。

（八）企业财产保险的附加险

财产保险基本险的附加险有：暴风、暴雨、洪水保险；盗抢保险；雪灾、冰凌保险；泥石流、崖崩、突发性滑坡保险；水管爆裂保险；破坏性地震保险等。财产保险综合险的附加险有：盗抢保险；水管爆裂保险；破坏性地震保险。这里介绍盗抢保险和水管爆裂保险。

1. 盗抢保险。附加盗抢保险主要承保放置在保险地址室内的保险财产，因遭受有明显盗窃、抢劫痕迹并经当地公安部门证明确系盗抢行为所致的损失。

2.水管爆裂保险。此附加险主要承保因水管爆裂造成保险财产的水淹损失以及被保险人自有的供水设备因水管爆裂引起停水以致直接造成保险财产的损失。

三、家庭财产保险

（一）适用范围

凡城乡居民、个体工商户、家庭手工业者的自有财产，以及代他人保管或与他人共有的财产，均可投保家庭财产保险。

（二）保险标的范围

1.可保财产。可保财产包括：房屋（含装潢）；实际价值在100元以上且体积大于2000立方厘米的家用电器和乐器；实际价值在100元以上的衣服、床上用品、家具、炊具等。代他人保管或与他人共有的财产需特约承保。

2.不保财产。不保财产包括：房屋的附属建筑；用草料、芦席、油毛毡等材料为外墙、屋顶或屋架的简易房及其内部的财产；个体工商户的营业用器具、工具、商品、机器设备、房屋；无线通讯工具、摄像器械以及正处于危险状态的财产和不属于可保财产范围内的其他财产。

（三）保险责任

家庭财产保险的保险责任包括：火灾、爆炸；直接雷击、冰雹、洪水、突发性滑坡、地陷、崖崩、泥石流；空中运行物体坠落以及外来的不属被保险人所有或使用的建筑物或其他固定物体的倒塌；暴风、暴雨、雪灾使房屋主要结构（外墙、屋顶、屋架）倒塌；户外供水管道的爆裂；家用电器因户外供电线路发生碰线、短路造成区域性的损失；被保险人在抢救受灾财产造成的合理损失以及支付的必要的合理的费用。

（四）除外责任

除外责任包括:地震、战争、军事行动或暴动;核子辐射和污染引起的损失和费用;政府决定征用和拆迁引起的损失和费用;被保险人及其家庭成员或组成人员的故意行为;家用电器因使用过度和超电压、碰线、自身发热、雷电感应等原因所造成本身的损毁;虫蛀、鼠咬、霉烂、变质的损失和费用以及其他不属于保险责任范围内的损失和费用。

(五)保险金额

家庭财产一般都无账可查,而且财产的品种、质量、新旧程度千差万别,所以保险金额一般由投保人根据财产的实际价值自行估价确定。保险金额应分项列明,一般可分为房屋及附属设备、室内财产和代管或与他人共有财产三项。

(六)赔偿处理

发生保险事故后,保险人对被保险人的房屋(含装潢)按照出险当时的实际损失赔偿。如果保险金额低于出险当时的实际价值,保险人按照保险金额和出险当时的实际价值比例赔偿;房屋以外财产按照出险时的实际损失赔偿,最高以保险单上分项列明的保险金额为限,实行第一危险赔偿方式。

(七)家庭财产"两全"保险

家庭财产"两全"保险兼有经济补偿和到期还本双重性质,是家庭财产保险的一种特殊形式。保险人以投保人所缴储金的利息作为保费收入。在保险期满时,无论保险期间内是否发生保险事故,保险人都将全部储金退还给被保险人。家庭财产"两全"保险的保险责任、赔偿方式与普通家庭财产保险相同。

近几年,为了进一步有效开发家财险市场,各家保险公司都对家财险产品进行了改进:扩大了保险责任范围(不少新型家财险都引入了部分责任险的保障功能,把一些民事赔偿责任也纳入保险责任范围);扩大了保险财产对象(如对金银珠宝、现金首饰等都提供一定额度的保险保障),推出了一些新品,如人保的"金锁"险、太平洋保险的"安居"险等。此外，还出现了带有投资理财功能的新型家财险，如人保的"金牛"险、太平洋保险的"安居理财综合险"等。

第二节 运输工具保险

一、运输工具保险概述

运输工具保险是指承保各类运输工具因遭受自然灾害和意外事故造成的损失及采取施救、保护措施支出的合理费用的保险。由于运输工具在使用过程中经常会造成第三者的人身伤害和财产损毁，所以通常也将运输工具第三者责任作为运输工具保险的承保内容。

由于运输工具经常处于移动状态之中，所以运输工具保险有其自身特点，主要表现在：

1. 运输工具的流动性使承保风险具有多样性。

2. 由于驾驶人员的素质不同致使运输工具所面临的风险也有所不同，从而使保险事故的发生具有复杂性。

3. 运输工具保险承保范围除有形的物质损失外，还包括无形的责任风险和相关的费用损失，构成保险范围的广泛性。

本节主要讨论机动车辆保险、船舶保险及飞机保险等三种运输工具保险。

二、机动车辆保险

机动车辆包括汽车、电车、电瓶车、摩托车、拖拉机、各种专用机械车、特种车。机动车辆保险是指以各类车辆为保险标的，承保因自然灾害或意外事故造成车辆的损失，以及车辆在使用过程中发生意外事故，致使第三者遭受人身伤亡或财产直接损毁，依法应当由被保险人承担的经济赔偿责任的保险。本节主要介绍以各种类型的汽车为保险标的的机动车辆保险。

20世纪80年代以来，我国大陆对机动车辆保险一直适用保险监管机构制定的统一条款和费率，为适应保险市场发展的需要，根据修订后的《中华人民共和国保险法》有关规定，保险公司可以自主制定机动车辆保险条款和费率。从2003年1月1日起，各家保险公司纷纷推出自己的机动车辆保险条款。相对于以前的统颁条款，目前保险市场上的机动车辆保险条款的责任范围更加细化，条款内容及费率厘定也更加合理。根据保险责任范围的不同，机动车辆保险大致可分为车辆损失险、第三者责任险两种类型。

（一）车辆损失保险

根据投保车辆的使用性质不同，车辆损失保险主要分为营业用汽车损失保险、非营业用汽车损失保险和家庭自用汽车损失保险等险种。营业用汽车是指在中国境内（不含港、澳、台地区，下同）行驶的，用于客、货运输或租赁，并以直接或间接方式收取运费或租金的汽车；非营业用汽车是指在中国境内行驶的党政机关、企事业单位、社会团体、使领馆等机构从事公务或在生产经营活动中不以直接或间接方式收取运费或租金的自用汽车，包括客车、货车、客货两用车；家庭自用汽车是指在中国境内行驶的家庭或个人所有，且用途为非营业性运输的，核定座位在9座以下的客车或核定载货量在0.75吨以下的客货两用汽车。家庭自用汽车损失保险在签订保险合同时，可以约定驾驶人员，约定驾驶人员的可享受保险费上的优待。

1.保险责任

车辆损失险的保险责任包括碰撞损失、非碰撞损失和施救费用三部分。

(1)碰撞损失。碰撞损失是指保险车辆与外界静止的或运动中的物体意外撞击造成的本车损失。碰撞损失是车辆损失险的主要保险责任。

(2)非碰撞损失。非碰撞损失是指除碰撞之外的自然灾害和意外事故造成被保险车辆的损失。碰撞以外的自然灾害和意外事故包括：

①自然灾害。雷击、雹灾、暴雨、洪水、海啸、地陷、冰陷、崖崩、雪崩、泥石流、滑坡以及载运保险车辆的渡船遭受自然灾害(只限于有驾驶员随车照料)；

②意外事故。倾覆、坠落、火灾、爆炸、外界物体坠落或倒塌、行驶中平行坠落(非营业用汽车损失保险和家庭自用汽车损失保险还包括汽车自燃,营业用汽车损失保险则不包括火灾、爆炸)；

(3)施救、保护费用。

家庭自用汽车损失保险的保险责任还包括保险车辆的玻璃单独破碎损失。

2.除外责任

(1)下列情况下,不论任何原因造成保险车辆损失,保险人均不承担赔偿责任：

①地震、战争、军事冲突、恐怖活动、暴乱、扣押、罚没、政府征用；

②竞赛、测试、在营业性修理场所修理、养护期间；

③利用保险车辆从事违反活动；

④驾驶人员饮酒、吸食或注射毒品、被药物麻醉后使用保险车辆；

⑤保险车辆肇事逃逸；

⑥驾驶人员有下列情形之一者：

a.无驾驶证或所驾驶车辆与驾驶证准驾车型不相符；

b.公安交通管理部门规定的其他属于无有效驾驶证的情况下驾车；

⑦非被保险人允许的驾驶人员使用保险车辆；

⑧保险车辆不具备有效行驶证件。

(2)保险车辆的下列损失和费用,保险人不负责赔偿：

①自然磨损、锈蚀、故障以及轮胎单独损坏；

②玻璃单独破碎、无明显碰撞痕迹的车身划痕(家庭自用车辆损失保险不包括玻璃单独破碎)；

③人工直接供油、高温烘烤造成的损失(营业用汽车损失保险还包括火灾、爆炸和自燃造成的损失)；

④遭受保险责任范围内的损失后，未经必要修理继续使用，致使损失扩大的部分；

⑤因污染(含放射性污染)造成的损失；

⑥因市场价格变动造成的贬值、修理后因价值降低引起的损失；

⑦车辆标准配置以外，未投保的新增设备的损失；

⑧在淹及排气筒或进气管的水中启动，或被水淹后未经必要处理而启动车辆，致使发动机损坏；

⑨保险车辆所载货物坠落、倒塌、撞击、泄漏造成的损失；

⑩被盗窃、抢劫、抢夺，以及因被盗窃、抢劫、抢夺受到损坏或车上零部件、附属设备丢失。

(3)被保险人或驾驶人员的故意行为造成的损失。

(4)其他不属于保险责任范围内的损失和费用。

3.保险金额和赔偿限额

车辆损失保险的保险金额可以按以下三种方式确定，保险人根据确定保险金额的不同方式承担相应的赔偿责任：

(1)按投保时保险车辆的新车购置价确定。新车购置价是指在保险合同签订地购置与保险车辆同类型新车(含车辆购置税)的价格。

按此方式确定保险金额的，当保险车辆发生全部损失时，保险人在保险金额内计算赔偿，保险金额高于保险事故发生时保险车辆实际价值的，按保险事故发生时保险车辆的实际价值计算赔偿；保险车辆发生部分损失时，保险人按实际修理费用计算赔偿，但不得超过保险事故发生时保险车辆的实际价值。

(2)按投保时保险车辆的实际价值确定。按此方式确定保险金额的，当保险车辆发生全部损失时，保险金额高于保险事故发生时保险车辆实际价值的，以保险事故发生时保险车辆的实际价值计算赔偿；保险金额等于或低于保险事故发生时保险车辆实际价值的，按保险金额计算赔偿。保险车辆发生部分损失时，按保险金额与保险车辆的新车购置价的比例计算赔偿，但不得超过保险事故发生时保险车辆的实际价值。

(3)在投保时保险车辆的新车购置价内协商确定。按此方式确定保险金额的，赔偿限额与第二种方式相同。

施救费用的赔偿也是根据以上三种保险金额确定方式，采取相对应的方式确定，并在保险车辆损失赔偿金额以外另行计算，最高不超过保险金额的数额。若被施救的财产中含有保险人未承保财产的，施救费用按保险车辆与被施救财产价值的比例计算赔偿。

4.保险费计算

车辆损失险的保险费率分别按车辆的使用性质、车辆种类、车龄、车辆价值进行分类确定。车辆的使用性质分为营业用、非营业用和家庭自用三类。此外，保险人还根据被保险人的交通违章纪录情况、维护保养记录情况、汽车安全性能情况、上个保险年度出险情况、投保信息详尽程度、是否通过互联网投保、是否为多险种同时投保等因素对应收保险费进行调整，以此达到投保人保费负担更加公平的目的。损失险的保险费分为两部分：一部分按费率与保额的乘积计收；另一部分为基本保费。计收基本保费主要是为了平衡新旧车辆修理费用的损失期望值。车辆损失险的保费计算公式为：车损险保费＝基本保费＋(保险金额×费率)

5.赔偿处理

保险人依据保险车辆驾驶人员在事故中所负的责任比例，承担相应的赔偿责任。此外，根据保险车辆驾驶人员在事故中所负责任，保险人在依据合同约定计算赔款的基础上，按下列免赔率免赔：

(1)负全部责任的免赔率为15%，负主要责任的免赔率为10%，负同等责任的免赔率为8%，负次要责任的免赔率为5%。

(2)单方肇事事故免赔率为15%。单方肇事事故是指不涉及第三方损害赔偿的事故，但不包括因自然灾害引起的事故。

6.附加险

根据投保人的保险需求，在投保车辆损失保险的基础上，还可投保一些附加险。

(1)盗抢险。盗抢险主要承保保险车辆被盗窃、抢劫、抢夺，经出险当地县级以上公安部门立案证实，满60天未查明下落的全车损失；保险车辆全车被盗窃、抢劫、抢夺后，受到损坏或车上零部件、附属设备丢失需要修复的合理费用；保险车辆在被抢劫、抢夺过程中，受到损坏需要修复的合理费用。盗抢险的保险金额由投保人和保险人在投保时保险车辆的实际价值内协商确定。

(2)车身划痕损失险。适用于已投保车辆损失保险的家庭自用或非营业用、使用年限在3年以内、9座以下的客车，主要承保无明显碰撞痕迹的车身划痕损失。

(3)车辆停驶损失险。因发生车辆损失险的保险事故，致使保险车辆停驶，保险人在保险单载明的保险金额内承担赔偿责任。保险金额按照投保时约定的日赔偿金额乘以约定的赔偿天数确定，约定的日赔偿金额最高为300元，约定的赔偿天数最长为60天。

(二)机动车辆第三者责任险

1.保险责任

被保险人或其允许的驾驶员在使用保险车辆过程中发生意外事故，致使第三者遭受人身伤亡或财产直接损毁，依法应当由被保险人承担的经济赔偿责任，保险人负责赔偿。此外，经保险人事先书面同意，被保险人因保险事故的发生给第三者造成损害而被提起仲裁或诉讼的，对应由被保险人支付的仲裁或者诉讼费用以及其他费用，保险人负责赔偿；赔偿的数额在保险单载明的责任限额以外另行计算，最高不超过责任限额的30%。

2. 除外责任

机动车辆第三者责任险的除外责任，除包括车辆损失保险除外责任中的第(1)项和第(3)项之外，还包括：

(1)被保险人及其家庭成员的人身伤亡、所有或代管财产的损失；

(2)保险车辆驾驶人员及其家庭成员的人身伤亡、所有或代管财产的损失；

(3)保险车辆上其他人员的人身伤亡或财产损失；

(4)保险车辆拖带未投保第三者责任保险的车辆(含挂车)或被未投保第三者责任保险的其他车辆拖带时发生的责任事故损失；

(5)保险车辆发生意外事故，致使第三者停业、停驶、停电、停水、停气、停产、通讯中断的损失以及其他各种间接损失；

(6)精神损害赔偿；

(7)因污染(含放射性污染)造成的损失；

(8)保险车辆被盗窃、抢劫、抢夺造成第三者人身伤亡或财产损失；

(9)其他不属于保险责任范围内的损失和费用。

3. 责任限额和保险费计算

第三者责任险的每次事故最高赔偿限额分为六个赔偿档次：5万元、10万元、20万元、50万元、100万元和100万元以上(最高不超过1000万元)。

第三者责任险的保险费以投保人所选择赔偿限额的档次为标准，同时根据投保车辆的使用性质、车辆类型及车龄等因素确定保险费数额，另外考虑被保险人的交通违章记录情况、维护保养记录情况、汽车安全性能情况、上个保险年度出险情况、投保信息详尽程度、是否通过互联网投保、是否为多险种同时投保等因素对应收保险费进行调整。

4.赔偿处理

保险人依据保险车辆驾驶人员在事故中所负的责任比例，承担相应的赔偿责任。

根据保险车辆驾驶人员在事故中所负责任，保险人在保险单载明的责任限额内，按下列免赔率免赔：

(1)负全部责任的免赔率为20%，负主要责任的免赔率为15%，负同等责任的免赔率为10%，负次要责任的免赔率为5%。

(2)违反安全装载规定的，增加免赔率10%。

5.附加险

(1)车上人员责任保险。通过此附加险，保险人承担发生意外事故造成保险车辆上人员的人身伤亡，依法应由被保险人承担的经济赔偿责任。保险人承担的责任限额按车上人员每人责任限额和投保座位数由投保人和保险人协商确定，投保座位数以保险车辆的核定载客数为限。

(2)无过失责任保险。此附加险的保险责任是保险车辆与非机动车辆或行人发生交通事故，造成对方的人身伤亡或财产直接损毁，保险车辆方无过失，且被保险人拒绝赔偿未果，对被保险人已经支付给对方而无法追回的费用，保险人按照《道路交通事故处理办法》和出险当地的道路交通事故处理规定标准，在责任限额内计算赔偿。每次赔偿实行20%的免赔率。责任限额由投保人和保险人在5万元以内协商确定。

三、船舶保险

船舶保险是指以各类船舶为保险标的保险。根据船舶的航运水域范围划分，主要有国内船舶保险和远洋船舶保险。本节主要讨论我国国内船舶保险，即以在沿海、内河航运的各类船舶为保险标的的保险。远洋船舶保险将在本章海上保险一节中介绍。

(一)保险标的范围

国内船舶保险承保的保险标的主要有船舶的船体、机器、仪器及用于航行的设备;经特别约定的船舶附属设备,如录像设备以及测试仪器等。零星工具、备用材料、船员的衣物行李等不属于可保标的范围。

(二)保险责任

1. 八级以上大风、洪水、海啸、泥石流、冰凌、雷击等自然灾害;

2. 火灾、爆炸、碰撞、搁浅、触礁、倾覆、沉没等意外事故;

3. 船舶在航行中失踪 6 个月以上;

4. 碰撞责任,即保险船舶或由其拖带的保险船舶在航行中与其他船舶或其他物体发生直接碰撞责任事故,致使被碰撞的船舶及所载货物,或者被碰撞的其他物体(码头、桥墩等)遭受损失以及被碰撞船舶上的人员伤亡,依法应由被保险人承担的赔偿责任,保险人在保险船舶的保险金额内负责赔偿,并且与保险船舶的损失分别计算赔款;

5. 共同海损和救助费用。

(三)除外责任

国内船舶保险的除外责任包括:战争、军事行动和政府征用;船舶不具备适航条件;被保险人及其代表的故意行为;超载、浪损、搁浅引起的事故损失;船体和机件的正常维修、油漆费用和自然磨损、锈蚀、机器本身发生的故障;因保险事故导致停航、停业的损失以及海事造成第三者的一切间接损失;木船、水泥船的锚及锚链或拖船的单独损失;清理航道、清除污染的费用以及其他不属于保险责任的损失。

(四)保险金额

新船按照出厂造价或原值确定保险金额(钢质船 5 年内、木质船 3 年内、水泥船 2 年内可视同新船);旧船可以按其实际价值确定，也可以由投保人和保险人协商确定。

（五）保险费率

国内船舶保险费率的厘定主要考虑如下几个因素：船质结构、船舶的种类、船龄、吨位及航行水域。其中，航行水域分为长江及其他内河线和沿海两部分。船舶如果投保航次保险，则按年费率的15％确定费率。

（六）赔偿处理

发生保险事故后，保险人区分三个损失项目：保险船舶本身的损失；碰撞责任所致的损失；共同海损及施救、救助费用。保险人对三个损失项目分别在保险船舶的保险金额内计算赔款。

四、飞机保险

飞机保险是以飞机及其相关责任、利益为保险标的的保险，承保飞机因自然灾害或意外事故遭受的损失和飞机失事所造成的第三者人身伤亡或财产损毁依法由被保险人承担的民事赔偿责任。

（一）机身险

1. 保险责任。

（1）飞行险（包括滑跑险）。指从为实际起飞而发动机器时起，到降落后在跑道上滑跑完毕时止的期间内，因自然灾害或意外事故造成的机身损失。

（2）地面险。指飞机在地面上可能遭遇到的风险，一般包括以下几类意外事故：由于碰撞或恶意行为而造成的毁灭或损坏；由于火灾、自动起火或爆炸所引起的损失；由于非法侵占、偷窃或其未遂行为而引起的损坏。

2. 除外责任。包括战争和军事行动；飞机不符合适航条件而飞行；被保险人及其代理人的故意行为；飞机任何部件的自然磨损或制造及结构缺陷；飞机受损后引起被保险人停航、停运等间接损失；不合格驾驶员驾驶飞机。

3. 保险金额。飞机保险一般采用定值保险的方式。一旦发生全损，保险人按事先约定的保险价值赔偿。在约定保险金额时，保险人和投保人根据飞机的年龄，在该型号飞机的市价上作一定比例的扣除。

4.免赔额。绝大多数飞机机身保险都制定有免赔额条款，用一固定金额或保险金额的一定比例来表示。

（二）飞机第三者责任保险

1.保险责任。承保被保险人由于飞机从空中坠落或其抛弃物的坠落直接引起地面和舱外的第三者人身伤害或财产损毁而产生的法律赔偿责任。

2.除外责任。包括：战争和军事行动，飞机不适航而飞行；被保险人的故意行为；因飞机事故产生的善后工作所支出的费用；被保险人及其工作人员和本机上的旅客及其所有或代管的财产。

3.责任限额。由保险人与投保人协商确定，常用每起事故或每架飞机一定金额表示。另外有一个总和的最高限额。

（三）飞机旅客法定责任保险。承保旅客在乘坐或上下保险飞机时发生意外，致使旅客受到人身伤害，或随身携带和已经交运登记的行李、物件的损失，根据法律或承运合同应由被保险人承担的赔偿责任。该保险的责任期间一般从乘客检票进入机场开始到拿好行李物品离开机场止。保险费按飞机的座位计收。责任限额由保险人与投保人结合有关国际公约和法律规定而协商确定，一般以每人每次事故一定金额来表示。

（四）附加险

1.飞机战争、劫持险。凡由于战争、敌对行动和武装冲突、拘留、扣押、没收、被劫持等原因造成保险飞机的损失、费用，以及引起的被保险人对第三者或旅客应负的法律赔偿责任，由保险人负责赔偿。

2.飞机承运货物责任险。凡办好托运手续，装载在保险飞机上的货物，如在运输过程中发生损失，根据法律、承运合同规定应由承运人负责的，由保险人给予赔偿。

第三节　工程保险

一、工程保险概述

工程保险是适应现代工业、现代科学技术发展的需要而产生的一种综合性保险，它专门承保建筑工程项目和安装工程项目在工程期间及工程结束以后一定时期内，因自然灾害或意外事故所遭受的物质损失以及对第三者的经济赔偿责任。根据工程项目的不同，将工程保险划分为建筑工程保险和安装工程保险两大类。

与其他普通财产保险相比较，工程保险具有以下一些特点：

1. 承保范围宽。工程保险不仅承保工程项目本身，而且还承保与此有关的机器设备、原材料及责任损失和人身伤亡等。

2. 保险责任广泛。工程保险大多承保被保险人的一切意外损失，许多险种被冠以“一切险”。保险人承担的风险责任基本上是除了保单列明的除外责任以外的一切风险责任。

3. 扩展了投保人或被保险人。在其他财产保险中，投保人是单个的法人或自然人，并在保险合同成立后即成为被保险人。在工程保险中，对同一工程项目具有经济利益关系的各方均具有保险利益，均能成为该工程保险中的被保险人，受保险合同交叉责任条款的规范和约束。

二、建筑工程保险

建筑工程保险简称建工险，主要承保各项土木工程建筑在整个建筑期间内由于发生保险事故造成被保险工程项目的物质损失、列明费用损失以及被保险人对第三者人身伤害及财产损失依法承担的赔偿责任。建工险包括了财产损失保险和责任保险，属于一种综合性保险。

（一）被保险人

凡在工程建设期对工程承担风险责任或具有利益关系的各方均可成为被保险人。当存在多个被保险人时，为避免相互追究责任，往往都附加共保交叉责任条款，即被保险人之间发生相互责任事故，均由保险人赔偿，毋须进行追偿，犹如每个被保险人都拥有一张保单。

建工险的被保险人大致包括：

1. 建筑单位。即工程所有人、业主或发包方。

2. 施工单位。包括主承包人和分承包人。

3. 技术顾问。指由工程所有人聘请的建筑师、会计师、工程师等专业顾问，对工程进行设计、咨询或监督。

4. 其他关系方。如贷款银行等。

一般由其中一方（多为承包人或业主）出面投保，缴纳保险费，申报保险期间内风险变动情况，发生保险事故时向保险人索赔。

（二）保险项目和保险金额

1. 建筑工程。它是建工险的主要保险项目，包括建筑主体工程、建筑物内的装修设备、配套的道路和桥梁、水电设施等土木建筑项目，存放在工地的建筑材料、设备和临时的建筑工程也包括在内。此项保险金额应为承包工程合同的总金额，即建成该项工程的实际造价，包括设计费、材料设备费、施工费、运杂费、保险费、税款及其他有关费用。

2. 工程所有人提供的物料及项目。指未包括在上述承包工程合同金额内由所有人提供的物料及负责建造的项目。这项财产的保险金额可按重置价值确定。

3. 安装工程项目。指未包括在承包工程合同金额内的机器设备安装工程项目，如取暖、照明、通讯等机器设备的安装项目。该项保险金额按重置价值确定，但不应超过整个工程项目保额的20%，超过20%的应按安装工程保险费率计收保费，超过50%的则应单独投保安装工程保险。

4. 建筑用机器、装置及设备。指施工用的各种机器设备，多为工程承包人所有，如起重机、推土机、搅拌设备等。该项保险金额按重置价值确定。

5. 场地清理费。指发生保险事故后为清理场地所支付的费用。保险金额可按工程的具体情况由保险人与投保人协商确定，大的工程一般不超过合同金额的5%，小的工程不超过10%。

6. 工地内现成的建筑物。指不在承包工程范围内的所有人或承包人保管的工地内已有的建筑物。保险金额可按建筑物的实际价值确定。

7. 所有人或承包人在工地上的其他财产。指以上6项以外的其他财产。保险金额由保险双方协商确定，并用清单列明财产名称。

(三)保险责任

1. 洪水、潮水、水灾、地震、海啸、暴雨、风暴、雪崩、地陷、山崩、冻灾、冰雹及其他自然灾害；

2. 雷电、火灾、爆炸；

3. 飞机坠毁、飞机部件或飞行物坠落；

4. 盗窃；

5. 工人、技术人员因缺乏经验、疏忽、过失、恶意行为而引起的事故；

6. 原材料缺陷或工艺不善所引起的事故；

7. 除外责任规定以外的其他不可预料的突然事故。

(四)除外责任

建工险的除外责任共有14项，可分为两大类。一类是与火灾保险或财产保险相同的除外责任，如被保险人及其代表的故意行为或重大过失、战争等引起的损失，保险事故所引起的间接损失，货物盘点时的短亏损失等；另一类是建工险特有的除外责任，本节只介绍建工险特有的除外责任，包括：

1. 错误设计引起的损失、费用及责任；

2. 因原材料缺陷或工艺不善引起的保险财产本身的损失以及为置换、修理矫正这些缺陷所支付的费用；

3. 非外力引起的机械或电器设备、装置损坏或建筑用机器、设备、装置失灵；

4. 全部停工或部分停工引起的损失、费用或责任；

5. 保单中规定的应由被保险人自担的免赔额；

6. 领有公共运输执照的车辆、船舶和飞机的损失（因其行驶区域不局限于工地）；

7. 建筑工程第三者责任险条款规定的责任范围和除外责任。

（五）保险费率

建工险的费率制订比较复杂，既要考虑每项工程的具体情况和承保条件，又要考虑费率的竞争性和保险人同类业务的经营情况。建工险没有固定的费率表，制订每项工程的费率主要考虑以下因素：承保责任范围的大小；承保工程本身的风险程度；承包人及其他工程关系方的资信情况、经营管理水平及经验；保险人以往承保同类业务的赔付记录等。

（六）保险期限

建工险保险期限包括从工程开工到完工的全过程，由投保人根据需要确定。保险期限的开始自工程破土动工或自承保项目所用建筑材料运至工地时起，两者以先发生者为准。在保单规定的保险期限内，工程如不能如期完工，投保人可在增加保费的条件下，提出延长保险期限的申请。工程保证期可另行申请投保。

（七）第三者责任保险

这是建工险的附加险，主要承保保险期限内因发生意外事故造成在工地及邻近地区的第三者人身伤亡或财产损失，依法应由被保险人承担的经济赔偿责任。这里所称第三者是指被保险人和保险人以外的单位和人员，不包括被保险人和其他承包人所雇佣的在现场从事施工的人员。

三、安装工程保险

安装工程保险简称安工险，主要承保机器设备在安装、调试期间因自然灾害和意外事故所造成的损失，包括物质损失、费用损失及第三者损害的赔偿责任。安工险与建工险同属于工程保险，两者有许多相同之处，但因各自承保标的的风险性质不同，也存在一些区别。安工险的主要特点有：

1. 保险人在保险期限内承担的保险责任比较稳定。建工险的保险标的价值随着工程的进展逐步增加，保险人承担的保险责任也随之而逐步增大。而安工险的保险标的价值则变化不大，待安装机器设备通常在工程开始时就存放于工地，保险人所承担的保险责任在保险期限内变化不大。

2. 承保风险主要是人为风险。建工险的保险标的一般处于暴露状态，遭受自然灾害损失的可能性较大，而安装工程通常在建筑物内进行，并且机器设备安装、调试的专业技术性很强，安装者的技术状况、责任心以及机器设备本身的质量，都是可能导致保险事故发生的重要风险因素。因此安装工程虽然也面临着自然风险，但与人的因素有关的风险却是其所面临的主要风险。

3. 安装工程在试车考核阶段的风险最大。建工险不存在试车风险，而安装工程在交接前必须通过试车考核。试车期虽很短，但施工中的缺陷以及许多问题都会在这个阶段充分暴露出来，在试车期发生的损失往往占整个安装工期内损失的较大比率。

第四节 货物运输保险

一、概述

货物运输保险指以运输中的各种货物作为保险标的，承保货物在运输过程中遭受各种自然灾害或意外事故造成的损失之保险。货物运输方式分海上、内河、陆上、航空和多式联运等多种，在此只讨论内河、陆上和航空运输三种方式的货物运输保险。海上货物运输保险具有特殊性，将在下一节专门讨论。

货物运输保险与一般财产保险相比较具有以下几个特点：

1. 保险标的具有流动性。一般财产保险的标的如房屋、建筑物等总是处于静止状态，即固定在某个地点，而货物运输保险的保险标的则处于不断流动之中，不是固定在某个地点。

2. 保险责任范围的广泛性。普通财产保险一般只负责保险财产的直接损失和为减少损失所支出的施救费用，而货物运输保险除负责上述损失和各项费用外，对货物由于受到其他外来原因（如雨淋、短量、破碎、渗漏、包装破裂、整件提货不着等）所致的损失也负赔偿责任。

3. 保险期限以约定的运输途程为准。普通财产保险的保险责任起讫一般规定为一段期间，通常为一年，而货物运输保险的保险期限一般不受具体期间的限制，而以一个运输途程为准，从保险货物运离保险单载明的起运地（港）的仓库或贮存处所开始，直至到达保险单载明的目的地（港）收货人的仓库或贮存处所为止。

国内货物运输保险主要有两种：国内水路、铁路货物运输保险和国内航空货物运输保险。

二、国内水路、铁路货物运输保险

国内水路、铁路货物运输保险分为基本险和综合险两个险别，两者的保险责任有所区别。

(一)基本险的保险责任

1.因火灾、爆炸、雷电、冰雹、暴风、暴雨、洪水、地震、海啸、地陷、崖崩、滑坡、泥石流所造成的损失。

2.由于运输工具发生碰撞、搁浅、触礁、倾覆、沉没、出轨或隧道、码头坍塌所造成的损失。

3.在装货、卸货或转载时,因遭受不属于包装质量不善或装卸人员违反操作规程所造成的损失。例如用起重机吊装货物时由于脱钩致使保险货物落水或落地所致的货物损失。

4.共同海损的分摊。

5.在发生上述灾害事故时,因纷乱而造成的货物散失以及因施救或保护货物所支付的直接、合理的费用。

(二)综合险的保险责任

综合险的保险责任除了包括基本险的责任外,还负责赔偿下列损失:

1.因受震动、碰撞、挤压而造成破碎、弯曲、凹瘪、折断、开裂或包装破裂致使货物散失的损失。

2.液体货物因受震动、碰撞或挤压致使所用容器(包括封口)损坏而渗漏的损失,或用液体保藏的货物因液体漏渗而造成保藏货物腐烂变质的损失。

3.遭受盗窃或整件提货不着的损失。

4.符合安全运输规定而遭受雨淋的损失。这是指货物在包装、堆放、苫盖等符合安全运输有关规定的情况下,遭受雨水(包括人工降雨、雪融)而致的湿损。

(三)除外责任

由于下列原因造成被保险货物的损失,不论基本险还是综合险,保险人均不负责:

1.战争或军事行动。

2. 核事件或核爆炸。

3. 保险货物本身的缺陷或自然损耗，以及由于包装不善所致的损失。

4. 被保险人的故意行为或过失行为所致损失。

5. 其他不属于保险责任范围的损失。这是指所列举的各项保险责任以外的损失，如诈骗造成保险货物的损失，保险人就不负责赔偿。

三、国内航空货物运输保险

(一)保险责任

保险货物在保险期限内无论在运输还是存放过程中，由于下列原因造成的损失，保险人负赔偿责任：

1. 由于飞机遭受碰撞、倾覆、坠落、失踪(在三个月以上)，在危难中发生卸载以及遭遇恶劣气候或其他危难事故而发生抛弃行为造成的损失；

2. 保险货物本身因遭受火灾、爆炸、雷电、冰雹、暴风、暴雨、洪水、海啸、地震、地陷、崖崩所造成的损失；

3. 保险货物因受震动、碰撞或压力而造成的破碎、弯曲、凹瘪、折断、开裂等损伤以及由此而引起包装破裂而造成的散失；

4. 凡属液体、半液体或者需要用液体保藏的保险货物，在运输途中因受震动、碰撞或压力致使所装容器(包括封口)损坏发生渗漏而造成的损失，或用液体保藏的货物因液体渗漏而致保藏货物腐烂的损失；

5. 保险货物因遭受偷窃或者提货不着的损失；

6. 在装货、卸货时和地面运输过程中，因遭受不可抗力的意外事故及雨淋所造成保险货物的损失；

7. 在发生保险责任范围内的灾害事故时，因施救或保护保险货物而支付的合理费用，保险人也负赔偿责任，但最高以不超过保险金额为限。

(二)除外责任

保险货物在保险期限内无论在运输或存放过程中,由于下列原因造成的损失,保险人不负赔偿责任:

1.战争或军事行为;

2.由于保险货物本身的缺陷或自然损耗,以及由于包装不善或属于托运人不遵守货运规则所造成的损失;

3.托运人或被保险人的故意行为或过失所造成的损失;

4.其他不属于保险责任范围的损失。

四、保险期限

国内水路、铁路货物运输保险的责任期限自保险单载明的货物运离起运地仓库开始,至货物抵达保险单载明的目的地收货人的仓库为止。当保险货物送至目的地后,如果收货人(或被保险人)未能及时提货,则保险责任的终止期最多延长至以收货人接到《到货通知单》后的15天为限(以邮戳日期为准)。

国内航空货物运输保险的保险责任自保险货物经承运人收讫并签发航空货运单、注明保险时起,至空运目的地收货人当地的仓库或储存处所时终止。但保险货物空运至目的地后,如果收货人未及时提货,则保险责任的终止期最多以承运人向收货人发出到货通知以后的15天为限。

如果飞机在飞行途中因机件损坏或发生其他故障迫降,以及因货物严重积压导致保险标的需用其他运输工具运往目的地时,保险公司仍继续承担保险责任。如果保险货物在被迫降落的地点出售或分配,保险责任的终止期以承运人向收货人发出通知以后的15天为限。

第五节　海上保险

一、海上保险概述

海上保险是指以与海上运输有关的财产、利益或责任作为保险标的的一种保险。海上保险在性质上属于财产保险范畴，是一种特殊形式的财产保险。海上保险又与其他财产保险相区别。首先表现在海上保险承保的标的具有流动性。海上保险是为海上运输和海上贸易提供风险保障的险种，其保障的标的主要是远洋船舶和货物。出于航运经营或贸易的目的，船舶和货物必然会从一个港口到达另一个港口，经常处于流动状态。其他大多数财产保险险种承保的标的，一般来说，是处于静止状态的财产，如房屋、建筑物等不动产。其次，海上保险承保的风险具有特殊性。海上保险承保的风险与海上航行有关，除了可能遭遇陆上运输工具所可能遇到的种种风险外，还会遭受某些特殊的风险，既有海啸、恶劣气候等人力不可抗拒的自然灾害，也会发生搁浅、触礁乃至沉没等事故，还有海盗、船员盗窃等不法行为，以及有关当局对船舶的扣押等人为的灾难，因此海上风险远比陆上风险大且复杂。

海上保险是现代保险的起源，它随着国际贸易的产生而产生，服务于国际贸易，并随着国际贸易的发展而发展。与传统的海上保险相比较，今天的海上保险无论是内容或形式都有了很大的变化和发展，主要表现在：

1. 海上保险承保的风险扩展了。在海上保险产生初期，海上保险仅仅承保海上风险，随着国际贸易的发展和运输工具的变革，货物运输方式也相应发生变化。从单一的海运方式发展到当今以海上运输方式为主，结合陆上运输、航空运输等方式，将货物从一个国家或地区运往另一个国家或地区。这样，海上保险所承保的风险也就从原来仅仅局限于海上水域扩展到与海上贸易有关的陆上和空中的风险了。到了19世纪,海上保险所承保的风险扩展到海上风险以外与航海有关的内河或陆上的风险。至今,已包括陆上运输、航空运输以及多式联运的风险。

2.海上保险承保的标的增加了。传统的海上保险主要以船舶、货物等物质财产为保险标的。为了适应被保险人对风险保障的要求,承保的标的逐步扩展到与这些物质财产相关的各种非物质的利益和责任。19世纪以后,特别是近几十年来,随着各国政治、经济形势的变化,特别是海上资源开发的发展,海上保险的内容和形式进一步发生变化。海上保险标的已由原来与海上运输有关的财产、责任和利益,扩展到一些与海上运输没有直接关系的海上作业、海上资源开发等工程项目,如海上石油开发保险、海产养殖业保险等。

二、海上保险的分类

由于分类依据的不同,海上保险有许多种分类方法。这里介绍的是在国际保险市场上通常使用的几种分类标准,对海上保险进行分类和说明。

(一)以承保标的为标准的分类

海上保险根据承保标的不同,可以划分为货物保险、船舶保险、运费保险、责任保险、保障与赔偿保险。

1.货物保险。货物保险是以运输中的货物为保险标的的保险。货物运输保险承保的货物一般是商品性质的贸易货物,也包括非贸易货物,如援助物资、展览品、现钞、私人行李等。海上货物运输保险一般按航程方式投保。

2.船舶保险。船舶保险是以各种水上交通运输工具及其附属设备为标的的一种保险。这里所说的船舶,除了船体以外,还包括机器、锅炉、设备、燃料,以及供给船舶和机器使用的储备物品等。船舶保险一般按照期间保险方式投保,以一年为期,也可以按航程保险方式投保,就某一特定航程或连续数个航程签订一个船舶保险合同。

3.运费保险。运费保险是以运费为保险标的的一种保险。运费风险属于船舶的营运损失，船舶保险往往把运费作为费用保障的一部分来承保船舶的营运损失，因此运费保险与船舶保险密切相关。船舶保险的承保方式直接影响到运费保险的承保方式。船舶保险有船舶定期保险和船舶航程保险之分，运费保险也相应分为定期运费保险和航程运费保险。

4.责任保险。海上保险中的责任保险主要是指船舶的碰撞责任保险。碰撞责任是指由于发生船舶碰撞事故，负有过失责任的被保险船舶对被碰撞船舶遭受的船舶、货物及其他财产全部或部分损失(包括费用损失)在法律上应承担的损害赔偿责任。碰撞责任保险就是以被保险人应承担的这种损害赔偿责任为保险标的的保险。承保这种碰撞责任的责任保险与承保船舶本身物质损失的船舶保险原本应严格区别，然而在实务中大多将碰撞责任保险并入船舶保险一同办理。但是，并入船舶保险以后的碰撞责任保险，其本身仍然是一种相对独立的保险合同，或补充的船舶保险合同。

5.保障与赔偿保险。这种保险最初由船东相互保险组织—船东保险协会负责承办。由参加保赔协会的船东会员相互提供资金，共同承担那些不属于保险公司负责的，包括由于航运管理上的错误和疏忽等原因引起的，在法律上对第三者应负的经济赔偿责任。近十几年来，一些船东为了追求利润，把经过选择的一部分保障与赔偿责任，通过协议从船东相互保险协会转嫁给保险公司承担，并向保险公司缴纳规定数量的保险费，作为固定支出摊入成本。

(二)以保险价值为标准的分类

海上保险根据保险价值是否确定可以划分为定值保险和不定值保险。

1.定值保险。即指海上保险财产在投保时，保险双方当事人约定保险价值的一种保险方式。定值保险合同一般以约定的保险价值作为保险金额，两者都在保险单上载明。海上保险中的货物保险和船舶保险一般采用定值保险方式，一方面是因为货、船在运输中，从起运地到目的地的价值不一样，事后估计损失在技术上存在许多困难；另一方面是由于这些保险标的通常不直接掌握在被保险人手中，不易产生为了索赔而故意制造保险事故的行为或道德风险。

2. 不定值保险。不定值保险是指保险当事人对于保险标的，事先不约定保险价值的一种保险方式，多数的财产保险均采用此方式。运费保险一般也采用此种方式。

（三）以保险期限为标准的分类

海上保险根据保险期限的不同可以分为航程保险、期间保险和混合保险等。

1. 航程保险。这是以航程为单位确定保险期限，承保从某港到某港之间一次航程、往返航程或多次航程中，保险标的遭遇损失的一种保险。海洋货物运输保险通常采用航程保险。

2. 期间保险。期间保险承保一定航期内保险标的遭受风险损失的一种保险。保险期限由保险关系双方协商确定，可以是一年，也可以是半年或更短的时间，其保险责任起讫通过约定载于保险单上。船舶保险一般采用期间保险方式。当保险期限届满，船舶仍在海上航行中，被保险人只需事先通知保险人，保险合同继续有效，直到船舶抵达目的港完成航行为止，延续期间按月比例增收保险费。

3. 混合保险。这是一种承保一定时间内特定航程过程中的风险的保险。一方面这种保险对规定的保险期限以外的期间所发生的损失不负责赔偿，具有期间保险的性质；另一方面，它对于原定航程以外航行区域发生的损失也不负责赔偿，又具有航程保险的性质，混合保险常以承保航程为主，但为避免航程中拖延时间过长，保险人常用时间加以限制。在这种情况下，保险人的责任期限的终止时间以两者中先发生者为准。

三、海洋货物运输保险

海洋货物运输保险是以海轮运输的货物作为保险标的的一种保险。货物运输保险承保的货物是运输过程中具有商品性质的货物。在这种一般性的货物中除非被作为习惯普遍接受,否则不包括活牲畜和装载于甲板上的货物。如果这两种货物需要保险,必须在保险单中特别载明,并加收保险费。

随着全球政治经济交往的日益频繁,"货物"的范畴也在原有的基础上大大扩展了。目前,货物运输保险承保的标的不仅包括贸易商品,还包括对外经济援助物资、供展览用的展览品及其工具设备、私人行李、现钞、艺术品、生活用品及至技术资料等非贸易商品。

(一)海洋货物运输保险的承保责任范围

海洋货物运输保险在国际贸易中具有重要意义。我国现行的海洋货物运输保险的基本险包括平安险、水渍险和一切险三种。

1. 平安险(FPA)

平安险按照英文本意是不负责单独海损的,而现有的平安险的责任范围是在原有的全损险的基础上经过多次修改与补充演变过来的,责任范围有了较大的扩展,具体地说,其责任范围包括:

(1)被保险货物在运输途中由于恶劣气候、雷电、海啸、地震、洪水自然灾害造成整批货物的全部损失或推定全损。本条款对"推定全损"作了明确规定。在国际市场上,不同的国家对推定全损的规定不同。该条款规定推定全损是实际全损不可避免,或者恢复、修复受损货物以及运送货物到原定目的地的费用超过该目的地的货物价值。

(2)由于运输工具遭受到搁浅、触礁、沉没、互撞、与流冰或其他物体相撞,以及失火、爆炸意外事故造成货物的全部或部分损失。该条款表明与自然灾害造成的货物的全部损失责任相比,保险人承担由于意外事故对货物造成的全部损失和部分损失。

(3)在运输工具已经发生搁浅、触礁、沉没、焚毁意外事故的情况下,货物在此前后又在海上遭受恶劣气候、雷电、海啸等自然灾害所造成的部分损失。

(4)在装卸或转运时由于一件或数件整件货物落海造成的全部或部分损失。这里所说的部分损失是指整件货物落海后经过努力抢救,一部分被打捞起来,另一部分遭受损失。对上述原因造成的部分损失,保险人负责赔偿。这种规定旨在鼓励被保险人采取积极措施,尽可能地减少损失。

(5)被保险人对遭受承保责任范围内危险损害的货物采取抢救、防止或减少货损的措施而支付的合理费用,但以不超过该批被救货物的保险金额为限。此项规定是为了鼓励对货物积极抢救的行为。施救费用的赔偿可以在另一个保险金额内进行,也就是说,保险人对保险标的物本身的赔偿及施救费用的赔偿各为一个保险金额。这是因为,施救费用不仅仅是海上保险合同的一个款项,而且还是海上保险合同之外的一个补充合同,保险人按照这种补充合同的规定,在原保险责任的基础上,又独立承保了一项风险。

(6)运输工具遭遇海难后,在避难港由于卸货、存仓及运送货物所产生的特别费用。

(7)共同海损的牺牲、分摊和救助费用。

(8)运输契约订有"船舶互撞责任"条款,根据该条款规定应由货方偿还船方的损失。船舶互撞责任条款原是提单背面的条款之一,具体规定,如本船与他船发生碰撞,其原因是由于他船的过失,同时也因本船船长、船员、引水员在驾驶或管理船舶中的疏忽、过失或不履行职责而与他船碰撞,当他船对本船货主遭受的货物损失支付全部赔款后,向本船承运人就其应承担的那部分责任提出索赔,则本船承运人有权要求货主偿还已经从他船得到的这部分赔款。根据货物运输保险合同的这一约定,保险人对这部分赔款承担赔偿责任,即对船舶互撞责任条款中要求的货主补偿本船承运人原来可以免责却又被迫承担他船应对本船货物所负赔偿责任中的那部分赔偿承担赔偿责任。

从上述分析的平安险责任范围的具体内容可以看出,平安险承担的责任范围较小,切不可将平安险误解为只要被保险人投保了这种险别,保险货物就可以在整个运输途中平平安安,即使遭受自然灾害或意外事故,保险人也将对运输途中的货物发生的一切损失负赔偿责任。事实上并不尽然。

2. 水渍险(WA)

水渍险承保的责任范围除包括平安险的各项责任外,还负责被保险货物由于恶劣气候、雷电、海啸、地震、洪水等自然灾害所造成的部分损失。简单地说,水渍险的承保责任范围就是在平安险的全部责任范围基础上,加上被保险货物由于海上自然灾害所造成的部分损失。

虽然水渍险承担赔偿部分损失的责任,然而对被保险货物因某些外部原因所导致的部分损失,如碰损、锈损、破碎等不予负责。

水渍险适用于不大可能发生碰损、破碎、或者容易生锈但不影响使用的货物,如铁钉、铁丝、螺丝等小五金类商品,以及旧汽车、旧机床、旧设备等二手货。

3. 一切险(AR)

一切险的责任范围除包括平安险和水渍险的所有责任外,还包括保险货物在海、陆、空运输过程中,由于各种外来原因所造成的保险货物的全部或部分损失。

由于一切险提供了充分的保险保障,各类货物都适用,特别是一些粮油食品、纺织纤维类商品以及新的机器设备,投保一切险更为合适。

在一切险中,不论是全部损失还是部分损失,除了对某些有运输途耗的货物,经保险人与被保险人双方约定在保险单上载明免赔额外，一般都没有免赔额的规定。

（二）除外责任

保险人对不属于保险责任范围内的风险事故所造成的保险标的的损失或由此而产生的费用不承担责任。海上运输货物保险的三种基本险别，不论是平安险、水渍险还是一切险，保险人对于下列原因所造成的货物损失都不负责赔偿：

1. 被保险人的故意行为或过失行为所造成的损失；

2. 被保险货物的潜在缺陷和货物本身的性质所造成的损失，包括货物已存在的品质不良、包装不善、标志不清所造成的损失，以及因发货人责任所造成的损失；

3. 被保险货物的自然损耗、自然渗漏和自然磨损所造成的损失；

4. 被保险货物因市价跌落或运输延迟所引起的损失或费用；

5. 属于战争险条款和罢工险条款所规定责任范围和除外责任。

（三）保险期限

保险期限是指保险人承担责任的起讫时限，根据我国海上运输货物保险条款的规定，保险人的保险责任的起讫期限分为正常运输与非正常运输两种情况：

1. 正常运输情况下保险责任的起讫期限

正常运输是指保险货物自保险单载明的起运地仓库或其储存处所首途运输开始，不论先使用哪种运输工具运输货物，只要是属于航程需要，都属于正常运输范围。一般说来，凡是正常的运输工具（汽车、火车、内河船舶、海轮等），正常的延迟和正常的转船均属正常的运输。在正常运输的情况下，保险人负“仓至仓”责任。

仓至仓条款（W/W）是海上货物运输保险期限的基本条款。它规定了保险人承担责任的空间范围，即规定了保险人承担责任的起讫地点，从保险单载明的起运港（地）发货人的仓库或储存处所运输时开始，直到保单载明的目的地收货人仓库或储存处所止，货物进入仓库后保险责任即行终止，这就是仓至仓条款。

在实际业务中，为了满足被保险人的需要，保险人在保险货物卸离海轮后，若未能及时进入仓库，对这段时间仍提供保险，但最长时间不能超过 60 天。若在 60 天内货物进入收货人仓库，保险责任即在货物进人仓库时终止；若满 60 天后货物仍未进人收货人仓库，保险责任也终止。这种规定实际上是仓至仓条款的扩展。

2. 在非正常运输情况下保险责任的起讫期限。

非正常运输是指被保险货物在运输中，由于遇到被保险人无法控制的情况，没有按正常的航程、航线行驶或停靠港口。如货物在保险单所载明的目的港以外的某个港口卸下，发生运输合同终止、绕航、运输延迟、被迫卸货、重新装载或转运等情况。

非正常运输情况下，海上货物运输保险的责任起讫一般以“扩展责任条款”和“航程终止条款”为依据。

(四)附加险

附加险是在基本险上附加承保的一种保险。附加险与基本险不同，不能单独承保，只能附属于基本险项下。附加险分为三种：一般附加险、特别附加险和特殊附加险。

1. 一般附加险，主要包括十一种外来原因引起的风险责任。如：偷窃、提货不着险，淡水雨淋险，短量险，混杂、玷污险，渗漏险，碰损、破碎险，串味险，受潮受热险，钩损险，锈损险，包装破裂险。

2. 特别附加险，特别附加险不包括在一切险的责任范围内。导致特别附加险的货物损失原因往往同政治、国家行政管理以及一些特殊风险相关，主要包括：交货不到险，进口关税险、舱面险、拒收险、黄曲霉素险等。

3. 特殊附加险，主要包括战争险和罢工险。它与特别附加险一样，都不能单独承保，必须附属于基本险项下，也不包括在一切险的责任范围内。

四、海洋船舶保险

海上运输是国际贸易的主要运输方式，船舶是海上运输的工具，因此从某种意义上说船舶是海上航运贸易的主体。船舶保险在海上保险中占有重要地位。

船舶保险的标的可分为有形的物质和无形的与船舶有关的利益、责任等。有形的物质指各种各样的船舶和能够浮于水面上，可以看作船舶的固定财产。我国海商法规定：船舶是指海船和其他海上移动式装置，但是用于军事的、政府公务的船舶和20总吨以下的小型船艇除外。与船舶有关的利益包括运费、船舶经营可获得的。预期利润，以船舶作抵押发放的贷款等；由于船舶引起的事故需要船东负责赔偿的经济损失也可作为船舶保险的标的，如船舶碰撞责任、对船员的责任以及清除航道、油污的责任等。

船舶保险只承保适航的船舶，不适航的船舶不能成为船舶保险承保的对象。船舶在保险责任开始前已不适航，那么即使船舶保险合同已经签订，亦属无效。

(一)船舶保险的险别及其承保责任

1. 全损险

全损险承保被保险船舶因遭受保险范围内的风险而造成的全部损失，包括实际全损和推定全损。

(1)地震、火山爆发、闪电或其他自然灾害；

(2)搁浅、碰撞、触碰任何固定或浮动物体或其他物体和其他海亡灾害；

(3)火灾、爆炸；

(4)来自船外的暴力盗窃或海盗行为；

(5)抛弃货物；

(6)核装置或核反应堆发生的故障或意外事故；

(7)本保险还承保由于下列原因所造成的被保险船舶的全损：

①装卸或移动货物或燃料时发生的意外事故；

②船舶机件或船壳的潜在缺陷;

③船长、船员有意损害被保险人利益的行为;

④船长、船员和引水员、修船人员及租船人的疏忽行为;

⑤任何政府当局,为防止或减轻因承保风险造成被保险船舶损坏引起的污染,所采取的行动。

但此种损失原因应不是由于被保险人、船东或管理人未恪尽职守所致的。

2.一切险

本保险承保上述原因所造成被保险船舶的全损或部分损失以及下列责任和费用。

(1)碰撞责任

这是指被保险船舶与其他船舶碰撞或触碰任何固定的、浮动的物体或其他物体所引起的被保险人在法律上应负的经济赔偿责任,包括被碰撞船舶的损失或修理费用、救助费用、船期损失以及被碰撞船舶所载货物的灭失、损毁及延迟和由于被碰撞船舶造成污染或污染产生的责任或费用等。

当被保险船舶与其他船舶碰撞,双方均有过失时,除一方或双方船东责任受法律限制外,碰撞责任的赔偿应按“交叉责任”原则处理。

(2)共同海损和救助

被保险船舶发生共同海损,船舶保险人负责赔偿被保险船舶所应分摊的部分。保险人对共同海损分摊的赔偿与船舶损失赔偿合并计算,不得超过船舶的保险金额。

救助是指对在任何水域遭遇海难的船舶、货物和人员由外来力量进行援救的行为。因被保险船舶遭遇海难发生救助而产生的救助报酬的支付义务可由保险人承担。

(3)施救费用

由于承保风险造成船舶损失或船舶处于危险中,被保险人要像一个谨慎的未投保的船东一样采取各种合理措施防止或减少船舶的损失，由此行为而引起的费用称为施救费用。施救费用是一种单独费用，在另一个保险金额内赔付，但不得超过船舶的保险金额。

（二）特别条款

船舶保险中的特别条款有：海运条款、船舶修理招标条款、姐妹船条款。

1. 海运条款

海运条款是保险人对被保险人使用船舶方面所作的限制。条款规定：

除非事先征得保险人的同意并接受修改后的承保条件和所需加付的保费，否则，保险人对下列情况所造成的损失和责任均不负责：

（1）被保险船舶从事拖带或救助服务；

（2）被保险船舶与他船（非港口或沿海使用的小船）在海上直接装卸货物，包括驶近、靠拢和离开；

（3）被保险船舶拆船或以拆船出售为目的的航行。

2. 船舶修理招标条款

当被保险船舶遭受部分损失需要进行修理时，被保险人应当精打细算地安排修理事宜，采用招标方式接受最有利的报价。

3. 姐妹船条款

由于同属一个船东所有的姐妹船之间的碰撞或救助不构成法律责任，因此没有赔偿责任或给付救助报酬的义务。但这种碰撞也会造成经济损失，为了使被保险人得到补偿，姐妹船条款规定，可将姐妹船视为分属不同船东所有的船只，对它们之间的救助，也按救助惯例支付救助报酬。

（三）除外责任

船舶保险的除外责任包括：

1. 船舶不适航。主要是指人员配备不当、装备不妥和配载不当。

2. 被保险人及其代表的疏忽或故意行为。

3. 被保险人克尽职守应予发现的正常磨损、锈蚀、腐烂或保养不周或材料缺陷，包括不良部件的更换或修理。

4. 战争险、罢工险承保责任与除外责任。

5. 清除障碍物、残骸的费用。

6. 人身伤亡、疾病等。

五、运费保险

运费保险是以海上运费为保险标的的保险。目前，伦敦保险市场上主要有两种条款，即协会定期运费条款和协会航程运费条款，分别适用于定期运费保险和航程运费保险。定期运费保险承保一定期限内（通常为一年）的任何时刻船东处于风险中的运费的保险。航程运费保险是承保某一航程开始时处于风险中的运费的保险。运费保险无论定期或航程，均设有专门的基本保单，大多是使用船舶保单。

从广义上说，运费由两部分组成：船东（承运人）为货主运送货物所收取的报酬以及出租船舶所收取的租金；船东运送自己的货物或货主在购货时为了将货物运往目的地所支付的运费。按照习惯，属于前一部分的运费一般需要投保运费保险；后一部分运费通过列入采购成本或货物的成交价格中，可随货物运输保险一并处理，因而不单独投保运费保险。

六、海上石油开发保险

现代海上石油开发具有技术复杂、投资多、风险大的特点。海上石油开发作业一般要经过钻前普查勘探、钻探、建设和生产四个阶段。各个阶段海上石油开发面临着不同的风险，需要的保障也不尽相同。海上石油开发保险涉及到财产保险、责任保险、工程保险和费用保险等几个方面。财产保险主要有钻井船保险、钻井平台保险、平台钻井机保险、油管保险等。责任保险的险种包括保赔险、承租人责任保险、第三者责任险。这些责任在石油工程项目中往往相互交叉和重复。为了避免这种重复，国际保险市场上对海上石油开发作业的责任采取混合保险形式。我国也采取这种形式承保“三者合一”的有关责任赔偿保险。此外，由于海上石油开发工程涉及设备生产商、工程承保商和工程所有人等多方面的利益。国际上一般采用一揽子保险的形式，以建筑工程保险为基础，然后根据海上石油开发工程的特点加上船舶的碰撞责任、保赔责任，或以造船保险为基础加以充实，使之适合近海石油工程和水上作业以及拖船过程中需要的风险保障。费用保险专门承保海上石油开发工程作业中因突然发生井喷时，为了控制井喷并使之恢复正常钻探所产生的费用损失，包括井喷控制费用保险和重钻费用保险。

第六节　责任保险

一、责任保险概述

责任保险是以被保险人的民事损害赔偿责任为保险标的的保险。责任保险的承保方式有两种：一种是以作为各种损害赔偿保险（即普通财产保险）的组成部分或附加险的方式承保，如机动车辆第三者责任保险、船舶保险的碰撞责任等；另一种是作为单独险种的方式承保。单独承保的责任保险有公众责任保险、产品责任保险、雇主责任保险和职业责任保险等四种类型。

虽然责任保险属于广义财产保险的范畴，但与普通财产保险相比较，其自身特点十分明显。责任保险的特点主要体现在以下几方面：

1. 责任保险产生和发展的基础。责任保险的产生不仅是以民事责任风险的客观存在和社会生产力发展到一定阶段为基础，而且也是由于人类社会的进步带来了法律制度完善的结果。社会的发展带来了法律制度的完善,人们在社会生活和生产过程中所面临的,由于过失甚至无过失行为给他方造成损害而依法承担民事赔偿责任(主要表现为合同责任和侵权责任)的风险也越发明显,致害人通过责任保险的方式转嫁这些风险的需求也越显突出,责任保险正是在此前提下得以产生和发展的。当今世界上责任保险最发达的地方,也是各种民事责任法律制度最完备、最健全的国家。因此,责任保险的基础就是健全的法律制度,尤其是民法和各种专门的民事责任法律和法规。

2.责任保险的补偿对象。在普通财产保险中,保险人根据被保险人的经济损失对被保险人进行补偿,并且赔款也直接支付给被保险人,由其所有。责任保险的直接补偿对象是保险合同的被保险人,其间接补偿对象则是不确定的第三者,即受害人。在保险事故发生后,保险人的赔偿使被保险人在赔偿限额内免除了因需承担民事赔偿责任而可能遭受的经济损失,但在客观上使受害者得到了经济补偿,保障了受害人的合法权益。因此,我国《保险法》规定责任保险人可以直接向受害人支付赔款。

3.责任保险承保的标的。责任保险承保的标的是没有实体的民事赔偿责任,是无固定金额的。这种不确定的民事赔偿责任如果不在保险合同中用某一限额加以明确,势必会使保险人的经营陷入不稳定状态。因此,责任保险人通常以规定赔偿限额的方式作为计算承担经济赔偿责任的最高限度,超过限额的损害赔偿责任仍须由被保险人自己承担。

二、公众责任保险

公众责任保险又称普通责任保险,主要承保企业、团体、家庭及个人在固定的场所从事生产、经营,以至于日常生活中由于意外事故而造成第三者人身伤害或财产损失,依法应由被保险人所承担的经济赔偿责任。公众责任保险是责任保险中独立的、适用范围极为广泛的保险类别。常见的公众责任保险有场所责任保险、承运人责任保险、个人责任保险等。

(一)保险责任

1.被保险人在保单列明的地点内发生意外事故造成第三者人身伤害或财产损失,依法应承担的经济赔偿责任;

2.因损害事故引起的诉讼费和经保险人事先同意支付的其他合理费用。

(二)除外责任

1.被保险人根据与他人的协议应承担的责任,但即使没有这种协议,被保险人仍应承担的责任不在此限。

2.为被保险人服务的任何人所遭受的人身伤害的赔偿责任。

3.下列财产的损失责任:

(1)被保险人或其雇佣人员或其代理人所有的财产或照管或控制的财产;

(2)被保险人或其雇佣人员或其代理人正在从事或一直从事的工作所使用的任何物品、土地、房屋或建筑。

4.由于下列原因或与下列原因有关而引起的损失或伤害责任:

(1)由于未载入保险单而属于被保险人所有的或占有或以其名义使用的任何牲畜、车辆、火车头、各类船只、飞机、电梯、起重机、吊车或其他升降装置引起或发生的损害赔偿责任;

(2)火灾、地震、爆炸、洪水、烟熏和水污;

(3)有缺陷的卫生装置或任何类型的中毒或任何不洁或有害的食物或饮料。

5.由于震动、移动或减弱支撑引起任何土地或房屋的损坏责任。

6.由于战争、敌对行为、武装行为的直接或间接后果所致的责任。

（三）赔偿限额

保单一般规定有两项赔偿限额，即每次事故的赔偿限额和保险期限内的累计赔偿限额。由保险双方根据可能发生的赔偿责任风险的大小协商确定。

三、产品责任保险

产品责任保险是指承保产品制造者、销售者、修理商因其制造、销售、修理的产品有缺陷导致他人人身伤害或财产损失而依法应由其承担经济赔偿责任的责任保险。

（一）保险责任

1. 在保险期限内，被保险人生产、销售、分配或修理的产品在被保险人生产、销售、分配或修理场所以外发生意外事故，造成用户、消费者或其他任何人的人身伤害或财产损失，依法应由被保险人承担的经济赔偿责任；

2. 被保险人为产品事故所支付的诉讼、抗辩费用以及其他经保险人事先同意而支付的合理费用。

（二）除外责任

1. 根据合同或协议由被保险人承担的责任；

2. 根据劳工法、雇主责任法或雇佣合同应由被保险人对其雇员及有关人员承担的损害赔偿责任；

3. 被保险人所有、照管或控制的财产的损失；

4. 被保险人故意违法生产、出售或分配的产品造成任何人的人身伤亡或财产损失；

5. 被保险产品本身的损失以及回收有缺陷产品造成的费用及损失。

（三）赔偿限额和保险期限

责任保险的赔偿限额通常有两项，一项是每次事故的限额，另一项是保单累计限额。另外，每项限额下还可分别划分人身伤害和财产损失限额。

责任保险的保险期限通常为1年，但强调按时续保，以保持其连续性。对于使用年限较长的产品，也可投保3年期、5年期的产品责任保险。

（四）保险费率

产品责任保险的保费通常是根据保险人制订的费率和被保险人当年生产、销售或营业收入总额计算。制订产品责任险费率主要应考虑以下因素：

1.产品的特点和可能对人体或财产造成损害的风险大小。

2.承保的地区范围大小。范围越大，费率越高。

3.赔偿限额的高低。同等条件下，限额越高，费率也高，但费率与限额并非按比例递增。

4.产品数量和产品价格。同类产品数量多、价格高的，销售额也高，保费收入高，费率可适当降低。

5.产品制造者的技术水平和质量管理情况。

6.保险人以往经营此项业务的损失赔付统计资料。

四、雇主责任保险

雇主责任保险是指承保被保险人（雇主）的雇员在受雇期间从事业务工作时，因遭受意外导致伤、残、死亡或患有与职业有关的职业病而依据或根据雇佣合同，应由被保险人承担的经济赔偿责任的责任保险。雇主责任保险的法律依据是各国的雇主责任法、劳工法或雇佣合同。

（一）保险责任

1.被保险人所雇佣的员工在受雇过程中，从事规定的与被保险人业务有关的工作时，遭受意外事故而致受伤、死亡或患与业务有关的职业性疾病所致伤残或死亡，根据雇佣合同或法律规定，被保险人须负担的医药费及经济赔偿责任。

2.合理的诉讼费用。

（二）除外责任

1. 战争、类似战争行为、叛乱、罢工、暴动或由于核子辐射所致被雇人员伤亡或疾病；

2. 被雇人员由于疾病、传染病、分娩、流产以及因此而施行手术治疗所致的伤亡；

3. 由于被雇人员自行伤害、自杀、犯罪行为、酗酒及无照驾驶各种机动车辆所致伤亡；

4. 被保险人的故意行为或重大过失，造成其雇员人身伤害；

5. 除另有规定外，被保险人对其承包商雇佣的员工的责任；

6. 其他不属于保险责任范围内的损失和费用。

（三）赔偿限额和保费计算

雇主责任保险的赔偿限额以雇员的工资收入为依据，主要考虑每个雇员的工种及日工资额。

雇主责任保险的保费，按不同工种的雇员适用的费率乘以该雇员年度工资总额（包括工资、津贴、奖金、加班费等）的方式计算。制订费率的依据主要是按不同行业和不同工种的雇员确定，并考虑赔偿限额的高低。

五、职业责任保险

职业责任保险是承保各种专业技术人员因工作上的疏忽过失造成第三者损害的经济赔偿责任的保险。职业责任保险的承保对象是各种从事专业技术工作的人员，如律师、会计师、医生、建筑设计师、保险经纪人、美容师等。

职业责任保险的保险责任主要包括赔偿金和诉讼费用，但这两项必须是被保险人或从事该业务的前任、被保险人的雇员及从事该业务雇员的前任，由于职业上的疏忽、错误所致的职业责任，不包括上述人员的不诚实、欺骗、犯罪或恶意行为引起的任何索赔。职业责任保险的保险责任确定有两种不同方式：一种是以索赔为基础，保险人仅对保险期限内提出的索赔负责，而不管导致索赔的事故是否发生在保险期限内；另一种方式是以事故发生为基础，保险人仅对保险期限内发生的事故导致的损失负责，而不管是否在保险期限内提出索赔。

六、校方责任保险

校方责任保险属于公众责任保险的一种，主要是为取得合法办学资格的幼儿园、小学、中学等提供责任保险保障。

（一）保险责任

1. 被保险人的在册学员，因下列原因造成在册学员遭受意外而受伤、死亡和财物损失，依照中国法律应由被保险人承担的医疗费用和经济赔偿责任，保险人在保险条款规定的责任险赔偿限额内按所附赔偿金额表规定负责赔偿：

(1)在被保险人组织并带领的校外活动中，因被保险人监护、安排不当，致使在册学员人身意外伤害；

(2)校园暴力造成无辜学员的人身伤亡；

(3)校园内的建筑物倒塌、校园设施缺陷造成的意外伤害；

(4)自然灾害和意外事故发生时校方监护不当。

2. 因被保险人监护、看护不当，致使在册学员被冒领、走失，在保险限额内负责赔偿。

3. 因校方提供的食品饮料不符合卫生标准所造成的人身伤害在保险限额内赔偿。

4. 在幼儿园、小学、中学校内，因被保险人的在册学员的过失导致被保险人所有或租用、借用的财产损失，保险人在保险条款规定的财产损失赔偿限额内负责赔偿。

5. 被保险人因上述保险事故需支付的鉴定费用、为减少损失而支付的合理的必要的施救费用、事先经保险人书面同意支付的法律费用以及其他费用，保险人在相应的每次事故赔偿限额内亦负责赔偿。

（二）责任免除

因下列情形之一致使在册学员人身伤亡或被保险人的财物损

失，保险人不负赔偿责任：

1. 战争、敌对行为、军事行动、武装冲突、罢工、暴动；

2. 被保险人的违法行为；

3. 被保险人及其代表或其雇员的故意行为、体罚或纵容；

4. 在册学员的违法行为；

5. 在册学员的精神损害赔偿；

6. 在册学员故意自伤、自杀、殴斗、酗酒、吸毒、出走或自身疾病；

7. 在册学员造成自有财物的损失；

8. 财物本身缺陷、保管不善导致的损毁；

9. 财物遭受盗窃、抢劫；

10. 被保险人组织、带领在册学员到境外及港、台、澳地区的活动；

11. 电脑系统数据丢失及由此引起的损失；

12. 保险单明细表或条款中规定的应由被保险人自行负担的免赔额；

13. 其他不属保险责任范围内的损失。

(三)赔偿限额

保险责任险赔偿限额设有：年累计赔偿限额、每次事故赔偿限额、每次事故每人赔偿限额、每次事故免赔额。财产损失赔偿限额一般为相应责任险赔偿限额的 30%。

第七节　保证保险与信用保险

保证保险和信用保险都是以有关利益为标的的财产保险，二者承保的都是信用风险，只是根据承保的方式不同才划分为两种业务。

一、保证保险

（一）保证保险概述

保证保险是一种具有担保性质的保险业务。凡被保证人根据权利人的要求，向保险人申请担保自己信用的保险，属保证保险。

保证保险与一般保险业务相比较，具有以下几方面的特点：

1.保证保险涉及三方当事人，即保险人、权利人（受益人）、被保证人。而普通保险只涉及保险人与投保人两方当事人。

2.保证保险的保险人承保被保证人的信用，一般在承保时对被保证人的资信情况都进行严格审查，并可要求被保证人提供反担保。一旦保险人向权利人赔偿后，有权向被保证人追回赔款。

（二）保证保险的分类

保证保险可分为两大类：诚实保证保险和确实保证保险。

1.诚实保证保险

诚实保证保险又称忠诚保证保险或雇员忠诚保险，通常指因被保证人（雇员）的不诚实行为，如欺诈、伪造、隐匿、贪污、侵占、挪用、盗窃等不法行为，使权利人（雇主）遭受经济损失，由保险人承担责任的保险。它以雇员的品德为承保对象，因而是一种品德担保业务。

诚实保证保险主要有职位保证、指名保证和总括保证等几种承保形式。诚实保证保险一般都规定有发现期，这是因为有些不法行为所造成的损失不易被当即发现，为了既有效地保障雇主的合法权益，又能使保险人控制所承担的责任，因而规定有一定时间限制的发现期。发现期的期限一般规定为雇员被辞退或退休或死亡后6个月或保险合同期满3个月内。

2.确实保证保险

确实保证保险是当被保证人无力或不愿意履行规定的义务，导致权利人利益受损时，保险人承担赔偿责任。确实保证的种类很多，大致有以下几种：

(1)合同保证。主要是保证被保证人履行合同义务。合同保证一般用于工程建筑项目,它又分为:履约保证、支付保证、投标保证、预付款保证和维修保证。

(2)司法保证。主要是在司法程序中,原告或被告向司法部门提出某项要求时,司法部门根据具体情况,要求提供保证。例如保险人保证经由法院命令为他人利益管理财产的人能够忠实尽责,如有违反,由保险人承担责任。司法保证包括信托保证和诉讼保证两类。信托保证保险是保证由法官指定的受托人(遗嘱执行人、财产管理人、清算人等)能够履行自己职责的保险。诉讼保证保险主要有保释保证保险、上诉保证保险、扣押保证保险和禁令保证保险。

(3)特许保证。主要指由于经营某一行业或从事某种活动,在申领许可证明时所必须提供的保证。如果被保证人违反政府法令或公众利益时,由此造成的损害由保证人承担赔偿责任。国际上一般对从事加油站、烟草业务、娱乐业等的厂家、销售商规定需提供此类保证。

(三)分期付款购车履约保证保险

分期付款购车履约保证保险是合同保证保险的一种,也是我国目前开办较为普遍的保证保险业务之一。

凡向经中国人民银行批准开办汽车消费贷款业务的商业银行提出贷款申请,以此贷款购买汽车并按照贷款合同约定分期向银行还款的个人,均可向保险人投保本保险。被保证人是指向银行借款用于购置汽车的个人;权利人是指向被保证人提供购车贷款的商业银行;保险人则是开办本保险并承担保险责任的保险公司。

1.保险责任

在保险期限内,因被保证人累计三期或者贷款期限结束后仍未能按贷款合同的规定履行还款义务,保险人按保险合同约定负责偿还被保证人所欠本金及相应利息,但以不超过保险金额为限。

2.责任免除

属于下列情况之一的，保险人不负赔偿责任：

(1)战争或类似战争行为、敌对行为、恐怖活动、核反应、核辐射或放射性污染，导致被保证人不能如期归还贷款的；

(2)因所购汽车质量问题引起争议，导致被保证人不能如期归还贷款的；

(3)被保证人或权利人未经保险人书面同意变更或解除贷款合同或其部分条款；

(4)被保证人与权利人订立的贷款合同被依法确认无效或中止执行；

(5)被保证人与权利人恶意串通，损害保险人利益；

(6)因被保证人违法犯罪行为导致其用作反担保的财产被依法罚没、查扣而丧失反担保效力；

(7)所购汽车没有在整个贷款期内向保险人投保机动车辆保险。

(8)由于权利人索赔不及时所引起的利息损失；

(9)其他不属于保险责任范围的情况。

3.保险期限

保险期限与贷款合同约定的贷款期限一致。

4.保险金额

本保险的保险金额为贷款合同中列明的被保证人应偿付的贷款本金和贷款利息之和。

5.保险人承担保险责任的前提条件

如果下述条件不能成就，视为将导致保险人所承保风险的增加，保险人有权按照实际情况选择解除保险合同或增收保险费：

(1)被保证人应当：在保险期限开始前，一次交清保险费；将所购汽车抵押给保险人作为对本保险所承担担保责任设定的反担保，签订书面抵押合同并依法办理抵押登记手续；被保证人也可以同时提供担保人或抵押除所购车辆以外的不动产作为反担保，但可以不作为保险人承担保险责任的前提条件；在保险期间向保险人投保机动车辆保险；在保险期限内不得擅自出售、转让所购车辆。

(2)权利人应当：负责督促被保证人履行上款义务；将被保证人还款情况逐期向保险人通报；在保险期内，如发现被保证人存在潜在不还款风险，或有任何导致本保险风险变化的情况，应在十日内通知保险人，并协助保险人共同采取措施减少或消除上述风险；在获得本保险赔偿后，继续配合保险人向被保证人或其反担保人(若有的情况下)追偿欠款。

6.赔偿处理

(1)发生承保范围内的事故后，权利人应在保险事故发生后五日内书面通知保险人。如可能涉及刑事案件，权利人应同时通知公安部门；

(2)发生承保范围内的事故后，权利人应以书面形式向保险人申请赔偿，并提供下列书面单证：索赔申请书；贷款合同副本、本保险保险单和机动车辆保险单正本；权利人发出的催款通知及被保证人未按期付款的记录清单；保险人要求提供的其他相关证明材料；

(3)保险人赔偿金额为逾期欠款的本息加上未到期欠款的本金，但逾期欠款的利息计算不应超过三期。赔偿总金额应以不超过保单所列明的保险金额为限；

(4)对于权利人提出的赔偿申请和提供的所有证明材料，经审核确属保险责任范围并符合法律法规规定的，保险人在与权利人达成有关赔偿协议后10日内，履行赔偿义务。权利人应同时将对投保人的一切债权转让给保险人，并协助保险人进行追偿；

(5)发生保险事故后，权利人从其知道或应当知道保险事故发生之日起两年内不向保险人书面索赔或提交所需的单证，即作为自愿放弃权益。

二、信用保险

(一)信用保险概念

信用保险是以在商品赊销和信用放款中债务人的信用作为保险标的,在债务人未能如约履行债务清偿而使债权人遭受损失时,由保险人向被保险人(债权人)进行赔偿的保险。目前,信用保险在世界各国均得到了不同程度的发展,许多国家的商业保险公司或专营保险公司都开办了信用保险业务,并促使这类业务随着国际贸易的迅速发展而成为一类有影响的国际性保险业务。信用保险在现代商业社会中正发挥着越来越大的作用,主要表现在以下几个方面:

1.为企业提供向银行贷款的保证,有利于其获得资金周转的便利,促进企业生产经营的正常发展。

2.有助于促进健康的商业贸易发展,保证商品流转的顺畅。

3.有利于促进出口创汇。出口信用保险使出口企业所面临的商业风险和政治风险得到保障,从而有利于出口企业的经济核算和开拓国际市场,为国家创造更多的外汇收入。

根据信用保险的承保范围,可以分为国内商业信用保险和出口信用保险两类,前者承保的是国内贸易中的信用风险,后者承保的是对外贸易中的信用风险。

(二)国内商业信用保险

国内商业信用保险是以国内贸易中赊购方、预付款接受方或借款方的信用为保险标的的信用保险。它是为促进本国商业信用的发展和健全而开展的一种保险形式,在发达国家运用得较为普遍,但在我国大陆还有待发展。

国内商业信用保险主要有以下几种类型:

1.贷款信用保险。贷款信用保险是保险人对银行或其他金融机构与企业之间的借贷合同进行担保,承保借款人信用风险的保险。在商品经济条件下，由于企业经营管理不善或决策失误以及自然灾害和意外事故等因素的存在，企业贷款不能及时甚至无法偿还的风险是客观存在的，因此建立贷款信用保险制度是维护正常金融秩序的重要保证。在贷款信用保险中，贷款方（债权人）是投保人，保险合同成立后即为被保险人，承保金额为银行贷出的全部款项。

2. 赊销信用保险。赊销信用保险是为国内商业贸易（批发）中延期付款或分期付款行为提供信用担保的一种信用保险业务。在这种保险业务中，投保人是制造商或供应商。保险人承保的是买方的信用，目的在于保证被保险人即权利人能按期收回赊销货款，保障商业贸易的顺利进行。

赊销信用保险适用于一些以分期付款方式销售的耐用商品如汽车、船舶、住宅等，其特点是期限长，风险比较分散，承保业务手续也比较复杂，保险人必须在仔细考察买方资信情况的条件下才能决定是否承保。

3. 个人贷款信用保险。个人贷款信用保险是指以金融机构对自然人进行贷款时，由于债务人不履行贷款合同致使金融机构遭到经济损失为保险对象的信用保险。由于个人的情况千差万别，且居住分散，风险不一，保险人要开办这种业务，必须对借款人借款的用途、经营情况、信誉、私有财产物资等做全面的调查了解，必要时还要求借款人提供反担保，否则，不能轻率承保。

（三）出口信用保险

出口信用保险是承保出口商因其债务人（买方）不履行贸易合同而遭受的损失的信用保险。它是国际贸易中各国争夺出口市场斗争尖锐化的产物，是各国政府为推动本国出口贸易而发展起来的一项重要经济措施，属于一种政策性险种。出口信用保险一般由政府直接经营或由政府授权的官方或半官方性质的出口信用保险机构经办，从而为本国出口商在国际贸易中的收汇风险提供保障。

1. 出口信用保险的种类。出口信用保险一般有三种：

(1)短期出口信用保险。适用于持续性的出口消费性货物，信用期不超过180天的短期信用贸易及向海外客户提供的服务。

(2)中长期出口信用保险。适用于半资本性的或资本性货物，信用期在180天以上，甚至达五年或八年。

(3)特约出口信用保险。适用于资信程度高的被保险人因业务需要，临时性的或比较特殊的，在其他出口信用保险中不能承保的业务。

2. 保险责任。出口信用保险承保的责任范围主要有两方面的风险：

(1)商业性风险。主要指由于买方自身的原因，如买方破产或其他原因无力偿付货款，或收货后拖欠货款，或买方拒收货物、拒付货款等风险。

(2)政治性风险。主要指买方国家实行外汇管制，进口管制，或发生战争、暴动、骚乱以及其他重大政治事件等风险。

出口信用保险不承保在卖方出口货物前已经存在的风险，或由于卖方或其代表的故意违约行为带来的风险。对于汇率变动引起的风险和其他保险中承保的风险也不予承保。

3. 索赔等待期。索赔等待期是指在保单中所约定的，当出口商或银行遭到保险责任范围内的损失后，在向保险人进行索赔时所需等待的期限。目的是为了让保险人仔细核定损失，督促出口商采取必要措施协助保险人催讨货款，力求减少不必要的损失。等待期长短视不同损失而定，如买方破产无力支付货款一经证实了可立即提出索赔；如买方拒付或拖欠货款，则要到付款期满6个月后，方可提出索赔。

4. 保险责任限额及赔偿比例。出口信用保险一般都有责任限额规定，包括对每一买方的信用限额和保险期限内的最高责任限额。一旦发生保险事故，保险人一般按比例承担责任，国际上较多国家通行被保险人承担 10%，保险人承担 90%，也有以 15%与 85%的比例分担责任。

5. 出口信用保险的费率制订。制订出口信用保险的费率应考虑下列因素：

(1)贸易合同规定的付款条件；

(2)出口商的资信、经营规模和出口贸易的历史记录；

(3)买方所在国的政治、经济及外汇收支状况；

(4)投保的出口贸易额大小及货物的种类；

(5)出口商以往的赔付记录。

复习思考题

1. 简述火灾保险的发展过程。

2. 企业财产保险有哪些保险责任？

3. 运输工具保险的特点有哪些？

4. 简述建筑工程保险的保险项目。

5. 货物运输保险具有哪些特点？

6. 试述平安险、水渍险和一切险的联系与区别。

7. 试述海运条款。

8. 责任保险有哪些种类，各种责任保险的保险责任分别是什么？

9. 简述出口信用保险的种类、保险责任和费率制订。

第七章　人身保险

人身保险是以人的寿命或身体为保险标的的保险。投保人依照保险合同的约定，向保险人支付保险费，当被保险人死亡、伤残、疾病或者达到保险合同约定的年龄或期限时，保险人承担给付保险金的责任。

人身保险是保险的两大类业务之一，因而具有保险的一般特征。同时，由于保险标的的特殊性，人身保险与财产保险相比呈现出许多重要的差异，主要有：(1)保险利益方面，财产保险中保险利益都有量的规定性，保险利益不超过财产的实际价值。但在人身保险中，因为人的寿命和身体无价，不能用货币来衡量，所以其保险利益一般没有量的规定性。而且，财产保险中保险利益是维持保险合同效力、保险人支付赔款的条件，但在人身保险中，保险利益只是订立保险合同的前提而非维持保险合同效力、保险人给付保险金的条件。(2)关于保险金额的确定。财产保险中通常以保险标的实际价值为依据确立保险金额，而人身保险中的保险金额则根据被保险人的保障需要和投保人的缴费能力由保险双方协商确定。(3)财产保险是补偿性保险，适用损害补偿原则，而人身保险(健康保险除外)为定额给付性保险，一般也不存在重复保险和代位求偿问题。

人身保险与社会保障制度有密切的关系。人身保险与社会保险虽然分属不同的立法范畴，承担不同的社会功能，采用不同的实施方式和管理体制，但有相同的保险标的，又有相近的技术原理。从发展历史看，社会保险是人身保险进一步发展的产物，社会保险制度的推行弥补了人身保险社会覆盖面之不足;从保障程度看,人身保险满足不同层次人群的保障需求,使一部分社会成员在具有社会保险基本保障的基础上享受进一步的补充性保障。本教科书对社会保险列出专章加以介绍。

人身保险可以从多种角度进行分类。按照保障范围不同,人身保险可分为人寿保险、人身意外伤害保险和健康保险;按照实施方式不同,人身保险可分为自愿保险和强制保险;按照投保方式不同,人身保险可分为个人保险和团体保险。人身保险险种繁多,且新险种层出不穷,但每一具体险种都是某些保险责任以某种形式组合而成的。本章着重介绍其中有代表性的基本的险种。

关键词汇:人身保险　人寿保险　死亡保险　生存保险　两全保险　年金保险　简易人寿保险　次健体保险　变额人寿保险　意外伤害保险　健康保险　医疗保险　观察期　残疾收入补偿保险　团体保险　员工福利计划　抗辩期　宽限期

第一节　人寿保险

一、人寿保险概述

人寿保险是以人的寿命为保险标的的人身保险。当被保险人死亡或达到保险合同约定的年龄或期限时,由保险人承担给付保险金的责任。

人寿保险是人身保险中发展得最早的一种,主要被用于处理两类人身风险。一是被保险人死得过早,未能完成其社会责任,而使依靠其维持生活的人或与其合作的人陷于困境;二是被保险人长寿但又无充分的物质准备,而使自己年老时的生活失去依靠。此外,购买人寿保险也可作为一种投资手段。

与意外伤害保险和健康保险相比,人寿保险具有以下特点。

1. 运用生命表。现代人寿保险的经营离不开生命表。寿险经验生命表的发明，揭示了被保险人寿命的运动规律，使寿险经营建立于科学的基础之上，也使寿险精算较早地成为一门科学，并被有效地运用。相比之下，非寿险（这里指意外伤害保险、健康保险和财产保险）的风险损失分布研究更为复杂，目前非寿险精算的研究与运用不如寿险精算深入、广泛而有效。

根据生命表，人寿保险所承保的风险，从整体上看具有相对稳定性。同时，就每个人而言，在不同年龄段其死亡率和生存率都是有差异的，即就个体而言，人的风险具有变动性。一般说来，人的死亡概率随年龄增长而增大。

2. 采用均衡保费制。均衡保费制是现代人寿保险的重要理论基础。根据这一理论，投保人每期缴纳相同的保险费，而不随被保险人死亡率的变化逐年变化。这样做，投保人每期所缴保费的负担比较均衡，不致因费用负担过重而使被保险人在晚年得不到保险保障。在这一制度下，保险前期的均衡费率往往高于自然费率（即直接根据死亡率确定的费率），而保险后期的均衡费率则低于自然费率。保险人用前期多收的保费及其利息弥补后期不足的保险费。采用均衡保费制，使寿险、特别是长期寿险得以蓬勃发展，又使人寿保险的投资职能大大增强，还促使一系列保险新业务出现。

寿险以外的其他保险，一般不采用均衡保费制。

3. 长期性。意外伤害保险和健康保险的保险期限一般不长，大多数在一年或一年以下，而人寿保险绝大多数是长期性业务，保险期限可以是几年、十几年、几十年甚至终身。因而寿险保单一般不必年年更新，手续、环节因此减少。而且保险人可从长期稳定的保费收入中取得巨额的、可供长期运用的资金，从而获得投资收益。这种收益也可以一定方式返还给投保方。因此，寿险精算必须考虑利息因素。

4. 储蓄性。由于采用均衡保费制，寿险纯保费可分解成两部分。一部分是风险保费，这是根据生命表计算得出的自然保费；另一部分是储蓄保费。于是，一定时期内人寿保险的保险人收取的纯保费超过该时期所支付的保险金。这超过的部分是投保人提前交给保险人的资金，相当于投保人在保险人处的一种长期存款，故谓之储蓄保费。保险人将此用于投资，得到收益。但本金和约定的利息当归投保方所有，为投保方之权益。只要保单没有到期，就有责任准备金，它属于保单所有人之权益，保险人要为将来的给付作准备。

人寿保险以外的其他保险，一般没有储蓄性。

二、普通人寿保险

普通人寿保险有三种基本形态：死亡保险、生存保险、两全保险。

（一）死亡保险

死亡保险是以被保险人在约定的期限内死亡为保险金给付条件的人寿保险。依照保险期间不同，死亡保险可分为定期死亡保险和终身死亡保险。

1. 定期死亡保险

定期死亡保险习惯上又称为定期寿险或定期保险，是以被保险人在保险期间内死亡为给付保险金条件的一种人寿保险。如若被保险人满期生存，则保险人不再承担保险责任，也不退还已收取的保险费。

定期寿险的保险期限有长有短，其期限可以特定的年数表示（如 8 年期定期寿险），也可以特定的年龄表示（如保至 55 岁）。定期寿险的保费，就相同的保险金额而言，一般要低于期限相同的生存保险、两全保险及终身寿险，这是因为定期寿险都规定被保险人的年龄上限（一般为 65 岁），因而在一定的期限内死亡概率总是低于生存概率。另一方面，定期寿险存在逆选择，从经营实践看，投保者往往风险偏高，因而导致保险费率偏高。此外，购买了定期寿险，还不能得到终身的保障，常使一些被保险人心里不踏实，因此一些保险公司的定期寿险合同中有可展期条款或可更换条款，即在一定条件下，可延长保险期限或转换成终身寿险。

2. 终身死亡保险

终身死亡保险又叫终身寿险或终身保险，是一种不定期的死亡保险。在保险合同有效期内，被保险人不论何时死亡，保险人都要依照合同约定给付保险金。通常，生命表的终端年龄为100岁，如果被保险人活到100岁，则保险人向其本人给付保险金，保险责任终止；如被保险人在100岁前死亡，则向其受益人给付保险金。

终身寿险有两个特点：一是费率相对较高，因为只要保单有效，保险金给付是必然的；二是采用均衡保费制，因而保单具有现金价值。

依照缴费方式不同，终身寿险又可分为三种形式：一是普通终身寿险即终身缴费的终身寿险，它要求投保人在被保险人生存期间，每期都要缴纳保险费。二是限期缴费的终身寿险，它要求投保人在约定的期限内每期缴纳保险费，期满后不再缴费，而保单有效至被保险人死亡。例如，在20年内每年缴费，在60岁前每年缴费，等等。显然，每期缴费的额度与缴费期限长短有关。在保额相同的情况下，期限愈长，则每期缴费愈少；期限愈短，则每期缴费愈多。三是趸缴保费的终身寿险，它要求投保人在投保时一次缴清全部保费。

(二)生存保险

生存保险是以被保险人生存到约定的年龄或期限为给付保险金条件的人寿保险。它与死亡保险恰好相反，如果被保险人未能生存到约定的年龄或期限，即中途身故，则保险人既不给付保险金，也不退还已收的保险费。因此，满期生存者所得之保险金，除本人所缴保险费(纯保费)之储蓄外，还包含中途身故者所缴纯保费之分摊所得。

生存保险的保费可以趸缴，也可以分期缴。其保险金可以一次性给付，也可以分次给付。当生存保险的保险金给付以年金方式进行时，则为年金保险。

年金是一种支付方式，即有规则地、定期收付一定款项的方法。年金也可以指以年金方式收付的款项本身，如领取年金。在人寿保险中，年金指年金保险，即在被保险人生存期间，按照保险合同约定的金额、方式、期限，定期而有规则地向年金受领人给付保险金的生存保险。年金保险通常被用于解决养老保障问题。年轻时缴纳保险费，年老后领取年金作养老金。因此年金保险也称养老保险。当然，年金保险也可用于其他方面，如子女教育基金保险等。所以，作为生存保险的特殊一类，年金保险在人寿保险业务中有重要地位。

年金保险的保险期间包括缴费期、给付期和可能有的等待期。缴费期是指年金保险的投保人分期缴纳保险费的期间；给付期又称领取期，是指保险人向年金受领人给付保险金的期间；等待期则是指缴费期结束后需要等待一段时间后再进入年金给付期。例如，30 岁的被保险人投保缴费到 50 岁，65 岁开始领取年金的年金保险，则其中 30 岁至 50 岁为缴费期，65 岁至终身为给付期，而 50 岁至 65 岁为等待期。需要指出缴费期与给付期是不会有重叠交叉的，即不论采取何种缴费方式，只有缴清全部保险费之后，才能进入年金领取期。

显然，年金保险具有较强的储蓄性并有现金价值。因而有不少人把年金保险作为一种安全投资的方式，并能在一定额度内享受税收方面的优惠。

年金保险种类繁多，兹将其基本的类型枚举如下。

1. 依照保费缴纳方式不同，年金保险可分为趸缴保费年金保险和分期缴费年金保险。前者指年金购买者一次缴清应缴之保费，后者是指年金购买者按照约定的期限和周期分次缴纳保险费。

2. 依照被保险人的人数不同，年金保险可分为个人年金保险和联合年金保险。前者又称单生年金，是指只有一个年金受领人，即一个被保险人，而后者是指被保险人有两个或两个以上的年金保险。联合年金中的被保险人往往是彼此有特殊关系者，如夫妻、家庭成员等。这种年金有两种主要形式。一种是共同生存者年金保险，以被保险人共同生存为给付年金的条件，如果被保险人中有一个死亡，年金给付就停止。另一种是最后生存者年金保险，被保险人中只要有人生存，年金照常给付，并且不减少，直到被保险人全部死亡。除此之外，还有一些修正及组合形式，恕不一一列举。

3. 按照年金给付开始的时间不同，年金保险可分为即期年金保险和延期年金保险。前者指购买年金保险的当期期末即可领取第一笔年金。注意，开始领取年金的具体时间决定于给付周期的长短。例如，给付周期为一年一次，则年初购买年金保险年底领取年金，相隔一年；给付周期如为一月一次，则月初购买年金保险月底领取年金，相隔一个月。显然，即期年金保险只能采取趸缴保费的方式。延期年金保险是指购买年金保险后的一段时间(例如 10 年)或年金受领人达到一定年龄(如 65 岁)后才开始领取年金。延期年金保险可以采取趸缴保费方式，也可采用分期缴费的方式。

4. 按照给付期限不同，年金保险可分为定期年金保险和终身年金保险。后者指保险人给付年金直至被保险人死亡，被保险人何时死亡，保险人何时停止给付年金。前者是对后者的一种限制，保险人在约定的期限内给付年金，约定期满，给付终止。如果被保险人在约定期内死亡，则从被保险人死亡时终止给付年金。换言之，年金给付以被保险人生存为前提，以约定期满为限。例如，某人已购买 15 年期定期年金保险，约定从 61 岁开始领取年金，则此人可领年金至 75 岁。如果此人在 72 岁死亡，则保险人只给付年金至 72 岁，以后不再给付。

5. 按年金额是否变动，年金保险可分为定额年金保险与变额年金保险。定额年金保险是指年金给付额按保险合同约定的额度支付而不进行任何调整的年金保险。变额年金保险则是年金给付额在各给付周期有所不同的年金保险。变额年金保险是为克服通货膨胀对年金寿险的影响而设计的。其基本原理是,保险人将所收保险费扣除一定的经营费用后进行普通股投资(通常是放入专门的“变额年金账户”),年金的给付额则根据各周期年金资金所拥有的股票时价计算,股票价格变化,各期的年金额也随之变化。

6. 按照保险费有无返还,年金保险可分为无返还年金保险和返还式年金保险。早期的年金保险是无返还的,即只要被保险人死亡,保险人就停止给付年金。这对于某些被保险人来说是十分不利的。为改进这一缺点,返还式年金保险出现了。购买了这一险种,年金受领人总可以得到年金购买价格的全部或相当一部分,即在被保险人死亡之后,保险人继续向受益人支付被保险人未领完的年金。返还式年金保险又可分为期限返还年金保险和保费返还年金保险。前者指不论被保险人寿命如何,年金给付至约定的期限届满为止。如果被保险人在约定的期限内死亡,则保险人向受益人继续给付年金,直到期满。保费返还年金保险是指被保险人死亡时,如果他所领取的年金数额少于其所缴保费,则其受益人可领回这个差额。

(三)两全保险

两全保险即生死两全保险,又称生死合险、混合保险等,指被保险人无论在保险期限内死亡还是在保险期限届满时依然生存,保险人都给付保险金的人寿保险。保险期限内死亡所得为死亡保险金,满期生存所得为生存保险金。

两全保险本质上是定期死亡保险与生存保险的组合。因此,两全保险的纯保费是同一期限的生存保险与死亡保险纯保费之和。显然,两全保险的保费要高于单纯的生存保险或死亡保险的保费。从保单价值来分析,两全保险中的风险保额与储蓄保额随着承保时间的推移向相反方向发展,即保单中的风险保额逐年递减,到保险期满变为零，而储蓄保额逐年递增，到保险期满增至一个保险金额。换言之，保障因素逐渐下降趋于0，而投资因素逐渐递增至1。用数学公式表示：

$$S(t)+I(t)=1 \tag{1}$$

其中 t 表示承保时间，$S(t)$ 表示保障因素，它由1递减至0，$I(t)$ 表示投资因素，它由0递增至1。也可用图7-1表示：

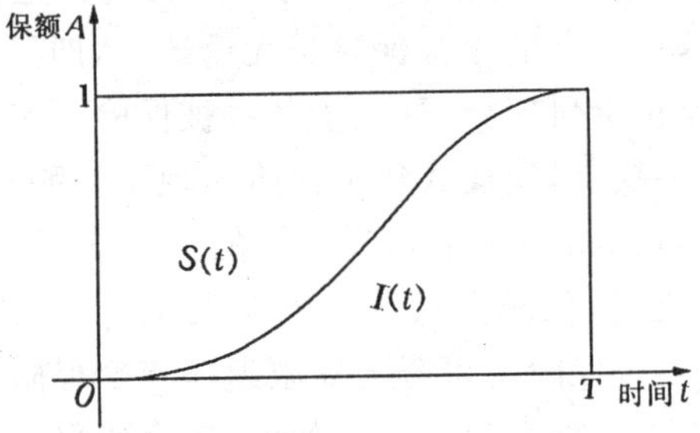

图 7-1

显然，这种分析方法同样适用于终身寿险。事实上，终身寿险可以看成是一种期限较长的两全保险。

根据上面的分析，我们看到，两全保险具有保险性和储蓄性双重功能，因而保险费率较高。当然，两全保险的保单也具有现金价值。

按照保险期限不同，两全保险可分为两种类型。一是以特定年龄为保险期满日，通常以被保险人的退休年龄（如60岁、65岁等）为保险期满日，此类两全保险又被称为养老保险，旨在为被保险人退休时准备大笔保险金供其老年生活之用。当然如被保险人在退休前不幸身故，则其受益人可得保险金之给付。另一类型是以特定的期限为保险期间，如5年、10年、20年等。此类两全保险常用于某一特定的储蓄目的，例如教育基金。购买这类保险，既在保险期间内享有保险保障，又在满期后有一定金额以应付特定的支出需要。由于两全保险在形式上与银行储蓄有相类似之处，人们也称其为储蓄保险。

两全保险业务主要有以下几种：

1. 普通两全保险，无论被保险人在保险有效期内死亡，还是生存到保险期满，保险人都给付保险金。

2. 双倍两全保险，被保险人如果在保险期满时生存，则保险人给付一个保险金额；如果被保险人在保险有效期内死亡，保险人给付两个保险金额。

3. 养老附加定期保险，被保险人满期生存，保险人给付一个保额；如果被保险人在保险期限内死亡，则保险人按照生存保险金的若干倍给付。

4. 联合两全保险，即有若干被保险人之两全保险，保险有效期内如有任一被保险人死亡，保险人给付全部保险金，保险合同随即终止；如果被保险人全部满期生存，则保险人给付生存保险金，保险金由全体被保险人共同受领。

普通人寿保险的基本形态虽仅三种，但针对人们各种不同的保障需要，可以对三种基本形态进行修改和组合，形成内容更为复杂的寿险产品，这些产品有的是基本形态的组合与搭配，有的是寿险与非寿险的混合形态。常见的有：家庭收入保险单、家庭抚养保险单、退休收入保险单、多倍给付保险单、存款定期寿险、子女保险、遗属年金、终身收入保险单、保费修正人寿保险单、退还保费保险单、保证分红保险单、保险面额加现金价值保险单，等等。

三、特种人寿保险

特种人寿保险通常指简易人寿保险、次健体保险和团体人寿保险，这是因为它们在保单内容和保险技术上都有与普通寿险不同之处。鉴于团体人寿保险为团体保险之一部分，而团体保险为起步较晚但发展极为迅速之业务，本章对团体保险专列一节加以介绍。

（一）简易人寿保险

简易人寿保险又称简易人身保险或简身险，是一种以低收入阶层为承保对象，免验体、低保额、缴费期限短的人寿保险。其保险责任一般为两全保险，有时也附加意外伤害。

简易人寿保险起源于英国。人寿保险发展之初，低收入劳动者无力购买人寿保险。随着现代工业的发展，伤残、死亡事故逐渐增多，传统的互助组织不能真正解决劳工的保障问题，从而形成危机。1853 年，英国下议院经过调查，提出要为低收入阶层解决人寿保险问题。为适应这一需要，次年英国谨慎保险公司创办了简易人寿保险。这一险种很快走向世界，在 20 世纪中叶其业务量达到高峰。随着世界经济的稳定发展、人们生活水平的提高和社会保障制度的完善，简身险在寿险业中的地位逐渐下降。

简易人寿保险具有以下特点：

1. 保险产品以限期缴费的终身寿险或两全保险为多，且一般属不分红保险。

2. 保险金额较低。与低收入者生活水平相适应，简身险的保额是较低的。实务中，简身险通常有最高限额之规定。例如，美国早期每年或每人最高限额 1000 美元，后提至 5000 美元。

3. 免验体。由于保额较低，承保时无需对被保人进行体检，只是以投保人的告知或代理人的说明为核保依据。当然，这一险种的保险合同中常有不可抗辩条款，保险人可在抗辩期内行使相应权利。

4. 缴费次数频繁。考虑到低收入者的负担能力，简身险的保费一般是按周或按月缴纳，常常由保险公司外勤人员或代理人到府服务。正因如此，邮政简易寿险在各国盛行，邮差兼任收费员。

5. 保险费较高。购买简身险的人群死亡率偏高，而采用特定的经验生命表，加上缴费次数频繁带来的经营费用增加使然。

6. 保险合同中不含自杀条款。因为保险金额较低，不必以此条防止自杀图赔之风险。

（二）次健体保险

次健体保险，又称非标准体保险、弱体保险，是指以次健体（非标准体、弱体）为保险对象的人寿保险。

所谓次健体，是指风险程度较高、不能以正常费率承保的被保险人。通常有以下几种：(1)现有医理缺陷者，如严重心脏病、异常高血压、过重体等；(2)可能影响寿命的既往医理缺陷；(3)家族病史中有遗传病者；(4)从事高风险职业者；(5)工作或居住环境恶劣者。

通常把次健体超过健体的风险（称为超过风险）分为三类：(1)均衡型，这类超过风险与年龄关系不密切，如职业方面的超过风险；(2)递增型，这类超过风险随年龄增大而加重，如心脏病、过重体等；(3)递减型，这类超过风险随年龄增大而减轻。

对次健体的承保，保险公司常用的方法有：

(1)年龄增加法。此法将被保险人的年龄增加一个固定年数而进行承保。例如被保险人年龄 36 岁，但按 39 岁收取保险费。这种方法适用于其超过风险为递增型的次健体。

(2)保额削减法。此法按正常费率承保，但在一定期间内按比例减少保险金给付。这一方法适用于递减型的次健体。

(3)加收定额保费。按此法保险人在承保时加收一定金额的额外保费。这一方法适用于其超过风险为均衡型的次健体。

四、变额人寿保险

变额人寿保险是指保险给付金额可以变动的人寿保险。其产生的背景是严重的通货膨胀向传统人寿保险的竞争能力和盈利能力提出的挑战，而传统人寿保险对通货膨胀的反应能力极弱。其一，传统寿险的保额通常为固定的，而通货膨胀导致购买力下降，保险的保障作用随之降低。其二，保险公司投资组合中，占有较高比重的债券，除了新近购买的债券外，老债券所反映的只能是过去的通胀率，而这个通胀率很可能低于当前与未来的通胀率。20世纪50年代，荷兰一家保险公司首次推出变额人寿保险，很快在许多国家得到推广。变额人寿保险作为创新型的险种，被用以对付通货膨胀。此外，变额人寿保险单也可认为是一种证券，因而在美国，变额寿险单要同时受证券监管部门和保险监管部门的双重管理。变额人寿保险的主要险种有：

（一）变额人寿保险

这一险种的要点有：(1)保费固定不变，但保额可以变动，当然通常要规定一个最低限额。(2)保险公司为保单所有人设立专用账户进行投资，而与保险公司其他业务分开。保险人可据情对资产组合进行调整，而保单所有人也可自行选择投资组合。(3)保单现金价值随保险公司投资组合和投资业绩变动。但不论投资业绩如何，保险给付不低于约定的最低限额。

（二）可调整的人寿保险

这是在变额人寿保险基础上改进的，其特点是增加了灵活性。这一险种不仅保险金额可变，而且保险费和保险期限均可变，即在一定条件下，保单所有人具有投资选择权，保险公司则可据情提高或降低保单的保险金额、增加或减少保险费、延长或缩短保险期限。在这种保单发售之初，保险人根据被保人的年龄、保险金额和保险费等因素，为被保险人提供终身或定期之保障，投保人则可一开始选择一个保额，并在一定的限制条件下，选择自己可以接受的一个保费标准。保单售出后，保险费和保险金额都可进行调整，提高保费则可增加保额，降低保额则保费随之减少。同时，只要保费相应增减，终身寿险可转为定期寿险，反之亦然；定期寿险中，保险期限可延长也可缩短。

（三）万能人寿保险

这一险种又称综合人寿保险，最早出现于1979年的美国。万能人寿保险的保险费、保险金额和现金价值都可以随保单所有人的需要而改变，甚至可以暂时停缴保险费。保单所有人还可以提出部分现金价值，而不致使保险合同失效。而在一般寿险产品中，通常只能以保单现金价值为抵押进行贷款。与可调整寿险相比，万能寿险有一特点，即现金价值利率与当时市场利率紧密相联系。此外，保险公司一般将其进行中、短期投资，而不像传统寿险主要作长期投资。

(四)变额万能寿险

这是变额寿险与万能寿险的结合物。这一保险允许保单所有人改变保费额，允许其使用投资账户中的现金价值支付保险费。它在一张保单中，把万能寿险保费方面的灵活性优点与变额寿险中保单所有人可自行选择投资组合的优点结合在一起，使保单极具吸引力。

第二节　人身意外伤害保险

一、意外伤害保险概述

人身意外伤害保险简称意外伤害保险，是指在保险有效期间，因遭遇非本意的、外来的、突然的意外事故，被保险人受到伤害而致残疾或死亡，由保险人承担给付保险金责任的人身保险。

(一)伤害

意外伤害保险中所说的“伤害”，是指外来的致害物以某种方式破坏性地接触或作用于人的身体的客观事实。伤害由致害物、侵害对象、侵害事实三个要素构成，缺一不可。

1. 致害物是指对受害人直接造成伤害的物体或物质，有物理类的，化学类的，也有生物类的。根据致害物的类型不同，伤害可以分为以下几类：(1)器械伤害，指各种器械对人体的伤害，如机动车辆、机械设备、凶器、工具、建筑物等；(2)自然伤害，指自然灾害或自然环境对人体的伤害，如雷电、洪水、暴风、暴雨、高温、高压、强光等；(3)化学伤害，指各种化学物质对人体的伤害，如酸、碱、有毒气体、有毒液体等；(4)生物伤害，指他人及野兽、家畜、花粉等生物对人体的伤害。

2. 侵害对象是指致害物所侵害的客体，即人的身体的某个或某几个部位。因此，伤害是指生理上的而非精神上的、权利上的，强调的是对人的生理机能的破坏。

3. 侵害事实是指致害物以某种方式破坏性地接触、作用于人的身体的客观事实。常见的侵害方式有：火灾、灼烫、爆炸、碰撞、坠落、跌倒、坍塌、掩埋、倾覆、触电、急性中毒、辐射等等。

(二)意外

意外伤害保险中所说的"意外"，是指伤害的发生是受害者没有预见到的或来不及预防和躲避的，或伤害的发生是违背受害者的主观愿望的，因而以"非本意的"、"外来的"、"突然的"三个词来限定。

1. "非本意的"是指伤害的发生是受害者没有预见到的，或违背受害者主观愿望的。前者包括不能预见、无法预见或因为疏忽而没有预见到。例如正常航行中的飞机因机械故障导致空难、行人被大风从楼上吹下来的花盆砸伤等，对受害者来说实属无法预见。又如，停电时未切断电源就动手修理线路，结果因不久恢复供电，修理者触电死亡，此属因疏忽而未预见到。事实上，此修理者本应预见到，随时可能恢复供电使自己触电，而他根据以往经验，以为需要很长时间才能恢复供电，但这次停电的时间很短。因此，意外伤害便是偶然事件。正是由于其在通常情况下不会发生，才没有预见到。如果是必然发生或几乎必然发生的事件，则可预见到了，其发生就不是意外。例如，一位水性良好的游泳者在游泳池游泳，那是比较安全的，如果不慎溺水，则属意外。反之，一个不会游泳的人，在没有保护的条件下跳入深水学习游泳，如果溺水，那就不是意外了。同样，日常生活中被蛇咬伤属偶然，而被蚊子叮咬则不属意外。

"非本意"的另一情形是伤害的发生违背受害人的主观意愿。受害人已预见到伤害即将发生,且如果技术上采取措施则可避免发生,但出于法律上的规定或自己的职责或为行善而不躲避。此时,"明知山有虎,偏向虎山行"。例如,一警察见歹徒行凶抢劫,如躲避则可免遭伤害,但警察有保卫人民生命财产安全之责任,于是他挺身而出与歹徒搏斗。因此警察在与歹徒搏斗中受伤属意外伤害。又如,一歹徒持刀抢劫银行,银行职工如交出现金则可免遭伤害,但银行职工负有保护现金安全之责任,银行职工拒不交出现金并与歹徒搏斗,银行职工因此受伤,亦属意外伤害。其他如因参与制服歹徒、参与救灾救难等而受伤者,均可以意外伤害论。

2."外来的"是指伤害是由受害者自身以外的原因造成的。如,被疯狗或毒蛇咬伤、被机动车辆撞伤、被人推入深坑等均属外来原因。又如,挑、抬、背、举重物时,因用力过猛,造成关节挫伤,也属外来原因所致伤害。

3."突然的"是指伤害的直接原因是突然出现的,而不是早已存在的,受害者来不及预防。例如,空中飞行物坠落、车祸、爆炸、蛇咬等。注意,职业病(如矽肺病、铅中毒等)虽属非本意的外来的原因所致,但属长期接触有毒物质而形成,并非突然出现,因而不属意外伤害之列。

需要注意的是,"意外"的这三个条件缺一不可,即同时满足这三条的伤害才能称为意外伤害。另一方面,满足上述三条的意外伤害,未必属于意外伤害保险的承保范围。这就需要研究意外伤害保险的可保风险范围。

(三)意外伤害风险

通常,依照可保性划分,意外伤害风险可分为不可保意外伤害风险、特约保意外伤害风险和一般可保意外伤害风险三类。

1. 不可保意外伤害风险,指根据保险原理不应承保或受承保技术水平和承保能力之限而无法承保的意外伤害风险。保险人如果承保不应承保的风险，则将违反法律的有关规定或违背社会公共利益。例如，当事人在故意犯罪活动或寻衅斗殴中所受意外伤害，在酗酒和吸毒后发生的意外伤害，保险人不能承保。有些风险、如核污染、核辐射造成的人身意外伤害，往往在短期内不能确定伤害情况；又如大规模战争或核爆炸，会造成大范围的人身伤害。这类风险是基于承保技术与承保能力之限而被列入不可保风险的范围的。当然，随着保险技术水平之提高和保险市场承保能力的增强，这类不可保风险将逐渐成为可保风险。通常，对于不可保意外伤害，在保险条款中明确列为除外责任。

2. 特约保意外伤害风险，指根据保险原理可保，但因风险较高或责任不易区分，保险人一般不予承保，只有经过保险双方特别约定，有时还要加收保险费后才予承保的意外伤害风险。例如，从事跳伞、攀岩、滑雪、摔跤、江河漂流、拳击、赛车等剧烈体育竞技时所受意外伤害，其风险远高于一般活动，需加收保费；医疗事故造成的意外伤害，如医生误诊、药剂师配错药品、检查时造成的损伤、动手术切错部位等，因为只有少数病人才存在此类风险，而意外伤害保险的费率系根据大多数人的状况制定的，为使保费负担公平合理，保险人一般不承保这类风险。对于特约保意外伤害风险，在保险条款中通常列为除外责任。保险双方如果特别约定承保某一风险，则由保险人在保险单上签注特别约定或出具批单，对该项除外责任予以剔除。

3. 一般可保意外伤害风险，是指在一般情况下可保的意外伤害风险。事实上，除了不可保意外伤害风险和特约保意外伤害风险外，均属一般可保意外伤害风险。需要指出的是，特约保意外伤害风险与一般可保意外伤害风险之间无严格的界限。保险公司可以根据自己的技术条件、承保能力和经营状况决定将某种意外伤害风险归入前者或后者。

(四)意外伤害保险的分类

意外伤害保险可以按多种方式分类。主要有：

1. 依照承保的风险不同，意外伤害保险可分为普通意外伤害保险和特种意外伤害保险。普通意外伤害保险承保保险期限内的各种意外伤害，不具体规定意外事故发生的原因与地点。例如，学生团体平安险，以在校学生为保险对象，在保险期内，不论被保险人在校内还是校外，只要因意外伤害致死或致残，保险人均按保险合同给付保险金。普通意外伤害保险的保险期限通常为一年。特定意外伤害保险承保特定时间、特定地点或特定原因的意外伤害。例如，游泳者平安保险的保险责任仅限于游泳场内发生的溺水死亡。旅客意外伤害保险、登山运动员意外伤害保险、煤气爆炸意外伤害保险、索道旅客意外伤害保险等均属此类。特定意外伤害保险的保险期限一般较短。

2. 依照实施方式分，意外伤害保险可分为自愿意外伤害保险和强制意外伤害保险。自愿意外伤害保险指投保人与保险人在自愿基础上订立保险合同的意外伤害保险。意外伤害保险多数属于此类。强制意外伤害保险是国家机关通过颁布法律法规强制实施的意外伤害保险。例如，中国政府在1951年公布"铁路旅客意外伤害强制保险条例"、"轮船旅客意外伤害强制保险条例"、"飞机旅客意外伤害强制保险条例"，其中规定，凡在国内搭乘火车、轮船、飞机旅行的人都必须缴纳规定的保险费，发生意外事故所致伤害，由中国人民保险公司按前述条例之规定给付保险金。

3. 依照保险期限不同，意外伤害保险可分为一年期、短期和长期意外伤害保险。一年期意外伤害保险的保险期限为一年，普通意外伤害保险多属此类。短期意外伤害保险的保险期间短于一年，有的只有几天、几小时甚至更短。例如，航空、铁路、轮船旅客意外伤害保险、旅游保险等。长期意外伤害保险的保险期限超过一年。例如，满期还本的长期意外伤害保险，由投保人缴纳一定的储金，以其利息为保费，期满时保险人退还全部储金。

4. 依照保险对象不同，意外伤害保险可分为个人意外伤害保险和团体意外伤害保险。前者以个人为被保险人，后者以团体为投保人、团体中的成员为被保险人。

二、意外伤害保险的特点

意外伤害保险的特点可以从它与人寿保险、财产保险和人身伤害责任保险的比较中发现。通过比较，我们可以进一步揭示意外伤害保险的本质。

(一)与人寿保险的比较

意外伤害保险与人寿保险的保险对象都是人，因而确定保险金额的原则相同，即根据被保险人的保障需要和投保人的缴费能力由保险双方协商确定。此外，投保人与被保险人可以是两个不同的主体，且都需要指定受益人。这两类保险的主要差异在于：

1. 风险特点不同。人寿保险的保险事件[①]是被保险人的死亡(含意外伤害死亡)或生存，其发生的概率与被保险人的年龄密切相关，因而人寿保险所承保的风险与年龄直接相关。一般说来，死亡概率随年龄递增而增加，生存概率随年龄递增而减小。但是意外伤害风险与被保险人的年龄、性别关系不密切，而主要与被保险人的职业、工种或其所从事的活动有关。事实上，被保险人不论男女老少、体格强健与否，在相同的环境中，其遭受意外伤害的可能性大体相同。

2. 保费计算依据不同。依照商业保险的经营原则，保费与风险相应。由于意外伤害保险与人寿保险所承保的风险特点不同，因而这两类保险的保费计算依据不同。人寿保险保费计算适用寿险精算原理，意外伤害保险保费的计算则适用非寿险精算原理。人寿保险的纯保费系依照生命表和预定利息率得到，故保费与被保险人的年龄有直接的关系。通常，在其他条件相同时，被保险人的年

① 习惯上，财产保险中称“保险事故”，人身保险中则称“保险事件”。

龄越大,则其死亡保险费越高,而其生存保险费越低。意外伤害保险费率的厘定一般不以生命表为依据,而是根据保险金额损失率来计算。在适用费率时,则主要考虑被保险人的职业、工种及其所从事的活动。在其他条件相同的情况下,被保险人的职业、工种或所从事活动的危险程度越高,则其应缴的保险费就越多。

3. 保险期限不同。人寿保险的保险期限较长,一般为几年、十几年、几十年乃至终身。意外伤害保险的保险期限一般较短,多数不超过一年,有的仅几天或几小时甚至几分钟。

4. 保险给付不同。人寿保险中,保险事件发生,保险人不问被保险人有无损失以及损失金额之多少,只是按照约定的保险金额给付保险金。意外伤害保险中,保险事件发生,死亡保险金按约定的保险金额给付,残疾保险金则按残疾程度给付。

5. 责任准备金计提方法不同。人寿保险的年末未到期责任准备金系根据均衡保费制原理按照有效人寿保险单的全部净值提取,这与生命表、预定利率、被保险人的年龄、已保年数、保险金额等因素有关。而意外伤害保险的年末未到期责任准备金是按当年保险费收入的一定比率计提的。

(二)与财产保险的比较

意外伤害保险与财产保险同属非寿险,其技术原理十分接近,因而有许多相同之处。二者的保险期限都较短,纯保费都是根据保险金额损失率计算,未到期责任准备金都是按当年保险费收入的一定比率计提。但是,意外伤害保险属于人身保险,与财产保险也有不少区别,主要有:

1. 保险标的不同。财产保险的保险标的是财产或利益,而意外伤害保险的保险标的是人的身体。

2. 保险金额的确定原则不同。财产保险的保险金额以保险标的的实际价值为依据确定,而意外伤害保险的保险金额则根据被保险人的保障需要和投保人的缴费能力由保险双方协商确定。

3. 投保人与被保险人的关系不同。财产保险中，投保人与被保险人一般是同一主体，且保险合同中一般不需要指定受益人。意外伤害保险中，投保人与被保险人可以是同一主体，也可分离为两个不同的主体，且保险合同中一般要指定受益人。

4. 保险给付原则不同。财产保险中，保险事故发生，保险人依照损害补偿原则承担给付保险金责任，保险金不超过被保险人的实际损失。而在意外伤害保险中，保险事件发生，虽然被保险人必遭损失，但这种损失难以估价，故保险金是按约定的保险金额根据死亡或残疾程度给付。

（三）与人身伤害责任保险的比较

人身伤害责任保险是责任保险的一种，承保被保险人因其疏忽、过失造成他人人身伤害依法应负的民事赔偿责任。意外伤害保险与人身伤害责任保险，虽然都是因发生人身伤亡事故而给付保险金的保险业务，但二者有着重要的差别，主要有：

1. 保险标的不同。意外伤害保险的保险标的是被保险人的身体和生命，而人身伤害责任保险的保险标的是被保险人对他人的民事赔偿责任。

2. 保险责任不同。意外伤害保险中，只要被保险人遭受意外伤害导致死亡或残疾，就构成保险责任，保险人就要给付保险金。而人身伤害责任保险中，只有依照法律或合同的规定，被保险人应对受害者承担民事赔偿责任，且受害者向被保险人（致害人）提出索赔，才构成保险责任，保险人才支付赔款。

3. 保险合同的主体不同。意外伤害保险合同中，投保人与被保险人可以是同一主体，也可以分离为两个不同的主体，且被保险人是有可能成为受害人的人。而人身伤害责任保险合同中，投保人与被保险人往往是同一主体，而被保险人则是有可能成为致害人的人。

4. 保障对象不同。意外伤害保险的保障对象只是可能成为受害人的被保险人，而人身伤害责任保险的保障对象既包括可能成为致害人的被保险人，也包括可能成为受害人的第三方。

5. 给付方式不同。意外伤害保险采用定额给付方式，即按保险合同中约定的保险金额和死亡或残疾程度给付保险金，而不问被保险人的实际损失为多少。而人身伤害责任保险则采用补偿式给付，保险人在保险合同约定的赔偿限额内补偿被保险人（即致害人）的实际赔偿责任。至于超过保险合同赔偿限额的被保险人依法应负的赔偿责任，则由被保险人自己承担，而与保险人无关。

三、意外伤害保险的基本内容

意外伤害保险的基本内容是：投保人向保险人缴纳保险费，如果被保险人在保险期限内遭受意外伤害而因此在责任期限内死亡或残疾，则由保险人给付保险金。这里主要有两个要点，一是保险责任，二是给付方式。

（一）保险责任

意外伤害保险的保险责任构成有三个要件，缺一不可。

1. 被保险人在保险期限内遭受意外伤害

这里要求被保险人遭受的意外伤害必须是客观的事实，而非臆想与推测的。因而在实务中，被保险人或其受益人负有遭遇意外伤害的举证之责任。这里还强调被保险人遭遇意外伤害的事实必须发生在保险期限之内。如果被保险人在保险期限开始前遭受意外伤害而在保险期限内死亡或残疾，则不属于保险责任范围。

2. 被保险人在责任期限内死亡或残疾

意外伤害保险只负责被保险人因意外伤害导致的死亡和残疾。对于因意外伤害导致的医疗费支出和收入减少，保险人不予负责。对于因疾病导致的被保险人死亡或残疾，保险人也不予负责。

责任期限是意外伤害保险特有的概念，指从被保险人遭受意外伤害之日起的一定期限，通常为180天。意外伤害保险中强调被保险人在遭受意外伤害后的死亡或残疾必须发生在责任期限内，否则保险人不承担给付保险金责任。关于被保险人的死亡，实践中有两种情况：一是生理死亡，即已被证实的机体生命活动和新陈代谢的终止；二是宣告死亡，即按照法律程序推定的死亡。因此一些意外伤害保险中常订有失踪条款，就被保险人的失踪作出特别约定，通常规定，被保险人确因意外事故下落不明超过一定期限（如三个月、六个月），视同被保险人死亡，保险人给付死亡保险金，如果被保险人日后生还，则受益人须退还保险金。至于残疾责任期限，实际上是确定残疾程度的期限。被保险人遭受意外伤害后，往往需要经过一段时间的治疗才能确定是否造成残疾及残疾之程度。如果被保险人在责任期限内治疗结束，并能确定残疾与否以及残疾程度，则保险人的责任明确。如果责任期限结束时治疗仍未结束，尚不能确定最终是否造成残疾及残疾程度，那么就推定责任期限结束这一时点上被保险人的组织残缺或器官正常机能的丧失是永久性的，即以这一时点的情况确定残疾程度，保险人则按这一残疾程度给付残疾保险金。这种情况，通常需医疗专家小组作出鉴定。保险人据此给付保险金后，保险责任终止。以后，即使被保险人经过治疗痊愈或残疾程度减轻，保险人也不退回全部或部分残疾保险金。同理，即使被保险人加重了残疾程度甚至死亡，保险人也不追加给付保险金。

3. 意外伤害是被保险人死亡或残疾的直接原因或近因

在意外伤害保险中，被保险人在保险期限中遭遇过意外伤害，并且在责任期限内死亡或残疾，并不意味着必然构成保险责任。只有当意外伤害与死亡、残疾之间存在必然的因果关系时，才构成保险责任。事实上，意外伤害与死亡、残疾之间的因果关系有三种情况：(1)意外伤害是死亡、残疾的直接原因；(2)意外伤害是死亡、残疾的近因；(3)意外伤害是死亡、残疾的诱因。当意外伤害是被保险人死亡或残疾的直接原因或近因时，保险人应当给付保险金。当意外伤害是被保险人死亡或残疾的诱因时，保险人不是按照保险金额和被保险人的最终后果给付保险金，而是比照健康者遭受此种意外伤害会造成的后果给付保险金。

(二)给付方式

意外伤害保险属定额给付性保险，当保险责任构成时，保险人应按保险合同约定的方式给付保险金。

1. 死亡保险金给付

意外伤害保险合同中，通常规定有死亡保险金的额度或死亡保险金占保险金额的比率。大多数情况下，死亡保险金为一个保险金额。

2. 残疾保险金给付

残疾保险金的额度决定于两个因素，即保险金额与残疾程度：

$$\text{残疾保险金}=\text{保险金额}\times\text{残疾程度(比率)} \tag{2}$$

残疾程度是人体组织永久性残缺或人体器官正常机能永久丧失对一般人的劳动能力的影响的量化。通常，各保险公司都有《人身意外伤害保险残疾给付标准》，实践中执行或比照执行之。

需要注意的是，保险人给付给被保险方的保险金不超过保险金额：

(1)如果一次意外伤害导致被保险人身体多处残疾，则保险人按保险金额与被保险人身体各处残疾程度比率之和的乘积计算保险金，但如果各处残疾程度比率之和超过 1，则按保险金额给付保险金，即

$$\text{保险金 } B=\text{保险金额 } A\times\min\left\{1,\sum p_i\right\}, \tag{3}$$

其中 p_i 表示第 i 处残疾程度比率。

(2)如果被保险人在保险期限内多次遭受意外伤害，则保险人对每次意外伤害所致死亡或残疾按保险合同的约定给付保险金，但保险金累计不超过保险金额，即

$$\text{保险金 } B=\min\left\{\text{保险金额 } A,\sum B_i\right\}, \tag{4}$$

其中 B_i 表示第 i 次意外伤害导致死亡或残疾的保险金。

第三节　健康保险

一、健康保险概述

健康保险是以人的身体为保险标的，当被保险人在保险有效期间因疾病、分娩或遭受意外伤害导致医疗费用支出或经济收入损失时，由保险人承担给付保险金责任的一种人身保险。

据此定义，健康保险承保的责任主要有两类：一是因疾病、分娩或遭受意外伤害所致的医疗费用，以此为主要承保责任的健康保险称为医疗保险；二是因疾病、分娩或遭受意外伤害所引起的经济收入损失，以此为主要承保责任的健康保险称为残疾收入补偿保险。此外，有时健康保险也对被保险人因疾病、分娩所致死亡或残疾给付保险金。

健康保险作为社会健康保障体系的重要组成部分，通常由商业保险公司经营。在这一体系中，社会医疗保险处于第一层次，它为社会成员提供基本的医疗保障，而健康保险则处于第二层次，它是第一层次的必要补充。在中国大陆，农村尚未建立社会医疗保险制度。20 世纪 50 年代至 20 世纪 70 年代末二十多年间的农村合作医疗制度，曾经发挥过积极的、极为重要的作用，但随着农村生产合作制度被农村家庭联产承包责任制替代，农村合作医疗制度逐步解体。近期国家开始倡导在农村建立新型的合作医疗保障体系。在城镇，20 世纪 50 年代建立起来的公费医疗制度和劳保医疗制度，是计划经济的产物，与市场经济体制不相适应。经过多年的改革探索，各地已经建立起基本医疗保险制度。改革是使商业保险公司经营的健康保险与社会保险部门经办的社会医疗保险职能分工更加明确，我国大陆的健康保险事业将会有更大的发展空间。

就个人或家庭而言，要根据自己的健康风险状况和在社会医疗保险制度中可能享受的待遇情况，决定如何购买健康保险。在美国，由于社会医疗保险的保障项目不多，绝大多数美国公民参加了商业性医疗费用保险。而在英国和一些北欧国家，由于社会医疗保险的保障项目多且保障程度高，这些国家的商业性健康保险实际上只给小部分高收入者提供一种优质的、高效的医疗保障服务。

二、健康保险的特征

（一）疾病的构成要件

健康保险所承保的风险事故中，疾病是最主要而又最典型的，其特性在一定程度上体现了健康保险的特点。健康保险所承保的疾病之构成要件有三：

1. 非由明显的外来原因所引起。疾病应当是由于人体内在的原因所致精神或肉体上的痛苦或不健全，而不是指因外来的、急剧的、偶然的事故而蒙受的身体伤害。当然，某些疾病可以由外界原因诱发，如病菌传染、气候骤变、误服药物等，但这些感染必然要在身体内潜伏并酝酿一段时间才会形成明显的病症，因此还是应作为内在原因，属疾病范围。

2. 非由先天的原因所造成。依照保险原理，保险合同订立之前已发生的风险事故，保险人是不承担责任的。因此，健康保险的保险人对被保险人投保时已经存在的疾病是不承保的。所以，对于先天存在于被保险人身体上的或器官性能上的残缺不全或畸形自然不在健康保险承保之列。当然，如属遗传因素的病症，在保险合同订立之前并未显现，而在保险有效期间由潜伏转为明显的疾病，则可归入疾病之范围。

3. 非由长存的原因所致。人生由成长到衰老是一客观规律。在人体趋于衰亡的过程中出现一些病态乃属自然的生理现象，不能作为健康保险中的疾病。据此，不能将为了增强体质、延缓衰老的保健费用纳入健康保险的范围。当然，在衰老的过程中诱发出的其他疾病则仍属偶然事件，可以列入健康保险的责任范围。

（二）与人寿保险的比较

健康保险与人寿保险虽同属人身保险，但二者有重要的差异，主要体现在：

1. 保险责任方面。人寿保险以被保险人的寿命为保险标的，以被保险人的生存或死亡为给付保险金条件，而健康保险则主要承保被保险人因疾病、分娩或遭受意外伤害所引起的医疗费支出或经济收入损失。虽然都是为人提供保障，但二者的责任差之甚远。

2. 保险合同性质方面。人寿保险合同是给付性保险合同，保险事件发生，保险人按保险合同的约定金额给付保险金。健康保险合同则多数是补偿性保险合同，保险事件发生，保险人要按实际损失情况在保险金额范围内予以补偿。从这一点看，健康保险与财产保险在技术原理上是一致的。事实上，有的国家将医疗保险列入损害保险范畴，而由损害保险公司即财产保险公司经营。

3. 保险期限方面。人寿保险一般为长期性业务，而健康保险一般为短期业务，以一年期居多。

4. 承保标准方面。健康保险的承保条件往往比人寿保险更为严格。对于产生疾病的因素需要严格的审查，体检是常用的手段。对于经过体检或其他风险评估方法被确定为次健体的被保险人，往往被要求提高保险费率或重新规定承保范围。对于某些特殊疾病，也可单独制定特种条款、额外收费或列明除外。此外，为防止已经患有疾病的被保险人投保，健康保险的保险合同中常有关于观察期的规定，观察期一般是半年或3个月，保险人只对观察期结束后保险期限内的疾病承担补偿责任，对于被保险人在观察期内因疾病而支出的医疗费和减少的收入，保险人不予补偿。

5. 保费计算与准备金计提方法。人寿保险的保费和未到期责任准备金计算基于寿险精算原理。健康保险适用非寿险精算原理，其保费计算和责任准备金计提方法与财产保险和意外伤害保险一致。影响健康保险费率的直接因素是比较多的:疾病发生率、残疾发生率、疾病持续时间、利息率、费用率、失效率、死亡率等。对这些因素进行可靠而稳定的估测是一件不简单的事。此外,健康保险费率还要受社会医药管理体制、地理环境、经济发展甚至保险公司的展业方式、承保习惯、理赔原则及公司的主要目标等因素的影响。

6. 保单续效方面。与人寿保险不同,健康保险多为短期保险,续保便是常常要讨论的问题。由于人的身体状况不断变化,即健康风险不断变化,保险人对续保持谨慎的态度。健康保险合同中常有连续有效条款,注明保单在什么条件下失效、什么条件下自动续保。其方式可归纳为以下几类:

(1)可任意取消保单。即保险人在任何时候可提出终止保险合同,或改变保费、责任范围等。这对保险人来说风险是较小的,因而此种保单成本较低,且对承保条件要求不严格。

(2)有条件可取消保单。对这种保单,保险人只能在特定的日期,如每月、季、半年的期末提出解除或变更合同,对于提出前已发生而尚未处理的保险事故,仍应按原来规定的合同内容承担责任。

(3)有条件续保保单。对这种保单,保险人必须按期续效,直至约定的时间或期限,但其前提是被保险人必须符合合同规定的条件和承保标准。

(4)保证性可续保保单。这种保单,只要投保人继续缴费,保险合同就可续效,直至被保险人到达法定退休年龄,但每次续保时保险人可根据被保险人的健康状况调整费率或变更部分保险责任。

(5)不可取消保单。这种保单,只要投保人继续缴费,保险合同就一直有效,直至被保险人退休,其间保险人不得提出取消或变更保险合同。显然,这种保单使保险人承担的风险较大,因而其成本较高。

7. 成本分摊方面。人寿保险无此内容,但健康保险中此项极为常用,特别是医疗保险中。为了达到保险双方风险共担之目的,与财产保险中的一些做法类似，健康保险合同中常有以下条款：

(1)免赔额条款。健康保险中的免赔额有三种。一是单一免赔额，即对每次赔额规定一个免赔额；二是全年免赔额，即按全年累计医疗费设置免赔额；三是集体免赔额，即为投保的整个团体设置免赔额。

(2)比例分摊条款。即对医疗费超过免赔款的部分由保险双方按比例分摊。通常保险人承担75%～80%左右，其余由被保险人承担；也可设置分级累进比例。这样，有利于防范道德风险、控制医疗费用。

(3)给付限额条款。即在保险合同中设置给付限额，以控制总的支出水平。一般都规定保险期限内总的给付限额，超过限额部分由被保险人自行承担。除此之外，还可以通过多种方式限制给付的额度，如规定保险期限内不同费用项目的总给付限额、一次住院中不同费用项目的给付限额、单次住院的最高限额等等。这些限额规定可以单独使用，也可以结合起来使用。如可以规定单次住院的检查费最高不超过1000元，并且保险期限内的住院检查费最高不超过3000元。

(三)与意外伤害保险的比较

健康保险与意外伤害保险同属非寿险，保险标的和风险特点相同，保费计算原理与责任准备金计提方法相同，保险期限一般较短。但二者有重要的差异。

其一，保险责任不同。健康保险承保被保险人的医疗费用支出和经济收入损失，还承保因疾病、分娩所致被保险人死亡或残疾，这些都是意外伤害保险所不承保的。虽然健康保险和意外伤害保险都将意外伤害列为保险事件，但意外伤害保险只承担死亡和残疾的给付责任，而健康保险则承担意外伤害所引起的医疗费支出和经济收入损失的补偿责任。二者“分工”明确。例如，某人在一场车祸中受伤，虽经两个月的治疗仍成残疾。如果他是意外伤害保险的被保险人，则只能得到残疾保险金给付而无法得到医疗费用和收入损失的补偿；如果他是健康保险的被保险人，则他不能得到残疾保险金给付但可能得到医疗费用和收入损失的补偿。

其二，保险合同性质不同。意外伤害保险合同属于定额给付合同，保险事件发生，保险人依照保险合同约定的保险金额和死残情况与程度给付。健康保险合同多数属补偿性合同，保险事件发生，保险人依照实际损失情况在保险金额内补偿。因此，补偿性健康保险中有代位求偿与重复保险问题。如果保险事件系由第三者肇事所引起，则保险人既可以在给付了保险金后，要求被保险人将向第三者追偿的权利转移给保险人，也可在第三方进行了赔偿后，向被保险方给付或补足差额。如果存在重复保险，则按重复保险下的赔偿方式进行给付。显然，意外伤害保险则不存在代位求偿与重复保险问题。

需要指出，《中华人民共和国保险法》第六十八条规定："人身保险的被保险人因第三者的行为而发生死亡、伤残或者疾病等保险事故的，保险人向被保险人或受益人给付保险金后，不得享有向第三者追偿的权利。"这样的规定似可商榷。

三、健康保险的分类

（一）按照保险责任不同，健康保险可分为医疗保险和残疾收入补偿保险。前者承担医疗费用补偿之责，后者承担经济收入损失补偿之责。这一分类是健康保险的最基本分类。

（二）按照实施方式不同，健康保险可分为自愿性健康保险和强制性健康保险。前者根据自愿原则实施，大多数健康保险属此类。后者根据法律法规开办实施，常常由政府或政府指定的机构办理，也可委托商业保险公司代理。

（三）按照投保方式不同，健康保险可分为个人健康保险和团体健康保险。前者以单个自然人为承保对象，后者以团体为投保人，以团体成员为被保险人。

四、医疗保险

医疗保险又称医疗费用保险，是为被保险人提供医疗费用保障的保险，是健康保险的主要险种之一。医疗费用是指医疗过程中发生的各种费用，包括诊疗费、手术费、药费、护理费、住院费、医院设备使用费等。实务中的医疗保险险种，往往是为其中一项或若干项的组合提供保险保障。通常，医疗保险各险种将下列情事作为责任免除：(1)订立保险合同时已患有的疾病；(2)因被保险人自杀、自残所致疾病；(3)战争及战争行为所致伤病；(4)核污染、核辐射所致疾病；(5)艾滋病；(6)因被保险人酗酒、吸毒及擅用麻醉剂所致疾病；(7)因被保险人的不法行为或严重违反安全规则所致疾病。下面概要介绍医疗保险的主要险种。

(一)普通医疗保险

普通医疗保险为被保险人提供治疗疾病的一般性医疗费用保障。主要包括门诊费、医药费、检查费等。这种保险适合于一般社会公众，保费成本较低。为控制医药费用，通常有免赔额和医药费用分摊的规定，而且还有保险金额的最高限制。

(二)住院保险

将住院费用保险单列是因为，对保险人来说，住院费用相对门诊费用较易控制，对被保险人来说，住院费用数额一般较大，单独承保可以以较低保费获得较大保障。住院保险的保障项目主要有住院期间的床位费、检查费、诊疗费、护理费、手术费、药费和医院设备使用费。考虑到住院期间长短对费用高低有直接影响，住院保险单常常对住院期间长度加以限制。

(三)手术保险

手术保险承保被保险人因实施必要的医疗手术而发生的费用。通常情况下，保险人承担全部手术费用，而不需要被保险人分担部分费用。手术保险可单独投保，也可作为附加险投保。

(四)综合医疗保险

综合医疗保险是为被保险人提供医疗、住院、手术等费用的保险。其保险范围较宽,因而保险成本较高,且有较高的免赔额和比例分摊的规定。

(五)特种疾病保险

对于可能给病人带来灾难性费用支出的某些特殊疾病,例如癌症、心脏疾病、肾衰竭、血液病等,保险公司设计了特种疾病保险。其原理与定期寿险相近,当被保险人在保险有效期内被确诊为保单列明的重大疾病之一时,保险人一次性支付一个保险金额。此险种本质上是给付性的,因此一般没有免赔额和比例分摊之说。

五、残疾收入补偿保险

残疾收入补偿保险是对被保险人因疾病或遭受意外伤害不能正常工作所引起的经济收入损失给予补偿的一种保险。

在残疾收入补偿保险中,残疾是指劳动能力的丧失或降低,其重要标志是经济收入之减少,故残疾又叫失能(Disability)。引起残疾的原因主要有两类:一是疾病,二是意外伤害。按照失能程度不同,残疾可分为完全残疾和部分残疾。

1. 完全残疾,简称全残,即完全或全部丧失劳动能力。全残者不能从事任何有工资或利润收入的职业。有的保险单将被保险人双眼或双手或双脚完全失去正常功能的情况推定为完全残疾。

2. 部分残疾,又称半残,即部分丧失劳动能力。半残者能从事一些有收入的职业,但其收入比原来的收入要少。部分残疾的残疾程度通常按下列公式确定:

$$\text{残疾程度}=\frac{\text{残疾前收入}-\text{残疾后收入}}{\text{残疾前收入}} \tag{5}$$

残疾收入补偿保险的重要内容有:

(一)保险对象。这种保险对被保险人有一定要求:(1)年龄不低于18周岁,不高于55周岁或60周岁;(2)有正当职业。

(二)保险费。这种保险的保险费与被保险人的性别、年龄、工种、环境有关。一般情况下，因为年龄增高发病率递升，所以保费随年龄增加而增高；因为女性发病率高于男性，所以同等条件下男性的保费低于女性；因为危险程度高的工种残疾率高，所以从事的工种危险程度越高则费率越高；因为环境恶劣地区的发病率高于环境良好地区，所以前者的费率高于后者。

（三）除外责任。残疾收入补偿保险往往将战争、暴乱、吸毒、自杀自残及各种不法暴力行为列明除外。至于某些特殊嗜好或特别职业，如跳伞、冲浪、滑雪等竞技活动及探险、高空作业等危险工作，或经特约加保或列作除外责任。

（四）推迟期。被保险人残疾后的初始一段时间（一般为半年或三个月）称为推迟期。保险人对推迟期内被保险人的收入损失不予任何补偿。这样做是为降低保险的成本，当然这要基于被保险人在这段时期有一定能力尚可维持自己的生活。

（五）给付金额。全残给付一般为残疾前收入的75%～90%。例如某被保险人残疾前正常月收入1000元，设全残给付比率为80%，由保险人每月给付1000×80%＝800元。部分残疾给付由全残给付额按残疾程度给付保险金，即

$$\text{部分残疾给付额}=\text{全残给付额}\times\text{残疾程度} \tag{6}$$

续上例，如果该被保险人是部分残疾，残疾后每月能有500元的收入，则他每月可领取保险金400元：

$$800\times\frac{1000-500}{1000}=400(\text{元})$$

据此，残疾后的收入（含保险给付金）总是低于残疾前。这样做旨在鼓励残疾者积极寻求力所能及的劳动以达到自我补偿，也有利于抑制道德风险。

（六）给付方式。残疾收入补偿保险一般按月或按周进行补偿给付，而非按年给付或一次性给付。这样做便于保险人及时观察被保险人实际残疾状况的变化，也能更好地维持被保险人的生活开

支。

（七）给付期限。残疾收入补偿保险的给付期限可以是短的，也可以是长的。短期给付一般是补偿被保险人身体恢复前的收入损失。长期给付则往往是补偿全残者不能恢复参加劳动所受的收入损失，通常给付到 60 岁或法定退休年龄或被保险人死亡。

第四节　团体保险

一、团体保险及其特点

团体保险，即团体人身保险，是指以一张保险单为众多被保险人提供保障的保险。团体保险以团体（法人）为投保人，以其成员（职工）为被保险人。团体保险与个人保险相比，有以下特点：

（一）风险的选择基于团体。如果某个团体被承保，那么该团体中的每个成员都享受了这种保险所提供的保障。也就是说，团体保险的保险人可能承保一些在个人保险方式下以任何条件都不能承保的人。团体保险不需要体检，也不需要可保性证明，但保险人也是要对风险加以选择和控制的，其主要手段有：(1)要求投保的团体必须是正式的法人团体，有其特定的业务活动，而不是仅仅为保险这一目的而结集起来的。例如，专为保险而临时凑合起来的一群老弱病残者，便不能获得团体保险的保障。(2)要求一个团体参加保险的人数不低于一定的绝对数，通常要求 50 人以上，但有时放宽到 10 人，而且，要求参加者占整个团体总人数的比例在一定的标准之上。通常对保费由业主和员工共同负担的情形，这个标准为 75%，对保费全由业主承担的情形，则要求 100%投保。(3)要求被保险人是能正常工作的在职人员，并且不是董事会的高级成员。(4)保险金额有一个上限，且要按统一的原则对被保险人确定其保险金额。否则不健康的被保险人可能会选择高保额，而健康者可能选择低保额。一般规定每个被保险人保额一样，或者根据工资、职位、职业等统一标准来核定。

（二）使用团体保单，保费低廉。团体保险用一个保险合同承保众多的被保险人，主合同出具给业主，每位被保险人得到的是一张保险凭证。保险人往往请业主帮助管理这一计划，有时甚至承担全部管理工作，包括处理赔偿。于是，保险人首先简化了各种手续，减少了佣金支出，从而节约了业务管理费用。其次，团体保险免验体，节省了体检费。其三，团体承保可以减少逆选择，降低死亡率和疾病率。因此，团体保险的保费相对较低。

（三）保险计划的灵活性。团体保险可以在一定范围内设计，以满足企业（团体）的特别需要。团体保险合同往往不是由保险人事先拟定印就，而是双方商议，只要合法、完整。团体保险采用的费率，要视团体的风险而定，考虑其工作性质和职业特点，以及往常的理赔经验，即采用所谓经验费率。

二、团体保险的种类

（一）团体人寿保险

团体人寿保险简称团体寿险，指以团体方式投保的定期或终身死亡保险。团体寿险主要有两类：一是团体定期寿险，主要是为被保险人过早死亡提供保障而不是为解决养老问题，此类保单无现金价值；二是团体长期寿险，主要被用于保障职工退休后的生活。团体寿险的主要险种有：

1. 团体定期寿险。这是团体寿险的重要险种，在美国其业务量约占团体寿险业务的90%。这一险种的主要优点是保费低廉，常被用来补充个人人寿保险之不足。此外，绝大部分的团体定期寿险单是每年可更新的。投保时无须体检，续保时也无须体检。当然，保险人有权根据投保团体在性别、年龄结构的变化及经验赔偿情况，在每年更新时调整费率。

2. 团体普通终身寿险。这种保险由现金价值递增的长期寿险和保险金额递减的定期寿险组合而成。雇员缴付的保费用于购买长期寿险部分，雇主缴付的保费则用于购买定期寿险部分。

3. 团体缴清保险。这是由一年期定期死亡保险与终身死亡保险组合而成的险种。雇主与雇员先约定一个对该雇员的死亡保障的总保险金额（A）。雇员每年以趸缴保费方式为自己投保终身死亡保险（保额 A_i），从而其累积保险金额 $\sum A_i$ 逐年增加。雇主每年为雇员缴纳保险费投保一年期定期死亡保险，其保险金额为事先约定的总保额与终身死亡保险的累积保额之差额（$A - \sum A_i$）。于是，不论雇员何时死亡，均可获得约定的总保额（A）。

4. 团体遗属收入给付保险。参加了这种保险的雇员死亡后，其遗属可按月从保险公司得到保险金。保险金的数额根据雇员的原工资确定，通常配偶可得原工资的25%，子女可得原工资的15%，对家庭给付的最高限额是死者原工资的40%。当然，保险合同中有关于给付期限的规定。

5. 团体信用人寿保险。这是基于债权债务关系所签订的人寿保险合同。债权人以其现在和未来的债务人的生命为保险标的，当被保险人死亡时，保险金由债权人受领，以抵偿被保险人（即债务人）所欠债务。这一险种的保险金额通常等于债务额（可以包含相应之利息），并随贷款偿还而减少，贷款全部还清后保险责任随即终止。

（二）团体年金保险

团体年金保险简称团体年金，是指以团体方式投保的年金保险。团体年金一般以雇主为投保人，以雇员为被保险人，保险费由雇主负担或主要由雇主负担。团体年金主要用于被保险人年老或退休后的生活补助，因此成为员工福利计划的重要内容。团体年金的主要险种有：

1. 团体缴清延期年金保险。这是由雇主为每一位在职雇员投保的年金保险。雇主每年为雇员投保一次趸缴保费的延期年金保险，随着在该团体工作年限的增多，雇员年老退休后所能领取的年金额也逐年增加。

2. 预存管理年金保险。这是雇主为在职雇员投保的延期年金保险。但雇主缴纳的保费并不记在雇员个人名下，而是把雇主每年向保险人缴纳的保费形成一笔基金，保险人保证其以不低于某一既定的利率增值。当某一雇员到达退休年龄时，即从基金中划出一部分作为趸缴保费，为该雇员投保个人即期终身年金保险。

3. 保证年金保险。这是由预存管理年金演化而来的一种团体年金形态。雇主按雇员退休后应领取的年金额缴纳保险费，形成一笔基金，保险人要保证雇员退休后按约定的金额向雇员支付年金。雇员的年金支付从基金支出，基金投资运用的收益也并入基金，一旦基金的数额低于雇员约定年金额所需的趸缴保费，便立即把基金分解到雇员个人名下，作为趸缴保费，为雇员投保缴清延期终身年金保险。

（三）团体健康保险

团体健康保险即以团体方式投保健康保险。与个人健康保险相比，团体健康保险除了具有手续简便、费率低、保障范围广泛等优点外，还有以下三个特点：(1)个人健康保险的标准条款一般不适用于团体健康保险，实务中团体健康保险合同的有关规定要比个人健康保险合同更为灵活；(2)团体健康保险使用经验费率并定期调整，避免滥用赔款，并使保险人保持合理的赔付水平；(3)个人健康保险一般为可更新的，是否能够更新，要依保险人的选择而定，而团体健康保险中，保险公司有权拒绝整个团体的总保单的续保，但在保单有效期间，对团体中的每一个人则不可任意撤销或解除。团体健康保险的主要险种有：

1. 团体医疗费用保险。该险种一般可报销：(1)住院费用，规定每天住院费用的报销限额，且总天数不超过 70 天；(2)外科手术费用，根据规定报销列明的项目报销，或根据合理和习惯的费用报销；(3)医生出诊费用；(4)X 光透视和化验费用。

2. 团体补充医疗保险。这一险种的责任范围广泛，报销限额也较高，一般有共同保险和免赔额的规定。将这一险种与团体医疗费用保险相结合，可以成为一种综合性的医疗保险计划。

3. 团体残疾收入补偿保险。它分为短期和长期两类。前者给付期一般为13周到2年，后者的给付期在2年以上，甚至可到退休或死亡止。

4. 团体牙科保险。它有综合保险和表列法两种。前者把所有牙科治疗费用列入保障范围，后者只对列明的牙科治疗费用予以报销。当然为控制保险金支出，保险合同中也有免赔额、共同保险、报销限额、等待期、除外责任等限制性条款。

(四)团体意外伤害保险

团体意外伤害保险是以团体方式投保的人身意外伤害保险。它在保险责任、给付方式方面与个人意外伤害保险相同，但在保单效力方面有所不同。在团体意外伤害保险中，被保险人一旦脱离投保的团体，保单效力对该被保险人即行终止，投保团体可以为该被保险人办理退保手续，但保单对其他被保险人依然有效。

与人寿保险、健康保险相比，意外伤害保险最有条件、最适合采用团体投保方式。事实上，寿险和健康险的费率都与被保险人的年龄和身体状况有关，虽然团体寿险和团体健康保险都免验体，但保险人仍要慎重地进行选择。意外伤害保险的费率与被保险人的年龄和健康状况关系不密切，而主要取决于被保险人的职业、工种及所从事的活动。此外，团体成员遭受意外伤害，大多在工作中发生，团体负有一定的责任，所以团体乐于为其成员投保团体意外伤害保险。正因如此，团体意外伤害保险在意外伤害保险业务中占有重要的地位。

三、团体保险合同的常用条款

团体保险合同是保险公司与团体签订的，团体是保单持有人，员工是被保险人，他(或她)能得到一张保险凭证。涉及团体和其成员有下列常见的条款。

(一)涉及保单持有人的条款

1. 投保书:投保书通常要包括投保团体的详细情况和被保险人的基本资料,并构成保险合同的一部分。

2. 合同生效:投保团体的要约,经保险公司承诺,保险合同成立,但须有特定比例(前已述)以上的合格员工参加本保险并缴纳首期保费,保险合同方始生效。

3. 保费缴纳:保单持有人须按期缴纳保险费,如未按期缴费并超过宽限期,则保险合同效力中止。宽限期通常为1个月或2个月。保险合同效力中止后的两年内,可以申请复效。

4. 保单管理:团体保险单可以由保险公司管理,也可以由保单持有人管理。前一种方式下,保险公司有每位被保险人的基本资料,保单持有人只要提供变动情况(尤其是人员进出)即可。保险公司据以发给保险证,收取保险费,给付保险金。后一种方式下,保单持有人须负责记录保险事故、发给保险证、通知变更事项,保险公司据以决定费率、给付保险金。此外,保险公司要作定期稽核,包括检查员工工资账册。

5. 红利处理:分红保单的红利通常是抵减应缴的保险费或分派给保单持有人。保单持有人对此红利的处理方法有三:一是减少员工缴费;二是提高给付额;三是设立员工福利计划基金。

(二)涉及被保险人的条款

1. 投保资格:被保险人必须是合格团体的正式在职员工,故试用人员和兼职人员应予除外。

2. 受益人:受益人由被保险人指定,并且被保险人有权改变之。受益人先于被保险人死亡,可以重新指定。如果没有受益人,则保险金视为遗产。

3. 给付变通:有的保单规定,保险人可以将死亡保险金的一部分提前支付,作为被保险人的丧葬费用或生前最后的疾病医疗费用，并且可在被保险人无民事行为能力时支付给他（她）所指定的受益人。

4. 给付方式选择：保险金可以是一次给付，也可以由被保险人选择。如被保险人未选择，则由受益人在被保险人死亡后选择。可供选择的给付方式有定期分期给付、定额分期给付、购买终身年金、储存取息至死或期满再领回本金以保证终身收入等。

5. 劳动关系：如企业与某员工的劳动关系终止，则保险合同对此员工终止，但劳动关系的终止必须是正式的，那些病事假、暂时停职的不在此列。并且，企业必须正式通知保险公司。

6. 更换权利：不少团体保单允许被保险人在与企业脱离劳动关系时无须可保性证明即可将原有保险权益更换为个人保险。

四、员工福利计划

员工福利计划（Employee Benefit Plans，EBP）是指由企业和员工单方面或共同出资，通过非政府直接经办的保险，建立的各种形态的给付措施，旨在为其员工提供死亡、意外伤害、疾病、退休等方面的经济保障。

员工福利计划有助于调动员工的工作积极性。企业通过福利计划，为员工提供社会保险之外更多的保障，以降低员工的后顾之忧，可以增强企业凝聚力，提高员工为企业服务的积极性和创造性，这对企业的稳定和发展极为有利。在资本主义制度下，劳资双方对立，员工福利计划往往是工会与业主谈判的重要内容，因此员工福利计划在改善劳资关系方面有重要作用。另一方面，员工福利计划对大多数员工来说是一种重要的就业条件。企业要吸引和留住素质好、技术高的员工，就必须建立员工福利计划。于是，员工福利计划又成为企业间竞争的一种手段。此外，通过员工福利计划，员工可以得到自己以正常价格购买一般保险所无法得到的同样程度的保障，即员工福利计划所需要的费用，通常要比具有相同给付的个人保险的费用要低，而且，员工福利计划有免税的优惠。因此，无论是业主还是员工对于员工福利计划都是感兴趣的。

员工福利计划可以是单个企业的，也可以是多个企业的。前者只对单一企业的员工提供保障，大多数员工福利计划属于这一种，这是我们这里讨论的重点。后者是对一个行业、一个地区或一个地区内某个行业中的两个以上企业的员工提供保险。其典型代表有：(1)同业公会会员的员工福利计划；(2)为两个以上企业工作的工会会员的保险计划。这两种计划涉及到一笔由受托人管理的福利基金，这种基金的主要特点是：(1)连续保险(即如果某员工从计划中的一个企业转到同一计划中的另一个企业，则该员工继续受本计划的保障)；(2)基金来源，通常由业主根据工资总额或产量的一定比率(例如每开采一吨煤提一分钱)提取后缴纳。

员工福利计划的实施对于员工来说，应当算是有了保障，因为他或她已经将这部分风险转移给了这个计划，但是企业是否将这些风险转移出去，要经过风险管理决策。企业可以将风险全部转移给保险公司，也可以只转移一部分，甚至全部自留而不买保险，于是员工福利计划有了众多的形式。有许多企业把自己当作一个保险人，特别是那些较大的企业。当然相当多的企业是与保险公司结合起来而完成员工福利计划的。于是，团体保险成为实施员工福利计划的重要方式。

第五节　人身保险合同的常用条款

一、不可抗辩条款

不可抗辩条款又称不可争条款，其基本内容是：在被保险人生存期间，保险合同成立满一定时期(这个时期称为抗辩期，常为两年)之后，就成为不可争议的文件，保险人不能再以投保人在投保时违反最大诚信原则，没有履行如实告知义务等理由主张保险合同自始无效。

根据最大诚信原则，投保人在投保时应当如实向保险人介绍被保险人的风险状况及有关信息，例如年龄、性别、健康状况、职业等。如果投保人没有履行这一义务，保险人有权宣布保险合同无效而不承担给付保险金的责任。这一规定原本是为维护保险人的正当权益，但在实际保险活动中，有些保险人滥用此项权利，使被保险人失去了应有的保障，也损害了保险业的声誉。为维护被保险方的权益，从19世纪后期开始，一些寿险合同上增加了此项条款。于是，保险人对投保人是否履行如实告知义务提出异议的时间受到了限制，这对保险公司的核保工作特别是对保险标的风险状况的调查工作提出了更高的要求。

此外，如果保单失效后复效，则抗辩期要重新开始，从复效之时起算。

二、年龄误告条款

这一条款的基本内容是：如果投保人在投保时错误地申报了被保险人的年龄，保险合同并不因此无效，而是根据其真实年龄调整保险费、保险金额或保险给付金。

被保险人的年龄是决定保险费的重要依据之一。投保时投保人应当向保险人告知被保险人的准确年龄，但实务中会因这样那样的原因出现申报上的差错，从而导致投保人实际缴纳的保费多于或少于其应当缴纳的保险费，这就需要进行调整。我国《保险法》对此有相应的规定。

一般说来，调整的方法有：

1. 保险合同约定的保险事件尚未发生或约定的期限尚未到达之时发现投保人申报的被保险人年龄不真实。这种情况下，保险人应及时进行调整。对实缴保费少于应缴保费者，应要求补缴保费差额及其利息，或相应降低保险金额或给付额，对实缴保费多于应缴保费者，应退还多收之保费，或相应调高保险金额或给付额。

2. 保险合同约定的保险事件发生或约定的期限到达之后发

现投保人申报的被保险人年龄不真实。如果实缴保费少于应缴保费，则可要求投保人补缴差额及其利息，尔后按保险合同的约定给付保险金；也可按实缴保费与应缴保费之比率给付保险金：

$$\frac{\text{调整后的保险金}}{\text{额或给付金额}}=\frac{\text{实缴保费}}{\text{应缴保费}}\times\text{原保险金额或给付金额} \quad (7)$$

如果实缴保费多于应缴保费，则应退还多收之保费。此外，如果由于投保人申报的被保险人年龄不真实，导致保险人多支付保险金，则被保险人或受益人有将多领部分退还保险人之义务，保险人则有权要求其退还。

三、自杀条款

此条款一般规定：在保险合同成立满一定时期（一般为两年）之后被保险人因自杀死亡，保险人承担给付保险金责任，而在这一时期内被保险人因自杀死亡则属除外责任，保险人不给付保险金，而仅退还保费或保单之现金价值。

将自杀列为除外责任，旨在避免自杀图赔之风险。但“不论何时自杀保险人均不给付保险金”的做法似不够合理，因而有人提出，保险人虽然不应对自杀完全负责，但应规定一个期限，此期限内保险人免责，过了此期限，则保险人应予负责。此即自杀条款的思想，现已被普遍接受。支持这一思想的理由是：(1)据以计算保险费的死亡率中包括了各种死亡因素，其中有自杀；(2)死亡保险金的受领人是受益人，如果把自杀死亡一概列为除外责任，会影响受益人的生活；(3)被保险人自杀，并非都是图谋保险金，从理论上讲，对图谋保险金的自杀死亡，不应给付保险金，对其他原因的自杀死亡，则可给付保险金。但在被保险人已经自杀身亡的情况下，很难判断被保险人自杀的原因。因此，规定一个免责期限，对此期限内的自杀不给付保险金。这样的限制，可以在很大程度上排除为谋取保险金而自杀的行为。事实上，自杀通常是在特定环境下的一种冲动行为，极少有人在投保时就计划好两年后自杀。

四、宽限期条款

这一条款规定，对于没有按时缴纳保险费的投保人给予一个宽限期。投保人只要在宽限期内缴纳了保险费，保单继续有效。宽限期又称宽限期限，通常为30天或60天，从原规定应缴保费期结束之时起算。显然，对首期保费而言，没有宽限期之说。

分期缴费的长期寿险合同中规定一个宽限期，可使投保人弥补过失或从容筹款，从而降低保单失效率。事实上，在较长的缴费期内，可能会出现这样那样的偶然情况而影响投保人按时缴费。

在宽限期内，即使投保人没有缴纳保险费，保险合同依然有效。如果此间发生保险事件，保险人应给付保险金，同时要从中扣回应缴未缴之保费。如果投保人未按期缴费并过了宽限期，则从宽限期结束之时起保险合同失效。

五、复效条款

复效条款的基本内容是：保险合同失效后的一定时期（通常是两年）内，投保人可以向保险人申请复效，经保险人审核同意后，投保人补缴失效期间的保费及其利息，保险合同恢复效力。保险合同复效后，保险人对失效期间发生的保险事件依然不予负责。

据此，申请复效的要件有三：(1)复效申请权有一定的时限，这个时限通常为两年。过了此时限，投保人就丧失了复效申请权。(2)被保险人要符合可保条件。保单失效期间，被保人的风险状况可能发生变化，因此申请复效时，投保方必须提供相应的可保性证明。保险人据以决定是否同意复效。事实上，健康状况不佳者比健康人更希望复效。(3)保险人同意复效，投保人须一次性补缴保单失效期间的全部保费及其利息。

需要指出，复效不同于重新投保，而且往往比重新投保更为合算。

六、自动垫缴保费条款

这一条款的基本内容是:保险合同生效后的一定时期后,投保人因故未按时缴纳保险费,保险人可以保单的现金价值自动垫缴保险费,使保单继续有效。对于此项垫缴的保险费,投保人有还本付息之义务。如果在垫缴保费期间发生保险事件,则保险人有权从应给付的保险金中扣还所垫保费及其利息。当垫缴的保费连同利息达到保单现金价值的数额之时,保险合同失效。

七、不丧失价值任选条款

这一条款规定,保单所有人享有现金价值的权利,不因保单效力的变化而丧失,保险人无权将其没收。因而此条款又称不没收价值条款。根据这一条款,保单所有人对现金价值的处理方案享有选择权。可选方案通常有:

1. 退保。保险人向保单所有人支付退保金(即现金价值)。

2. 将原保险改为缴清保险。以现金价值为一次性缴清的保险费,保险人据此金额改变保险金额(降低保险金额),保险责任与保险期限不变。改保后,投保人不必再缴保费。

3. 将原保险改为展期保险。以现金价值为一次缴清的保险费,保险人据此金额将原保险改为展期定期(死亡)保险,保险金额不变,保险期间长短决定于现金价值之多少。但保险期间不超过原保险期间之终端。如新的保险期限终端与原保险期限终端重合,且尚有现金价值之余额,则以此余额为趸缴保费购买期限与展期定期保险一样的生存保险,其保额决定于此余额之多少。

八、保单贷款条款

此条款又称保单质押贷款条款。其基本内容是:保险合同生效后的一定时期后,保单所有人如有临时性经济上的需要,可以保单作质押向保险人贷款。贷款的额度一般不超过该保单现金价值的一定比率。保单所有人应按约定还本付息,当贷款的本息和达到保单现金价值时，保险合同失效。如果发生保险事件，保险人给付保险金之时，保单贷款本息尚未还清，则可从保险金中加以扣除。

需要注意的是，以死亡为给付保险金条件的保险合同，非经被保险人书面同意，不得将保险单进行质押。

九、受益人条款

受益人有生存保险受益人与死亡保险受益人之分。前者往往是被保险人本人，后者必须是被保险人以外的人。下文讨论的自然是后者。受益人条款通常包括两方面的内容：

1. 明确规定受益人。受益人有原始受益人与后继受益人之分。前者指在订立保险合同时约定的对死亡保险金有请求权的人；后者是指在原始受益人死亡的情况下有权领取保险金的人。被保险人(或投保人)可以同时规定原始受益人和后继受益人，也可在原始受益人先于自己死亡后重新指定后继受益人。如果没有指定受益人，或者指定的受益人先于被保险人死亡而又没有重新指定受益人，则保险金作为被保险人的遗产处理。还有一种情况，即被保险人与受益人在同一次事故中死亡而确实无法区分其死亡的先后，对此类保险金的处理，不同的国家或不同的保险公司有不同的做法。美国的法律规定，在此种情况下，推定受益人先于被保险人死亡。

2. 明确受益人是否可更换。受益人有可更换与不可更换两种情况。前一情况下，如果保单所有人要更换受益人，则必须以书面方式通知保险人或以遗嘱方式重新指定受益人。但在变更受益人时发生的法律纠纷，应由保单所有人自行处理，保险人不负责任。

复习思考题

1. 试述人身保险与财产保险的差异。

2. 试述人寿保险的特点。

3. 试述年金保险的分类。

4. 试析两全保险与终身寿险的关系。

5. 试析变额人寿保险在我国的发展前景。

6. 试述对“意外伤害”一词的理解。

7. 试述意外伤害保险责任构成的要件。

8. 试述健康保险的特点。

9. 试述团体保险的特点。

10. 试述年龄误告条款。

11. 试述不丧失价值任选条款。

第八章 再 保 险

在保险经营中，保险人一旦承保，就意味着承担了相应的风险和责任。对于这些风险和责任，作为经营者的保险人必须进行适当的处理，以分散风险，均衡业务，求得经营的稳定。处理的方法很多，保险人自己作为投保人，通过购买保险处理其风险，则是被广泛运用的一种。这种保险的保险就是再保险。本章主要介绍再保险的基本概念、再保险方式、再保险合同和再保险市场等内容。

关键词汇：再保险　共同保险　危险单位　自留额　分保额　比例再保险　非比例再保险　溢额再保险　成数再保险　险位超赔再保险　事故超赔再保险　赔付率超赔再保险　临时分保　合同分保　预约分保

第一节 再保险及其作用

一、再保险的基本概念

再保险是保险人在原保险的基础上，通过签订合同，将其所承保的部分风险和责任向其他保险人进行保险的行为。这种以承保的形式，将保险人承担的保险责任，部分转移给其他保险人的方法也称作分保。

在再保险合同中，分出业务的一方称为原保险人或分出公司、分出人，接受业务的一方称为再保险人或接受公司、分入公司。一般情况下，分出公司只能将所承保业务的部分责任进行分保，而不能全部分出[1]。无自留责任，难以体现再保险合同双方之间的共命运关系。对于分出公司来说，将业务全部分出，则与保险代理无异。

与直接保险一样，再保险的投保人，即原保险人，应向再保险人支付再保险费(也称分保费)，再保险人向原保险人支付分保佣金，用以弥补分出公司在招揽业务过程中及以后的管理费用开支。不同的再保险方式，合同中对于分保佣金的规定是不同的。

再保险人接受分入业务，就承担了分摊未来损失的责任。由于有些保险标的巨大，再保险安排不仅涉及到国内再保险人，常常还涉及国外再保险人。因此，通常情况下，再保险接受人不止一人。而且，再保险人也可以通过分保，将风险和责任进行进一步的分散，即所谓转分保，转分保双方分别称为转分保分出人和转分保接受人。

在再保险经营中，再保险合同双方的责任分配与赔款分摊是通过自留额和分保额来体现的。自留额与分保额是决定再保险方式的两个核心因素，而它们又是以危险单位为划分基础的。因此危险单位、自留额和分保额是再保险中三个重要的基本概念。

危险单位是保险标的发生一次事故可能造成的最大损失范围。显然这种“最大”与人的主观因素有关。正确地划分危险单位，有利于分出公司合理确定自留责任，否则有可能造成自留责任过大，不能达到再保险预期的目的，或者分出太多，造成保费支出较多。因此危险单位的划分是一个极其重要的问题。

危险单位的划分应根据不同的险别，不同的保险标的来决定。如汽车险以每一辆车为一个危险单位，船舶险以每一艘船为一个危险单位，对火险，常以一幢独立的建筑物为一个危险单位，如果

---

① 全部转移的再保险称之为承担再保险。主要指公司经营方针改变、停止某类业务或某地区业务后的未满期的保单转移，公司合并发生的转移以及公司破产后的保单转移等。

几幢建筑物毗连在一起，则应根据其使用性质、间距、周围环境等因素决定危险单位的划分。再保险合同一般规定，危险单位的划分由分出公司决定。

对于每一危险单位或一系列危险单位的保险责任，分出公司根据自身财力而确定承担的责任限额称为自留额。接受公司所承担分保责任的最高限额称为分保额。接受公司在分保额内接受的实际份额称为承保额。

自留额与分保额可以按不同的基础进行计算。(1)按原保险的保险金额为基础；(2)以发生赔款为基础。例如危险单位下保单(一份或多份保单)的总保额为100万元，自留额确定为保额的40%，即自留责任为40万元保额，分保责任为60万元保额。若以赔款为基础，确定自留额为10万元赔款，分保额为10万元以后的50万元赔款，这样一旦发生保险责任范围内的事故损失，再保险人只对超过10万元赔款以后的损失负责总额为50万元赔款的责任。

自留额的大小不仅反映出分出公司对分保业务的看法，同时也反映出分出公司的承保水平和偿付能力。如果自留部分太少，再保险人在接受时会变得更加谨慎，除非获得业务质量等方面的可靠信息。

二、再保险的职能和作用

保险经营，应确保保险人的财务稳定，使风险降至最低。根据第五章第一节的讨论，降低风险系数 K 的方法有三：(1) 增加保单数 n；(2) 提高纯费率 q；(3) 每份保单的保额尽可能一致，这是因为上述风险系数 K 的等式是在保额一致的前提下得出的。

然而，保险人不能任意提高保险费率，因此增加保单数和使保单保额平均化是保险人控制风险、提高经营效益的重要途径，而再保险恰恰具有这两方面的功效。如再保险交换便可在不减少自身业务的情况下，增加保单数，从而降低风险。

再保险同直接保险一样，其职能就是分散风险，把风险系数降到合理的范围内。这种同业间分散风险的方法，使得风险能够在全球范围内得到分散；通过对累积风险的再保险处理，达到险种间的分散；通过对某一时点或时期上风险的再保险处理，达到时间上的分散；通过对特别巨大风险保单的再保险，达到保单间的分散。

再保险的作用，主要有以下几个方面：

(一)控制损失，保证保险经营稳定

保险人是经营风险的特殊企业。由于承保风险的偶然性，各年的损失率具有一定的波动性，造成保险人经营的不稳定。尤其是在突发巨灾或累积损失超过正常年景的情况下，再保险能减小这种损失率异常波动对保险人的影响，从而稳定经营。对于再保险人同样可利用转分保，达到控制责任的目的。

很多国家的保险监督管理部门，为了使保险人的责任控制在一定范围内，对保险人的偿付能力、经营管理以及是否恰当安排再保险都有严格的规定。例如，我国《保险法》第 100 条规定："保险公司对每一危险单位，即对一次保险事故可能造成的最大损失范围所承担的责任，不得超过其实有资本金加公积金总和的百分之十；超过的部分，应当办理再保险。"

(二)扩大承保能力，增加业务量

保险公司的承保能力，受其资本等自我财务状况的限制。一般对每一危险单位的自留额不能超过实有资本金和公积金总和的某一比率，因此财务实力较弱的保险人就不能承保大额业务，影响保险人业务经营。有了再保险，只要对超过部分进行分保，再大的业务也可以承保。因此，再保险对保险人的承保是至关重要的。事实上，有的大额业务，保险人须先安排好再保险后才能承保，如航空航天保险、核电站保险业务、标的巨大的财产险和工程险等。因为如果先承保而没有及时办理分保，或万一分保不出去，一旦发生损失，保险人就要承担巨额赔偿责任。另一方面，大额业务的保户也要求保险人安排好分保，并且了解分保接受人情况后，才愿向保险人投保。因此，再保险扩大了保险人的承保能力。

有些国家规定总的承保业务量不能超过资本金与公积金之和的若干倍。例如，我国《保险法》规定："经营财产保险业务的保险公司当年自留保险费，不得超过其实有资本金加公积金总和的四倍。"因此，安排了再保险就可以放心做业务，扩大业务量，增加保费收入。

（三）扩大国际交流和合作

再保险业务不仅可以在一个国家的保险人间进行安排，还可以将部分风险分散到国际再保险市场。通过国际间的再保险合作，不但能为本国保险人经营提供国际间的保障，同时还可得到国内外专业再保险人的技术支持，学习到先进的承保方式和管理经验。

三、再保险与原保险

（一）再保险的产生与发展

再保险与原保险都是从海上保险开始的。随着海上航运发展，保险人承担的风险也越来越大，客观上产生了分保需求。1370 年，意大利海上保险人 Gustav Crueigor 承保了热内亚（Genoa）经凯的斯（Cadix）至荷兰斯卢丝（Slugs）的航程保险，并将地中海一段航程（热内亚至凯的斯）风险自留，大西洋段最危险航程（凯的斯至斯卢丝）的责任转让给其他保险人，这种做法虽然具有再保险的一些特征，但与现代再保险并不完全相同。

早期再保险主要采用临时再保险的分保安排，19 世纪初才出现合同分保，且局限于比例分保方式。19 世纪中期出现了专营再保险的保险公司。据记载，早期的再保险公司有 1843 年成立的威塞尔再保险公司、1852 年成立的德国科隆再保险公司和 1863 年成立的瑞士再保险公司。

19 世纪后期，劳合社承保人希思（Heath）首次提出超额赔款再保险的思想，1889 年，小额超赔分保开始应用于意外险，如车险。1906 年旧金山大地震后，美国哈脱福特公司向劳合社提出了巨灾超赔保障问题。1910 年,英国首次签订了巨灾超赔分保合同。从此,非比例再保险方式开始发展起来了。

(二)再保险与原保险的比较

再保险关系的建立以原保险合同为基础,原保险的存在是再保险存在的前提,再保险合同不能离开原保险合同而单独存在。但再保险合同又是独立合同,再保险人无权向原保险合同的投保人收取保险费。同样,原保险合同的被保险人或受益人也无权向再保险人索赔,原保险人也不得以再保险人未履行再保险责任为由而拒绝、减少或延迟履行其对被保险人、受益人的赔偿或给付义务。

再保险与原保险的异同主要有以下几点:

1. 两者的共同点

(1)目的相同。都是为了达到分散风险的目的。

(2)适用的原则相同。保险的基本原则在再保险中也完全适用。

2. 两者的区别

(1)合同主体不同。原保险合同的主体一方是投保人,一方是保险人;再保险合同的主体双方都是保险人。

(2)保险标的不同。原保险合同中,保险标的可以是财产及其有关利益,也可以是人的生命和身体;再保险合同中,保险标的只能是原保险人承担的原保险合同的责任。

(3)合同性质不同。原保险合同可分为经济补偿性质和给付性质两类合同。再保险承保的是原保险人对原被保险人的保险责任,不管原保险合同是财产保险,还是人身保险,再保险合同都是补偿性质的合同,再保险人只能对原保险人根据原保险合同发生的赔款或保险金给付,给予合同规定的补偿。

(三)再保险与共同保险的比较

共同保险是指投保人以同一保险标的、同一保险利益、同一风险向两个或两个以上保险人共同签订一个保险合同的保险。这种保险方式往往适用于巨额保险标的的保险，如卫星保险。它是保险人为增强承保能力而采取的一种联合承保方式。

再保险与共同保险均具有扩大风险分散范围的作用，但分散方式不同。首先，共同保险是风险的第一次分散，再保险是风险的第二次分散；共同保险是风险的横向分散，再保险是风险的纵向分散。其次，共同保险中的保险人、再保险中的再保险人与直接业务的投保人关系不同。共同保险中投保人与各共同保险人有直接的联系，而各共同保险人之间则是并列关系，但再保险人与原保险的投保人只是间接的关系，并无直接的关系，而原保险人与再保险人则是纵向的关系。最后，共同保险与再保险承保业务的方式不同。共同保险要逐一寻找共同保险人，而再保险虽可有多个再保险人，但并无定式。

在现代保险市场上，共同保险与再保险的具体做法正在日益接近。在共同保险中，投保人要与各个共同保险人商谈保险事宜，费时费力。即使共同保险成立，一旦发生索赔或纠纷，对被保险人仍大为不便。而再保险却没有这些限制。因此，共同保险的再保险化做法应运而生。如共同保险采用首席共保人制度，关于保险事项，投保人只要与首席共保人商妥即可。

第二节　再保险方式

再保险实际上是原保险人为稳定业务经营，把承担的风险和责任控制在一定限度内，将超过部分的责任转让出去。自留责任与分保责任可以以保险金额为基础，也可以以赔款为基础来确定。不同的确定基础产生不同的再保险方式。以保险金额为基础划分自留额与分保额的再保险称为比例再保险，以赔款为基础划分自留额与分保额的再保险称为非比例再保险。

一、比例再保险

比例再保险是以每一危险单位的保险金额为基础确定自留额与分保额的再保险方式，故又称金额再保险。在比例再保险中，分出公司的自留额和接受公司的承保额都可以表示为保险金额的一定比例，合同双方的保费和赔款都按这一比例分配和分摊。因此比例再保险方式充分体现了合同双方共命运的原则。比例再保险包括成数再保险与溢额再保险两种方式。

（一）成数再保险

成数再保险是指原保险人对每一危险单位的保险金额，按照约定的比例分给再保险人承担的再保险方式。成数分保合同一般冠以分出部分百分比，如对于自留 40%，分出 60%的成数分保合同，称为 60%成数分保合同。

成数再保险常针对某一种业务。凡是规定业务范围内的保单，都按约定比例分保，接受人必须接受，合同自动生效，不必逐笔通知，发生赔款也按同样比例分摊。为了控制合同双方的风险，成数分保合同还按每一危险单位规定最高责任限额。在限额内，合同双方按比例分配责任，超过合同限额的部分，分出公司应考虑安排其他再保险或自留。表 8-1 是一个成数分保合同的责任分配、分保费、赔款的计算表，最高责任限额为 1000 万元，原保险费率 1%。

表 8-1　　60%成数分保合同责任、保费、赔款计算表　　单位：万元

危险单位	总额			自留额 40%			分保额 60%			临时分保或自留		
	保额	保费	赔款	保额	保费	赔款	保额	保费	赔款	保额	保费	赔款
1	200	2	0	80	0.8	0	120	1.2	0	0	0	0
2	500	5	10	200	2	4	300	3	6	0	0	0
3	1000	10	5	400	4	2	600	6	3	0	0	0
4	1500	15	120	400	4	32	600	6	48	500	5	40
合计	3200	32	135	1080	10.8	38	1620	16.2	57	500	5	40

合同赔付率 421.88%，分出公司自负赔付率 351.85%，成数分保接受人赔付率 351.85%，临时分保接受人赔付率 800%。

成数再保险具有以下几个特点：

1. 合同双方利益一致。由于成数分保合同对每一个危险单位的责任，不论业务良莠大小，保费与赔款均按同一比例分配和分摊，双方利益一致。

2. 手续简单，节省经营费用。

3. 缺乏弹性。对于分出公司来说，成数分保不能根据业务质量好坏调整自留额和分保额，且分出公司通常自留比例较高，业务总体质量相对较优，故接受公司愿支付优厚的分保手续费。

4. 不能均衡风险责任。成数分保对每一危险单位的业务，不论其风险大小，不加区别按约定比例分保。因此，分保安排后，原保险合同保险金额高低不齐的状况依然存在。所以成数分保还要结合其他再保险方式来分散风险。

成数再保险适用于：(1)新创办的保险公司或新开办险种。由于缺乏经验、技术，需要得到再保险人的支持和帮助。(2)危险性高、赔款频繁的业务，有利于发挥成数分保手续简便、共命运的特点。(3)保额或业务质量均匀的业务。(4)转分保和再保险交换业务。(5)子公司与母公司之间的分保、法定分保等。

(二)溢额再保险

溢额再保险是由分出公司对每一危险单位先确定一个自留额，当保险金额超过自留额时，由再保险人承担的再保险方式。分出公司是否分出业务，关键在于危险单位的保险金额是否超过自留额。显然，溢额分保须对每一危险单位的保险金额等进行核算，相对于成数分保，手续比较复杂。

溢额分保接受人接受的份额，以分出公司自留额为单位，自留额的一定倍数为“线”数(lines)，接受公司接受一定的线数。接受多少线主要基于接受人的自身财力和业务情况，并无一定。在再保险市场上，过去一个再保险人接受一线甚至更多也常见，但现在接受成份一般不超过一线，如接受$\frac{1}{2}$线，$\frac{1}{4}$线等。这是因为当保额巨大时，$\frac{1}{2}$线的责任也不是一个小数目。

对于一个危险单位，不管分保多少线，其分保额与危险单位总保险金额之比就是分保接受人的接受比例。保费与赔款也按该比例分享和分摊。因此，溢额分保属于比例再保险。但与成数分保不同，溢额分保的比例关系随着承保金额的变动而变化。根据表 8-1 的基本情况，如果安排一个自留额为 250 万，分保最高责任为 4 线的溢额分保方式，其责任分配、保费、赔款计算就不同(见表 8-2)。可见溢额分保方式下，双方的经营结果是不一致的。

溢额分保具有以下特点：

表 8-2　　溢额分保合同的计算表　　单位：万元

危险单位	总额			自留额			分保额			其他分保或自留		
	保额	保费	赔款	保额	保费	赔款	保额	保费	赔款	保额	保费	赔款
1	200	2	0	200	2	0	0	0	0	0	0	0
2	500	5	10	250	2.5	5	250 (1 线)	2.5	5	0	0	0
3	1000	10	5	250	2.5	1.25	750 (3 线)	7.5	3.75	0	0	0
4	1500	15	120	250	2.5	20	1000 (4 线)	10	80	250 (1 线)	2.5	20
合　计	3200	32	135	950	9.5	26.25	2000	20	88.75	250	2.5	20

合同赔付率 421.88%，分出公司赔付率 276.32%，溢额分保接受人赔付率 443.75%，其他分保接受人赔付率 800%。

1. 可以灵活确定自留额。对不同的业务，质量比较好就可考虑多一些自留，反之，则自留额可订得小一些。一般情况下，在订立溢额分保合同时，根据不同业务种类，不同业务性质和风险程度确定不同的自留额，并用附表形式作为分保合同的一部分。

2. 可以处理巨额业务。溢额分保对特别大的业务，可安排不同层次的溢额，例如，安排一个自留额为 250 万，第一溢额 4 线，第二溢额 2 线，第三溢额 2 线的三层溢额分保安排，则该合同最大承保能力达到 9 线，计 2250 万。

3．手续繁琐费时。一个危险单位是否分出，取决于保险金额是否超过自留额，保额一超过自留额，分保即自动生效。因此，对每一危险单位的所有保单应逐一计算。以货运险为例，办理溢额分保时，要根据业务单证按航程、航次进行登记和管理，计算分保比例。发生赔款时，也要仔细核算。因此，与成数分保相比增加许多管理费用。

溢额分保适用于危险性较小、利益较优的业务。原保险人藉此多作自留，获得更多的自留保费。也适用于业务质量不一，保额不均齐的业务，通过溢额分保，使业务平均化。溢额分保广泛用于火险、水险的分保安排，国际分保交换也常利用溢额分保方式。

二、非比例再保险

非比例再保险是以赔款金额为基础，确定分出公司的自留额与接受公司接受额的再保险方式，又称为超过损失再保险和第二危险再保险。主要包括险位超赔分保、事故超赔分保和赔付率超赔分保等几种再保险方式。

（一）险位超赔再保险

险位超赔再保险以每一危险单位所发生的赔款金额来计算自负责任限额和分保限额。如果危险单位的总赔款金额不超过自负额，全部损失由分出公司承担；如果赔款总额超过自负额，接受公司负责超过部分至合同约定的最高责任为止。如一超过 50 万元以后的 50 万元险位超赔分保合同，分出公司自负 50 万元赔款，接受公司负责超过 50 万元以后直至 100 万元内的赔款责任。若危险单位发生赔款 70 万元，则分出公司自负 50 万元，接受公司摊付 20 万元；若发生 120 万元赔款，接受公司只能负责 50 万元赔款，后面的 20 万元如另有分保安排，则由其他再保险人摊赔，否则仍由分出公司赔付。

在险位超赔合同中，还可以规定事故限额，即每次事故接受公司最多负责几个危险单位损失。例如，现有一超过100万元以后的400万元火险险位超赔分保合同，在一次事故中导致三个危险单位的损失，规定事故限额为2个危险单位，三个危险单位的损失分别为700万元，300万元和200万元，赔款计算如下：

表 8-3　　险位超赔的赔款计算　　单位：万元

危险单位	赔款	分出人自负赔款	接受人摊付赔款	其他分保或自留
1	700	100	400	200
2	300	100	200	0
3	200	200	0	0
合　计	1200	400	600	200

由于接受公司已承担了两个危险单位的赔款，所以第三个危险单位的损失全部由分出公司自负。分出公司有权选择哪两个危险单位要求接受公司摊赔。

(二)事故超赔再保险

事故超赔再保险是以一次巨灾事故所发生的赔款总和计算分出公司自负额与接受公司责任额的，保障一次事故导致多个危险单位的损失。保障分出公司的累积责任，是险位超赔分保在空间上的扩展，故又称巨灾超赔保障。

在事故超赔分保中，有一种分"层"(layer)的安排方法，这是为了易于不同的再保险人接受。分"层"是指将超赔保障数额分割为几层。如某分出公司承保500万美元的业务，分四层安排超赔分保：

第一层：超过10万美元以后的40万美元；

第二层：超过50万美元以后的50万美元；

第三层：超过100万美元以后的100万美元；

第四层：超过200万美元以后的300万美元。

不同的再保险人，可选择接受某一层或几层的责任。通过分层安排，事故超赔分保可获得巨额保障。

关于事故超赔分保责任的计算，有时间限制和事故次数限制。有些巨灾事故如台风、地震和洪水，规定某段连续时间为一次事故，洪水还有地区限制。对于事故持续时间较长的巨灾事故，按一次事故还是按几次事故，以及事故的起点选择的不同，在责任分摊上有所不同。

（三）赔付率超赔再保险

赔付率超赔再保险是按年度赔款与保费的比例来计算分出公司自负责任与接受公司再保险责任的一种再保险方式。当年度赔付率超过规定的赔付率时，由接受公司就超过部分负责至约定最高赔付率或约定最高赔款金额为止。因此，再保险责任在合同中通过赔付率限额和最高赔偿金额体现出来。由于这种再保险方式将分出公司某一年度的赔付率控制在一定的标准之内，故又被称作停止损失再保险或损失中止再保险（stop loss reinsurance）。

如果保险人要求更大的保障，可以通过分层安排得到巨额保障。另外为了使分出公司严格承保和理赔，对超过自负赔付率以上部分，分出公司仍要负责一定百分比的责任，这种做法称之为共同再保险。例如，有一超过 70％以后的 40％赔付率超赔分保，规定分出公司对赔付率超过 70％以后的责任仍要负责 10％。如果当年总保费收入为 100 万英镑，年净赔款为 120 万英镑，则年赔付率为 120％。赔款分摊如下：

接受公司　　$50\% \times 90\% = 45\% > 40\%$，

仅负责 40％，故 $40\% \times 100 = 40$（万英镑）

分出公司　　①自负赔付率部分：$70\% \times 100 = 70$（万英镑）

②共同再保险部分：$50\% \times 100 \times 10\%$

$= 5\% \times 100 = 5$（万英镑）

③超过分保合同部分：$(45\% - 40\%) \times 100$

$= 5$（万英镑）

共计 80 万英镑

(四)非比例再保险的特点和运用

1. 非比例再保险的特点

非比例再保险与比例再保险相比,具有以下几个主要特点:

(1)具有特殊的保障功能。非比例再保险既可保障单一风险导致的损失,也可以保障群体风险造成的损失和累积责任。特别是对于巨额风险的保障作用,是其他任何再保险方式所无法比拟的。

(2)节省经营费用。非比例再保险合同订立后,分出公司无需编制各种记载个别风险的业务报表,仅须按季或年编送保费总额及应付再保险费的账单,因而分保手续及账务处理比较简单。

(3)分保费率采用经验费率,按年度的净保费收入为基础另行计算。并且,根据每年的经营状况,可逐年调整,灵活性较大,具有平衡和稳定每年经营成果的作用。

(4)无须提存准备金,不存在分保佣金。

2. 非比例再保险的运用

非比例再保险主要应用于损失概率较大的业务和巨灾风险的保障,如车险、地震险、风灾等。

在实务中,不同的非比例再保险方式可以互相配合、混合使用。非比例再保险也常与比例再保险混合运用,只要调配得当,可获得更充分的保障。因此,目前无论是保险公司还是再保险公司对此都十分重视,把它作为重要课题进行研究。

(1)成数分保与赔付率超赔分保的混合运用

先安排一个成数分保合同,另外,经成数分保接受人同意,为双方再安排一个赔付率超赔分保合同。这样年度赔款先由赔付率超赔分保接受人摊付,自留赔付率部分再由分出公司与成数分保接受人按成数分保合同约定的比例分摊。

(2)溢额分保与超赔分保的混合运用

分出公司先安排一个溢额分保合同,对于自留额部分再安排一个险位超赔分保。若某一危险单位发生赔款，溢额分保接受人先分摊，对于自留赔款，险位超赔分保接受人按约定摊付。例如，一个自留额100万元，分保责任9线的溢额分保合同，对于100万元自留额，安排超过50万元以后的50万元险位超赔分保。现一危险单位发生赔款350万元，分出公司按溢额分保合同承担100万元赔款，但100万元赔款可通过险位超赔分保摊回50万元，实际仅付赔款50万元。

(3)各种超赔分保的混合运用

考虑某一业务，先安排险位超赔分保，分散单个危险单位的责任，但一次事故可能会导致众多危险单位的损失，尽管每一危险单位有险位超赔分保给予保障，但每一危险单位自负责任可能会累积成一个不小的数目，因此，对一次事故的累积责任安排事故超赔分保。如果业务量大，且事故发生概率不稳定，一年中可能会产生多次事故，经过险位超赔分保和事故超赔分保，分出公司的净自留赔款仍有可能很大，赔付率很高，为此，对上述净自留赔款进行赔付率超赔分保安排，以充分分散风险。

以上仅列举了一些混合运用的方法，实际上，对于不同业务混合运用的方法是多种多样的，并非一成不变。而分出公司的分保目的只有一个，那就是尽可能分散风险，争取最大限度的利润。

第三节　再保险合同

一、再保险合同的含义

再保险合同是分出公司与分入公司之间就再保险业务确定双方权利义务关系的一种协议。由此可见，再保险合同是以原保险合同为基础的合同。再保险合同的责任、保险金额和有效期均以原保险合同的范围和有效期为限。原保险合同解除、失效或终止，则再保险合同也随之解除、失效或终止。但是再保险合同在法律上又是一个独立的合同。我国《保险法》第30条规定:“再保险接受人不得向原保险的投保人要求支付保险费。原保险的被保险人或者受益人,不得向再保险人提出赔偿或者给付保险金的请求。再保险分出人不得以再保险接受人未履行再保险责任为由,拒绝履行或者延迟履行其原保险责任。”

不论原保险合同是补偿性的合同,还是给付性的合同,再保险合同都是补偿性的合同。它是一种性质特殊的责任保险合同。

再保险合同的标的是分出公司承担的损失补偿责任或给付责任。再保险合同的保险事故是指分出公司在原保险合同下发生对原被保险人或受益人的损失补偿或给付保险金的责任。这里所指的“发生”,强调的是依法应该履行补偿或给付责任,并不以原保险人已履行赔偿或给付义务为前提。如果原保险人应履行,但因某些原因未履行,如原保险人资金不足、破产等,再保险人仍应向分出公司履行再保险合同规定的赔偿义务,不能以任何借口拒绝。

再保险合同是保险合同的一种,保险合同的基本原则都适用于再保险合同,而且再保险合同具有一般保险合同的性质。

但在诚实信用方面,再保险合同要比原保险合同有更高的要求。因为,再保险合同的当事人通常不在一地,甚至分属于不同的国家,保险业务在原保险人处进行,再保险人无法控制。合同的承保、分保费率的确定、其他分保条件的商定都有赖于原保险人的告知。

二、再保险合同的种类

按照不同的分类原则,再保险合同可以分为不同的类型。

按照责任限制分类,再保险合同可以分为比例再保险合同和非比例再保险合同两大类。前者又有成数再保险合同、溢额再保险合同,后者则有险位超赔再保险合同、事故超赔再保险合同、赔付率超赔再保险合同等。

按照分保对象分类,再保险合同可以分为财产保险再保险合同、货物运输保险再保险合同、责任保险再保险合同、人身保险再保险合同等。

由于再保险安排方式主要有三种:(1)临时分保;(2)固定分保;(3)预约分保。故再保险合同又可分为临时分保合同、固定分保合同和预约分保合同。

(一)临时分保合同

临时分保合同是指分出公司根据业务需要,临时选择分保接受人,经双方协商逐笔签订的分保合同。对合同双方来说,是否分出、分出多少和是否接受、接受多少都不加限制,具有充分的选择权。这种分保安排方式,是再保险的最初形态,在本世纪70至80年代曾有逐渐被合同分保取代之势,但在目前国际再保险市场上,临时分保仍占有较大份额。其原因主要有:(1)巨额标的。如卫星发射等,保额超过再保险合同限额;(2)再保险合同除外责任业务的存在。有些再保险规定原保险的某些责任属于免除责任,因此分出公司对这些责任须考虑其他分保安排;(3)新公司的出现。新公司成立初始,业务不稳定或业务数量少,暂无条件组织合同分保。

临时分保的优点在于业务条件清楚,收费快,有利于资金运用。但是临时分保手续繁,分出公司必须及时将分保条件通知对方,对方是否接受无法掌握。对已承保的业务,在没有办理好临时分保的情况下,风险将完全由分出公司自己承担。

(二)固定分保合同

固定分保是由保险人与再保险人通过签订合同的形式,在一定时期内,对一宗或一类业务进行分保的再保险。根据合同规定,分出公司有义务分出、接受公司有义务接受合同限额内的某种业务。对合同双方当事人来说,没有选择的自由,因此,称之为“固定分保”。

固定分保也叫合同分保。与临时分保不同的是,固定分保按年度安排分保,只要是该年度内合同规定的业务,应全部按合同规定的额度分出。分保合同通常没有期限的规定，但缔约双方都可以提前通知对方终止合同。

（三）预约分保合同

预约分保是介于临时分保和固定分保之间的一种分保方法，是在临时分保基础上发展起来的一种再保险安排方式。它对订约双方的再保险业务范围虽有预约规定，但分出公司有选择权，不一定将业务全部交给预约的再保险人。对于接受人来说，只要分出公司决定分出，就必须按预约合同规定接受。因此预约再保险，既具有临时分保性质，又具有固定分保的形式。所以又称为“临时固定再保险”。

一个保险人对某一种特殊的业务经常向再保险人办理临时分保时，为简化手续，节省时间，可以考虑这种分保安排方法。有时，分出公司对某类业务已安排固定分保，为处理超过固定分保合同限额的业务，另外再安排预约分保，这样有利于分出公司及时分散风险。因此，预约分保往往成为固定分保的一种补充。

三、再保险合同的基本内容

由于原保险人的要求和再保险方式不同，加上各国保险监管部门对保险人的承保能力等规定存在差异，再保险合同的格式，国际上至今仍无统一标准文本。但具有一定规模的再保险人，一般有自己的一套标准文本以及批改条文。然而，不论保险人的要求和再保险方式如何不同，各类再保险合同都必须具有下列重要的基本内容：

（一）承保范围

无论何种业务的再保险合同都必须对承保范围有明确的说明。明确业务险种，来源（地理范围），除外责任等等。这是合同中最为重要的内容。

（二）合同的形式

明确说明合同采用哪一种分保方式。是成数分保还是溢额分保，或者是险位超赔分保，等等。

(三)责任的分配

如果是成数分保，合同中应明确规定自留比例与分出比例。如果是溢额分保，必须规定自留额、分保线数。

(四)计算限额的基础

限额是合同赔偿责任的最高额度。不同险种的合同限额的基础是不一样的。例如，货运险合同可以按一条船为一个危险单位，也可以按一个航次为一个危险单位，还可以是一张保单为一个危险单位。同样额度的限额，当危险单位划分不同时，再保险人所承担的保险责任是完全不同的，因为同一船上装载的货物可能分属许多保单承保。

(五)责任的开始与终止

一般合同中都注明，从何时起所纳入的保单项下的责任和保费由分出公司与接受公司共同承担和分享，直至全部保单终止或者责任终止。合同生效日，通常是 1 月 1 日，也有 7 月 1 日。日本的合同大多是从 4 月 1 日生效的。

合同的终止主要有两种情况。一种是自然满期终止，即至纳入的保单全部到期为止。当合同终止时，没有未到期责任。另一种是当年结算方式，也就是说无论合同项下所纳入的保单的责任到规定时间是否到期，都要因合同的年度终了而终止责任，未了责任转移至下一年度。

(六)手续费及其计算方法

手续费是分出公司向分保接受人收取的费用，用以支付直接承保的费用及管理分保业务的费用。手续费标准应以双方都能接受为原则。

(七)赔款处理及通知方法

一般情况下，分出公司对于赔案有权负责处理。分保接受人无条件地承担分出公司所支付的一切赔款项目，并承担自己所负责的部分赔款及由此产生的费用。但是，在当前国际市场上，再保险接受人对此提出了一些要求，如对通融赔付、是否进行诉讼应征得接受公司同意等。

合同中还会规定，什么条件下分出公司可以要求现金摊赔。另外，关于赔案通知及赔款支付时间也应明确说明。

（八）准备金的扣存与返还

准备金包括保险准备金和赔款准备金。比例再保险中，一般是每年扣存和退还，扣存比例、返还时间以及利息都要在合同中注明。

（九）账单及结算

规定关于账单的编制、寄送及账务结算的事宜。一般情况下，季度账单、半年账单较为常见，分出公司将账单编制发送给接受公司，接受人审核无误后以书面证实，分出公司在接到证实后十五天内予以结付，除非合同另有规定。

（十）文件查询及账单、账务的审核

当接受公司认为分出公司提供的有关文件、账单等有疑问时，可以进行检查，除非发生纠纷而提交仲裁，接受公司仅可委托非公司雇佣人员作为代表进行查账。

（十一）错误与遗漏条款

在合同履行的过程中，对于任何非故意的延迟、错误或疏漏，一经发现应立即纠正，而且分出公司和接受公司双方都不能推卸责任，要视同未曾发生，认真履行自己的责任。

（十二）合同的变更与修正

在再保险合同订立后，双方在执行中如有变化，经双方同意，可以修改，但须由双方签署的附约或信件作为构成合同不可分割的组成部分，双方均应遵守。

（十三）仲裁条款

有关再保险合同项下的业务发生争执或分歧，如不能友好解决，可提交仲裁机构仲裁。仲裁的内容不仅可以是合同项下的业务，也可以涉及合同是否有效的问题。

争议提交仲裁机构后，合同双方各自指派一名仲裁人，并由指派的两名仲裁人推举一名公断人。仲裁人和公断人应是公正的、无偏袒的、熟悉保险与再保险知识的专业人士或有名望的人士。首先由两名仲裁人进行协商，若能达成协议，则仲裁结束，否则由公断人来继续仲裁。仲裁的费用根据仲裁庭决定由一方或双方，或按约定处理。公断人费用由双方共同负担。

仲裁裁决是终局裁决。仲裁地点一般规定在分出公司的所在地，因为保险标的往往坐落在该地，比较方便。也可约定在应诉方所在地，如工程保险等。

实践中，再保险合同发生纠纷，多数是通过仲裁而不是诉讼来解决，这是因为：

1. 由于合同双方都是保险人，合同发生纠纷，往往问题既复杂又专业，仲裁人与公断人是再保险专业人士，能更多地考虑商业惯例，因而裁决比较合理。

2. 仲裁裁决迅速，费用低。

3. 仲裁不公开进行，有利于保护双方的商业秘密，有利于维护双方的商业信誉。

四、再保险合同的特殊条款

下面所述的条款，其中(一)、(二)属于比例再保险合同的条款，其他均属于非比例再保险合同的条款。

(一)浮动分保手续费条款

分保手续费可以是固定的一个百分比，也可以根据每一业务年度赔付率的高低不同，给予不同标准的分保手续费。一般做法是先确定最高和最低标准的手续费，赔付率每增减一定比率，分保手续费相应增减，但增减比率要小于赔付率的变化。例如，规定：赔付率超过69%时，手续费(最低标准)为25%；赔付率每减少1%，手续费增加 0.5%，直至最高手续费率 35%。由此，浮动分保手续费又称为递增分保手续费。这种设计，实际上使得分出公司获得分保手续费数额与业务的盈亏联系在一起，有利于分出公司严格承保与理赔。该条款仅适用于比例再保险。

（二）盈余手续费条款

合同中规定，如果年度产生盈余，接受公司将盈余的一定比率给予分出公司，这就是盈余手续费。盈余手续费与浮动分保手续费规定的目的是完全一样的。因此，实务中如果有了浮动分保手续费，一般就不再运用盈余手续费条款。

（三）最后赔款净额条款

最后赔款净额也称为最后净损失，是指损失事故中，分出公司实际支付的赔款净额，包括诉讼费用和其他一切的损失费用，并将残值追偿和回收款（包括一切其他再保险回收款），从赔款中减除，得到本再保险合同下应负的责任金额。最后赔款净额可用下式表示：

最后赔款净额＝在规定范围内实际赔款支出总额＋法律费用＋其他费用（分出公司职工工资除外）－损余和回收－从其他再保险摊回的赔款

（四）净自留成分条款

净自留成分是指分出公司在安排分保时，对每个危险单位或每份保单项下所自留部分的责任。对这部分自留责任，如不再安排分保，即为净自留成分的责任。如果还有分保安排，则应继续扣减，剩余部分为净自留成分的责任。事故超赔分保合同是保障分出公司在每次事故中的净自留成分的责任累积。

（五）责任恢复条款

在非比例再保险中，当发生赔款使分保责任减少后，为了不降低保障程度，将分保责任恢复至原有额度，恢复的额度以原再保险责任额为计算单位。恢复一个单位，意即公司总责任额为原责任额的两倍。在规定的期限内，多次赔案的发生，导致多次恢复，只要恢复的总责任额不超过一个原再保险责任额，仍属于恢复“一个单位”。责任恢复一般要加费，除非合同规定可以自动恢复。加费的方法主要有两种：

1. 以原分保费的100%为基础，考虑未到期的期间加费。

例如，有一超过50万元以后的100万元巨灾超赔分保合同，一年期自1998年1月1日至1999年12月31日。一次责任恢复。于1998年2月28日发生一次赔案，合同项下摊付60万元赔款，假设年度分保费为32万元，则责任恢复加费应为：

$$\underset{\text{(恢复金额)}}{\frac{60}{100}} \times \underset{\text{(恢复时间)}}{\frac{10}{12}} \times \underset{\text{(原分保费)}}{2} = \underset{\text{(加费)}}{1(\text{万元})}$$

2. 以原分保费的50%为基础，不考虑未到期期间加费。

按此计算，上例的加费应为：

$$\frac{60}{100}\times 2\times 50\% = 0.6(\text{万元})$$

(六)连结条款

如果在一次灾害事故中，分出公司所支付的赔款涉及不同年度承保的保单，则赔款总额中包含了各年度保单所致的赔款。这样，分保合同的自留额与责任限额应按合同所订明的业务年度的赔款与总赔款的比例给予调整，接受公司依调整后的责任限额对事故的损失承担赔偿责任。

例如，1998年安排有超过80万元以后的120万元事故超赔合同，1999年度安排超过50万元以后的100万元事故超赔合同。在1999年发生一次灾害事故，涉及分出公司1998年和1999年两个年度的承保业务，各年度承保损失为：

1998年度承保的保单：80万元

1999年底承保的保单：120万元

各个业务年度的损失(赔款)与总损失之比为：

1998 年度：$\frac{80}{200}\times100\%=40\%$

1999 年度：$\frac{120}{200}\times100\%=60\%$

现按上述比例调整原有的超赔合同：

1998 年度：超过 32 万元以后的 48 万元

1999 年度：超过 30 万元以后的 60 万元

因此，如果合同订有连结赔付条款，则接受公司负责赔付：

1998 年度：48 万元

1999 年度：60 万元

总计 108 万元。

（七）指数条款

对于非比例再保险，由于通货膨胀的影响，实际赔款额增加，而自留额是固定不变的，因此，可能导致接受公司的责任增大。有时赔案的最后解决，会在案发后数年。这种情况下，通货膨胀对接受公司的影响会更大。为解决这一问题，合同引入指数条款。

指数条款的主要内容有：

1. 再保险人的责任额与原保险人的自留额，应维持在合同生效日或双方同意之日为基准的一定货币价值关系上。

2. 同一案件分数次赔付，以及预付赔款等均要按约定的指数进行调整。

第四节 再保险市场

一、再保险市场概述

再保险市场是指从事再保险业务活动的再保险交换关系的总和。再保险市场与保险市场紧密相连，相互依存。世界性再保险公司在许多国家和地区设立分支机构或代理机构，吸收当地保险公司的分保业务，逐渐形成了国际再保险中心，如伦敦、纽约、东京、慕尼黑、苏黎世和百慕大等。有些市场采用保险人和再保险人直接交易的方法，另一些市场，则通过再保险经纪人安排分保。特别是英国劳合社，全部通过经纪人分保。因此，再保险市场具有广泛的国际性。

形成和完善一个再保险市场，必须具备下列条件：

1. 稳定的政局，健全的法律体系；

2. 发达的保险市场；

3. 现代化的通讯设备和信息网络；

4. 有一定数量的具备再保险专业知识和实务经验的专业人员；

5. 比较宽松的外汇管理制度。

再保险市场根据不同的分类标准，可分为以下几类：

1. 按市场范围为标准分类，可分为国内再保险市场、区域性再保险市场和世界再保险市场。

2. 按再保险方式为标准分类，可分为比例再保险市场和非比例再保险市场。

3. 按原保险类别为标准分类，可分为寿险再保险市场、水险再保险市场、非水险再保险市场、航空险再保险市场和车险再保险市场。

二、再保险市场的组织形式

再保险市场由买方、卖方和经纪人所组成。再保险的买方主要是直接承保公司，卖方是专业再保险公司、再保险集团、劳合社、区域再保险公司和兼营再保险业务的直接承保公司。对于转分保，买卖双方都是经营再保险业务的机构。

（一）兼营再保险业务的直接承保公司

这些直接承保公司，在经营保险业务的同时，通过互惠分保，或称分保交换，互相之间进行分保，一方将自己的业务分给另一方。因此，它们既是分出公司，又是接受公司。交换的业务，一般指同类业务，并且利益大致相当。从大数法则的原理看，分保交换有利于增强自身的经营稳定性。日本的“东京海上”和“安田火灾”都是此类保险公司。

（二）专业再保险公司

专业再保险公司，最早产生于19世纪中期，它们自身并不经营直接承保业务，而是专门接受原保险人分来的业务，同时也将接受的业务再转分出去，专业再保险公司转分的成分比较小。因此，它们既是再保险的供给者，又是需求者。国际上著名的专业再保险公司有：1863年成立的瑞士再保险公司，1880年成立的德国慕尼黑再保险公司，1890年成立的美国再保险公司。

（三）再保险集团

再保险集团是由同一国家或几个国家的许多保险公司联合组成的。有全球性的，也有地区性的。如亚非再保险集团、非洲航空险集团就属于地区性的再保险集团。

再保险集团的具体做法是：集团中每一个成员公司将自己承保的业务全部或扣除自留额后，通过集团在成员公司之间分保，各成员公司按约定比例接受，也可根据业务性质的不同，逐笔协商接受。大部分集团自己不承担风险，实际上起类似中间人的作用，少数集团有自己的自留额并对超限额部分，向外分保。

另有一种专门处理特殊风险的再保险集团，如美国核保险集团、英国超额赔款集团、瑞士自然灾害保险集团等，集保险人群体的力量，承保单个保险人无法承担的特种风险。

（四）专属保险公司

专属保险公司是大企业、大财团自设的保险公司，主要为其公司与子公司提供保险，并办理再保险。同时，也承保外界风险和接受分入业务。

专属保险公司产生的原因，大致有以下几点：(1)为了避税，减轻税赋;(2)为公司提供更大保障。承保那些保险公司往往不愿承保的风险;(3)为公司节省费用开支,甚至增加盈利。但是,专属保险公司也有致命的缺点,如业务量不足,危险度较高,偿付能力较弱。因此,专属保险公司本身能否合理安排分保,充分分散风险是经营的关键。

目前,专属保险公司主要集中在百慕大、开曼群岛,欧洲的格恩西岛、卢森堡、曼恩岛以及都柏林等地。

(五)英国伦敦劳合社

劳合社是世界最大的再保险市场,有水险、非水险、航空险、车险等承保人组合。承保组合代表会员接受业务,责任概由会员承担。劳合社承保人全部通过再保险经纪人接受业务。

(六)再保险经纪人

再保险经纪人是再保险分出公司和接受公司建立再保险关系的中介人。再保险经纪人的发展已有一百多年的历史,目前在世界各国保险和再保险市场十分活跃,估计有一半以上的保险和再保险业务是通过他们安排的。如英国塞奇维克集团对于石油开采保险,婆林经纪公司对于航空保险,威尼斯经纪公司对于水险,美国亚历山大、麦许、麦克米伦等几个大经纪公司对于责任险、航天保险等拥有一些专家,为安排大的再保险项目设计、提供可行性规划。

再保险经纪人的主要工作包括介绍再保险业务,提供市场信息,促成再保险交易并提供再保险合同有效期间的各种服务。

三、世界主要再保险市场

(一)欧洲再保险市场

欧洲再保险市场主要由英国伦敦再保险市场和欧洲大陆再保险市场组成。伦敦再保险市场的代表是劳合社,大陆市场包括德国再保险市场、瑞士再保险市场和法国再保险市场,其再保险中心是德国慕尼黑、瑞士苏黎世。德国的慕尼黑再保险公司和瑞士再保险公司，位居世界专业再保险公司的前二位。

（二）北美再保险市场

北美再保险市场由纽约再保险市场和百慕大专属再保险市场构成。美国再保险市场广大，保费收入几乎占全球保费收入的一半，其业务偏重于互惠交换、共同保险和联营方式，主要来源于美洲和伦敦市场。它拥有世界上著名的再保险公司，如全球排名第三和第四的美国雇主再保险公司和通用再保险公司。

百慕大市场一直以再保为中心。1996 年 6 月底，在百慕大注册的国际保险公司和再保险公司已达到 1426 家。其责任超赔分保已成为国际上责任保险和巨灾保险的一个新的分保中心。

（三）亚洲再保险市场

亚洲再保险市场主要包括日本再保险市场、韩国再保险市场以及新加坡再保险市场和巴林再保险市场。日本再保险市场有两家专业再保险公司——东亚（The Toa）和杰西（The Jisai），其他都是属于兼营再保险业务的保险公司。东亚公司主要承保非寿险再保险业务，而杰西公司则仅承保国内地震再保险业务。韩国保险业历史较短，但发展很快，其中韩国再保险公司在 1995 年净保费收入达 6.6 亿美元，名列世界第 30 位。巴林是中东的主要金融中心和再保险中心，其中阿拉伯保险集团是中东最大的保险公司，经营保险和再保险业务，现已列入世界 100 家最大再保险集团。

四、再保险市场的监管

再保险作为保险业密不可分的一部分，同样要受到国家的监督管理。再保险监管与保险监管一样，其核心是偿付能力的监管。再保险人具有足够的偿付能力是实现保险补偿承诺的保证。因此，任何国家对保险和再保险人都按各自偿付能力的大小规定自留额，限制承保总量。我国《保险法》对于再保险有相应的规定。

（一）再保险监管的方法

1. 直接监管。直接监管是指国家保险监督管理部门对取得该国营业执照的再保险人，依法直接进行监督管理。直接监管的内容包括：(1)营业执照的取得；(2)组织形式的限制；(3)营业范围的限制；(4)财务状况的监督。

2. 间接监管。再保险的间接监管，是指国家保险监管部门要求受其管辖的保险人在分出业务时，必须遵循一定的方式，以督促其慎重选择再保险人，从而间接达到对再保险人的管理。间接监管的内容和方式有以下几个方面：(1)分保计划的审查。(2)分保业务资料的申报。如英国政府要求保险人申报分出业务摘要表、主要合同再保险人资料表和临时再保险人资料表。(3)自留额的限制。我国《保险法》规定，对每一危险单位最高自留责任，不得超过实有资本金加公积金总和的10%。(4)再保险人的限制。国家以法令形式限制再保险业务分出的对象，或者规定应优先向指定的再保险人分出。

(二)再保险行政监管的主要内容

国家对再保险公司的管理可通过法律手段进行，如制定各种保险与再保险的法规，也可以通过经济手段进行，如制定再保险人的税收政策，还可以用行政手段进行监管。

再保险行政监管的主要内容有以下几个方面：

(1)对再保险人业务经营的管理。主要是限制外国再保险公司经营业务的种类或地区，或者对资金或保证金等提出特殊要求。

(2)财务管理。如规定各项准备金的提存。美国对于未注册的再保险人要求必须提供现金或信用证的担保。

(3)资金运用的管理。如规定投资范围、投资比例和数额。

(4)再保险外汇管理。如再保险外汇汇出数量的限制。

(5)再保险营业情况的管理。如规定年终呈递相关报表等。

(6)其他。如核定费率制订准则，核定保单内容等。

复习思考题

1．分析危险单位、自留额和分保额在再保险中的作用。

2．再保险与原保险的关系如何？

3．简析再保险的职能和作用。

4．分析成数分保与溢额分保的不同点，其最本质的区别在哪里？

5．简述各种再保险方式以及它们之间的混合运用。

6．比例分保与非比例分保的主要区别是什么？

7．简析三种再保险安排方式及其运用。

8．再保险合同的基本内容有哪些？

9．简述下列条款：

浮动手续费条款　净自留成分条款　责任恢复条款　连结条款　指数条款

10．再保险合同发生纠纷为什么往往采用仲裁的方法解决？

11．在国际再保险市场上，有哪些再保险组织形式？

12．形成和完善一个再保险市场应具有哪些条件？并谈谈对建立我国再保险市场的看法和建议。

13．再保险监管的主要方法有哪些？

14．简述再保险行政监管的主要内容。

第九章　社会保险

社会保险是应付人身风险的重要工具之一，在社会保障体系中居于核心地位。社会保险与商业保险中的人身保险分属不同的范畴，但其保障内容和技术原理相近。本书主要介绍商业保险，同时对与其有密切关系的社会保险也作简要的介绍。

本章主要讨论社会保险的产生发展和社会保险的基本内容。

关键词汇：社会保险　社会养老保险　社会医疗保险　失业保险　工伤保险　生育保险　现收现付制　完全积累制　部分积累制　统筹账户　个人账户

第一节　社会保险概述

一、社会保险的概念

社会保险是国家通过立法，采取强制手段对国民收入进行分配和再分配，形成专门的消费基金，当劳动者由于年老、疾病、生育、伤残、死亡、失业等原因丧失劳动能力或中断劳动，其本人和家属失去生活来源时，由国家（或社会）提供物质帮助的一种经济制度。

从这一定义中可以看到：社会保险是一种政府行为，是在国家法律或法令保证下实施的，带有明确的社会目的。同时，它又是一种经济补偿手段，通过劳动者之间的互助共济，实现对少数不幸劳动者及其家属的基本生活保障。当然，劳动者之间的互助共济不是社会保险基金（即指前文中的“专门消费基金”）的惟一来源。形成社会保险基金的还包括用人单位所缴纳的社会保险费和政府的财政支持。这也正是社会保险的福利性所在。实施社会保险,还可以部分地调节收入分配,缩小贫富差距。

从社会保险的定义可知其主要内容为:养老保险、医疗保险、失业保险、工伤保险、生育保险等。以上各保险项目将在本章中分别作介绍。

二、社会保险的产生及其发展

社会保险作为社会保障体系的一个子系统,它是以人类的社会保障实践为基础产生的。在西方社会,早期的社会保障实践以自发自愿的救济为主,通常由教会来主持。随着资本主义生产方式的产生,社会保障开始走向制度化、规范化。1883到1889年间,德国首相俾斯麦主持并先后颁发了疾病、工伤、年老三项保险法案。这三项法案的实施,收到了良好的社会效益,促进了德国社会经济的发展,同时也被西方各国效仿,开始了社会保险的探索与发展之路。

二次大战后,经济的复苏和繁荣为社会保险的发展提供了雄厚的财力支持。社会保险的发展开始走上"福利国家"之路。随着"福利国家"的出现,社会保险的保障水平不断提高,所需的财力支持也更大。20世纪70年代中期,由于西方各国的经济发展进入滞胀阶段,社会保险的庞大开支成了福利国家沉重的财政负担,并直接影响到一国的经济增长。由此开始了对社会保险制度的改革。

综观各国的改革方案,社会保险的发展趋势可总结如下:(1)降低过高的社会保险给付水平,强调多层次社会保障体系的建设;(2)提高法定退休年龄,缓解基金支付压力;(3)社会保险"民营化",即改变社会保险完全由国家包办的办法,交由民营组织机构承办,并管理社会保险基金,负责基金的保值增值。

三、社会保险与人身保险的关系

从社会保险的概念及其发展历史中可以看出，社会保险与人身保险之间有较大差异。主要表现在以下几个方面：

（一）性质不同

社会保险是特定公民享有的一种权利，是由政府强制实施的一种社会政策，其直接目的是为了维护公民的基本生活需求，社会保险费一般由政府、用人单位和个人三方负担。而人身保险则是一种商品，一般由个人自愿付费参加保险，经营主体通过出售保险商品，获取营业利润。

（二）保障水平不同

社会保险以保障劳动者的基本生活为目标，因而其给付水平是以满足保障对象的基本生活为标准来确定的。人身保险的保障水平则根据被保险人的保障需要和投保人的购买能力由保险双方协商确定，“多买多保，少买少保，不买不保”。

（三）基金的来源不同

社会保险基金的来源有三个渠道：国家、用人单位和个人。人身保险的基金则由投保人缴纳的保费构成。

（四）立法范畴不同

社会保险是由国家来规定劳动者应履行的义务和所享有的权利，属于劳动立法调整的范畴。而人身保险属于商业活动，由民法来调整双方当事人的行为。

（五）管理体制不同

社会保险是政府行为，由政府或政府指定的专门机构负责组织管理。人身保险的组织机构是保险企业，自主经营、自负盈亏，同时接受政府监管。

社会保险与人身保险之间有密切联系，主要表现在以下几个方面：

（一）保险标的相近。两者都以人的身体或生命为保险标的（失业保险除外），只是社会保险把保障对象限于工资劳动者。

（二）保障内容相近。两者皆以疾病、伤残、死亡、年老等作为保障内容。

（三）技术原理相近。两者都以大数定律为技术基础。

（四）两者相互补充。社会保险保障工资劳动者的基本生活。从发展历史看，社会保险制度的实施弥补了人身保险覆盖面的不足；从保障程度看，人身保险弥补了社会保险不能满足多层次保障需要这一不足。对低收入者来说，社会保险弥补了其因无力购买人身保险而造成的保障不足。对高收入者来说，人身保险则满足了其对高水平保障的需求。

第二节　社会养老保险

一、社会养老保险的概念与特点

社会养老保险（以下简称养老保险）是社会保险制度的重要内容，也是整个社会保障制度中最基本的内容之一。有些国家的社会保障制度其实就是养老保险制度再附加医疗、死亡和遗属保险。可见养老保险在整个社会保障体系中的地位。

养老保险是国家根据劳动者体质和劳动力资源状况，规定一个年龄界限，允许劳动者到达这个年龄界限时，作为因年老而丧失劳动能力的人，解除劳动义务，由国家、社会提供物质帮助，保障其晚年生活的一种社会保险制度。有关养老保险的定义，说法并不完全一致，这里作出的定义也只是对各种不同说法的一种综合，尽可能把它本来的意义完整地表达出来。对该定义的把握，要注意以下三点：首先是确定享受养老保险的对象——劳动者，这在不同的国家会有不同的界定；其次是确定一个法定退休年龄；最后就是凡达到该年龄的劳动者都可享受。应该引起注意的是：年老丧失劳动能力并非享受养老保险的必要条件。也就是说，只要达到法定退休年龄，就可以享受。在当前世界各国养老基金入不敷出的情况下，这一点倍受各国政府的关注。享受养老保险是否应与年老丧失劳动能力挂钩？这还有待进一步研究。

一般说来，养老保险具有以下三个特点：(1)由国家立法强制执行。按照国家的规定，符合养老条件的人，有权向社会保险部门领取养老金。(2)养老保险费由国家、单位和个人三方共同分担。(3)养老保险必须由专门机构实行专业化、社会化的统一规划和管理。

二、社会养老保险的类型

当前，世界上实行养老保险制度的国家可分为三种类型：投保资助型、强制储蓄型、国家统筹型。

1. 投保资助型。也称传统型，是当代主要的社会养老保险制度，实施于世界上大多数国家。它的特点在于：通过立法程序强制工资劳动者加入，强制用人单位和劳动者分别按照规定的筹资比例参加，并建立养老保险基金，国家是该保险的后盾，在财政、税收等政策上给予支持。这种制度对个人所缴费用原先并不分配到个人账户上，享受资格取决于是否缴费。但由于政府承担的责任过大，各国普遍进行了改革，即分设社会统筹账户和个人账户，使得每个人的待遇与收入及缴费相联系。这样不仅减轻了国家财政负担，也增强了劳动者的参加社会保险的积极性。

2. 强制储蓄型。又称公积金模式，是一种固定缴费的模式，费用由劳资双方负担，以劳动者的名义存入“公积金局”，缴费及利息积累在个人账户上，待遇由所缴费用及利息决定。当投保人年老、伤残和死亡时，账户上的钱可一次或按月领取。该制度的特点在于：透明度高，激励作用强，强调个人的自我保障，且政府责任小，负担较轻。但也因此较缺乏互助共济性。采取这种模式的典型国家是新加坡及东南亚其他一些国家。

3. 国家统筹型。又称福利型，由国家（或国家和用人单位）负担全部的养老保险费，劳动者个人不缴费，是一种典型的福利型养老保险制度。该制度的特点在于它的福利性，但由于其资金来源渠道限于政府和用人单位，造成政府和用人单位负担过重。也正因为如此，采用该制度的福利国家瑞典、挪威等国，正受该制度带来的一系列经济和社会问题的困扰，不得不寻求解决和改革的办法。

三、社会养老保险基金的筹集模式

养老保险基金筹集的一个基本原则是“收支平衡”。根据其在不同时间跨度上的平衡，可以把养老保险基金的筹集模式分为三种：现收现付制、完全积累制、部分积累制。

1. 现收现付制。以“横向平衡”原则为依据，要求当年或近几年内所有参加社会保险的单位按平均比例提缴养老保险基金总额，在收付过程中保持平衡。该模式的优点是：简便易行，并可以及时调整征收比例。缺点是：缺乏长远规划，没有必要的积累，尤其是不能适应人口老龄化的趋势，容易激发代际矛盾。

2. 完全积累制。以“纵向平衡”原则为依据，要求在劳动者整个就业或投保期间，或在一个相当长的计划期内，采取储蓄的方式积累筹集基金。优点是：可在一个较长时间内分散风险，筹资比例稳定、基金积累充分。缺点是：精确测算筹资比例难度大；容易受通货膨胀的影响。

3. 部分积累制。综合考虑“横向、纵向平衡”，既要保证当前的基金收支基本平衡，又要求进行部分积累以满足今后不断增长的开支需要。优点是：可以根据经济发展情况，适时调整筹资比例，灵活性强。缺点是：政策稳定性不够；积累的基金容易受通货膨胀的影响。

四、中国大陆的社会养老保险制度

（一）社会养老保险制度的产生及其发展

在20世纪50年代以前，除一些外商企业、官办企业和个别民族资本企业有一些一次性退职待遇外，广大劳动者到了晚年，往往被解职，不能享受老年保障。建国后，以1951年颁布的《中华人民共和国劳动保险条例》为起点，开始了社会养老保险制度的创建工作。《劳动保险条例》(前者的简称)颁布后，曾作过若干次修改。修改的主要内容表现为随经济形势的发展变化，调整养老待遇。作为一项制度的基本内容并没有太多的改变。如在经费筹集、待遇水平级别、保险对象上都是一个模式，并由国家和企业承担全部责任，这种做法当然同当时的经济体制有关，有其存在的合理性。养老保险制度的建立及其发展，对于保障老年人的生活，保护社会安定，起到了积极的作用。

《劳动保险条例》的保障对象主要是企业劳动者。国家机关和事业单位的社会养老保险制度，是与《劳动保险条例》接近的一种退休制度。在这一制度下，国家机关和事业单位的工作人员在达到法定退休年龄(男60岁，女55岁)后，由国家财政支付其退休工资，退休工资待遇根据工龄等因素决定。这项制度一直延续至今。近几年，关于机关事业单位社会养老保险制度的改革，学术界论述不少，一些地方则进行了积极的改革与探索。

从20世纪50年代起，农村建立了“五保户制度”，对鳏寡孤独者由集体经济负责其基本生活，即“保吃、保穿、保烧(燃料)、保教(少年儿童)、保葬”。其他绝大多数农民，基本上依靠家庭养老。1986年，民政部在山东牟平县开始进行农村社会养老保险制度的试点工作，1992年在总结试点经验的基础上，制定颁发了《县级农村社会养老保险基本方案》。在试行农村社会养老保险的工作，一直由民政部门负责。1998年国务院机构改革后，这项工作被移交到劳动和社会保障部门。近年来，学术界关于农村社会保障问题，尤其是将社会保险方法引入农民养老保障体系讨论颇多。

(二)企业社会养老保险制度的改革

随着20世纪80年代初开始的经济体制改革不断深入，原有的企业社会养老保险制度逐渐暴露出一些弊端，主要有：

1．养老保险覆盖面窄、社会化程度低。原有的养老保险制度仅限于国有部门。县级及以上的集体企业和外商投资企业参照这一制度执行，县级以下集体企业、私营企业、个体工商户基本上没有法定的养老保险制度。社会化程度低，承担保险责任的主体相当分散，直接承担者是企业，其结果是造成新老企业之间的负担不均，新老职工之间的利益冲突。

2．养老保险层次单一。除了由国家和企业提供一种养老保险之外，没有其他任何形式的补充养老保险，更不用说个人储蓄性养老保险。造成这种局面的原因主要是当时的低工资制度。作为个人的各种福利费用，由企业统一扣除，然后统一供给。因此，职工拿到的工资只是用于平时吃、穿、用的部分，自然也就没钱、也没必要进行储蓄养老。由此造成了养老保险层次单一。

3．基本养老保险金计发办法不适应工资制度的改革趋势。一方面造成以标准工资为基数计发的养老金偏低，从而使离退休人员的生活水平降低；另一方面，由于企业有了补贴、奖金等的发放权，非标准工资占全部工资收入的比重越来越大，这对只领取以标准工资为基数的养老金的离退休人员来讲，可以说是没能享受社会发展的成果。

4．管理体制不顺。由于历史原因，在养老保险上形成多头、分散、交叉管理的局面，增加了管理成本，且不利于养老保险制度改革的统一规划。

针对原有养老保险制度中存在的问题，20 世纪 80 年代中期开始，国家进行社会养老保险制度改革试点，改革的重点体现在以下几个方面：

1．推行退休费用社会统筹。1984 年，国有企业职工退休费用社会统筹试点工作正式开始，其间出现了一些问题，如企业想方设法不缴或少缴统筹费，没有建立科学的养老金调整机制等。但它在一定程度上均衡了企业的养老负担，缓解了新老企业退休费用畸轻畸重的矛盾，体现了互助共济性，并有了基本养老金的结余。

2. 实行了国有企业职工个人缴纳养老保险费制度，即养老保险费改由国家、企业、个人三方负担。实行个人缴费，是每个职工享受养老保险待遇应尽的义务，也是社会保险权利义务相一致的具体体现。而且可以增强职工的自我保障意识和责任感，增加筹集资金的渠道。

3. 建立社会统筹账户和个人账户。职工个人缴费的全部记入个人账户。企业为职工所缴纳的养老保险费按一定的比例分成两部分，一部分记入个人账户，其余记入社会统筹账户。个人账户的个人缴费部分本息归个人所有并结转使用。

4. 开展了补充养老保险试点。在政府提供的基本养老保险基础上，各企业根据自身经济能力，为职工建立补充养老保险，并提倡个人储蓄性养老保险，形成三位一体的养老保险制度。

在试点的基础上，中央政府制定了社会养老保险制度改革的指导性政策。由于各地区社会经济发展状况差异较大，具体的实施办法由各省、市、自治区结合当地的情况自行制定。同时，为了适应新旧制度的过渡，1995 年制定了两种实施办法。其中"实施办法一"可以说是一种目标模式，而"实施办法二"可以说是一种过渡模式。从实际执行的情况来看，大多数省份采用的是"实施办法二"。因为它有利于新旧制度的过渡。

（三）企业社会养老保险制度介绍

1997 年国务院颁发了《关于建立统一的企业职工基本养老保险制度的决定》，其主要内容包括三个方面：

1. 基本养老保险费用的筹集

基本养老保险费用由单位和个人共同负担。职工个人以上一年度月平均工资为缴费基数，企业以全部职工的缴费基数之和为缴费基数。月平均工资中的项目包括工资、奖金、津贴、补贴等收入。职工月平均工资低于当地平均工资60%的，按60%的缴费基数缴费，超过300%以上部分不计入缴费基数。企业和职工个人共同缴纳养老保险费的年限，称为“缴费年限”。实行个人缴费制度以前的职工的工龄可换算成视同缴费年限。企业、职工分别按当地政府规定的比例缴费，前者在税前列支，后者不计征个人所得税。已离退休人员不缴纳养老保险费。个体工商户、私营企业主等非工薪收入者，以当地全部职工月平均工资作为基数缴费，缴费比例不超过企业和个人缴费比例之和，缴费年限自缴费始至法定退休年龄为止。社会统筹基金发生支付困难时，由同级财政予以支持。

2. 建立基本养老保险个人账户

个人账户包括职工个人缴费的全部及企业缴费的一部分。企业缴费中，统筹基金及个人账户中的储存额按记账利率计息。职工在同一统筹地区内调动工作，不变换个人账户。职工调动或中断工作前后缴费年限可以累积计算，储存额不间断计息。职工在不同统筹地区间调动工作，个人账户及其储存额应随同移动。

3. 基本养老保险金计发办法

1998年1月1日以后首次参加工作的职工(简称“新人”)，基本养老金由两部分组成：基础养老金、个人账户养老金。基础养老金根据职工退休时社会平均工资的一定比例确定。个人账户养老金每月计发额根据个人账户的储存额除以120确定。另外，还设置了基本养老保险调整金，以便能保证职工退休后的基本生活。

1997年12月31日以前参加工作、1998年1月1日以后退休的职工(简称“中人”)，其基本养老金由三部分组成：基础养老金、个人账户养老金、过渡性养老金。前两项的确定基本同上，过渡性养老金按照职工本人的指数化月平均缴费工资，及本人统一制度前的缴费年限确定。另外，还设计了过渡性调整金，以便能保证“新、老”方法的平稳过渡。

1997年12月31日前已退休的职工(简称“老人”)按原退休

政策执行。

职工的离退休年龄和离退休后其他待遇，暂不作变动。符合离休条件的人员，其离休待遇仍按国家现行规定执行。

第三节　社会医疗保险

一、社会医疗保险的概念及特点

社会医疗保险有广义和狭义之分。广义的社会医疗保险是指工资劳动者（或全体居民）因为疾病、负伤和生育，需要诊断、检查、治疗，社会为其提供经济补贴和医疗服务的一种社会保险制度。狭义的社会医疗保险是指由于疾病（不包括工伤、职业病与分娩）所引起的纯粹的补偿医疗费用为主要目的的社会保险制度。在这里所讨论的主要是狭义的社会医疗保险（以下简称医疗保险）。

同养老保险一样，医疗保险具有极强的社会性。通过集中社会力量，广泛地筹集医疗保险基金，由社会保险机构统筹并运用互助共济的手段，向患病者提供实物或现金的帮助。同时，医疗保险还具有平等性。一方面表现为负担的公平化，包括医疗保险费、医疗费用负担率等；另一方面表现为给付的平等化，包括给付率、受诊机会、医疗保健设施利用等。应该指出，虽然低所得者和高龄、长期疾病患者的给付和负担并不对等，即相对而言，是低负担高给付，但这也并不违反上述两项平等性，相反正体现了医疗保险所特有的基本功能，即医疗保障的给付，并不取决于负担的高低，根据给付平等化原则，医疗保险对任何人都是一视同仁的。至于负担是根据同一负担率，高收入高负担，低收入低负担，也都是合乎平等化原则的。

二、医疗保障制度的类型

目前，世界上的医疗保障制度可以分为两大类型：

（一）保健服务型。这是政府对所有需要医疗的国民，不论其贫富均提供医疗和保健服务的类型。受保障者不仅仅是生活贫困者，而是所有国民。典型的有英国、新西兰、意大利、丹麦等国，前苏联和东欧各社会主义国家以及中国大陆的制度也类似于保健服务型。当然，在具体内容上还是有所不同。它们的共同特征在于：不以国民所得不同而予以区分，受保障的国民享受相同的医疗机会，政府直接或通过与政府签有契约的医疗机构，保证其医疗服务。在一些社会主义国家里，医疗设施大部分是国有的，医务人员是国家工作人员，因此基本是国营医疗。

（二）医疗保险型。这是伤病时由社会保险体系供给国民医疗所需费用和服务的类型。如今世界上大多数国家是采用这种类型的医疗保险制度。此类型的特征之一是筹资制，若是没筹资能力的生活穷困者，一般不加入医疗保险，而成为医疗扶助的适用者。因此，实行“医疗保险型”的国家，一般有二元医疗保障体系。既有适合于有筹资能力者的医疗保险，又有适合于无筹资能力者的医疗扶助。此外，该类型的另一个特征是：医疗保险是以直接、间接地保障医疗费为主要目的，对医疗服务并不能保障。这主要是由医疗资源在地区间分配不均匀（如无医或少医的地区存在），医疗机会非均等化所造成的。因此，如何满足普遍需求，改善医疗服务，也就成为采用这种类型的国家今后努力探索的课题。

如果将上述两大类型的医疗保障制度进行比较，并从保障所有国民的医疗机会均等的角度判断的话，比较理想的应是“保健服务型”。但是现实中采用“保健服务型”的国家却很少，而且看不到有增加的可能。究其原因，主要是资金来源的问题。在实行医疗保险的情况下，是以劳动所得为根基，课以一定比例的保险费，并形成保险基金，具有较高的稳定性。这与不具有专门基金，仅仅依存于政府财政支持的“保健型”形成了鲜明对比。另外，对医疗资源的利用效率低也是原因之一。“保健服务型”容易造成医疗资源的浪费，“医疗保险型”相比较而言，在医疗资源的利用上效率高一些。

另外要注意的一个问题是，医疗保险的内容随着社会经济发展，人们生活水准的提高，也在不断的变化。目前的“医疗费用保障论”（即现行的医疗保险）正越来越多地受到“医疗、健康保障论”的攻击，这在一定程度上，也可以说是两种类型理论的斗争。因为“医疗费用保障论”把重点放在保障医疗费上。而“医疗、健康保障论”认为：医疗保险不仅仅是医疗费的保障，而应是医疗和健康的保障，内容应该包括医疗费、医疗服务项目、医疗水平、预防医疗、保健卫生、医疗机构、医务人员素质、生活环境等。当然，这还只是理论上的争论，具体到某个国家或地区，其医疗保险内容还是要受社会经济发展状况和历史传统习惯的左右。

三、中国大陆的社会医疗保险制度

（一）社会医疗保险制度的建立与发展

城镇职工医疗保险制度是 20 世纪 50 年代初建立起来的，是国家重要的劳动保护政策之一，它由公费医疗和劳保医疗两个部分组成，基本覆盖城镇全体劳动者。劳保医疗在企业实行，医疗费用从企业职工福利费中支付，职工福利费计入企业成本。从当时的企业经济制度来说，企业职工的医疗费，确切地说，是由国家和企业共同负担，由企业管理。公费医疗在机关、事业单位实行，医疗费用由财政部门按规定的年人均定额拨款支付，各地区负责统一管理使用。

在农村，则建立了合作医疗制度。农村合作医疗制度是农民依靠集体力量，在自愿互助的基础上建立起来的一种医疗保障制度，是农民群众的集体福利事业。合作医疗的具体形式通常是根据当地的实际情况和条件，经农民群众充分讨论确定。合作医疗基金由参加合作医疗的个人和集体（公益金）筹集，各筹多少，也是根据需要和可能，经农民群众讨论决定。随着集体经济的发展，集体负担部分逐步提高。合作医疗基金，主要用于农民的医疗费支付。到 20

世纪70年代，农村合作医疗普及率达到95%。20世纪80年代起，因农村经济体制改革，合作医疗制度赖以生存的基础受到破坏，农村合作医疗制度开始瓦解，到20世纪90年代，覆盖率已不足5%。近几年，关于农民医疗保障问题，学术界讨论甚多。近期政府提出建立新型农村合作医疗制度。

（二）公费医疗和劳保医疗制度的改革

公费医疗和劳保医疗保险制度的实施，对保持职工身心健康、促进经济发展，维护社会稳定发挥了积极作用。但随着经济体制改革和生产力的发展，这一制度存在的问题也日渐暴露出来。对公费医疗、劳保医疗改革的呼声也越来越高。

由于在原有的医疗保险制度中，个人几乎不承担任何责任，医疗费用完全由国家和企业统包，因而不可避免地造成了医疗资源的浪费，并同时给国家财政和企业造成过重负担。这是导致医疗保险制度改革的最大的也是最初的动因。其次，医疗保险覆盖面过窄，管理和服务的社会化程度低，不利于劳动力合理流动；企业负担畸轻畸重，不能适应经济体制改革的要求。最后，公费医疗和劳保医疗制度不统一，需要两套管理机构和人员，管理成本大。因此公费医疗、劳保医疗的改革势在必行。

首先进行的是劳保医疗制度改革，主要包括两方面内容：一是离退休人员医疗费用社会统筹，二是大病医疗费用统筹。

离退休人员医疗费用社会统筹的主要内容有：企业按照确定的统筹标准一次性缴清全年的医疗费统筹金额；由专门的劳动机构负责管理；确定统筹医疗费的开支范围；医疗费用由国家、企业、个人三方负担，国家的负担通过税收优惠和财政支持表现出来。该办法的执行，一方面积累了医疗统筹基金，同时也部分地遏制了医疗资源浪费现象。但也存在着一些不足，统筹面过窄，仅限于企业离退休人员这一块，机关、事业单位这一块没有包括进来，一些省市在职职工医疗这一块也没有动。由此带来的后果是保险的互助共济性没有得到充分体现，共同抵御风险的能力不强。并且由于本办法只是在个别省市试点，并没有强有力的法律支持，因此使得基金的收缴率偏低。当然也有企业和社会保险管理机构等方面的原因，如企业经济效益欠佳，社会保险管理不善，都会造成企业欠缴漏缴统筹费的现象。另外，医药浪费的现象依旧存在，改革亟待进一步深入。

职工大病医疗费用社会统筹（以下简称大病统筹）最早也是从几个城市开始试点。顾名思义，大病统筹是根据医学上划分大病的种类，结合当前企业经济承受能力，选择某些医疗费用开支较大的病种，通过实行社会统筹来保障企业职工患大病后得到基本治疗。其基本原则是互助共济，保证基本医疗；医疗保险专项基金由职工（含退休、退职人员）个人医疗保险专户金，企业医疗保险调剂金和大病医疗保险统筹金三部分组成，并实行国家、企业、个人三方分担的原则。应该说大病统筹为后来的医疗制度改革打下了良好基础，对医疗费用的控制也起到了积极的作用。

公费医疗制度同样因医疗资源浪费严重、费用缺乏控制，在个别城市试点改革。改革的方向主要表现为增加个人对医疗费用支出的负担比例。改革取得了一定的成效，但由于医疗保险制度的完善不是可以由其制度本身单方面的改进来完成，而是要受到医疗机构、民族素质，甚至整个社会制度环境的制约。就像经济体制的改革需要社会保障制度改革的配套一样，医疗保险等社会保障制度的发展与完善，同样需要相应制度及其环境改善的配套。

中国大陆的医疗保险制度改革在经过一些初步的试点后，又开始了全面的医疗保险改革试点。其中有代表性的是“两江改革试点”。两江就是指江西九江和江苏镇江。改革的核心内容就是要建立个人账户。个人账户的基金由职工个人按一定比例所缴纳的医疗保险费和企业为职工所缴纳的部分医疗保险费组成。企业为职工所缴纳的其余部分进入社会统筹医疗基金账户。个人账户中的本金和利息归个人所有，并在规定范围内使用。个人账户不足支付时，先由职工个人自付、超过一定比例再由社会统筹医疗基金支付。改革的实践表明，社会统筹和个人账户相结合的医疗保险制度改革还是取得了比较大的成功，也比较适合中国的国情。

（三）基本医疗保险制度简介

我国大陆城镇医疗保障体系包括基本医疗保险、大额医疗费用互助制度、医疗补助、补充医疗保险、社会医疗救助基金等几部分组成。基本医疗保险是医疗保障体系的基础，实行个人账户与统筹基金相结合，能够保障广大参保人员的基本医疗需求。主要用于支付一般的门诊、急诊、住院费用。大额医疗费用互助制度是除参加公务员医疗补助以外的参保人员必须参加的，属于基本医疗保险的补充形式。大额医疗费用互助资金，主要用于支付门诊、急诊大额医疗费用和统筹基金最高支付限额以上部分的医疗费用。大额医疗费用互助资金由用人单位与其职工及退休人员共同缴纳。资金支付不足时，财政给予一定的补贴，实行市县级统筹，集中管理。医疗补助是国家为保障公务员医疗待遇水平不降低而建立的医疗补助，是对封顶线以上部分的医疗费、门诊医疗费个人账户支付不足的部分、统筹基金支付中个人负担过重的部分给予的补助。补充医疗保险是基本医疗保险的补充形式。有条件的企业和事业单位在参加基本医疗保险的基础上，可以为职工和退休人员建立补充医疗保险，用以支付基本医疗保险及大额医疗费用互助不能解决的费用。社会医疗救助基金是为了保障城镇居民中享受最低生活保障待遇人员的基本医疗而设立的。商业医疗保险则是医疗保障体系的分支，是单位和个人自愿参加的。国家鼓励个人积极参加商业医疗保险。在这里着重介绍基本医疗保险制度的基本框架。

1998 年初，国务院颁布了“关于建立城镇职工基本医疗保险制度的决定”，各地据此逐渐建立并实施基本医疗保险制度，同时公费医疗制度和劳保医疗制度宣告废止。基本医疗保险制度的主要内容如下：

1．建立的原则

基本医疗保险的水平要与社会主义初级阶段生产力发展水平相适应，城镇所有用人单位及其职工都要参加基本医疗保险，实行属地管理；基本医疗保险费由用人单位和职工双方共同负担；基本医疗保险基金实行社会统筹和个人账户相结合。

2．覆盖范围和缴费办法

城镇所有用人单位，包括企业（国有企业、集体企业、外商投资企业、私营企业等）、机关、事业单位、社会团体、民办非企业单位及其职工，都要参加基本医疗保险。乡镇企业及其职工、城镇个体经济组织业主及其从业人员是否参加基本医疗保险，由各省、自治区、直辖市政府决定。

基本医疗保险费由用人单位和职工共同缴纳。用人单位缴费率在职工工资总额的6%左右，职工缴费一般为本人工资收入的2%。随着经济发展，用人单位和职工缴费率可作相应调整。

3．建立基本医疗保险统筹基金和个人账户

基本医疗保险基金由统筹基金和个人账户构成。职工个人缴纳的基本医疗保险费，全部计入个人账户。用人单位缴纳的基本医疗保险费分两部分，一部分用于建立统筹基金，一部分划入个人账户。划入个人账户的比例一般为用人单位缴费的30%左右，具体比例由统筹地区根据个人账户的支付范围和职工年龄等确定。

4．基金的管理

基本医疗保险基金纳入财政专户管理、专款专用。社会保险机构负责基金的筹集、管理和支付。基金的计息办法：当年筹集的部分，按活期存款利率计息，上年结转的基金本息按3个月期整存整取利率计息，沉淀资金比照3年期零存整取储蓄存款利率计息，并不低于该档次利率水平。个人账户的本金和利息归个人所有，可以结转使用和继承。

5. 支付标准

统筹基金和个人账户划定各自的支付范围，分别核算。统筹基金的起付标准原则上控制在当地职工年平均工资的10%左右，最高支付限额原则上控制在当地职工年平均工资的4倍左右。起付标准以下的医疗费用，从个人账户中支付或由个人自付。起付标准以上、最高支付限额以下的医疗费用，主要从统筹基金中支付，个人也要负担一定比例，具体标准由统筹地区根据以支定收、收支平衡原则确定。

第四节　失业保险

一、失业保险的概念和类型

失业指的是在劳动年龄范围内有就业能力而没有就业的一种社会经济现象。根据不同的标准，可以将失业划分为不同的类型。因主观原因失业即有工作机会而不愿意就业者称为自愿失业，因客观原因失业者称为非自愿失业。我们通常指的失业是非自愿失业。非自愿失业又可进一步分为：摩擦性失业、季节性失业、技术性失业、结构性失业、周期性失业。按照失业程度不同，失业又可分为完全失业和部分失业。按照表现状态的不同，失业还可分为显性失业和隐性失业。

了解失业的概念，主要是为了界定失业保险的受保对象及享受失业保险的条件。何谓失业保险？失业保险是指国家以立法形式为工资劳动者在因失业而失去生活来源时提供基本生活保障的一种社会保险制度。这里的失业者必须是非自愿失业者、完全失业者、显性失业者，当然首先必须是一个工资劳动者。那些从未参加过工作的大学毕业生不能作为失业保险的受保对象。总的来讲，享受失业保险的人必须具备以下四个条件：(1)收入中断；(2)至少曾工作一年以上；(3)必须证明自己在上一年参加了工作；(4)到职业介绍所登记，并听从指挥，寻找机会再就业。

目前，世界各国的失业保障计划分为以下几种：

1. 强制性失业保险。凡属规定类别的雇员必须参加，由国家集中建立的失业保险基金来提供实物保障。实行这种失业保险制度的国家有中国、日本、美国、加拿大、英国等30多个国家，占实行失业保险国家总数的75%。

2. 自愿的补贴性失业保险。它是指除某些情况下规定工会会员必须向联合失业基金捐款外，其他劳动者可自愿选择参加保险。这种类型的国家不多，仅占总数的2.5%。

3. 失业救济。由国家一方出资，对经过收入调查后确定的贫困失业者进行救济。这种类型的国家有澳大利亚、新西兰等5个，占总数的12.5%。

4. 其他形式失业保障。除了上述三种失业保障计划外，还有其他形式的失业保障，约占总数10%，如芬兰、瑞典实行的是失业救济与非强制性失业保险的双重制度。

失业保险作为社会保险的一个子项目，同其他项目一样，具有强制性、保障性、互助共济性等特点，除此之外，失业保险还具有与其他社会保险项目不同的特征。首先，其他社会保险项目一般以失去（或暂时失去）劳动能力导致收入中断或减少为保障内容，而失业保险的保障内容尽管包含收入中断，但失业者并没有失去劳动能力。失业保险的最终目的是要促进就业。其次，失业保险在基金筹集与使用上一般都采用现收现付制，不注重过多积累，而养老保险则比较注重积累。最后，失业与否对劳动者来讲是不确定的，而年老丧失劳动能力退出劳动领域对每个劳动者来讲是必然的，也正是这一区别，决定了它们在基金筹集与使用上的不同。

二、失业保险待遇

失业保险待遇的制定必须遵循以下四条原则：

第一，给付标准不得高于失业者原有工资标准。

第二，给付标准不应低于或等于最低生活水平所需的收入。

第三，不仅要设计失业保险的基本给付标准，还应设计失业人员中基本失业津贴到期后仍未找到工作者的失业救助标准。

第四，同时设计补充给付标准，因为失业者大多要担负家庭抚养义务。

综上所述，失业保险待遇一般说来应包括以下三个项目：基本失业津贴、失业救助金、补充失业津贴。

基本失业津贴一般以失业者就业期间的工资为依据，支付一定比例，一般不低于 50%。也有以失业者所缴保费为依据给付相应标准的失业津贴，一般以最低生活线为下限。失业津贴确定后，还要进一步确定给付期限。期限的确定包括两个方面：一方面是确定等待期，即首次给付的起始时间；另一方面是确定给付期限的上、下限，即失业者享受失业津贴的最长、最短时限。各国规定的等待期限一般在失业之后 7 天之内。具体到各个国家差别较大，有的等待期限为零，有的长达 30 天。规定等待期的意义在于防止冒领失业津贴，同时有利于社会保险机构安排对真实情况的了解和调查。至于失业津贴给付期上、下限的确定，国际劳工组织综合各国失业情况和工人生活，确定为每年至多 156 个工作日，至少 78 个工作日。实行投保式社会保险制的国家，一般都把给付期长度同缴纳失业保险费的长度挂钩，使二者呈正相关。这样规定的意义在于体现社会保险制度中权利与义务一致的原则。另外，失业津贴给付期还同失业期限相关，呈正相关关系。

关于失业救助，一般在失业津贴给付期结束后，若失业者仍未找到工作，则改为支付仅能保证最低生活的失业救助金。

关于补充失业津贴的享受以有未成年子女、在读大学未毕业直系亲属、就业期间抚养过的直系亲属为条件。补充津贴按被抚养人数设计，即被抚养者越多，补充津贴也越多。

三、中国大陆的失业保险制度

(一)失业保险制度的建立及其发展

中国大陆社会保险项目中,如养老保险、医疗保险、工伤保险等,大多在20世纪50年代就建立并逐步发展起来,但企业职工的失业保险制度却是在1986年才开始建立。究其原因,这是由传统的劳动用工制度决定的。传统的劳动用工制度是以以固定工为主体的统包统配为特征的。国家对城镇劳动力的就业实行统一分配,由劳动部门单纯依靠行政职能,将劳动者与企业以固定的形式确定劳动关系。这种"统包统配"制度在经济体制改革中首先被打破,随之也就出现了失业现象。

1986年《国营企业职工待业保险暂行规定》出台,(注:此处"待业"包括失业及达到劳动年龄但未参加工作的青年)实施范围仅限于国有企业,实施对象为:(1)宣告破产企业的职工;(2)濒临破产的企业在法定整顿期间被精简的职工;(3)企业中被终止、解除劳动合同的工人;(4)企业辞退的职工。待业保险基金由三部分组成:(1)企业按照其全部职工标准工资总额的1%缴纳待业保险费(缴纳所得税前列支);(2)职工待业保险基金存入银行后,由银行按照国家规定支付的利息;(3)地方财政补贴。该规定同时强调组织待业职工进行生产自救,开辟新的生产服务行业,促进再就业。

鉴于1986年颁布的待业保险实施范围有限、待遇标准偏低等问题,1993年再次颁布《国有企业职工待业保险规定》。主要内容包括:(1)扩大了待业保险范围;(2)调整了基金收缴基数,设立了收缴的弹性比例,即不再以标准工资为征缴基数,而是以工资总额为征缴基数,并允许各省市、自治区作适当调整;(3)提高了救济金的发放标准;(4)设立专门委员会对待业基金的管理进行指导和监督。

(二)原有失业保险制度存在的问题

虽然1993年的规定扩大了失业保险范围，健全了失业保险制度，但与发展社会主义市场经济，建立现代企业制度的要求相比，失业保险制度还存在几个方面的问题：一是适用范围窄，仅局限于国有企业职工，非国有经济从业人员有险无保；二是统筹程度不高，基金绝大部分由市县统筹，只能在很小范围内互济；三是保险水平偏低，1993年全国人均月领取的失业救济金仅为全国职工人均月工资的30%左右，与国际通行的最低比例50%相差甚远，很难保障失业职工的基本生活；四是再就业服务没跟上，而只顾发放失业救济。这当然同劳动力市场的健全与完善程度有关，也与整个社会经济环境有关。但作为失业保险的服务内容之一，在今后的发展中是不容忽视的。

(三)现行失业保险制度介绍

现行的失业保险制度以1999年1月22日国务院办公厅发布的《失业保险条例》为准制定。内容如下：

1. 参加对象：国有企业、城镇集体企业、外商投资企业、城镇私营企业及其他城镇企业。

2. 失业保险基金的构成：(1)职工缴纳的失业保险费；(2)各企业单位缴纳的失业保险费；(3)失业保险基金利息；(4)财政补贴；(5)依法纳入失业保险基金的其他资金。其中第一项按本人工资的1%缴纳，第二项按本单位工资总额的2%缴纳。以上各单位招用的农民合同制工人，本人不缴纳失业保险费。

3. 失业保险基金的开支：(1)失业保险金；(2)领取失业保险金期间的医疗补助金；(3)领取失业保险金期间死亡的失业人员的丧葬补助金和其供养配偶、直系亲属的抚恤金；(4)失业期间接受职业培训、职业介绍的补贴。

4. 领取失业保险金的条件：(1)按照规定参加失业保险，并已履行缴费义务满1年；(2)非自愿失业；(3)已办理失业登记，并有求职要求。

5. 领取失业保险金的期限：失业人员失业前所在单位和本人按照规定累计缴费满 1 年不足 5 年的，领取期限最长为 12 个月；累计缴费满 5 年不足 10 年的，领取期限最长为 18 个月；累计缴费 10 年以上的领取期限最长为 24 个月。重新就业后，再次失业，缴费时间重新计算、领取期限可以与前次失业应领取而尚未领取的期限合并计算，但最长不得超过 24 个月。

6. 失业保险金的标准：按照低于当地最低工资标准、高于城市居民最低生活保障标准的水平，由各省、市、自治区、直辖市政府确定。

7. 由劳动保障行政部门负责管理失业保险工作。

第五节　其他社会保险

一、工伤保险

（一）概念

工伤保险又称职业伤害保险，是指劳动者在劳动过程中发生意外事故或受到职业伤害而负伤、致残、致死，使本人及家属丧失收入来源时，由单位和国家提供物质保障的一种社会保险制度。

工伤保险比起其他社会保险具有保障性强，保障程度高的特点。工伤保险实行“无过失赔偿”、“无责任赔偿”制，即在发生工伤事故后，无论属于谁的责任，企业均应依法给予劳动者经济赔偿。因为在现今的生产条件下，伤亡事故难以避免，一旦发生，会给个人和家庭造成极大的生理上和心理上的痛苦。也正因为如此，工伤保险费一般都由企业承担，个人不缴费。且工伤保险待遇相对于其他社会保险项目来讲比较优厚，保障项目也相当完备，包括一般的医疗与住院治疗、治疗期间的临时残疾津贴；评定为职业病和完全残疾者的残疾年金；评定为部分残疾者的残疾年金或一次性残疾金；死亡丧葬金与遗属抚恤金；职业康复、伤残重建和工伤预防。

（二）工伤保险的原则

1. 无责任补偿原则：即无论职业伤害责任主要属于雇主或者第三者或自己，受伤害者都应得到一定的经济补偿。

2. 共担风险原则

建立工伤保险统筹基金是实行共担风险的物质基础。但要根据不同行业的出险率及受伤害的程度高低实行差别费率。

3. 区别因工和非因工的原则

因病或非因工伤亡基本上与工作无直接关系，保险待遇属补助、救济性质，待遇水平低于工伤待遇，享受条件受到年龄和个人缴费年限的限制。因此，区别因工和非因工是建立工伤保险的出发点和前提。

4. 个人不缴费原则

这是工伤保险区别于其他社会保险的主要标志。制定该原则的理由在于个人一般不存在自己伤害的故意行为，且工伤事故具有不可避免性。

5. 补偿与预防、康复相结合的原则

工伤保险首要的直接的任务是工伤补偿，但这不是它惟一的任务，社会保险的根本目的是保障职工生活，保护职工健康，维护社会稳定。从这个根本目的出发，工伤保险就应当与事故预防、医疗康复和职业康复相结合。

（三）中国大陆工伤保险制度的介绍

建国后的工伤保险制度重建工作始于1951颁发《中华人民共和国劳动保险条例》。之后经过多次调整，在实施范围、因工伤亡划分标准、职业病范围、职业病待遇的享受资格等方面，基本上确立了我国工伤保险的基本原则和保险方式。

随着社会经济的发展，原有的工伤保险制度也在许多方面无法适应经济发展的需要。问题主要在于：(1)覆盖面狭窄，享受保障的职工范围小，社会化程度低；(2)没有建立统一的工伤保险基金，缺乏互助互济性；(3)没有科学的工伤评残标准和健全的劳动鉴定制度；(4)因工死亡和因工残疾待遇偏低；(5)工伤保险缺乏强制性。

为适应社会主义市场经济的需要，必须有一套较为完善的工伤保险制度。这些年，工伤保险制度改革的主要内容有：扩大工伤保险的实施范围，把所有企业的全部职工和外商投资企业的中方职工都纳入到工伤保险的体系中来；统一评残标准，严格按照评定登记支付伤残保险金；调整提高工伤保险待遇；建立工伤保险基金，实行工伤保险基金社会统筹；加强工伤预防与康复工作。

1996 年，国家发布《企业职工工伤保险试行办法》的通知，并自 1996 年 10 月 1 日起试行。主要内容有：

1. 中华人民共和国境内的企业及其职工必须遵照本办法的规定执行。

2. 工伤保险实行社会统筹，设立工伤保险基金，对工伤职工提供经济补偿和实行社会化管理服务。

3. 实行差别费率，企业必须按时足额缴纳工伤保险费，目前平均工伤保险费率一般不超过工资总额的 1%，个人不缴费。

4. 工伤保险要与事故预防、职业病防治相结合。

二、生育保险

(一)概念

生育保险是保障妇女劳动者在妊娠、生育子女期间暂时丧失劳动能力，从社会得到必要的物质帮助的一种社会保险制度。

生育保险与其他社会保险相比，尽管都是对劳动力的一种维护，但生育保险又有着自身的特点：

第一，生育保险的对象是已婚妇女劳动者，范围有限；

第二，生育保险的目的不仅是为了维护妇女劳动者的劳动力简单再生产，也是为了保障社会劳动力的扩大再生产；

第三，生育保险属于短期补助性质，规律性强，易于预测和管理，对基金计划要求不高。

（二）生育保险待遇

对于生育保险的享受条件，在实行投保制国家，一般都规定有缴费年限、就业年限或居住年限。缴费年限一般要求在怀孕的10个月中有6个月的缴费记录或在生育前的两年中有10个月的缴费记录。在社会保险统筹制或福利国家，则无缴费规定。凡女职工生育子女均可享受生育保险。

生育保险待遇一般包括产假、现金补助与医疗保健。产假期一般规定不少于12周，产假期间的补助金标准一般规定为原工资的2/3。绝大多数国家都达到或超过以上标准。

（三）中国大陆的生育保险制度

中国大陆的生育保险制度和大多数国家一样，与疾病保险制度分开设计。主要包括产假及产假工资、生育医疗服务、孕期特殊劳动保护、生育期间职业保障等。正常产假为90天，分为产前假和产后假两部分。产假期间，基本工资和国家规定的物价补贴照发。医疗服务项目包括孕期检查费用、接生费用、手术费用、住院费和与生育直接相关的医疗费用。孕期特殊劳动保护包括收入保障和劳动健康保障两部分。收入保障主要指任何单位不得在女职工怀孕期间降低其基本工资。劳动保护与健康保护主要是针对不适合孕妇工作的环境或时间应给予特殊照顾，给予换岗或调整工作时间。生育期间职业保障即任何单位不能在女职工怀孕期、生产期及哺乳期间以任何借口辞退该职工。

1994年，国家制定了《企业职工生育保险试行办法》，自1995年1月1日起试行。主要内容有：

1. 本办法适用于城镇企业及其职工。

2. 生育保险按属地原则组织。生育保险费用实行社会统筹。

3. 生育保险根据"以支定收，收支基本平衡"的原则筹集资金，由企业按照其工资总额的一定比例向社会保险经办机构缴纳生育保险费，建立生育保险基金。

4.生育保险费的提取比率由当地人民政府根据计划内生育人数和生育津贴、生育医疗费等项费用确定，并可根据费用支出情况适时调整，但最高不得超过工资总额的百分之一。企业缴纳的生育保险费作为期间费用处理，列入企业管理费用。职工个人不缴纳生育保险费。

5.女职工按规定享受产假，生育津贴、生育的检查费、接生费、手术费、住院费和药费由生育保险基金支付。超出规定的医疗服务费和药费（含自费药品和营养药品的药费）由职工个人负担。产假期间按照本企业上年度职工月平均工资计发，由生育保险基金支付。

三、疾病津贴

（一）概念

疾病津贴是指劳动者由于患病暂时丧失劳动能力而造成收入损失时，从社会得到物质帮助的一项社会保险制度。疾病津贴与医疗保险不同，前者是对收入的一种保障，而后者是对医疗费用的一种保障。

病假工资就是疾病津贴的一种表现形式。在我国大陆，享受病假工资的职工必然要享受医疗保险，但是绝大多数享受医疗保险的职工，并不一定享受病假工资。二者作用不同，不能互相代替。

（二）疾病津贴待遇

由于疾病津贴具有社会福利性和社会救济性质，制定其待遇标准必须遵循以下几条原则：

第一，病假待遇要能保证劳动者及其家庭的基本生活，有利于劳动者安心休养。

第二，短期病假待遇要从有利于生产出发，劳动与不劳动要有区别。既要保障患者生活，又要利于生产，防止“小病大养”现象。

第三，长期病假待遇要有利于职工退休制度的贯彻执行。对于严重的慢性病患者，凡符合退休年龄的，应让其退休，以减轻企业负担。

享受疾病津贴补助金的前提，首先是患病而失去工作能力。是否因为患病失去工作能力，需要医生证明。同时，有的国家还有缴费年限和就业年限的规定。只有符合规定条件者才可享受。疾病津贴的给付，通常有给付期限的规定。在给付期限内痊愈者，给付水平不变。对超过给付期限仍未痊愈者，可适当延长给付时间，但给付水平要适当降低，甚或停止发放疾病津贴，对确有生活困难者，则给予社会救济。至于给付期限的长短，国际劳工组织规定不得少于52周，目前多数国家规定是39～52周，最长的二三年，也有不作期限规定的。

(三)中国大陆的疾病津贴制度

中国大陆的疾病津贴制度经过40多年的实践，也逐步完善起来。目前存在的问题主要是短期病假待遇偏高，长期病假待遇偏低，于是就出现了所谓“5.29”现象，即病假一到五个月零二十九天(因为中国大陆的短期病假规定在6个月以内)，就终止请病假，勉强上班几天后，重新请病假，以便能享受较高待遇的短期病假。针对上述存在的问题，本着“有利生产、保证生活”的原则，有关方面作了一些改革，主要是提高享受最高病假待遇的工龄条件、适当提高长期病假待遇等。

复习思考题

1. 社会保险与商业人身保险的区别和联系主要表现在哪几个方面?

2. 社会保险的基本内容有哪些？它们之间有什么区别与联系?

3. 谈谈我国大陆社会保险制度改革与发展的方向。

4. 养老保险基金的筹集模式有哪些？请作比较分析。

5. 试述国际上医疗保障制度的主要类型并进行比较。

6. 试述制定失业保险待遇应遵循的原则。

7. 试述工伤保险适用的原则。

第十章　保险经营

保险是一种特殊的商品，保险经营活动与一般经营活动有着较大的区别。本章先介绍保险经营的原则，再介绍保险经营中展业、承保、理赔、资金运用及防灾防损诸环节的理论与实务。

关键词汇：保险经营原则　保险展业　保险承保　核保　保险理赔　核赔　保险防灾防损　保险资金运用

第一节　保险经营原则

一、保险经营特征

保险经营既遵循一般的经济规律，又有其自身运作的特殊规律。这主要是由保险经营的特殊性质所决定的。这些特殊性质主要表现为：

（一）保险商品的特殊性

保险经营活动不同于物质生产部门的经营活动，也不同于其他第三产业的经营活动。保险这种商品不是以某种实物形态的商品来满足人们的生产及生活需要，也不是某种可以直接体验到的服务或享受，而是一种保障服务，是保险方对投保方的一种承诺，它是保险方为投保方的“壮胆”或“撑腰”。这种商品往往不易被直接感受到，只有保险事故发生，得到保险金给付的被保险人或受益人才有实实在在的直接体验。

（二）保险资产的负债性

与一般的商品交易不同，保险商品不是“一手交钱、一手交货”，而是在投保人缴纳一定保费后，由保险人为被保险人提供一种风险保障。对于某个特定的被保险人而言，保险人未必会有实际上的赔款或保险金给付，但对受保险合同保障的全体被保险人这一整体而言，保险人的赔偿或给付则是必然的。因而，保险人必须把收取的保费形成基金，以备后用。这种基金实际上是对被保险人整体的一种负债，它构成保险资产的主要部分，使保险资产带有负债性。而且，这种负债性体现于保险经营活动的始终。

（三）经营成本的不确定性

与一般商品相比，保险经营成本计算具有不确定性。一般商品的成本计算以实际发生的费用支出为依据，而保险费率（即保险价格）一般以过去的保险事故经验数据或其他相关资料为基础，对未来保险损失和经营管理费用进行预测而得到。在长期人寿保险中还要对未来的利率作出假定。这种预测和假定往往会与实际情况发生差异。因此，保险经营成本计算要比一般商品有更多的不确定性。顺便指出，保险经营的利润计算同样也有不确定性，除了考虑当年收入与支出项目外，还要考虑准备金问题。进一步可以看到，保险经营活动本身带有不确定性，因此保险经营的稳定性特别令人关注，学术界有关于保险经营风险管理的理论。

（四）经营活动的社会性

保险是千家万户帮一家的互助共济行为，保障对象广泛分布于社会各个角落，因而保险活动具有很强的社会性。事实上，保险经营的风险涉及社会生产和生活的各个领域，险种层出不穷，保障内容十分丰富。正因如此，保险企业的经营稳定性为政府和公众所特别关注。政府对保险业要进行严格的监管，以免其偿付能力削弱或丧失而造成社会混乱。

二、保险经营原则

保险作为一种商业活动，应当遵循一般商品经营的原则，如经济核算原则、薄利多销原则、随行就市原则等。同时，由于自身的特殊性，保险经营活动还应遵循下列原则：

(一)风险大量原则

风险大量原则是指保险人对于某种可保风险，应争取承保尽可能多的合格的风险单位(即保险标的)。要注意的是，这里的“大量”不是指风险多，而是指风险单位多。

这一原则是保险经营的重要原则。(1)保险的经营过程实际上就是对风险处理的过程，而风险事故的发生是偶然的、不确定的。只有承保尽可能多的风险单位，才能建立起足够的保险基金，并保证保险经济补偿职能的履行。(2)大数定律是保险人计算保险费率的数理基础，而大数定律要求保险标的数量 n 充分大。因此只有承保大量的风险单位，大数定律才能显示其作用，风险事故发生的实际情形才能充分接近预先计算的风险损失率，才能确保保险经营本身的稳定。(3)扩大承保标的数量是保险企业提高经济效益的一个重要途径。承保的风险单位越多，保险费收入就越多，而营业费用则随之相对减少，从而可以降低保险成本，提高经济效益。

(二)风险同质原则

风险同质原则是指在保险人承保的同一类业务中，不同保险标的的风险性质要基本相同。被保险人所投保的标的千差万别，风险性质各异，风险事故发生频率和损失程度各不相同。因此，为了保证保险经营的稳定，保险人在承保时对所承保的风险必须有所选择，尽量使同一类业务的风险性质基本相同。只有这样，才能符合大数定律的要求。因为大数定律不仅要求 n 充分大，而且要求风险单位“独立同分布”。同时，保险标的的保险金额要尽量均齐，不要相差悬殊。

(三)风险选择原则

为了实现风险同质，为了使保险费率与风险相应，为了投保人之间的公平，为了保证保险经营的稳定性和保险费率的合理性，保险人对投保人的投保要求，并不是来者不拒，而必须进行选择。风险选择有事先选择和事后选择之分。事先选择是指保险人在承保前决定是否接受承保。事后选择是指保险人在承保后，若发现保险标的有较大风险存在，则对保险合同作淘汰性选择。保险合同的淘汰性选择通常有两种方式：一种是等待保险合同期满后不再续保；另一种是保险人发现被保险人有明显误告或欺诈行为，可中途终止合同。

(四)风险分散原则

风险分散原则，是指保险人为保证经营稳定性，应使风险分散的范围尽可能扩大。保险人承保的风险不能过于集中。所谓风险过于集中，即不满足大数定律中独立同分布的要求，如大量风险单位集中于某一小范围区域或关联密切，某些标的保额巨大等。如风险过于集中，一旦发生保险事故，就可能产生责任累积，而使保险人无力承担保险责任。

风险分散，包括承保前分散和承保后分散。承保前实行风险分散原则，主要是在承保时合理划分风险单位，并使每个风险单位尽可能独立。例如，在承保工厂密集地区的财产时，应将该区域分成若干地段，并估测每一地段的最大可能损失，从而确定保险人对每一地段所能自负的最高限额。这样，就可使风险得以分散，使保险人所承担的保险责任被控制在可承受的范围之内。承保后风险分散，主要是采取再保险的方法。保险人将其所承保的部分业务通过风险转嫁的方式转移给其他保险人来承担。此外，为达到风险分散的目的，保险人可通过提取各种准备金，将承保风险在时间上予以分散。

第二节 保险展业

一、保险展业的重要性

保险展业是通过保险宣传，广泛组织和争取保险业务的过程。

它是保险经营活动的首要环节，对整个保险经营的效益好坏有重要影响。

保险公司以风险为经营对象。只有大量招揽业务，才能有效地发挥大数定律的作用，将被保险人遭受的损失在所有面临相同风险的被保险人之间分摊；只有大量招揽业务，才能积累起雄厚的保险基金，形成足够的偿付能力，稳定保险公司业务经营；只有大量招揽业务，才能在保险市场上占有一定份额，增强竞争能力。

其次，人们对风险常常抱有侥幸心理，对风险转移的重要性认识不足。随着科技的发展，越来越多的新的风险因素涌现出来，其可能造成的损失也越来越大，而普通民众对此的认识往往不足或有偏差，需要保险展业人员细心解说，帮助他们认识自己面临的风险，并向他们提供有效的保障。

此外，由于保险商品的特殊性，保险供给与需求同时存在，二者之间没有空隙。保险推销人员在“卖出”一张保单的同时，也就是“生产”了一张有效保单，推销人员亦可说是生产人员。展业对于保险公司的重要性，由此可见。

二、保险展业的一般程序

保险展业一般都遵循以下程序：展业前的准备、接近展业对象和业务洽谈。

(一)展业前的准备

展业之前，有必要熟悉和了解保险市场总体环境、潜在顾客状况，以确定展业宣传对象。保险市场总体环境可以通过专门的调查来了解。调查内容包括市场供给、市场购买力、地区风险状况、保户心理及企业自身经营状况等。潜在顾客指有保险需求并有购买力而尚未购买保险的群体或个人，他们是展业的首选对象。潜在顾客的风险状况、保险意识、经济实力、喜好等是需要了解的内容。

(二)接近展业对象

在确定展业对象之后，就可以通过他人介绍或者陌生拜访接近展业对象。介绍接近易于创造良好的氛围，有利于达成协议，但容易受第三方的影响。直接接近，即陌生拜访，需要展业人员拥有一定的展业技巧，在展业前充分做好准备工作。其优点在于简捷，能提高展业人员的素质和竞争力。

（三）业务洽谈

保险展业的关键环节在于业务洽谈。展业人员应针对不同类型的展业对象，采取不同的洽谈方法，实事求是地解答保户的疑问。不仅要注意行为和言语得体，热心地向保户宣传保险知识，而且要揣摩保户的心态，为保户设计有效的保单组合，实现最优的风险保障，真正成为保户的风险管理和理财顾问。

三、保险展业的途径

保险公司招揽业务的方式有两种：直接展业和间接展业。间接展业又可分别通过保险代理人展业和接受保险经纪人介绍的业务来实现。

直接展业就是保险公司本身的专职人员直接推销保单，招揽业务。直接展业有利于保证业务质量，但成本较高。

保险代理人展业是指保险代理人根据保险人的委托，在保险人授权的范围内代为推销保险产品，代为收取保险费，代为办理其他保险事宜。保险代理人依照保险代理合同的约定向保险人收取代理手续费。我国的保险代理人分为专业代理人、兼业代理人和个人代理人三类。其中个人代理人制度现在主要应用于寿险营销。个人代理制度已成为近几年我国大陆寿险业高速发展的重要因素之一。财产保险的代理目前以兼业代理为主，其中以银行代理和行业代理为多。

保险公司采用保险代理制度的主要原因在于，保险代理展业的成本低于直接展业的成本。保险代理人，特别是专业代理人和兼业代理人，有广泛的社会联系和众多的分支机构，易于了解保户的各种情况，便于和保户联系。其展业成本与保险人相比，少了机构设备费、人员雇佣费和人员培训费等。

保险经纪人是基于投保人的利益，为投保人与保险人签订保险合同提供中介服务，并依法收取佣金的人。保险经纪人往往熟悉保险、法律等相关知识，富有风险管理的经验。接受保险经纪人介绍的业务是保险展业的重要途径。健全保险经纪人管理机制，发挥其作用，将成为我国保险业今后发展的一个思路。

第三节　保险承保

一、保险承保及其一般程序

保险承保是指保险合同的签订过程，即投保人和保险人通过协商，对保险合同的内容达成一致的过程。保险承保是保险经营的一个重要环节，承保质量是反映保险企业经营水平的重要标志。

保险承保的一般程序如下：

(一)接受投保单

投保人在提出投保申请后，由保险人向其提供投保单，供其填写。保险人应协助投保人填写投保单。投保人应在投保单上签字或盖章。

(二)审核验险

1. 审核投保单

承保人员收到投保单后，应仔细审核投保单上各项内容。主要审核保险标的、保险价值、保险金额、标的存放地址或行驶区域、保险期限、应附明细表等是否真实无误。人身保险投保单还须检查被保险人健康状况是否真实，有无隐瞒。团体保险的投保单须检查被保险人有无遗漏，姓名是否填抄正确。

2. 验险

验险指对投保标的的风险通过识别、衡量来确定风险等级。它是承保工作的重心。

3. 缮制单证

缮制单证指保险人填制保险单或保险凭证以及办理批单手续。随着金融电子化程度的加深，现在保险公司都通过电脑出单，加快了流转时间，也方便了保户。

（三）复核签章

单证复核是保险公司必不可少的一道程序，用以再一次审核单证是否齐全，内容是否完整、正确，以提高承保质量。复核无误后要加盖公章和负责人及复核员名章，然后对外发送。

（四）清分发送

业务内勤一边将保单正本、保费收据等，交由外勤人员签收送交保户并收取保费；一边将保单副本、保费收据记账凭证联、业务日报表、批改申请书等，交由财会部门签收，财会部门审核后退还单证，交业务内勤签收。

（五）归档、装订、保管

各种保险单证和附属材料，均是重要的经济档案，须按规定编号、登记、装订，实行专柜、专人管理。

二、核保及其重要性

从承保的一般程序可以看出，签单、出单、清分发送、归档保管等都是较为机械而固定的工作，而核保才是其中关键的技术性工作。从这个意义上讲，核保是承保的前提与重心。所谓核保，即保险人审核评估投保标的的风险，决定是否接受这一风险，并在接受承保风险的情况下，决定保险费率的过程。核保的重要性可从以下四方面考虑：

（一）合理分散风险

保险作为处理风险的一种手段，其所承担的风险必须是可保风险。可保风险要求有大量同类的或相似的风险单位存在。保险人通过对同质风险的集中来达成分散风险的目的。通过核保，首先可以排除绝对可能和绝对不可能发生事故损失的两类保险标的，其次可以根据保险标的的品质、所处环境等来合理决定承保与否及费率高低。由此，核保就成为合理分散风险、均摊损失的必要条件。

(二)达成公正费率

商业保险的重要原则之一是个人公平原则，主要体现为风险与费率相应，即根据损失概率的大小来确定费率的档次。在分类费率制下，风险的分类比较粗略，同一类别的风险，其风险程度仍有差别，需要适当浮动。此外，某些风险难以准确分类，需要较高的专业技术和经验。因此，必须进行核保，以使个人公平原则得以实现，真正达成公平费率。

(三)增强竞争地位

核保是保险人的一种选择。保险人做出这一选择是为了抵消投保方逆选择的效应。由于商业保险多为自愿保险，投保方有权选择投保与否、投保方式、投保程度等。投保方总是希望以较低的代价获取较优的风险保障。如果保险人对保险标的、被保险人不加选择，保险的赔付率必将持续上升，而保险人将逐渐丧失市场竞争能力，甚至丧失偿付能力。

(四)促进防灾防损

保险人并不以组织经济补偿为其惟一职责，促进防灾防损也是保险人的一项职责。防患于未然，既有利于保险人，也有利于被保险人。核保就是风险事故发生之前认识、分析风险的重要举措，有经验的保险核保人员可以在核保后，向被保险人提供对付风险的有效措施，从而防止或减少社会财富的损失。

三、核保的内容

核保包括业务选择和承保控制两个内容。

(一)业务选择

业务选择即对投保标的的选择，根据投保标的风险状况决定承保与否以及以何种条件承保。此外，由于保险合同是对人合同，因此有时还涉及到对被保险人品行的考察。业务选择的目的在于排除不可保的标的和不合格的被保险人,并对可保标的进行分类,以对它们适用相应的费率。风险类别包括标准风险、优质风险、弱质风险和不可保风险。对于标准风险,可以使用标准费率承保;对于优质风险,可以适当降低费率;对于弱质风险,可以适当提高费率;对于不可保风险,则只能拒保。

业务选择对于不同的保险类别有不同的内容。一般说来,对财产保险业务的选择,主要考虑以下几个方面。

1. 环境。即投保标的所处的环境。例如,当投保标的为房屋,则要看其所处的区域是工业区、商业区还是居民区,附近有无易燃易爆的危险源,附近救火水源如何以及与消防队的距离如何,房屋是否属于高层建筑,周围道路是否畅通,消防车能否通达,等等。

2. 标的状况。主要是指投保标的的主要风险隐患和关键防护部位及防护措施状况。这是对投保财产风险的检验,即要检查投保财产可能发生风险损失的各种主客观原因。例如,投保的财产是否属于易燃易爆品或易受损物品,对温度和湿度的灵敏度如何,机器设备是否超负荷运转,使用的电压是否稳定,建筑物结构状况是否合理,等等。

对投保财产的关键部位要重点检查。例如,建筑物的承重墙体是否牢固,船舶、车辆的发动机保养是否良好。对于投保财产的防护情况,也是核保的一项内容。例如,有无防火设施、报警系统、排水排风设施,机器有无过载保护、降温保护措施,运输货物的包装是否符合标准,运载方式是否合乎标准等等。

3. 投保财产有无处于危险状态。财产处于危险状态中意味着必然或即将发生风险损失,这样的风险保险人一般不予承保。

4. 安全管理制度的制定和实施情况。核保人员应检查投保方的各项安全管理制度,核查其是否有专人负责该制度的执行和管理。如果发现问题,应建议投保人及时解决,并复核其整改效果,倘若保险人多次建议投保方实施安全计划方案，但投保方仍不执行，保险人可调高费率或增加特别条款，甚至拒保。

对人身保险业务的选择则主要考虑以下几个方面：

1. 年龄和性别。年龄是核保所要考虑的最重要因素之一。死亡概率一般随着年龄的增加而增加，各种死亡原因在不同年龄段的分布是不一样的，不同年龄组各种疾病的发病率也不相同。因此，保险金给付的频数是有差异的。另外，有关统计资料表明，女性预期寿命要长于男性 4 至 6 岁，各种生命表中的死亡率充分反映了这一点。因此，性别因素也关系着保险人承担给付义务的不同。

2. 职业和习惯、嗜好。疾病、意外伤害和丧失工作能力的概率在很大程度上受所从事的职业的影响。某些职业具有特殊风险，虽不会影响被保险人的死亡率，但却会严重损害被保险人的健康而导致大量医疗费用的支出。有些职业会导致较高的死亡率或意外伤害概率，如高空作业、采矿及接触有毒物质的工作。如果被保险人有吸烟、酗酒等不良嗜好或从事赛车、跳伞、登山、冲浪等业余爱好，核保人员可以提高费率承保或列为除外责任。

3. 体格和身体情况。体格是遗传所致的先天性体质与后天各种因素的综合表现。体格包括身高、体重等。经验表明，超重会引起生理失调。所以，超重对所有年龄的人都会增加死亡概率，对中年人和老年人尤甚。因此，保险人可通过编制身高、年龄、性别与体重分布表，揭示其相互关系，供业务选择之参考。体重偏轻一般问题不大，但核保人员应注意对近期体重骤减者进行调查，以确定是否由疾病引起。

对体格以外的身体情况，核保者也不可轻视。神经、消化、心血管、呼吸、泌尿、内分泌等系统失常会引起较高的死亡率。保险人可通过收集各种疾病引发死亡的统计资料，发现其中的相关关系，作为核保参考。

4. 个人病史和家族病史。如果投保的被保险人曾患有某种急性或慢性疾病，往往会影响其寿命。所以，在核保中一般除了要求提供自述的病史外，有时还需要医师或医院出具的病情报告。家族病史主要是了解家庭成员中有无可能影响后代的遗传性或传染性疾病，如糖尿病、高血压病、精神病、血液病、结核病、癌肿、梅毒等。另外，还应考虑被保险人本人出生和家庭居住是否在流行病区，有无感染某些传染病的可能。

此外，为控制逆选择，防范道德风险，核保人员要了解投保方的品质、对保险的态度和经济情况。例如，在财产保险中投保方的经济实力、产品销售情况、建筑物品质、投保方信誉等等；在人身保险中投保方的精神状态、性格、对周围环境的适应性、对工作生活的态度、其从事商业活动和个人生活中的信誉状况等，特别是在签订高额寿险保单时，核保人员要仔细审查投保人、被保险人、受益人相互之间的关系，比较保险金额与投保人的收入水平。通过上述研究以确定投保人的投保动机是否纯正、被保险人的品质是否良好，从而采取针对性的承保措施。

(二)承保控制

承保控制是指在保险承保时，依据保险人的条件、能力，控制保险人自己的责任，并避免道德风险和心理风险。其手段主要有：

1. 控制保险责任

保险人对于常规风险，一般按照基本条款予以承保；对于一些具有特殊风险的保险标的，进行有条件的承保，如采用附加条款与特约条款，或以加收保费为条件适当扩展责任，或是加批限制性条款控制保险金额。

2. 控制保险金额

保险金额是保险人确定的最大责任限额。审核保险金额，一方面是为了被保险人获得充分的保障，另一方面是为了防范道德风险。因此审核的内容主要包括保险金额与保险价值的拟合程度、保险利益与保险价值的拟合程度、保险金额的确定方法和计算公式等。对于一些高风险、高保额的保险，应注意控制保险人所承担的保额限度。可以采用再保险的方式分散风险，也可以以共保方式只承保部分的风险责任。对于寿险的高额投保应严格控制，并注意保额大小与投保人的财务状况是否一致。通常，保险公司有关于核保权限的规定。按照保额来规定核保权限，是为了加强保险公司内部的风险管理。

3. 规定免赔额

规定一定的免赔额或免赔率可以促使投保方加强风险管理。

4. 规定共保

保险人和被保险人共保，既降低了保险人的责任，又降低了道德风险。

5. 实行无赔款优待

对于上一年度没有赔款发生的保户，予以保费上的优惠，可以促使被保险人积极预防风险事故的发生。

6. 防灾防损的费率优惠

对于消防措施齐全、防灾防损工作出色的被保险人，予以费率上的一定优惠，可提高承保质量。

第四节　保险理赔

一、保险理赔及其原则

保险理赔是指在保险事故发生后，保险人对被保险人或受益人所提出的索赔进行处理的行为。保险合同所约定的风险事故发生，保险人负有赔偿或给付保险金的义务。因此，理赔就是保险人履行其承诺，也是保险职能的直接体现。与理赔相对应的是索赔。索赔是指被保险人或受益人在保险事故发生后，按照保险合同的规定，向保险人要求赔偿损失或给付保险金的行为。它是被保险方实现其保险权益的具体体现。

理赔是保险经营的重要一环，涉及面广，情况复杂，直接关系到保险双方的切身利益，涉及到保险经济补偿职能的发挥，还关系到保险人的信誉和保险业务的进一步开展。因此，在理赔工作中应遵循以下原则：

（一）重合同、守信用

保险合同是投保人与保险人约定保险权利义务关系的协议，对双方当事人都具有法律效力。保险合同约定的保险事故发生，保险人必须按照保险合同的规定，履行赔偿或给付保险金的义务。保险人如果凭借自身的某些优势，经常不完全按照合同规定履行义务，虽在一定时期内可以减少赔款或保险金支出，但势必影响自身的信誉和市场竞争力，从长远看将得不偿失。

（二）实事求是

实事求是原则即要求保险人对保险事故所造成的损失，既不夸大，也不缩小，如实地按照合同约定进行赔偿，即做到“不惜赔、不滥赔”。事实上，保险赔案千差万别，具体案情错综复杂。因此，在确定责任归属时，既要严格按照保险条款办事，又要具体情况具体分析，体现一定的灵活性。要在不违背保险合同精神的前提下，合情合理地、实事求是地加以处理。

（三）准确、及时

所谓准确，是指理赔过程中要求准确分清责任、准确核定损失、准确确定赔款并准确支付，做到“不乱赔、不错赔”。所谓及时，是指在理赔过程中，要主动处理、及时赔付，使被保险人或受益人尽快恢复生产与生活秩序，及时发挥保险的经济补偿作用。

理赔时间过长，显然会影响被保险人和受益人，增加其蒙受损失的痛苦和心理折磨，从而影响生产经营，影响社会安定，而且还会影响保险人的信誉。因此，一般国家都有关于保险理赔时限的法律规定。我国《保险法》第 24 条规定：“保险人收到被保险人或者受益人的赔偿或给付保险金的请求后，应当及时作出核定，并将核定结果通知被保险人或者受益人；对属于保险责任的，在与被保险人或者受益人达成有关赔偿或给付保险金额的协议后十日内，履行赔偿或给付保险金义务。”第 26 条还规定：“保险人自收到赔偿或者给付保险金的请求和有关证明、资料之日起六十日内，对其赔偿或者给付保险金的数额不能确定的，应当根据已有证明和资料可以确定的数额先予支付；保险人最终确定赔偿或给付保险金的数额后，应当支付相应的差额。”

二、保险理赔的程序

保险理赔涉及保险双方权利义务的实现，在实务中一般遵循以下程序：

（一）接受报案

投保方在得知保险标的发生保险事故后，应及时通知保险公司，以便保险公司及时赶赴现场查勘理赔，使理赔能更加客观、准确、及时。保险事故发生通知义务是投保方应履行的基本义务。通知方式可采取书面或口头、电话、电报等方式。一般情况下，索赔者应填写保险事故通知书，保险人据以立案。

投保方在索赔申请的同时，应积极抢险救灾，避免损失扩大，保护好损失现场。投保方还应向保险人提供必要的索赔文件与证明。一般根据保险合同或保险人的要求提供以下资料的全部或部分：保单正本或保险凭证、索赔人资格证明、相关部门的事故证明、有关保险标的的原始单据、损失鉴定证明、受损财产损失清单、施救整理费用的原始单证、最近一期缴费收据、被保险人死亡证明、医疗费用收据、医疗费用明细清单等。

接受报案时，要审核索赔时效，即索赔行为是否超过了法律规定的索赔时效。我国《保险法》第 27 条规定：“人寿保险以外的其他保险的被保险人或者受益人，对保险人请求赔偿或者给付保险金的权利，自其知道保险事故发生之日起二年不行使而消灭。人寿保险的被保险人或者受益人对保险人请求给付保险金的权利，自其知道保险事故发生之日起五年不行使而消灭。”

(二)验证保单

验证保单即验证保险合同的有效性。理赔内勤在接到索赔申请后，应及时填写“出险抄单通知书”送业务内勤，由业务内勤抄录或复印保单副本和批单一份，注明抄单日期，加盖印章。理赔人员收到抄单后，应审核单证，以便确定理赔责任。审核内容主要有：被保险人名称或姓名是否相符；保单是否有效；出险日期是否在保险期限之内；损失是否由承保风险引起；遭受损失的财产是否为承保财产；事故发生地点是否在承保范围之内；人身保险的被保险人年龄或性别是否有误述，等等。在财产保险中，还应注意在损失发生时，被保险人对保险标的是否具有保险利益。经分析确认不属于保险责任的，保险人应当向被保险人或者受益人发出拒绝赔偿或者拒绝给付保险金通知书。

(三)报告案情和编号立案

对于重大的案件，理赔人员应及时向部门负责人报告案情。对于超出核赔权限的损失赔案，应迅速向上级公司报告出险情况。对于在外地出险、需委托当地保险公司代查勘的，应填制代查勘委托书，连同抄单寄给受托公司。

对于可以受理的案件，理赔人员均应在出险立案登记簿上编号立案，分不同险别按报案顺序填写。

(四)理赔调查

对于财产保险和人身保险的死伤案件，在确定可能承担责任后，保险人应及时派出理赔人员前往事故现场调查。主要工作有：协助施救；查验受损标的或被保险人情况；确定事故发生地点和时间；查明事故发生经过及原因；确定损失程度或损失金额；询问标的使用情况或被保险人的近况；处理损余物资等等。以上理赔调查有时与查抄单底同步进行，但在查勘后仍应及时核对单底。在人身保险的医疗案件中，保险人一般在审核索赔单证时，根据情况决定调查与否，以及调查内容。

（五）责任审核

责任审核的内容包括：审核索赔人是否拥有求偿权利；审定保险责任；明确赔付范围；核定施救整理费用。其中，审核索赔人是否拥有求偿权利，主要指审核索赔人是否拥有保险利益，投保方是否履行了各项义务。明确赔付范围是指，审核损失标的是否是保险财产，标的损害是否确属承保责任范围，是否全损，请求赔偿的费用是否是保险责任范围内的费用，等等。

（六）赔款（保险金）计算

在确定赔偿责任之后，就可根据合同规定的方式计算赔款（保险金）。人寿保险和意外伤害保险为定额保险，保险事件发生，保险人按照约定的金额给付生存保险金、死亡保险金和年金；按残疾程度计算残疾保险金。健康保险中，医疗保险根据约定的保险金额、免赔额和分摊比例计算保险金；残疾收入补偿保险按照残疾程度计算补偿给付金并视恢复情况调整之。财产保险中，赔款计算方式主要有三种：第一危险赔偿方式、比例赔偿方式、限额赔偿方式。

1. 第一危险赔偿方式

第一危险赔偿方式即在保险金额以内按实际损失赔偿，或者说，在保额以内损失多少赔多少。第一危险赔偿方式又称第一损失赔偿方式，具体指在财产保险中把保险财产的价值分为两部分，其中一部分为保额，也就是保险人应该负责的第一损失；超过保额的部分为第二损失，保险人对此部分损失不负责任。目前我国大陆此种方式主要用于家庭财产保险。

例如，张先生为其房屋投保了家庭财产保险，保险金额为100000元。如在保险期限内发生火灾造成损失50000元，则赔付额为50000元；如损失金额与保险金额相等，则赔付额为100000元；如损失金额高达150000元，则赔付额仍为一个保险金额，即100000元。

2. 比例赔偿方式

比例赔偿方式又分为不定值比例赔偿方式和定值比例赔偿方式。不定值比例赔偿方式指在不定值保险中，保险赔款按保险保障程度计算。保险保障程度的计算公式如下：

$$保险保障程度=\frac{保险金额}{保险财产受损当时当地市场完好价值}\times 100\%$$

保险保障程度高于100%的部分无效。得出保险保障程度后可按以下公式计算保险赔款：

$$保险赔款=保险财产损失额\times 保险保障程度$$

$$保险财产损失额=保险财产受损当时当地市场完好价值-损余价值$$

例如，某企业投保财产保险综合险，保险金额为1000000元，保险期间内遭受洪水，损失80000元，保险标的受损当时当地市场完好价值为1200000元，则赔款为：

$$80000\times\frac{1000000}{1200000}=66666\frac{2}{3}(元)$$

如保险标的受损当时当地市场完好价值仅为900000元，由于保险保障程度大于100%，因此按损失金额全额赔付，即赔付额为80,000元。

定值比例赔偿方式是指在定值保险中，保险赔款按财产受损的损失程度计算。计算公式如下：

$$损失程度=\frac{保险财产损失额}{保险财产受损当时当地市场完好价值}\times 100\%$$

$$保险赔款=保险金额\times 损失程度$$

例如，设某货物运输保险的保险价值等于保险金额为100000元，保险期间发生保险事故，损余价值90000元，保险货物受损当时当地市场完好价值120000元，则赔款为：

$$100000\times\frac{120000-90000}{120000}=25000(元)$$

3. 限额赔偿方式

限额赔偿方式通常分两种：超过一定限额赔偿和不足限额赔偿。

超过一定限额赔偿是保险人与被保险人事先约定一个免责限额，在此限额内的损失，由被保险人自行承担，超过限额部分的损失，由保险人负责赔偿。免责限额分为相对免赔额和绝对免赔额。两者的区别在于：在相对免赔额方式下，保险人只在损失超过约定免赔额度或免赔率后才予以赔付，但按损失数额全数赔付；在绝对免赔额方式下，保险人只对超过约定免赔额度的损失部分予以赔付，而免赔额度内的金额一律扣除。

例如，某足额保险的保险金额为100000元，采用相对免赔方式，免赔率为5%。如果损失金额为6000元，由于损失率为$\frac{6000}{100000}=6\%>5\%$，则按全部损失赔付6000元。如果损失金额小于5000元，损失率小于5%，则保险人不负责赔偿，即赔款＝0。

又如，某足额保险的保险金额为100000元，采用绝对免赔方式，免赔额为1000元。如果损失金额为51000元，则赔款为50000元。如果损失金额为800元，则保险人不负责赔偿。

不足限额赔偿是指保险人与被保险人事先约定一个限额标准，不足限额的损失由保险人负责赔偿，超过限额的，保险人一律不予赔偿。这种赔偿方式主要适用于农作物收成保险，保险人保障农作物收获量与限额标准相差的歉收价值。

（七）赔付结案

在完成赔款计算后，按有关规定及时将赔款（保险金）支付给被保人或受益人。理赔人员将赔案有关单证和文件整理归档。

三、保险理赔的相关事宜

1. 代位求偿。在财产保险中，有时保险标的损失确属保险责任范围内的事故所致，但保险事故是由保险人和投保方以外的第三者（通常为肇事者或致害人）所引起的。根据法律，这种损失应由第三者负责赔偿。这时,保险人应按照保险合同的规定,先赔偿被保险人的损失,再从被保险人处获得向第三者代位追偿的权利。若保险人向第三者追回的款项金额超过保险人已支付的赔款,则超过部分归被保险人所有。需要注意的是,投保方不得放弃对第三者的索赔权,并应积极配合保险人行使代位追偿权。如果被保险人在保险人赔款之前放弃向第三者索赔的权利,则保险人可以拒绝对被保险人的赔款给付。

2. 委付。当保险财产遭受严重损失,被保险人要求按推定全损赔偿,提出将受损财物的一切权益委付给保险人时,保险人要慎重选择是否接受委付。因为保险人一旦接受委付,不仅标的物权益全部转移,而且其义务和责任也同时转移。所以保险人需要权衡利弊,才能决定接受委付,还是不接受委付而按一般全损赔付之。采用后一方式时,保险人不享有权益转让的利益,也不承担相应的义务。

3. 重复保险。理赔时,可能遇到保险财产重复保险的情况。构成重复保险并不是指保险合同的全部内容重叠,而是只要保险合同中的某些内容事实上存在交叉。重复保险的投保人,有义务将重复保险的有关情况通知各保险人。对于重复保险的赔款,通常采用分摊方式,要按保险合同的约定方法计算分摊额,各有关保险人承担相应的赔款金额。具体方法在第三章中已介绍。

4. 争议处理。理赔中,保险双方可能在保险责任归属、赔偿数额确定等方面发生争议,可通过协商、调解、仲裁、诉讼等方式解决。一般情况下,要尽量争取协商解决。

第五节　保险资金运用

一、保险资金运用的意义

保险资金运用又称保险投资,是指保险企业在经营过程中,将各种保险资金加以运用，使之增值的活动。在现代保险业中，保险投资业务有着重要的地位。保险资金运用的重要意义体现在：

（一）增强偿付能力

保险经营是一种负债经营，保险公司必须具有足够的偿付能力。为保证保险经济补偿与保险金给付这一基本职能的实现，保险人通过保险资金运用，获得投资收益，使得资产收益率高于预定利率，从而扩大保险基金规模，增强保险公司的财务实力和偿付能力，增强其应付特大灾害事故的能力。

（二）提高经营效益

保险公司的盈余主要来自承保盈余和投资收益两大块。现代保险业竞争激烈，许多保险公司的承保业务收入已在成本线以下，保险经营有赖于投资收益弥补承保亏损。另外，保险资金运用为降低保险费率、扩大承保能力、增加防灾防损费用、实行红利返还创造了条件，还可以增加保险企业利润和职工福利，激发职工的责任感和创造力。因此，保险资金运用可有效提高保险公司经营效益，从而提高保险公司竞争能力。

（三）促进金融市场的发达和国民经济的发展

保险资金需要寻找出路，进行投资，而经济建设则需要巨额而长期的资金来源。保险资金，特别是寿险资金，成为金融市场的重要资金来源之一，是股市等金融市场发展的有力依托。保险资金在运用过程中，推动着国民经济的发展。

二、保险资金的构成

保险企业可运用的资金主要由资本金、公积金、各项准备金和其他资金四部分组成。

（一）资本金

资本金是保险企业开业时注入的资本。根据我国《保险法》，设立保险公司，其注册资本的最低限额为人民币二亿元。保险公司成立后，应当按照其注册资本总额的百分之二十提取保证金，存入保险监督管理部门指定的银行。资本金中其余部分可以用于投资和融资。

（二）公积金

公积金包括资本公积与盈余公积。资本公积包括股本溢价（企业在筹集资本时，投资者缴付的出资额超出资本的差额）、法定财产重估增值、接受捐赠的资产价值。资本公积金可以按规定转增资本。盈余公积则是企业按规定从利润中提取的，用于弥补亏损、转增资本、发放股利和职工集体福利等。

（三）各项准备金

准备金包括赔款准备金、未到期责任准备金、储金、保险保障基金、分保准备金、总准备金等，是保险可运用资金的主要组成部分。

（四）其他资金

其他资金包括危险差益、附加差益、投资差益、解约差益、权利丧失收益等。危险差益指实际风险损失率较预计风险损失率低所产生的收益。附加差益指年度内收入的附加保险费大于年度内支出的营业费用的年度末数值。投资差益指资金运用的实际收益率大于责任准备金的预定利率和投资费用率（包括税率）时产生的收益。解约差益指在人寿保险中，保险人对于中途终止契约，而保费又付足两年者所支付的解约金不足责任准备金的差额。权利丧失收益指在分期缴费的人寿保险中，保单持有人中途停缴保费而丧失保险权利，已收保费转为保险人的收益。上述五项损益扣除应缴税金后，为保险公司可自行运用的资金。

三、保险资金运用的原则

保险资金运用坚持以下原则：

（一）安全性原则

由于保险资金主要属于保险公司对被保险人和受益人的负债，因此保险资金运用尤其要注意安全性，避免在投资上出现损失。因为稍有不慎就会影响保险公司的偿付能力，使保险经营陷于困境。因此，安全性原则是保险资金运用的最基本原则。保险公司在贯彻这一原则时，应充分注意投资的类别分散和地域分散。

（二）收益性原则

获取收益是资金运用的直接目的，否则就失去了投资的意义。在人寿保险中，保险公司收取的保费往往已预先考虑到银行存款利率，含有利息的成分。这部分资金的收益必须超过按预定利率产生的收益。

（三）流动性原则

保险资金的绝大部分来源于保费收取和赔偿给付之间的时间差，因此保险资金运用需要较强的流动性，以充分满足保险赔偿或给付的需要。较高的流动性也是安全性和收益性的可靠保证。

（四）合法性原则

保险资金的运用必须符合法律规定。出于安全考虑，各国法律对保险资金运用的方式及其比例一般有明文规定。我国《保险法》和《保险公司管理规定》以及相关法规对保险资金运用做出了原则性规定，各家保险公司都必须遵守这些法律规定。

四、保险资金运用途径

保险资金运用可供选择的渠道有债券、股票、投资基金、贷款、不动产、银行存款、同业拆借、投资与保险有关的行业等。其中运用较多的是债券、股票、投资基金、抵押贷款和不动产。

债券是债务人发给债权人，承诺在未来某个预定时间向债权人偿还本金和利息的凭证。按发行主体不同，债券可以为政府债券、公司债券和国际债券。政府债券又可分为国债和地方债。国债由于有政府财政作保证，几乎不存在违约风险，故被称作金边债券。政府债券相对于公司债券来说，风险较小，收益稳定，虽利率偏低，但往往有税收上的优惠。公司债券利率较高，但风险较大（不过比股票小）。金融债券和国际债券的信用度较高，而债券利息也较优厚。债券的不足之处是，其实际价值容易受通货膨胀和市场利率的影响。但总的来说，债券具有安全性高、利率稳定、容易变现的优点，是保险资金运用较为合适的投资工具，故在整个保险投资组合中债券所占的比重一般较大。

股票是股份公司发给股东的用以证明股东身份的所有权凭证。股票按其所反映的股东权利不同，可分为普通股和优先股。普通股是在债权和优先股要求权得到满足后，在公司的利润和资产分配方面给予持有者无限权利的一种所有权凭证。普通股的优点在于收益率高、流动性好。优先股是指股份公司发行的具有较普通股优先分配股息和优先分配公司剩余财产权利的股票。优先股是一种介于普通股和债券之间的折衷性有价证券，其安全性高于普通股，股息率固定，也不算低。总的来说，股票有较大的流动性和较高的收益，但其收益不稳定。因而，在早期的保险资金运用中，股票所占比例相对较低。但随着股市的发展，证券组合投资理论的发展和成熟，股票投资的比重逐渐上升。证券组合投资理论证明，长期而分散地在股市投资，能获得较稳定且收益较高的收入。

投资基金是通过发行受益凭证，募集社会公众投资者的资金汇集成基金，并委托具有专门知识和经验的投资专家经营操作的一种投资工具。投资基金把资金适当分散投资于各种有价证券和其他金融商品，具有风险小、流动性好、费用低、收益高的优点。其收益率一般高于债券和银行存款，而且能有效避免通货膨胀带来的损失。总体而言，投资基金能够较好地满足保险资金运用的要求。

抵押贷款指保险人将保险资金贷放给单位和个人，按期收回本金和利息，由贷款单位或个人提供抵押担保的投资活动。它可分为动产或有价证券抵押、不动产抵押、银团担保、银行保付等。抵押贷款是期限较长又较稳定的业务，特别适合寿险资金的长期运用。世界各国保险企业对住宅楼宇长期抵押贷款，大多采用分期偿还、本金递减的方式，收益较好。抵押贷款由于有抵押担保，安全性较好，且收益也高于同期银行利率，因而在西方国家的保险投资中比重也比较大。值得一提的是，在寿险业中保单抵押贷款也占有相当份额。但其实质乃质押贷款，在财产保险中又无应用，故不列入本节讨论。

不动产投资指保险资金用于购买土地、房屋等不动产的投资。其收益率较高，并有利于保险公司对投资项目的管理和控制，能抵抗通货膨胀的不良影响，但流动性较差，投机性强，风险较大，一般用于寿险公司的长期投资。

保险资金具有较大的负债性，为了保障被保险方的利益，世界各国均以法令规定了保险资金的运用范围和形式。下面简要介绍美国和日本在保险资金运用方面的情形。

美国对保险资金运用实行严格的监管，投资方式大致分为债券、股票、抵押贷款、不动产投资等。美国没有联邦保险法，由各州进行保险立法。以纽约州为例，责任准备金在各运用项目上的最高投资比率分别为：公司债券 5%，优先股 2%，普通股 1%，外国有价证券 1%，外国投资 10%，不动产抵押放款 50%，不动产投资 10%，自由投资 4%，政府公债、公共团体放款、保单质押放款无限制。而其资本在政府公债方面的投资至少要 60%。

日本对保险资金运用监管的严格程度仅次于美国，自 1996 年 4 月 1 日起实施的日本新保险业法中规定，总资产在各运用项目上的最高投资比率分别为：特别法人债券 50%，公司债券 10%，普通股 30%，外国有价证券 10%，证券担保放款 30%，不动产抵押放款 50%，公共团体放款 20%，不动产投资 20%。

从美国和日本的保险资金运用政策中可以看出，对银行存款和购买政府公债均无限制，对有价证券限制较严，对放款特别是抵押放款限制较松，不动产投资比例较小。这样的政策是在充分考虑各种资金运用方式的收益、风险、变现情况后制定的，对于我国资金运用政策制定具有参考价值。

五、我国保险资金运用的现状

我国保险业和资本市场仍处在发展初期，关于保险资金运用的法律法规还在完善之中，各家保险公司的资金运用管理水平不高，保险监管水平仍有待提高，因此，我国保险资金运用存在以下突出的问题：投资渠道较窄，投资结构不合理，投资收益不高。

1987 年以前，对保险资金运用不重视，大量资金存银行。1988 年至 1995 年，保险资金运用开始增多。但由于这一时期对保险资金的运用没有具体的法律规定，保险公司的资金运用范围较宽，房地产、有价证券、信托甚至贷款都有所涉及，不规范的现象较多，产生了不少不良资产。

1995 年颁布的《中华人民共和国保险法》，严格规定了保险资金的运用渠道，在规范保险资金运用的同时限制了保险公司的投资渠道。《保险法》规定："保险公司的资金运用，限于在银行存款、买卖政府债券、金融债券和国务院规定的其他资金运用形式。"2000 年 3 月 1 日开始实行的《保险公司管理规定》则明确："除经中国保监会批准，保险公司的资本金、公积金、各项责任准备金，应当在中国大陆境内运用。"

1998 年 10 月，允许保险资金进入全国银行同业拆借市场，但只可从事债券现券交易；1999 年 7 月，国务院批准保险公司可以购买信用评级在 AA＋以上的中央企业债券；1999 年 8 月 12 日，国家将保险投资范围放宽到可以在全国银行间同业市场办理债券回购业务；1999 年 10 月底，国家允许保险公司购买证券投资基金间接进入证券市场。但这些投资范围仍然远不能满足保险经营对保险投资的需求，因此各家保险公司普遍要求进一步放宽投资渠道。

2003 年 1 月 1 日起正式施行的新《保险法》对保险资金的规定为："保险公司的资金运用，限于在银行存款，买卖政府债券、金融债券和国务院规定的其他资金运用形式;保险公司的资金不得用于设立证券经营机构,不得用于设立保险业以外的企业。”新《保险法》原则上并未限制保险资金用于设立保险公司、股权投资、兼并和收购其他保险企业及其他企业,这为国务院今后规定资金运用的形式预留了一定的空间。人们普遍认为,保险资金投资渠道将逐步放宽,但是这个过程将是长期的。

2002 年,我国大陆保险业的保险资金运用余额达到了 5799 亿元,比 2001 年增长了 56.6%,但资金运用收益率却从 2001 年的 4.30%下降到 2002 年的 3.14%。这一方面是因为投资渠道窄,投资结构不合理。2002 年,保险资金运用仍集中于银行存款和国债,两项占总和的 70.6%,而银行存款中人民币大额协议存款占 72.1%。由于市场中资金供应充足,协议存款的利率大幅度下调,导致保险公司收益下降。另一方面,国内资本市场低迷也是重要原因。由于证券市场的问题,保险业 2002 年在证券投资基金投资的收益率是很差的,整个行业是负 21.3%,差不多抵消了保险业 2001 年通过基金获得的 20%收益率。

第六节 保险防灾防损

一、保险防灾防损及其重要性

保险防灾防损是指保险企业为预防和减少保险标的灾害事故及其损失而从事的活动。它是保险的一项派生职能,其重要性体现在:

1. 保护社会财富和人民的安全健康

仅仅依靠保险的基本职能,并不能挽回灾害事故造成的社会总财富的减少,也不能弥补意外事件给人们心灵留下的创伤。而防灾防损正可以起到保护社会财富和人民安全健康的作用。

2. 提高保险企业的经营效益

防灾防损可以降低保险标的损失概率与损失程度，从而降低赔付率，提高保险企业经营效益。

3. 为降低保险费率创造条件

有效的防灾防损工作可以降低保险经营成本，为降低纯费率创造条件，而纯费率的降低必然导致保险费率下降。因此防灾防损既可以减轻投保人的保费负担，又有利于增强保险人的竞争力。

二、保险防灾防损的内容

保险防灾防损工作主要有：

1. 配合社会防灾减灾部门工作

防灾防损是全社会共同的责任。保险企业由于自身业务的特殊性，在这方面有一定的技术和人员优势，能够有效配合社会防灾减灾部门做好相关工作。同时，保险企业可以从社会防灾减灾部门借鉴许多有益的专业知识，并得到有关信息和资料。

2. 进行防灾防损宣传

保险企业与社会公众有广泛的接触，便于从多种渠道宣传防灾防损知识，提高公众的安全意识。

3. 进行防灾防损检查

保险人有权利也有必要对一些重要的被保户和危险程度较高的保险标的进行定期的安全检查。安全检查中发现隐患，保险企业需及时向被保险人提出改正建议，并予以技术上的帮助。投保方未按照约定履行其对保险标的安全应尽的责任的，保险人有权要求增加保险费或者解除合同。

4. 参与抢险救灾

保险事故发生，保险人得到报案后，要积极参加抢险救灾。一则可减少赔款支出和社会财富的损失；二则可掌握实际情况便于定损理赔；三则可加深与保户的关系，树立良好的社会形象。

5. 条款制约与费率优惠

保险合同中一般规定，被保险人有保护标的安全和积极施救的义务。保险合同一般还规定，对被保险人所支付的必要而合理的施救费用，在保险标的损失赔偿之外的另一保险金额内予以赔偿。为了鼓励保户防灾防损的积极性，保险人还可以采用无赔款优待、防灾防损设备优良者费率优惠等措施。

6. 支持社会防灾减灾部门工作

保险人可筹措一定经费作为防灾防损基金，并从中提取一部分交给社会防灾减灾部门使用，体现保险人对社会防灾防损工作的参与和支持。

7. 灾情调查和资料积累

保险人积极开展灾情调查并积累灾情资料，以利于制定适宜的防灾防损计划和保险费率。

三、保险防灾防损的原则

(一)经常及时

防灾防损是一项长期性的工作，保险企业必须建立相关的制度和计划，坚持不懈地开展下去。对内要建立防灾安全责任制和各种防灾检查监督制度，对外要建立防灾防损档案。从而在组织上、制度上保证防灾防损工作的经常化。此外，开展防灾活动应把各项预防措施落实在灾害事故发生之前，早宣传、早检查、早发现、早整改，做到防患于未然，有备而无患。

(二)积极主动

防灾防损是保险派生职能之一，也是保险经营的重要内容。保险企业应积极配合社会防灾部门，主动进行防灾防损宣传，主动提出防灾减损的建议措施，并对实施效果进行检查。

(三)全面贯彻

防灾防损工作是相对独立的重要经营环节，但应与展业、承保、理赔等经营环节有机结合起来。在保险条款设计中，要订明被保险人防灾减损的义务。在保险责任上要有防范道德风险的规定。在保险费率上要联系防灾防损，体现优待或限制。在赔案处理中要提出抢救和保护受灾财产的要求。

复习思考题

1. 保险经营有哪些特点?
2. 保险经营活动应坚持哪些原则?
3. 保险展业途径主要有哪些?
4. 试述核保的重要性。
5. 核保工作主要有哪些?
6. 保险人在理赔阶段一般有哪些工作要做?
7. 请举例解释第一危险赔偿方式和比例赔偿方式。
8. 试析我国保险资金运用的前景。
9. 试述保险防灾防损的主要工作。

第十一章 保险业的监督和管理

由于保险商品的特殊性和保险业在社会经济生活中的重要地位，世界各国和地区都通过立法并设立专门的机构对保险业进行监督和管理，以维护保险活动当事人的合法权益，保证保险业的健康发展。本章主要介绍保险市场和保险业监督管理的有关问题。

关键词汇：保险市场 保险需求 保险需求价格弹性 保险需求收入弹性 保险供给 保险供给弹性 保险业监管 实体管理 保险偿付能力 保险行业自律

第一节 保险市场

市场是商品经济的范畴。凡是有商品的地方，就必然有市场。保险市场是保险商品交换关系的总和，它具有其他商品交换市场通常具有的特点。保险市场可以是有形的，也可以是无形的。有形的保险市场比较传统，往往以保险经纪人或保险代理人为中介人，并且具有固定的交易地点和稳定的交易方式，如保险交易所。16世纪50年代，英国伦敦的保险业务集中在皇家交易所内进行。无形的保险市场是现代保险市场的主要形式。无形的保险市场并不设立某一固定场所，而是由各种保险组织和其他代理机构分散完成保险交易，尤其是现代的通讯设备和电子计算机的应用，使得保险市场的范围越来越广，逐渐摆脱了固定交易场所和行为的模式。

一、保险市场的构成和分类

保险市场同其他市场一样，由买方、卖方和中介人构成市场的主体。买方是指具有保险需求的一方，即投保人或被保险人。他们通过缴纳保险费来取得保险人为他们提供的风险保障服务。卖方是指提供保险保障的一方，即保险人。从世界范围看，保险人的组织形式多样。在保险市场上，除了供需双方之外，为了促成保险交易，往往还会有中介人的介入，即保险中介。保险中介人指保险代理人、保险经纪人和保险公估人。

保险市场的形成与发展，取决于经济的发展。在不同的经济社会环境中，保险市场的结构及形式也有所不同。保险市场根据不同的分类依据可以作不同的划分。一般来说，按照业务对象不同，保险市场可分为原保险市场和再保险市场；根据保险业务性质不同，保险市场可分为寿险市场和产险市场；根据保险市场的范围大小不同可分为国内保险市场和国际保险市场。

从世界范围考察，保险市场根据内部构成可分为三种类型：

（一）完全竞争型保险市场

完全竞争型保险市场是指市场上有数量众多的保险人，每个保险人在市场上所占份额的比例都很小，以致没有一个保险人能够左右市场价格，市场价格由数目众多的买卖双方通过市场自发决定。一般认为完全竞争是一种理想的市场模式，它能使企业的生产经营扩充到平均成本的最低点，从而能最充分、最有效地利用生产资源。但是，现实中存在的竞争往往是一种不完全竞争。

（二）完全垄断型保险市场

完全垄断型保险市场是指在保险市场上只有一家保险公司经营各类保险业务，或者按业务性质不同设置两个或两个以上的专业保险公司，专业公司之间业务不交叉，从而保持专业业务的完全垄断。在完全垄断模式下，保险市场没有竞争。垄断者将根据已知或预测的供求状况，在高价少销或低价多销之间权衡比较，以便决定能带来最大限度利润的供给量和价格水平。

（三）垄断竞争型保险市场

在目前的市场经济条件下,完全竞争型保险市场已不存在,现在大部分发达国家采用了垄断与竞争并存的保险市场模式。在这种市场上,大小保险公司并存,少数大公司在保险市场上取得垄断地位。垄断公司之间、垄断公司与非垄断公司之间、非垄断公司之间同时存在着激烈的竞争。综观当今世界保险市场,大多数都可以纳入垄断竞争模式,其市场特征是:

1. 市场对内完全开放,外国保险公司也可以较自由地进入。由于允许外国保险公司的大量加盟,市场上保险企业数目众多,如美国有5000多家,英国有800多家;

2. 由于保险市场竞争激烈,保险企业利润甚微,主要依靠资金运用;

3. 保险企业的消长变化基本由市场调节,国家对保险企业的管理相对宽松,保险同业公会发挥着较大作用。

二、影响保险市场的主要因素

保险是一种风险保障服务。因此,保险市场的交易对象就是这种无形的服务。保险市场像一般商品市场一样,对其影响最大的莫过于两方面:保险商品的需求和供给。但由于保险商品的特殊性,保险市场还受到道德风险和逆向选择问题的影响。

(一)保险需求

需求是指消费者在某一特定时期内,在某一价格水平下愿意而且能够购买的商品量。作为需求要具备两个条件:(1)有购买欲望;(2)有购买能力。这两者缺一不可。保险商品的有效需求即指经济生活中的行为主体在特定时期内愿意和有能力购买的保险商品量。

保险需求受到诸多因素的影响,按照英国学者S·R·戴康的观点,决定和影响保险需求的因素包括两类:一类是内生变量,一类是外生变量。

1. 内生变量

首先是消费者的偏好。这主要是指消费者对待风险的态度。一般说来，不同个体对风险偏好的程度也不同。对风险的偏好程度越高，则对保险的需求越少；反之，则越多。

其次是消费者的收入。在一般情况下，保险的需求应该随着消费者收入的增加而增长。因为实际收入增加，生活水平提高，随之支出和储蓄也会增加。人们在满足了基本生活需求之后，对于财产和人身的安全等方面的需求也会逐步增加。因此，随着消费者收入的增加，对保险的需求也会增长。

第三是财富。道理同收入的影响相类似。

2.外生变量

第一，强制保险。目前，许多国家和地区都有强制保险的规定，对国民提供基本的风险保障，如基本养老保险、基本医疗保险、工伤保险等社会保险项目。这些社会保障项目和商业性人身保险都是为社会成员提供人身风险的保障服务，因此，消费者在得到一定限度的风险保障后，就会减少其对自愿性人身保险保障的需求。此时，强制保险对自愿性的商业保险具有替代作用。另一方面，强制保险也会增加消费者对保险的需求。如，我国对于机动车第三者责任保险的强制性规定，使得消费者不论其对风险的偏好如何都必须购买。所以，强制保险对保险需求的影响具有正反两方面的作用。

第二，税收。主要是指保险费支出能否免征收入税。如果人寿保险费支出可以免缴个人所得税，人寿保险将成为一种向继承人和赡养人转移财产的重要手段。如果财产保险费可以计入成本，那么，投保单位也可以将保险费从应纳税利润中扣除。税收的优惠会增加消费者对保险的需求。反之，则会减少保险需求。

第三，保险价格。保险的需求同保险价格变化方向相反：价格上升，需求下降；反之，需求上升。而且，保险价格对保险形式（险种）也有同样的影响。

第四，其他商品价格。在一般情况下，商品价格上升，花在保险上的可支配收入就会减少，即保险需求减少；反之，就会增加。再则，就是替代商品和补充商品。替代商品价格上升，风险保留的代价提高，保险需求就会上升；反之，保险需求就会下降。同时，补充商品价格上升，就会引起保险需求下降；反之，就会引起保险需求上升。

第五，通货膨胀。主要是对个人保险需求的影响。在通货膨胀存在的情况下，消费者通常不会随着一般价格水平或他们的收入水平相应增加他们的保险保障。

第六，科学技术的进步。保险需求总是随着生产的发展而发展的，而科学技术的进步及其在经济生活中的应用，会不断地开拓出新的生产领域，扩大原有生产领域，从而产生新的保险需求。当然，新科学技术也有减少风险、防止事故发生的作用。例如新式灭火器具和灭火药物的生产，车辆自行刹车技术和设备的出现，新农药对农业病虫害的防治，气象预报、地震预报水平的提高，都有防止和减少灾害损失的作用，因而都会降低保险需求。也就是说，科学技术的进步对保险需求有正负两方面的影响。

（二）保险供给

供给是指生产者或销售者在某一特定时间内在某一价格水平下对一种商品愿意而且能够提供出售的数量。作为供给要具备两个条件：(1)有出售愿望；(2)有供应能力。两者缺一不可。保险供给指在一定保险价格条件下，保险市场上各家保险公司愿意并且能够提供的保险商品数量之总和。

保险供给是由许多因素决定的。从根本上说，保险需求是制约保险供给的最基本的因素。因为任何保险供给都是适应保险的需求而产生的。没有对保险的需求，就不会产生保险供给。在假定有保险需求的前提下，现实经济生活中所提供的保险供给的实际数量和质量，还受到多种因素的制约。大致说来，制约保险现实供给的主要因素有以下几种：

第一，社会可用于经营保险的资本量。保险供给是由保险公司和其他保险组织提供的。保险公司经营保险商品必须有一定数量的经营资本。因为，首先，保险公司经营保险需要一定的物质条件，其中包括保险公司的基本建设费用、购买各种设备的费用和人员开支费用。其次，还需要有一定数量的资金作为赔付准备金。在一定时期内，社会总资本的数量是一定的。依照国民经济按比例发展规律的要求，在一定时期内，社会总资本在国民经济各个部门之间的分配比例是一定的，因而，能用于经营保险的资本数量在客观上也是一定的。这个可用于经营保险业的资本量，在宏观上制约保险供给的总规模。在一般情况下，可用于经营保险业的资本量与保险经济供给成正比例关系。

第二，保险人才的数量和素质。保险经营活动所需要的劳动，是具有特殊的专业性的保险人才的劳动，因此，保险人才的素质状况对保险供给有很大的影响。例如，一个新的风险出现后，需要保险公司提供保险供给。然而，保险经营者必须对这种新风险的性质、特点、出险概率、出险损失率以及对这种风险的防灾防损知识和技术，有较为全面的了解，从而才有可能为这种风险提供保险供给。因而，从事保险经营的人才的数量和素质，制约着保险供给的规模，它与保险供给成正比例关系。

第三，保险业的经营技术和管理水平。保险业的经营是一种技术性、专业性很强的业务活动。一个新保险品种的推出需要长时间的经验积累。经营保险的一套技能和各项条款、法律等的形成，都需要有一个过程。在客观上出现新风险，产生了保险需求，并不等于马上就能够提供保险供给，还需要一系列的准备工作和积累经验的过程。例如人造卫星需要保险，但并不是任何保险组织都可以承保的。没有一套适合于这种风险的保险条款和法律，就不能承保。而要制定这一套规章、制度、法律，则需要条件。经营技术管理水平与保险供给成正比例关系。

第四，保险的价格。保险的供给是通过保险市场进行的。一方面保险价格受保险供给和需求的影响。另一方面，保险价格也影响保险供给，形成围绕着平均利润率曲线上下波动的保险供给量曲线。

第五，交易成本。由于投保人和保险人所拥有的关于某个特定被保险人风险情况的信息是不对称的，投保人拥有关于特定被保险人的风险的信息，而保险人却没有。这就带来了道德风险和逆向选择的问题。

保险人对保险产品的供给是上述诸多因素共同作用的结果。

(三)道德风险和逆向选择对保险市场的影响

从信息经济学的角度来看，道德风险和逆向选择是从信息非对称发生的时间来划分的。研究非对称性发生在当事人签约之前的事前非对称信息博弈的模型称为逆向选择模型；研究签约之后的事后非对称性信息的模型称为道德风险模型。例如，投保了意外伤害保险的人可能比没有投保的人开车更莽撞些，这就属于道德风险问题，而投保人带病投保则属于逆向选择问题。

无疑，道德风险对保险市场有不良影响。由于被保险人的行为是不可观测的，就会出现市场失灵，使风险事故发生所造成的实际损失超过保险公司的估计值，从而影响保险公司的正常经营。

当保险市场存在道德风险时，保险人通常采用两种方法来化解。一是在设计保险合同时，通过免赔额、共同保险条款等成本分摊措施使被保险方承担某种损失的费用，从而使得被保险人不谨慎行事的边际成本为正，这样就为被保险方减少损失提供了经济上的动力。二是使保单持有人谨慎行事的边际收益为正，即奖励采取防损行为的被保险方。如，根据被保险人以往的赔付记录调整保险费率，实行类似与机动车辆保险合同中的“无赔款优待条款”。这两种方式都鼓励被保险人谨慎行事，减少损失的发生。

逆向选择是指在交易双方信息不对称的条件下，代理人拥有委托人不知道的私人信息，并与委托人签订对代理人自身有利的合同，而委托人由于不了解这些信息处于不利的选择地位。就保险而论，逆向选择表现为保险公司在签发保险单之前不知道保险标的的风险程度，从而保险水平不能达到对称信息情况下的最优水平，导致高风险的消费者把低风险的消费者赶出保险市场。逆向选择使保险人无法进行正确的风险选择，即无法准确判定投保对象应该适用的费率标准。

解决保险市场逆向选择的方法，一种是保险公司设计出不同的保险产品以满足风险类型不同的消费者的需要，鼓励他们选择最适合自己风险种类的保险险种。保险人缓解逆向选择问题的另一种方法，就是保险人从投保人那里获得更多的信息，并对投保人进行更准确的分类。这就要求投保人在投保时必须履行如实告知的义务，遵循最大诚信原则。保险公司的核保部门要收集足够的与潜在客户有关的信息，使保险公司建立合理而准确的风险分类体系。

当然，在现实的保险市场上，道德风险和逆向选择常常是同时存在的。保险公司既缺乏投保人风险程度的事前信息，也难以观察到投保人的事后防范措施。因此，保险公司在核保和理赔的工作中要加强管理，以最大限度地防范和化解道德风险和逆向选择，促进保险市场健康发展。

三、我国大陆保险市场的现状与前景

(一)我国大陆保险市场的现状

1. 保险业务迅猛发展

1949 年以来，我国大陆的保险业有了很大的发展，特别是 1980 年以来，保险业突飞猛进，在经济建设中发挥着越来越重要的作用。1980 年全国保险费收入 4.6 亿元，到 2002 年我国保险业实现保费收入 3054 亿元，增长了 664 倍。2002 年是近年来保险业务增长速度最快的一年，同比增长 44.7%。其中，财产险保费收入 778.3 亿元，同比增长 13.6%；人身险保费收入 2274.8 亿元，同比增长 59.8%。保险深度 3%，同比增长 0.8 个百分点；保险密度 237.6 元，同比增加 68.8 元。保险公司总资产 6494.1 亿元，比上年末增长 41.4%。2002 年保险公司共支付赔款和给付保险金 706.7 亿元，同比增长 18.1%。全国保险行业资产总规模已达到 6494 亿元，保险资金可运用余额达 5799 亿元。以上数据显示，自从 1980 年全面恢复国内保险业务以来，我国保险业保持了 30% 以上的年均增长速度，保险市场规模实现了高速增长。

2.保险市场逐步形成

我国大陆保险业自 1979 年中国人民保险公司恢复国内保险业务以来，经过 20 多年的发展，已经形成了一个初具规模的保险市场。

1986 年以前，我国大陆保险市场只有中国人民保险公司一家经营保险业务。1986 年，新疆生产建设兵团农牧业保险总公司成立，打破了中国大陆只有一家保险公司垄断保险市场的局面。1988 年 5 月，第一家股份制保险公司平安保险公司在深圳成立。同年，四川省人寿保险公司成立。1992 年 9 月美国友邦保险公司(AIA)经批准在上海开设分公司。2002 年是我国加入世贸组织的第一年，也是保险市场对外开放步伐最快的一年。当年共批准 6 家外国保险公司进入我国市场，批准 16 个外资保险公司营业机构正式开业。到 2002 年年底，在大陆保险市场上正式营业的中外保险公司共有 57 家，分支机构接近 1 万 7 千多家。

另外，保险中介人制度的实施也取得了初步成效。1992 年美国友邦保险公司进入上海，随后引入了个人代理营销机制。个人代理制度的实施，使保险市场营销获得了较大的成功，特别是推动了人身保险市场的迅猛发展。与此同时，保险经纪人制度也开始起步，1999 年 5 月大陆首次保险经纪人资格考试将使保险经纪人的发展迈向正规化的轨道。1993 年 3 月，大陆第一家保险公证机构——东方公估行在上海成立。随后，上海大洋物产公估行、天津北方公估行等保险公估公司纷纷成立。到 2002 年年底，全国共有保险中介公司 160 多家，其中保险代理公司 121 家，保险经纪公司 16 家，保险公估公司 23 家，兼业代理机构近 10 万家，销售服务部 21519 家。不断发展和日益完善的保险中介市场为公正的保险交易和完善的保险服务提供了保证。

3. 市场化改革初露端倪

长期以来，商业保险主要险种的基本保险条款和保险费率，由保险监督管理部门制定。保险公司拟订的其他险种的保险条款和保险费率，须报保险监督管理部门备案。保险监督管理部门对保险费率实行比较严格的监管。机动车辆保险是国内财产保险业的第一大险种，也是财产保险公司力争的“效益险种”。2001 年，全国车险保费收入高达 422 亿元，占产险总保费收入的六成。但是，过去对车险费率的管理一直采取编制费率形式。2001 年 10 月 1 日起，广东省进行了车险费率改革试点，车险费率由保险公司自主制订、监管部门审查备案。改革试点实行近一年多，积累了经验和教训，为车险市场化改革进行了有益的实践。中国保监会决定，从 2003 年 1 月 1 日起在全国范围内实施新的机动车辆保险条款费率管理制度。新制度要求各保险公司自行制订机动车辆保险条款费率，报经中国保监会审批后公布实施。各家公司的车险新条款在注重个性化的同时，都把对高质量客户采取优惠措施及提供优质服务放在了重要位置。随着新制度的实行，我国车险从产品到费率将逐渐走向市场化。消费者有了更加多样的选择，享受更加周到的服务。

另一项引人注目的改革是航意险。航意险是我国人身保险行业中最后一块行政色彩较浓的业务，延续多年的由中国保监会统一制定标准条款、统一厘定保险费率、统一监制保单的历史将在近期内改变。航空意外保险改革将从条款、费率、业务管理与客户服务四个方面进行，新航意险产品由各家公司自主制订并报保监会备案。2003 年 1 月中国保监办颁布了中国人寿保险公司、中国太平洋人寿保险股份有限公司和中国平安保险股份有限公司联合设计的《航空旅客意外伤害保险》条款作为行业指导性条款。

4.保险法制日趋完善

1995 年，第一部有关保险业的专门立法《中华人民共和国保险法》(以下简称《保险法》)正式颁布施行。它标志着我国大陆保险体制改革在法制化、规范化的轨道上迈出了关键性的一步。此后，我国颁布实施了一系列有关保险行业规范发展的法律、法规。1996 年 2 月 2 日公布了《保险代理人管理暂行规定》，1996 年公布了《保险管理暂行规定》。经过一段时间的试行，1997 年颁发了《保险代理人管理规定(试行)》，修改和充实了有关内容。1998 年 2 月公布了《保险经纪人管理规定(试行)》。2000 年 1 月 17 日颁布了《保险公估人管理规定(试行)》。2000 年 3 月 1 日开始实行《保险公司管理规定》。2001 年颁布了《保险代理机构管理规定》、《保险经纪公司管理规定》、《保险公估机构管理规定》，加强了对保险中介人的管理。2002 年 10 月 28 日，人大通过了修改后的《保险法》。修改后的《保险法》加强了对被代理人利益的保护和对保险机构的监管力度，既是对加入世贸组织承诺的履行，也是推进我国保险市场化改革进程、促进保险业与国际接轨的需要。

1992 年国务院批准在上海进行保险开放的试点。为了适应保险市场对外开放的需要，1992 年 9 月 11 日颁布《上海外资保险机构暂行管理办法》，以实施对外资保险公司的监管。为了满足保险业发展和对外开放的需要以及进一步落实《保险法》的客观要求，2002 年 2 月 1 日颁布实施《中华人民共和国外资保险公司管理条例》，对经批准在中国境内设立和营业的中外合资保险公司、外商独资保险公司、外国保险公司分公司进行监督和管理。一系列保险法律、法规的出台，为保险市场健康有序地发展提供了法律保障。

5. 保险监管进一步改善

随着我国保险市场对外开放的逐步深入，保险监管部门的观念逐步转变。保险监管的工作重心放在宏观调控、制定规则、政策引导、市场监管和公共服务上，同时积极支持保险公司的改革创新，努力为加快保险业发展服务，促进了保险业的健康发展。

2002 年中国保监会公布首批取消的 58 项行政审批项目，其中包括保险公司投资证券投资基金资格审批、保险公司在境外运用资金审批、保险公司购买中央企业债券额度审批、保险公司投资证券投资基金的投资比例核定等，取消的项目涉及内容广泛。2003 年初中国保险监督管理委员会公布第二批取消的 28 项行政审批项目。其中包括保险公司分支机构变更机构名称审批，保险公司分支机构业务范围审批和业务范围变更审批，人身保险公司分支机构条款费率备案，保险代理机构、保险经纪公司、保险公估机构变更住所审批和破产审批，外资保险公司分支机构变更名称审批（以分公司名义进入中国的外资保险公司除外），外资保险机构驻华代表机构展期审批和同城变更地址审批，外资保险机构驻华代表机构更换、增减代表、副代表、外籍和港澳台工作人员备案，境外保险机构（含分支机构）撤销审批，境内中资保险机构的境外代表机构撤销审批等。这些情况表明，中国保险业监管方式正逐步与国际通行的做法接轨。

6. 全面对外开放格局基本形成

1992 年美国友邦保险上海分公司开业，始开保险业开放的先河。到 2002 年，保险业正式打开大门迎四海宾客。

2002 年以来，中国保监会先后批准了德国慕尼黑再保险公司、瑞士再保险公司、美国信诺保险公司、英国标准人寿保险公司、美国利宝互助保险公司和日本财产保险公司等进入中国市场筹建营业性机构。此外，美国 ACE 集团参股华泰，拥有 22.13%的股权；荷兰国际集团与北京首创集团宣布在大连成立首创安泰人寿公司；汇丰集团参股平安保险；美国友邦保险在北京设立分公司，等等。外资进入中国保险市场的步伐逐步加快。

自加入世贸组织以来，我国已先后批准6家外国保险公司进入市场筹建保险营业机构；批准16家外资保险营业机构开业；共有来自12个国家和地区的34个保险公司在我国设有54个营业性机构。在地域上，保险业对外开放城市已从上海、广州扩大到了深圳、大连和佛山。事实上，保险业的开放超越了入世承诺。到目前为止，北京、天津、上海、广州、深圳、佛山等地都已有了合资保险公司或国外、境外保险公司分公司，外资保险公司的保费收入约占全国保费收入的2%，中国保险业全面对外开放的格局基本形成。

（二）我国大陆保险市场的发展前景

随着国民经济快速、健康地发展，人民生活水平的提高，社会消费结构正发生变化，对保险的需求会越来越旺盛。中国保险业的保费收入将稳健增长。

1. 保险市场将逐步规范。《保险法》强调了对被保险人的保护和对市场的监管力度。除了规定保险公司对被保险人的个人隐私负有保密义务、明确人身保险的被保险人在获得保险赔偿后仍享有向侵权的第三人请求赔偿的权利外，还强化了保险公司对保险代理人的管理责任。保险监管部门也强调，将尽快完善《保险法》配套措施，加紧起草《保险违法行为处罚办法》等法规，使保险监管进一步法制化。保险监管的加强，必将促使保险公司加强对代理人及各营业机构的管理，有效地减少和杜绝欺诈、误导行为，有利于形成竞争有序的保险市场。

2. 保险资金的运用渠道将日益拓宽。保险资金的运用除《保险法》所规定的投资方向外，1998年10月12日起保险公司获准正式加入全国同业拆借市场，从事债券买卖业务，使保险资金有了一个安全、高效的新渠道。保险公司可以买卖在全国同业拆借市场上市交易的各种债券，通过债券调整资产结构。1999年10月26日，经国务院批准，保险公司可通过在二级市场上买卖已上市的证券投资基金和在一级市场上配售新上市的证券投资基金的方式，间接进入证券市场。1999 年 10 月 29 日，我国大陆首批获配原始新基金的 11 家保险公司认购同盛证券投资基金 9 亿份配售单位。但是，随着中国保险业的迅速发展，保费快速增长与资金运用收益偏低的矛盾也更加突出。为了解决保险资金运营与保费收入规模不相称的矛盾，中国保监会已经开始着手组织成立"保险资金运用研究小组"，专门研究保险资金运营问题。有关部门还将为保险公司制定"特殊的政策"予以支持。除了支持条件成熟的保险公司上市外，有条件的公司可以成立保险资产管理公司。

3. 保险市场对外开放将进一步扩大。2003 年是中国加入世贸第二年，根据我国加入世贸的承诺，今年将在去年开放 5 个城市（上海、广州、大连、深圳、佛山）的基础上，再开放北京、成都、重庆、福州、苏州、厦门、宁波、沈阳、武汉和天津等 10 个城市。在未来五年内这种地域限制将可能被取消。此外，目前外资保险公司只能从事个人寿险业务和三资企业的财产保险业务，未来他们的业务范围也将扩大。日益激烈的市场竞争，将促使中国保险公司励精图治、改革创新，转换经营机制，按照市场需求和国际惯例组织经营。同时，国际化的保险市场也为中国保险公司及时获得国际保险信息，扩大与世界保险界的往来，学习和借鉴先进的管理经验和经营技术提供了便利和条件，也有利于培养保险专业人才。

第二节　保险业监督管理概述

保险经营是一种社会性较强的经济活动。保险公司经营是否稳定，能否履行经济补偿和给付的责任，直接关系到社会公众的利益，直接影响到社会经济的稳定。为了保证保险公司经营稳定，维护保险市场的正常秩序和健康发展，各个国家通过制定保险法规来规范保险经营者的行为，并设有专门的监督管理机构实施对保险业的监管。

一、国家对保险业监管的必要性

国家对保险业的监管是指国家通过经济、法律和行政手段对保险市场构成要素的监督和管理，是对保险业行为进行的宏观调控。国家对保险业实行监管是由保险业本身业务特点和保险作为一种“社会稳定器”的内在要求决定的。

（一）保险业务经营的特点要求国家对保险业进行严格的监督和管理

保险企业的经营对象为风险。风险无处不在，无时不有。风险的广泛性和不确定性，风险事故发生的偶然性和不平衡性，决定了保险企业经营的特殊性。随着科学技术的进步，保险公司承保能力的提高，越来越多的风险成为可保风险，保险业务越来越分散，影响覆盖面越来越广泛。保险企业经营资产的相当一部分是保险企业对被保险人未来赔偿或给付的负债。保险公司如果经营不善，就可能丧失偿付能力，其结果不仅影响保险公司自身的利益，更涉及到广大被保险人的利益，关系到众多家庭生活安定和企业的正常生产。因此，国家通过对保险公司实行监督管理，能及时发现保险公司经营上的隐患，敦促其整改，以保证其偿付能力，最大限度地避免保险公司出现无力偿付的现象，从而保护被保险人的利益。

（二）保险作为“社会稳定器”的内在要求决定了国家必须对保险企业进行严格管理

保险市场是一个充满竞争的市场，如果缺乏管理，容易滋生许多不正当的竞争行为，一些保险公司为了在激烈的竞争中获胜，可能会盲目降低费率，或者承诺过高的利率，或者不适当地提高代理人和经纪人的佣金以招揽业务，这样就严重地扰乱了保险市场的正常秩序，甚至可能因恶性竞争而导致业务亏损，最终损害被保险人的利益。国家对保险市场进行适当的干预，严格规范保险公司的经营行为，并加以监督和管理，就可以防止保险同业之间的不合理和不正当的竞争，维护保险市场的正常秩序，最终维护被保险人的利益，维护社会稳定，有效发挥保险作为“社会稳定器”的职能。

对保险业实行监督和管理的目的主要是为了保护被保险人的正当权益和促进保险业的健康发展，具体来说，包括以下四个方面：

1. 保证保险人有足够的偿付能力。这是保险市场监督管理的最重要的内容。我国《保险法》包括了保险业法，制定了对保险公司进行监督管理的章节和内容，如保险企业的资本金、保证金、各种准备金、最低偿付能力、承保限额、法定再保险等的管理规定。

2. 保证保险人之间的合法竞争，维持公平的保险条件和合理的保险价格。在保险市场上，保险公司开展业务，应当遵循公平竞争的原则，不得从事不正当竞争。由于保险合同专业性强，内容较为复杂，对其条款，多数投保人不熟悉；而且，保险的价格—费率的确定具有较强的技术性。为了保护被保险人的利益，保证保险人和投保人之间的公平交易和保险人之间在同等保险条件和保险费率水平下公平竞争，政府必须对市场交易的条件和价格进行严格的监督和管理。

3. 防止保险人利用保险进行欺诈。保险人利用保险进行欺诈，主要表现在不具备必要的偿付能力、非保险业非法经营保险业务和保险人利用拟订保险条款或确定保险费率的机会进行欺诈等，如在保险条款中使用容易产生误解的含糊词语来避免责任。我国《保险法》对保险公司及其工作人员在保险业务中隐瞒与保险合同有关的重要情况，欺骗投保人、被保险人或受益人，或者拒不履行保险合同约定的赔偿或者给付保险金的义务的行为作出了明确的处罚规定，这就从法律上保护了被保险人的利益。

4. 提高保险业的经济效益和社会效益。通过政府监管，实现企业经济效益和社会效益的统一，并保证保险企业适度的规模经营，减少资金占用，扩大承保范围，不断满足经济发展和社会稳定对保险保障的需要。

二、国家保险监督管理机构和管理形式

（一）国家保险监督管理机构

由于保险业涉及金融、法律和居民个人等各个方面，所以它的健康发展对整个社会经济是至关重要的。各个国家都建立了对本国保险业进行监督管理的机构。但是，由于不同国家社会制度、体制不同，国家的保险监督管理机构也不尽相同，在此分别介绍我国和主要经济发达国家的保险监督管理机构。

1. 我国的保险监督管理机构

1949 年，中国人民保险公司成立，作为国有经济的惟一一家保险公司，实行政企合一，对公司的监督管理，主要是政府直接、无条件地介入企业的人事任免、机构设置、制订财务制度、资金运用、拟定保险条款、保险费率以及确定经营方针等。1985 年，国务院颁布《保险企业管理暂行条例》。该法规指定中国人民银行代行政府职能，对保险市场实行监督和管理。

1998 年 11 月 18 日，中国保险监督管理委员会在北京成立。中国保监会是国务院直属事业单位，是全国商业保险的主管机关，根据国务院授权履行行政管理职能，依照法律、法规统一监督管理保险市场。其主要任务是：

(1)拟定有关商业保险的政策法规和行业规划；

(2)依法对保险企业的经营活动进行监督管理和业务指导，依法查处保险企业违法违规行为，保护被保险人的利益；

(3)维护保险市场秩序，培育和发展保险市场，完善保险市场体系，推进保险改革，促进保险企业公平竞争；

(4)建立保险业风险的评价与预警系统，防范和化解保险业风险，促进保险企业稳健经营与业务的健康发展。

中国保监会的成立，有利于培育和完善我国保险市场；有利于

统一保险监管职能，理顺保险监管体制，建立与社会主义市场经济发展相适应的保险监管体系；有利于加强保险业的监管工作，防范化解金融风险，确保我国保险业持续健康发展；有利于加强保险业的国际交往与合作，不断提高保险业监管水平。

2. 英国的保险监督管理机构

在国际保险市场上，英国的保险监督管理制度代表了一种较为宽松的监管风格。英国政府对保险业的监督和管理实行“自由经营、公众监督”的政策，在政府管制和行业自律两个监管机制中更偏重于行业自律。但近些年来，英国对保险业的监督和管理有明显加强的趋势。

英国政府对保险业的监督和管理以法律为基础。英国1982年《保险公司法》(The Insurance Companies Act 1982)中明确将保险监督管理权赋予英国贸工部，具体监督管理工作由贸工部的保险局来执行。贸工部保险局的主要监督管理职能是：

(1)批准经营保险业务的申请；

(2)调查可能非法经营保险业务的公司情况；

(3)对于新提名的公司董事长、负责人、经理及主要代理人进行审查；

(4)审核授权公司提交的各种报表；

(5)必要时根据法律行使干预权；

(6)批准保险业务的转移；

(7)撤销营业许可证；

(8)按投资法规定管理保险公司的投资活动。

英国1982年《保险公司法》所涉及的范围很广，其中包括保险公司获准经营必须具备的条件，申请注册的程序，账户及报表制度，偿付保证金制度等，并规定经营长期性业务的资产负债必须与经营普通业务的资产负债分开，必须有指定的精算师对经营长期性业务的公司进行定期检查，保险公司的业务转移和停业必须经法院批准。另外，还对保险业经营手段、保险公司人事变更、保险业务的分类等作了规定。

3.美国的保险监督管理机构

美国是一个联邦制的国家，对保险业实行联邦政府与州政府的双重监督管理体制。美国政府对保险业的监督和管理较为广泛而且严格，几乎贯穿于保险公司经营的各个环节。

在美国，各州都制定自己的保险法，并设立专门的保险管理局实施对保险公司的监督和管理。州的立法机构通过制定保险法来管理保险，州的司法机构通过保险判决来管理保险，州的行政机构通过行使行政权来管理保险。州的保险管理局的最高执行官是保险监督官，由州长任命，并由州的立法机构通过。州保险管理局的主要职责是：

(1)颁发、拒绝发放或吊销保险人和保险代理人的营业执照；

(2)对保险人的经营状况进行检查，要求保险人递交年度报告；

(3)作为破产保险人的破产管理人或帮助破产保险人恢复经营能力；

(4)审批保险人提交的新的保险费率或保险合同，或者经修改的保险费率或保险合同；

(5)向立法机构提交新的保险议案；

(6)调查消费者的投诉；

(7)颁布解释保险法的监督和管理条例或措施等。

1850年以前，美国对保险业的管理主要是通过立法中的特别规定及特殊的税收法实施的。1851年新罕布尔州设立了第一个专门的保险监督管理机构，标志着美国州政府对保险业实施监督管理体制的开始。1992年美国最高法院认为保险是一种州际商业，应受联邦政府管辖。此后，联邦政府开始行使对保险业的管辖权，美国的保险监督管理也开始向联邦政府与州政府双重管理的体制迈进，但是仍以州政府的监督管理为主，联邦政府的监督管理为辅。近些年来，联邦政府的监管有加强的倾向。

（二）国家保险监督管理形式

1.公告管理

公告管理，亦称公告主义。它是政府对保险业的实体不作任何直接监督，而将其资产、负债、营业成绩及其他有关事项公布于众的管理方式。这是政府对保险市场监督管理的最为宽松的一种方式，对保险的组织形式、保险合同的规范、保险资金的运用，均由保险企业自我管理。

2.规范管理

规范管理，亦称准则主义。它是指由政府制定指导保险业经营管理的一系列法律、法规或规则，要求保险企业共同遵守，并在形式上监督实行。这种管理方式注重保险经营形式上的合法性。对于形式上不合法者，有关机构给予处罚。只要形式上合法，主管机关便不加干预。但是，由于保险技术十分复杂，有关法律、法规难以面面俱到，往往会出现形式上合法而实质上不合法的行为，使得对保险业的经营，实际上很难起到约束作用。目前，多数国家已废弃这种管理形式。

3.实体管理

实体管理，亦称批准主义。实体管理是指国家订有完善的保险监督管理规则，政府保险监督管理机构根据法律、法规赋予的权力，对保险市场，尤其是对保险企业进行全面、有效的监督管理。这种监管形式对保险企业的管理有明确的衡量尺度，是各国保险业管理形式中较为严格的一种。日本、德国、美国等国都采用这一管理方式。

我国保险市场的监督管理方式，长期以来主要采用行政调控手段监督管理保险业。这种保险市场监督管理方式是与当时国家对保险业的垄断经营状况相适应的。随着我国改革开放的深入发展，适应建立社会主义市场经济的要求，保险市场逐步完善。1985年《保险企业管理暂行条例》的颁布，确立了我国依法调整保险市场的基本模式。1995年6月30日全国人民代表大会常务委员会第十四次代表大会通过《中华人民共和国保险法》，并宣布当年10月1日起实施。这是我国保险业的一件大事，是我国第一部保险大法。我国《保险法》规定，对保险市场的监督管理采用实体管理模式。《保险法》对保险业主管机关、保险企业设立的法定条件，保险组织形式，保险公司经营的业务范围，保险企业偿付能力和保险准备金，再保险，保险资金的运用，保险企业的整顿、解散或者破产的清算，以及保险中介人等都作出了详细规定，并且规范了保险人、投保人、被保险人或者受益人以及金融监督管理机关的依法行为责任。根据《中华人民共和国保险法》和《中华人民共和国公司法》，中国保险监督管理委员会制定了《保险公司管理规定》，并自2000年3月1日起施行。

第三节　保险企业的监督管理

一、保险人资格的监督管理

世界各国的保险法中都明确规定保险人的法定资格条件，只有获得了保险人资格，才能合法经营保险业务。

(一)保险人的组织形式

保险人的组织形式一般有：国有保险公司、股份有限公司、相互合作社、相互保险公司、个人保险人。我国《保险法》第七十条规定："保险公司应当采取下列组织形式：股份有限公司、国有独资公司。"《保险法》规定以外的其他组织形式，由法律、法规另行规定。

(二)保险公司设立的条件

保险公司的设立除了在组织形式上须符合法律的规定外，还必须具备一定的条件，并经保险监督管理部门批准。在保险公司的设立条件中，具备一定的资本是重要条件之一，这是由保险行业的特点决定的。

根据我国《保险法》的规定，设立保险公司必须经保险监管部门批准，并具备下列条件：

1. 有符合《保险法》和《公司法》规定的章程。

2. 有符合《保险法》规定的注册资本最低限额。在全国范围内开办保险业务的保险公司，实收货币资本金不低于人民币 5 亿元；在特定区域内开办业务的保险公司实收货币资本金不低于人民币 2 亿元；设在省、自治区、直辖市、计划单列市政府所在地的分公司，营运资金不得低于人民币 5000 万元。

3. 保险公司的高级管理人员必须符合中国保监会的有关规定。经营寿险业务的保险公司，至少要有一名经保险监督管理部门认可的精算人员。

4. 具有与其业务规模和人员数量相适应的营业场所、办公设备。

5. 保险股份有限公司的股东应为企业法人或国家允许投资的其他组织，股东资格应符合中国保监会的有关规定。

6. 中国保监会要求具备的其他条件。

申请设立保险公司，在具备设立条件后，应向中国保监会提交正式申请表、保险公司的章程、股东名册及其股份或者出资人及其出资额、法定验资机构出具的验资证明、拟任职的高级管理人员的简历和资格证明、经营方针和计划等有关文件。中国保监会在收到筹建保险公司的正式申请文件之日起六个月内作出决定。经批准设立的保险公司由中国保监会颁发《保险机构法人许可证》，并凭此向工商行政管理机关办理登记注册手续，领取营业执照后始得营业。如果违反保险法的有关规定，擅自设立保险公司或者非法从事商业保险业务活动的，依法追究其刑事责任，并由中国保监会予以取缔。

在英国经营保险业务，必须事先申请经营业务的许可证。未经贸工部批准的保险公司不得在英国经营保险业务。在申请设立保险公司时，必须向贸工部提交有关资料。贸工部根据申请者提交的材料在六个月内作出批准或是不批准的答复。如果是外国公司申请在英国经营保险业务，联合王国内的申请者和欧盟成员的申请者，其申请条件与英国本国的申请者基本相同，但这些外国申请者必须已在自己本国获得了保险经营的许可。对欧盟以外的申请者，除要求其在总部所属国获准经营保险外，其主要人员必须称职，而且申请者必须在英国拥有一定数额的财产，并提存一定数额的保证金。只有完全符合条件的申请者，才能获准在英国经营保险业务。

在美国经营保险业务，必须首先向州保险局提出申请，由州保险监督官审核其是否符合州保险法规规定的资格和条件，并根据申请者的财务和组织状况，向其颁发营业执照。各州的保险法对经营保险业务的公司都规定了财务要求，只有满足了一定的财务要求，才能允许经营保险业务。各州保险法还对保险公司管理人员作了一定的要求，对于在本州注册登记并在本州营业的本地保险公司，保险管理局发给的营业许可证是没有期限的，而发给在外州或外国注册登记但在本州营业的保险公司的营业许可证则是需要每年更换的。外州或外国保险公司在获取营业许可证之前，必须向州保险管理局提交公司章程的副本、经营细则、说明业务种类的文件、资产和负债的财务报告等。

二、保险经营业务的监督管理

对保险公司经营业务的监督管理是各国保险业法中的重要内容，主要包括经营业务范围的核定、保险费率的厘定、保险单条款的核定和经营行为的管理。

(一)经营业务的范围

保险业经营范围的核定涉及兼营和兼业两个问题。兼营即同一保险业者是否可以同时经营财产保险业务和人身保险业务。兼业即保险业者可否经营保险以外的其他业务,非保险业者可否经营保险或类似保险的业务。对此,各国都通过法律加以明确规定。我国《保险法》规定,同一保险人不得同时兼营财产保险业务和人身保险业务;但是,经营财产保险业务的保险公司经保险监督管理机构核定,可以经营短期健康保险业务和意外伤害保险业务。保险公司的业务范围由保险监督管理部门核定。保险公司只能在被核定的业务范围内从事保险经营活动。如果保险公司超出核定的业务范围从事保险业务,构成犯罪的,依法追究刑事责任;尚不构成犯罪的,由保险监督管理部门责令改正,责令退还收取的保险费,没收违法所得,并处以违法所得一倍以上五倍以下的罚款;没有违法所得或者违法所得不足十万元的,处以十万元以上五十万元以下的罚款;逾期不改正或者造成严重后果的,责令停业整顿或者吊销经营保险业务许可证。

现代社会,新险种不断出现,许多险种不能简单地将其划归为人身保险或财产保险。因此,对这些新险种如何归类,是否作为独立险别加以经营,各国法律规定并不一致。

至于禁止兼营是否也限制同一保险业者同时经营原保险和再保险业务,各国的态度比较明确,一般不加以限制。我国《保险公司管理规定》中明确规定财产保险公司和人身保险公司的业务范围除了各自的原保险业务外,还包括各自原保险业务的再保险业务。同时,规定再保险公司可以同时经营人身险的再保险和财产险的再保险,即对再保险而言没有禁止兼营的问题。

但是,在国际保险市场上也有一些国家对保险公司经营业务范围干预较少,既允许保险公司兼营寿险业务和非寿险业务,也允许保险公司经营非保险业务。如英国一直以来让保险业自我管理,国家对兼营、兼业问题不强行干预。目前英国商业保险公司以会计独立为前提,可以同时经营寿险及非寿险业务。美国也正逐步放松对保险经营业务范围的限制。

（二）保险费率和保险条款

保险费率的厘定和保险单条款的核定是体现和运用保险专业知识、技术的重要一环。各国的保险监督管理部门及保险同业公会都对保险费率和保险条款实行不同程度的干预，其目的是为了保证保险费率的公平合理，保险条款的真实规范，既要避免过高的费率损害被保险人的利益，也要制止过低的费率引起恶性竞争，并要取缔对投保人或者被保险人显失公平的保险条款。

我国《保险法》规定，关系社会公众利益的保险险种、依法实行强制保险的险种和新开发的人寿保险险种等的保险条款和保险费率，应当报保险监督管理机构审批。保险监督管理机构审批时，遵循保护社会公众利益和防止不正当竞争的原则。审批的范围和具体办法，由保险监督管理机构制定。其他保险险种的保险条款和保险费率，应当报保险监督管理机构备案。

国家对保险费率厘定方面的监督，除了着眼于保险业依据何种原则，采取何种技术来确定纯保费，同时注重附加保费，主要是佣金、其他费用、利润等的厘定标准和比例。

保险条款的拟定与保险费率密切相关。保险条款直接影响保险费率的厘定，而且一般公众不易鉴别其优劣。政府对条款方面的核定，重点在审查条款的订立是否对投保人有利，各种保单条款，均应由主管机关审核批准后才能使用。对险种条款审定的内容包括对文字条款的审定和对数字条款的审定。文字条款指与权利和义务有关的内容，如保险标的、保险责任、除外责任、被保险人义务、索赔手续等。对文字条款主要是审定该保险条款的制订是否考虑到被保险人的利益；该保险条款中订明的保险责任范围是否适合保险人的经济承担能力；保险条款中是否明确了保险关系双方当事人应履行的义务和享有的权利。数字条款指与赔偿责任有关的内容，如保险期限、保险金额、保险费率等。一般来说，对数字条款审定除了依靠保险计算公式外，还要依照厘定保险费率的原则进行审定。政府还应对保单所使用的文字加以规范，使其标准化。我国《保险公司管理规定》中规定，保险公司的保险条款和保险费率等文件，均应以中文印制，若因业务需要，可以附用外文，但中、外文发生歧义时，以中文为准。

保险公司在申报备案新险种保险条款和保险费率时，可以向保险监督管理部门申请半年的新险种保护期。在保护期内，其他保险公司不得经营此险种。

美国各州对保险费率的管理分寿险费率的管理和财产责任险的费率管理。美国的大多数州对寿险费率没有直接的管制，只要保险公司没有收取歧视性费率，保险管理局就不加以干预。但对寿险公司红利分配和相互保险公司的净溢额积累作了规定，对保险费率中所含的费用率、死亡率和利率也有法定的限制，这实质上是对保险费率的间接管制。美国各州对财产和责任保险费率的管制比对寿险费率的管制严格。具体管制方法有：事先批准法、公开竞争法、“边上报边使用”法和“边使用边上报”法。

1.事先批准法。美国的大多数州都采用这种方法。它要求保险公司的费率在使用前必须得到保险管理局的批准，但保险公司可以在批准费率的20%的幅度内上下浮动承保业务。

2.公开竞争法。这种方法允许保险公司的费率在使用前可以不经保险管理局的批准，也不用上报，而是由市场竞争来合理调节保险费率。

3.“边上报边使用”法。这种方法要求保险公司在使用和变更费率时必须及时上报，并经批准，但在上报的同时保险公司即能使用变更费率，倘若保险管理局不批准上报的变更费率，必须终止使用。

4.“边使用边上报”法。这种方法允许保险公司的费率在使用前可以不经保险管理局的批准，但必须向保险管理局备案，以便其了解。

美国的绝大多数州要求保险公司在使用保险单前必须取得保险管理局的同意并备案。保险管理局有权禁止言词含糊、容易产生误导的保险单,并可规定保险单的标准格式。

(三)保险经营行为

保险公司开展经营活动应坚持公平、公正、合理、竞争的原则。保险公司不得委托未经批准的保险代理人为其展业,也不得接受未经批准的保险经纪人介绍的保险业务。保险公司及其职员不得向投保人、被保险人、受益人提供保险合同规定以外的保险费回扣或其他利益。保险人员不得在未经批准的区域展业。如果保险人擅自在经营区域外开展保险业务,视保险费收入的高低分别给予处罚。逾期未纠正者,加处停止承保新业务、责令撤换机构负责人或吊销保险业务许可证的处罚。

为了切实保障被保险人和受益人在保险事故发生后获得保险金的权利,保险法规定,保险公司收到被保险人或受益人的赔偿或给付保险金的请求后,应当及时作出核定。对属于保险责任的,在与被保险人或受益人达成有关赔偿或给付保险金的协议后10天内,履行赔偿或给付保险金的义务。保险合同对赔偿或给付保险金期限有规定者,依照合同规定办理。保险人未按规定执行者,除支付保险金外,应当赔偿被保险人或受益人因此受到的经济损失。

美国各州的保险法严格禁止保险公司在承保中的不公正行为,如保险公司对客户有歧视性的不公平做法,保险承保回扣,不利于被保险人的诱保等。保险管理局可以根据投保人的投诉,对违规的保险公司采取劝告、警告和罚款的方法,或者通过公布保险公司经营状况的方法来公开监督保险公司的经营行为,纠正其错误,达到保护被保险人的目的。

三、保险偿付能力的监督管理

保险偿付能力,简单地说,就是保险公司履行保险赔偿或给付责任的能力。我国《保险法》规定：保险监督管理机构应当建立健全保险公司偿付能力监管指标体系，对保险公司的最低偿付能力实施监控。国家对保险公司的保险偿付能力的监督管理，主要是对保险公司应缴存保证金、提存的各种准备金、最低偿付能力和保险资金的运用的监督和管理，以确保保险公司有足够的偿付能力，促使其正常经营和发展，并保护被保险人和受益人的利益。

(一)缴存保证金

各国和地区的保险法大多规定在保险公司开业之初的资本金中要缴存一定比例的保证金，以确保偿付能力，保障被保险人利益。我国《保险法》规定，保险公司成立以后应按照其注册资本总额的 20%提取保证金，存入保险监督管理部门指定的银行，除保险公司清算时用来清偿债务外，不得动用。

美国各个州的保险管理局都要求经营直接保险业务的保险公司，必须向州政府缴纳一定比例的保证金，保证金比例一般为各种业务保险费收入总和的 0.5%～2%。这种保证金由州政府掌握，用以保障保单持有人的利益。韩国的保险法规定，保险公司必须将资本金的 30%～50%存放在保险监管当局指定的银行。新加坡的保险法规定，保险公司必须将资本金中的 50 万新元存入指定的银行。

(二)提存各种准备金

保险经营是一种负债经营。保险公司为了履行赔偿和给付保险金的义务必须提存各种准备金。各国保险监管机构都对不同险种责任准备金的计算方法有明确规定，并由指定的会计师审定。

我国《保险法》对非寿险业务和寿险业务的未到期责任准备金规定了明确的提取方法，并且规定保险公司应当按照保险监督管理部门的规定提存保险保障基金，保险保障基金应当集中管理，统筹使用。如果保险公司未按照规定提存保证金或者违反规定动用保证金，或者保险公司未按照规定提取或者结转各项责任准备金或者未按照规定提取未决赔款准备金，或者保险公司未按照规定提取保险保障基金、公积金，则由保险监督管理部门责令其改正，并处以 5 万元以上 30 万元以下的罚款；情节严重的，可以限制其业务范围、责令其停止接受新业务或者吊销其经营保险业务许可证。

美国各州的保险法规对保险准备金计算都作了明确的规定，并要求保险公司按保险准备金的一定比例在保险管理局指定的银行存放一笔现金或抵押。保险准备金主要分为寿险保单准备金、财产责任险未到期责任准备金和损失准备金。

（三）最低偿付能力

保险公司的最低偿付能力就是保险公司为履行保险赔偿或者给付责任而必须具备的最低资金数额。各国对保险公司最低偿付能力的要求是为了保证保险公司的财务稳定性，确保被保险人的经济利益。《保险法》第一百零八条规定："保险监督管理机构应当建立健全保险公司偿付能力监管指标体系，对保险公司的最低偿付能力实施监控。"

从 2001 年初开始，保监会试行《保险公司最低偿付能力及监管指标管理规定》。在基本摸清了各公司的偿付能力状况的基础上，保监会对该规定作了修改和完善。2003 年初保监会发布《保险公司偿付能力额度及监管指标管理规定》，改变了资产和负债的分类标准，参照国际惯例提高了对保险责任准备金的要求，完善偿付能力预警指标体系、偿付能力报告制度，提出了对偿付能力不足公司"分类指导"的监管原则。这意味着我国保险业偿付能力监管框架初步形成。

保监会将根据新的监管规定构筑对保险公司偿付能力状况监测的两道防线：第一道是通过预警指标体系对保险公司的偿付能力状态和变化趋势进行监测。第二道是强制性的偿付能力额度监管，对偿付能力充足率小于 100％的保险公司，保监会将把它列为重点监管对象，根据其严重程度分别采取责令提出整改方案、责令拍卖不良资产、责令停止新业务和依法接管等措施。同时将对保险公司的产品、业务范围、增设分支机构、资金运用渠道等审批事项与公司的偿付能力状况挂钩，将偿付能力是否充足作为一项基本条件。

英国1982年的《保险公司法》中对经营不同业务的保险公司所应具有的偿付能力额度作了各种规定。

1. 对经营非寿险业务保险公司偿付能力额度的规定。对于经营非寿险业务保险公司的偿付能力额度的规定有三类不同的方法，适用于三种不同类型的保险公司。

第一类是总部设在英国境内的欧盟保险公司和劳合社成员。其偿付能力额度按实收保险费总额的多少分别规定。除此之外，还对偿付能力规定了具体的计算方法，即保险费计算法、赔款计算法和最低限度保证金缴付法，计算结果以高者为准。

保险费计算法是将保险公司所收取的毛保费按现行的兑换率折算成欧洲货币单位(ECU)，计算公式如下：

偿付能力额度＝(毛保费在1000万ECU以下的部分×18%＋毛保费在1000万ECU以上的部分×16%)×(已决赔款净额÷已决赔款总额)

赔款计算法是将保险公司前3年的全部已决赔款总额折算成欧洲货币单位，并计算出3年的平均赔款额，计算公式如下：

偿付能力额度＝(平均赔款额在700万ECU以内的部分×26%＋平均赔款额在700万ECU以上的部分×23%)×(已决赔款净额÷已决赔款总额)

最低限额保证金是根据保险公司经营业务的种类而分别规定的。一般来说，经营汽车保险、责任保险以及信用保险和保证保险的保险公司，应提供40万ECU的保证金；经营船舶保险、飞机保险、火灾保险以及意外伤害保险的保险公司，应提供30万ECU的保证金；经营其他财产保险业务的保险公司，应提供20万ECU的保证金。

第二类是总部不设在英国但设在欧盟成员国境内的保险公司，其偿付能力额度是其总资产超过它设在英国境内分公司负债的差额。

第三类是总部设在欧盟成员国之外的保险公司。无论其在英国还是在别的国家经营保险业务，其偿付能力额度应达到英国保险公司的水平。

2. 对经营长期寿险业务保险偿付能力额度的规定。经营长期寿险业务的保险公司，其偿付能力额度是其应履行的全部保险单的给付责任。保险公司在公布资产负债表时，应当附上保险精算师对公司负债总额与本年度负债额的比例作出的审定，并且每隔3年还须委派保险精算师检查公司实际资产与实际负债的差额，即偿付能力。长期寿险公司偿付能力额度具体计算公式如下：

偿付能力＝[（净责任准备金×4%）－15%再保险因素]＋[（保险金额－责任准备金）×0.3%－50%再保险因素]

英国政府对保险公司偿付能力计算的方法为欧盟国家所接受，并在欧盟国家中推行。

英国政府对在英国境内营业的保险公司经常进行检查，年年都要进行审计。如果保险公司的实际偿付能力小于根据计算公式得出的偿付能力结果，则表明保险公司的偿付能力不足，英国政府会对偿付能力不足的保险公司实行制裁。

美国的保险监督和管理部门为及时掌握保险公司经营的状况，实施对保险公司偿付能力的监督，避免保险公司破产，成立了全国保险监督管理协会。在协会下专门设立了保险管制信息系统，该系统为各州就监视保险公司的业务稳定情况规定了一系列指导性比例，其中对财产和责任保险公司定有11个指标，对人寿和健康保险公司定有12个指标。如保险公司的保费与净溢额之比不得大于 3:1,保险公司当年增减保费变动不得超过去年保费的 33%等。保险管制信息系统通过计算机对各保险公司指定的指标进行分析,以及时发现保险公司的财务问题。如果保险公司的指标分析偏离了平均标准,保险监督和管理部门就要加以严格管理。保险管制信息系统的运用使美国各州对保险业的监督更为科学,也更为行之有效。

(四)保险资金的运用

由于保险投资收益与保险公司的偿付能力有直接的关系,投资策略的失误会影响保险公司的偿付能力,甚至会导致保险公司的破产。所以,各国保险监督管理部门对保险投资都加以限制,有的国家在保险法规中详细列明各类保险公司的投资范围,有的国家划定了对风险性相对较高的股票、期货投资的比例,有的国家明确保险资金运用的禁止项目。

我国《保险法》规定,保险公司的资金运用必须稳健,遵循安全性原则,并保证资产的保值增值。保险公司的资金运用,限于银行存款、买卖政府债券、金融债券和国务院规定的其他资金运用形式。保险公司的资金不得用于设立证券经营机构,不得用于设立保险业以外的企业。随着我国投资环境的逐步完善和相关法规的出台,保险公司的投资渠道日益增多。保险资金也允许买卖中国保监会指定的中央企业债券,进入全国银行同业拆借市场和买卖投资基金。保险公司的资金不得用于设立证券经营机构和向企业投资。保险公司运用的资金和具体项目的资金占其资金总额的具体比例,由保险监督管理部门规定。如果保险公司违反规定运用保险资金,由中国保监会责令其改正,并处以 5 万元以上 30 万元以下的罚款。情节严重的,可以限制其业务范围、责令其停止接受新业务或者吊销经营保险业务许可证。

美国各州对保险投资都作了明确规定。保险公司可用于投资的资金包括未到期责任准备金、赔款准备金和盈余。财产和责任保险公司的大部分资金投向债券和股票，其中债券居多。人寿保险公司的资金投向是不动产、抵押贷款、债券和股票。在对证券投资的管理上，美国保险监督管理协会把各类证券分为六级，第六级为风险最大的证券。保险公司对于第四级至第六级证券的持有量不得超过其全部证券持有量的10%，对于第五级和第六级证券的持有量不得超过全部证券持有量的3%，对于第六级证券的持有量不得超过全部证券持有量的1%。

日本的保险投资必须遵守保险业务实施条例的规定。保险业务实施条例规定了保险公司的投资范围和投资限额。如保险公司购买股票不能超过总投资额或总资产的30%；购买不动产不能超过总投资额或总资产的20%等。日本保险公司的投资除了受到有关保险法规的制约外，还要遵守日本债券汇兑法、禁止个人垄断法、维持公正交易法等法律的规定，保险公司投资的贷款最高利率也受现行利率调整法的约束。总之，日本保险业的投资在法律上受到较多的限制。

四、保险人清算的监督管理

保险公司同其他企业一样面临着各种风险，并可能导致公司的解散或破产，由于保险公司出现分立合并、解散和破产的情况后涉及的有关利益方是社会公众，波及面广，影响很大。对此，各国政府都给予干预。通常，当保险公司出现经营不善，财务发生困难时，政府一般采取各种措施，尽量帮助其渡过难关，摆脱困境，继续营业。如果各项措施均无法使保险公司改善经营状况，各国的保险监督管理部门就以监督者身份，令其整顿或停业或发布解散令，选派清算员直接介入清算程序。

根据我国《保险法》的规定，对保险人的清算监督管理权由保险监督管理部门执行，区别保险人解散的不同原由，采取不同的清算方式。

保险公司因分立、合并或者公司章程规定的解散事由出现，属于正常的公司行为，经保险监督管理部门批准后解散，由保险公司依法成立清算组，进行清算。

保险公司违反法律、行政法规，被保险监督管理部门吊销经营保险业务许可证的，依法撤销。由保险监督管理部门依法及时组织清算组，进行清算。

保险公司不能支付到期债务，经保险监督管理部门同意，由人民法院依法宣告破产。保险公司被宣告破产的，由人民法院组织保险监督管理部门等有关部门和有关人员成立清算组，进行清算。

经营有人寿保险业务的保险公司被依法撤销的或者被依法宣告破产的，其持有的人寿保险合同及准备金，必须转移给其他经营有人寿保险业务的保险公司；不能同其他保险公司达成转让协议的，由保险监督管理部门指定经营有人寿保险业务的保险公司接受。

保险公司依法终止其业务活动，应当注销其经营保险业务许可证。

当保险公司的经营业绩差，财务状况出现危机时，美国各州的保险管理局首先是设法对保险公司进行挽救，避免其破产。当保险公司的破产不可避免时，各州的保险管理局就负责对破产保险公司资产的清理，指定清理人。涉及分保业务的未收回赔款，保险管理局以债权人的身份向分保接受人追收欠款。

美国各州都有保障协会，目的是保护保单持有人及其受益人在保险公司破产时的利益。当保险公司破产时，保障协会根据破产保险公司的实际债务向各个未破产的保险公司收取摊赔费用，收取摊赔费用的标准是按照每个未破产保险公司的保险费收入占本州总保险费收入的比例，比例大的摊赔费用高，比例小的则摊赔费用低。各个未破产保险公司的摊赔费用组成偿付基金，专门用于补偿因保险公司破产而遭受损失的被保险人及其受益人。不过，美国的大多数州对被保险人的最高补偿金额都有限制，且一般规定偿付基金只用于对本州居民的补偿。保险公司支付的摊赔费用通常可用作冲抵保险公司的保险费收入税。

五、对外国保险公司的监督管理

对外国保险公司的监督管理是一个国家保险业监督管理的重要内容之一，其监督管理的程度取决于国家保险市场的开放程度。通常，一个国家保险市场的开放程度越高，对外国保险公司给予的国民待遇就越多，监督管理措施中的歧视和限制成分就越少。发展中国家为了维护本国经济，促进民族保险事业的发展，对外国保险公司的进入，多采取谨慎态度，规定各种限制条件。如外国保险公司的设立须经保险监督管理部门批准，外国保险公司必须将一定比例的保险资金或保险盈余在当地投资，而且还要求缴存一定数额的保证金等。如越南对外资保险公司的最低资本金要求为500万美元，并交存100万美元的保证金。韩国对外资保险公司设立的条件为资本金不得低于300亿韩元（而对国内保险公司设立的条件为资本金不得低于100亿韩元），外资保险公司的参股比例不得超过15%。泰国、台湾、加拿大等国家和地区对外资保险公司的参股比例也作了限制。

关贸总协定“乌拉圭回合”达成的“服务贸易总协定”，对世界保险市场的进一步开放正起着巨大的影响，欧美保险界人士强烈呼吁取消全球范围的保险限制，促使原属内向型保险市场的日本也向世界贸易组织提交了其准备开放保险市场的一览表，放松了外国保险人进入其市场的条件，同意外国保险人可享受国民待遇。

随着改革开放的深入发展，我国全面开放的保险市场已经形成。《中华人民共和国外资保险公司管理条例》对申请设立外资保险机构的基本条件、业务范围等多方面的内容作了规定。

允许进入中国保险市场的外国保险公司必须资本雄厚，经营业绩良好，至少具有30年以上的连续经营历史，在中国境内已经设立代表处2年以上，并且在递交设立分公司的申请的前一年年末该公司的总资产不少于50亿美元，所在国家或者地区有完善的保险监管制度，并且该外国保险公司已经受到所在国家或者地区有关主管当局的有效监管，符合所在国家或者地区偿付能力标准。合资保险公司、独资保险公司的注册资本最低限额为2亿元人民币或者其等值的自由兑换货币；其注册资本最低限额必须为实缴货币资本。外国保险公司的出资，应当为自由兑换货币。

外资保险公司按照中国保监会核定的业务范围，可以全部或者部分依法经营财产保险业务，包括财产损失保险、责任保险、信用保险等保险业务以及人身保险业务，包括人寿保险、健康保险、意外伤害保险等保险业务。外资保险公司经中国保监会按照有关规定核定，可以在核定的范围内经营大型商业风险保险业务、统括保单保险业务。

外资保险公司的具体业务范围、业务地域范围和服务对象范围，由中国保监会按照有关规定核定。外资保险公司只能在核定的范围内从事保险业务活动。

外资保险公司成立后，应当按照其注册资本或者营运资金总额的20%提取保证金，存入中国保监会指定的银行；保证金除外资保险公司清算时用于清偿债务外，不得动用。

除上述规定外，《中华人民共和国外资保险公司管理条例》还对违反本条例规定，擅自设立外资保险公司或者非法从事保险业务活动的，超出核定的业务范围、业务地域范围或者服务对象范围从事保险业务活动的外资保险公司明确了法律责任。

第四节　保险中介人的监督管理

保险市场除了保险人和被保险人之外还有介于两者之间的中介人，主要有保险代理人、保险经纪人、保险公估人。保险中介人是完善的保险市场不可缺少的组成部分。因此，监督管理保险中介人成为各国保险监督管理部门监管的又一重要内容，各国保险法都对保险代理人、保险经纪人和保险公估人应具备的资格作出严格的规定，并对保险代理人、保险经纪人和保险公估人的业务范围、佣金标准和业务行为加以限制。

一、保险代理人的监督管理

保险代理人的监督管理，从总体上讲，是指国家、保险行业组织和保险代理人自身从不同层次、不同方面规范、协调和监督保险代理活动的过程。保险代理管理体制包括三个层次：一是国家对保险代理人的管理；二是保险行业组织对保险代理人的管理；三是保险人对保险代理人的管理。

（一）国家对保险代理人的管理

保险代理人的国家监管主要是通过经济、行政、法律等手段对保险代理市场、保险代理人及其经营活动等进行规范和监督。它是国家经济管理职能在保险代理业中的具体体现。保险代理人的政府监管，一般是通过颁布各种法规来实现。目前，中国保险监督管理委员会依据《保险法》和《保险代理人管理规定（试行）》、《保险兼业代理管理暂行办法》、《保险代理机构管理规定》对保险代理人实施监管。监管范围主要包括：审批保险代理公司和兼业保险代理人；建立保险代理人资格认证制度及对保险代理人实行执业监管等。

1. 机构监管。保监会对保险代理人的市场准人进行严格控制。专业代理人和兼业代理人因其性质、业务范围的不同，审批的程序也不同。由于保险代理公司具备法人资格，业务范围比较广泛，因而它的批准设立条件和程序都较为严格。申请设立保险代理公司和兼业代理机构都应严格按照《保险代理机构管理规定》进行申报。

2. 建立保险代理人资格认证制度。《保险代理人管理规定（试行）》规定，从事保险代理业务的人员必须参加保险代理人资格考试，并获得《保险代理人资格证书》。

3. 业务监管。《保险代理人管理规定（试行）》明确规定了保险代理人代理活动的行为准则和保险代理人执业的行业管理规则、各种形式的代理人各自允许的业务范围。如保险代理人应当遵守诚实信用原则，将投保人、被保险人应当知道的保险公司业务情况和保险条款的内容及其含义如实告诉投保人、被保险人。保险代理人不得擅自变更保险条款，提高或降低保险费率。保险代理人不得挪用或侵占保险费等。

《保险代理人管理规定（试行）》等一系列相关法律法规为保险代理人的经营活动提供了法律规范，也为保监会的监管工作提供了法律依据，明确规定了对违反该规定的行为追究民事责任、刑事责任等。

（二）行业组织对保险代理人的管理

行业组织对保险代理人的管理主要包括两方面的含义：一是保险行业组织根据授权对保险代理人进行管理；二是保险代理人的行业自律。

1. 保险行业组织对保险代理人的管理

保险行业组织，即保险行业协会或同业公会主要从以下几个方面对保险代理人进行管理：

（1）落实保险代理人员资格认证制度，对保险代理人员进行培训和组织资格考试。保险行业组织根据授权负责组织、实施保险代理人资格考试和发放《保险代理人资格证书》工作，负责培训保险代理人员，建立保险代理人员的登记制度。

（2）协助保险监督管理部门监督检查保险代理人依法进行业务经营活动的情况。保险行业组织对异地代理、违反手续费支付标准等扰乱保险代理市场的行为，向保险监督管理部门反映，并根据授权进行处理。

（3）受理有关保险代理的投诉。

2. 保险代理人的行业自律

保险代理人的行业自律主要是通过保险代理人协会(公会)这一组织形式,在保险代理行业内部进行自我管理、自我约束。

(三)保险人对保险代理人的管理

保险人对保险代理人进行监督管理是十分必要的。保险代理人的行为与保险人的授权密切相关,保险代理合同中规定的业务范围、代理险种、代理期限、代理地域范围、手续费的支付标准和支付方式等内容直接影响着保险代理人的行为。保险代理人执行代理合同的情况关系到保险代理市场正常秩序的建立。可以说,保险人是保险代理人业务活动最直接的指导者和监督者。同时由于保险代理人行为的法律后果直接作用于保险人,保险人必须加强对代理人业务活动的监督和管理。

保险人对保险代理人管理的内容主要有:

1. 合同管理。通过保险代理合同规定保险代理人的业务范围,明确相应的权利和义务。

2. 业务管理。监督保险代理人严格按照承保条件进行承保,并根据保险代理业务范围、保费收入、承保质量及赔付率等综合指标考核代理人的业务水平,实行奖惩制度。

3. 财务管理。通过建立账册,规定划缴保险费的方法和时间以及代理业务资金存款方式等,对保险代理人的财务进行监督管理。

随着保险业的发展和保险代理制度的健全,保险人对保险代理人的管理将逐步削弱,具备独立法人地位的代理公司的出现将使保险代理人减少对某家保险公司的依赖而逐渐成为能够独立承担民事责任的市场主体。

美国各州都要求保险代理人在开始经营保险代理业务之前必须取得营业许可证。否则,不得开展业务活动。一些州要求保险代理人在从业之前必须接受过保险教育或培训,一些州则要求保险代理人必须通过书面资格考试,获得资格证书。这些要求和规定使保险代理人能够具备保险基本知识和技术，胜任保险代理工作。

二、保险经纪人的监督管理

保险经纪人是指基于投保人的利益，代之与保险人洽订保险合同，而向承保的保险人收取佣金的单位。保险经纪人以其专业知识和丰富的经验为投保人服务，帮助客户为其保险争得最有利的条款和费率。在英国保险市场上由保险经纪人招揽的业务超过全部业务的60%以上，保险经纪人起着举足轻重的作用。对保险经纪人的监督和管理成为监督管理制度的重要组成部分。

在英国，对保险经纪人监管的法律有1977年的《保险经纪人（注册）法》、1986年的《金融服务法》以及英国保险人协会的《实务法》。

在《保险经纪人（注册）法》中规定，所有保险经纪人都必须在保险经纪人注册委员会注册，具备注册保险经纪人的资格。英国保险经纪人注册委员会根据《保险经纪人（注册）法》还起草了保险经纪人《行为法》，作为保险经纪人的行为标准，以维护公众的利益。《行为法》中要求保险经纪人以最大诚信原则和公正原则经营业务，应该独立、客观地向客户提供保险咨询服务，向客户解释其所需要的主要保险险种的区别和保险费率，推荐最合适的保险品种。保险经纪人不经客户同意，不得向外披露和使用客户的信息。保险经纪人应向客户声明，客户所作的回答和声明都由客户自己负责。

英国1986年《金融服务法》对寿险中介的管理作了规定。寿险经纪人分为两类，一类为经手客户保险费的经纪人，另一类为不经手客户保险费的经纪人.只向客户提供咨询服务。金融服务法规定，寿险经纪人必须向金融中介管理协会（FIMBRA）提交所要从事业务的文件，包括申请人的财务状况，管理人员及主要雇员情况和业务操作规范的安排计划。经FIMBRA对其从业资格的审查，获得业务许可证，未经许可而从事寿险经纪活动的，被视为犯罪行为。寿险经纪人必须妥善记录所有的业务情况，以供客户查证和金融中介管理协会的定期检查。如寿险经纪人的行为必须是真正独立的，禁止寿险经纪人同任何一家寿险公司订立只为该公司提供业务的合同。如果业务记录显示寿险经纪人与某家寿险公司交易的比例过大，则寿险经纪人的独立性就会受到质疑。

1998 年 2 月我国首部规范保险经纪人的法律《保险经纪人管理规定(试行)》出台。2001 年中国保监会颁布了《保险经纪公司管理规定》，该规定对从事直接保险经纪和再保险经纪业务的人员资格、保险经纪公司设立的条件、保险经纪公司的业务范围和执业管理等方面作出了规定。

按照《保险经纪公司管理规定》，从事保险经纪业务的人员必须参加保险经纪人员资格考试。对考试合格者核发《保险经纪人员资格证书》。中国大陆首次保险经纪资格考试于 1999 年 5 月举行。

《保险经纪公司管理规定》对保险经纪公司的设立、变更和终止作了详细规定。保险经纪公司可以以有限责任公司或股份有限公司形式设立。申请设立保险经纪公司应同时具备以下条件：

1. 具有符合法律规定的股东或发起人；

2. 有符合法律规定的公司章程；

3. 注册资本不得低于人民币 1000 万元的实收货币；

4. 有符合法律规定的公司名称、组织机构和住所；

5. 持有《保险经纪从业人员资格证书》的经纪人员不得低于员工人数的二分之一；

6. 具有符合中国保监会任职资格管理规定的高级管理人员；

7. 法律、行政法规要求具备的其他条件。

经保险监督管理部门批准，保险经纪公司可以经营下列全部或部分业务：

1. 为投保人拟订投保方案、选择保险人、办理投保手续；

2. 协助被保险人或受益人进行索赔；

3. 再保险经纪业务；

4. 为委托人提供防灾、防损或风险评估、风险管理咨询服务；

5. 中国保监会批准的其他业务。

关于执业管理，《保险经纪公司管理规定》规定，《保险经纪人员执业证书》是保险经纪人员从事保险经纪活动的惟一执照。已取得《保险经纪人员资格证书》的个人，必须接受保险经纪公司的聘用，并由保险经纪公司代其向保险监督管理部门申领并获得《执业证书》后，方可从事保险经纪业务。

三、保险公估人的监督管理

中国保监会颁布的《保险公估机构管理规定》对保险公估机构的设立、变更和终止作了详细规定。保险公估机构可以以合伙企业、有限责任公司或股份有限公司形式设立。设立保险公估机构，应当具备下列条件：

1. 保险公估合伙企业的出资不得低于人民币50万元，保险公估有限责任公司的注册资本不得低于人民币50万元，保险公估股份有限公司的注册资本不得低于人民币1000万元，其中实收货币资本均不得低于注册资本的50%；

2. 有具备中国保监会规定条件的高级管理人员；

3. 有健全的组织机构和管理制度；

4. 有符合要求的营业场所和与业务有关的其他设施；

5.《公司法》、《合伙企业法》等法律、行政法规要求具备的其他条件。

保险公估机构的经营区域由中国保监会核定。保险公估机构应在核定的经营区域内开展保险公估业务。经中国保监会批准，保险公估机构可以经营下列业务：

1. 保险标的承保前、承保后的检验、估价及风险评估；

2. 保险标的出险后的查勘、检验、估损及理算；

3. 经中国保监会批准的其他业务。

保险公估机构在注册地以外从事保险公估业务的常驻人员，

应按有关规定办理备案手续。

《保险公估机构管理规定》明确规定:保险公估机构因自身过错给保险当事人造成损害的,应当依法承担相应的法律责任。为了保证保险公估机构承担法律责任的能力,保险公估机构应在开业后三十天内到中国保监会指定的商业银行按其注册资本或出资额的5%缴存营业保证金,或按中国保监会的规定购买职业责任保险。未经中国保监会批准,保险公估机构不得动用其缴存的营业保证金。

自从2001年颁布《保险代理机构管理规定》、《保险经纪公司管理规定》、《保险公估机构管理规定》以来的两年时间里,我国的经济环境、法制环境、政策环境以及保险市场等都发生了相当大的变化。为适应新的形势要求,中国保监会对上述三个保险中介管理规定进行了修订,形成了《保险代理机构监督管理规定》(征求意见稿)、《保险经纪公司监督管理规定》(征求意见稿)、《保险公估机构监督管理规定》(征求意见稿)。目前,这三个保险中介管理规定修订的征求意见稿正在征求意见之中。

第五节　保险行业自律

一、概述

保险行业自律是指保险市场主体为了共同的权益组织起来,通过行业内部协作、调节与监督,实行自我约束、自我管理。这种形式对保险业的监督管理起着不可忽视的重要作用。

(一)保险行业自律组织

加强保险行业的自身管理,必须建立和健全保险行业自律组织。保险行业自律组织,是指在保险及其相关的领域中从事活动的非官方组织。这种组织是一种民间组织,具有独立的社会团体法人地位,不附属于任何行政管理部门,更不是其分支机构。它在国家保险管理机关和保险组织之间起着上传下达的桥梁作用。它既可以把保险行业的具体情况和要求及时向国家保险管理机关反映，使管理机关在制定管理办法时予以充分考虑，又可以把管理机关的意见办法及时下达并协助保险组织贯彻执行，促进保险行业健康发展。

保险行业自律组织不是一个经济实体，不直接承办保险业务。它是一个自愿性组织，对其成员不能行使强制性管制措施。对于组织的各种规定，各成员基于市场信誉和职业道德自觉遵守。

一般来说，保险行业组织可以分为两大类：一类是综合性的或称业务性的。如保险行业协会或保险同业公会；另一类是专业性的或学术性的，如保险学会、精算学会、风险管理学会等。从保险行业组织分布的地理范围来看，在一个国家内，有的是全国性的，有的是地方性的。全国性的保险行业组织的成员来自全国各地，其规模与影响力均较大；地方性的保险行业组织的成员与活动范围仅限于本地区，影响力相对较小。

（二）保险行业自律组织的特点

1. 保险行业自律组织是各保险组织的横向联合组织，它相对于国家保险管理机关对各类组织自上而下的纵向管理而言，实行横向自我管理，各保险组织根据自身需要，自愿选择参加各类保险行业组织。

2. 保险行业自律组织的成员在经济上和法律上是独立的、平等的。凡是参加组织的各成员，不管其在保险市场上的势力强弱，都有参加组织管理、享受各种服务、参加各种活动、选举和被选举的权利；同样也都有遵守组织章程、执行组织决议、缴纳会费的义务。

3. 保险行业组织的建设和管理都强调“自我”精神。保险行业组织的建设要遵循“自愿入会、自选领导、自聘干部、自筹经费、自理会务”的原则，保险行业组织的管理贯彻“自我服务、自我管理、自我约束、自我教育、自我协调”的原则。一般组织为成员提供各种服务，如技术咨询、信息发布、市场预测、险种设计等，同时还制定一些共同遵守的规章，有的甚至非常严格，以达到行业内部的自我协调。

（三）保险行业自律的主要内容

保险行业组织对保险行业自身进行管理的主要内容有：

1. 制定行业自律守则

保险行业组织通过强化自我管理、自我约束机制，促使会员之间展开公平、适度的竞争。为了协调整个保险市场参与者的行为，各行业组织都制定本组织的自律制度，对违反行业惯例或协议的会员进行调查并予以曝光，以约束会员的行为。

2. 制订、颁布保险行业发展的指导性建议，为会员提供咨询服务

保险行业组织中有各个方面的专家和技术人员。他们通过对行业发展的研究，可以为各类保险组织的发展提出具体的指导性建议，进而形成整个行业发展方向的建议。

3. 制订解释保单措词的共同规则

保险合同双方当事人在主张权利和义务上的争议，不少是由于保险单的一些用词不明确，或者各自理解上的差异造成的。保险行业组织一般都制定一个共同遵守的解释规则，如按商业惯例解释或按文义解释或按意图解释或按有利于被保险人的原则解释，凡是会员解释要一致。

4. 制定共同遵守的费率和条件

为了减少费率上的不公平待遇和保证费率确定的科学性，各国保险行业组织都有要求会员统一遵守的费率标准。另外，还规定统一的手续费标准，防止保险同业间的盲目竞争。

5. 规定统一的保险条款格式

保险条款的技术性和法律性很强，而且通常由保险人单方事

先拟定。如果没有统一的条款格式，没有统一的专业术语，被保险人很难比较不同保险组织提供的保险单，就会出现某些保险人利用保险条款进行不公平交易，甚至逃避责任，欺骗投保人。因而，各保险同业组织都规定有统一的保险条款模式，甚至使用统一的保险单。

6.促进保险教育和培训

各保险同业组织都将保险业务教育和人才培训视为同业自律的一项重要内容，凭借自身的优势，组织技术力量，采取多种形式，对全行业开展业前培训、专题讲座、行业定期轮训，甚至有专门的专业资格考试制度。

二、保险领域内的协会及同业公会

(一)保险人协会及同业公会

这类组织一般由各保险公司和个人保险人组成，他们不承保保险业务，而是致力于促进、发展和保护会员的利益，传播最新信息和情况。

成立于1917年的英国保险联合会是各类保险组织的同业公会，是包括在英国经营业务的英联邦保险公司在内的几乎所有英国保险组织的代言人。由劳埃德保险人协会、伦敦海上保险人协会和利物浦海上保险人协会三大联合会组成的海上保险联合会是英国海上保险人的同业公会组织，它们相互合作，共同解决许多普遍存在的问题，同时还保持着与世界各地的同类组织之间的稳定联系。此外，还有火险协会、人寿险协会、意外事故及航空险协会。

日本的保险业除了政府监管以外，还通过行业自律组织进行管理。行业自律组织有：财产保险赔偿协会、人寿保险人协会等。协会不定期举行例会，相互交流经验，商讨保险市场形势，解决和协调保险技术上的问题。各个保险协会一般都设专业小组，对特定的保险专业问题进行具体研究和探讨，以指导业务，增进业务协调和管理。

香港保险业联会是1988年由保险总会和寿险总会合并成立的，其宗旨是协调保险同业的关系，适应保险国际化发展，加强自律管理。香港保险索赔投诉局是成立于1990年的独立组织，专门负责投诉额在60万港元以上的个人保险索赔纠纷的调解和裁决。投诉局对购买个人保险的社会公众提供了申诉之门。

目前，国际上形成了两个主要的保险人联合会：航空保险人国际联合会和国际海上保险联盟，以协调各国保险领域内的某些做法。航空保险人国际联合会成立于1934年，是以整个航空保险人利益的名义发言和谈判的正式机构。它为航空保险制定更加合理的规章制度，以提高航空保险质量。国际海上保险联盟于1874年由德国、奥地利、俄国和瑞典的海上保险人发起创立。它以维护海上保险人利益、发展海上保险业务为己任。二战后，国际海上保险联盟修改了章程，规定只有国家的海险联合会或市场海险联合会才能取得会员资格。该联盟每年举行年会，为各国保险人提供了解、交流的机会，并讨论海上保险中出现的新问题，研究诸如核能对海上保险的影响之类的问题。

（二）保险中介人协会

保险中介是保险业的一个组成部分，保险中介人协会也是保险行业组织之一，包括保险代理人协会、保险经纪人协会、保险公估人协会等。这里以保险代理人协会为例进行讨论。

保险代理人协会一方面协调代理人之间及它同其他保险行业组织的关系，另一方面也起着国家保险监管机关和保险代理人之间的桥梁作用。保险代理人协会的基本职能和任务主要有：

1. 维护代理人的合法权益，反映代理人的合理建议和要求；

2. 规范保险代理人的代理行为，协调会员之间的业务活动；

3. 组织保险代理人之间及与其他有关部门的交流研讨；

4. 制定行业内部守则和代理人员职业道德规范。

保险代理人协会是保险代理人进行行业自律的主要形式。英国保险代理人集团于1958年从保险经纪人集团的管理下正式独立出来。我国香港保险代理登记委员会于1993年成立，专门处理保险代理的登记和保险代理的申诉事宜，监督保险代理人的行为。香港立法机构专门制定了《保险代理管理守则》及相关守则，并于1993年1月1日正式施行，以加强对保险代理人和保险经纪人的自律管理。对于保险代理人和保险经纪人违反守则的行为，保险监管部门可以予以警告，或者可以暂停其代理业务，或者终止其代理业务。受此惩罚的保险代理人或经纪人三年内不得签订新的保险代理合同。香港保险业联会还开通了互联网，供社会公众查证保险代理的登记，使保险代理人和保险经纪人的行为受到更为严格的约束。

英国寿险中介所涉及的行业自律管理组织有：人寿保险和单位信托管理组织(LAUTRO)、金融中介、经理和经纪人管理组织(FIMBRA)和投资管理者协会(1MRO)。LAUTRO的管理对象是出售投资产品、单位信托产品的寿险公司、友爱社和单位信托组织。它对寿险公司的管理主要包括业务授权、销售、产品信息披露、广告以及寿险代理人。FIMBRA的管理对象是从事证券经纪、投资管理和咨询服务的企业、保险信托中介以及从事寿险业务的寿险经纪人。IMRO的管理对象是单位信托组织、投资信托组织以及养老基金的管理者或顾问。

金融服务法规定，每个寿险公司和寿险经纪公司都要任命一个监督官或设立一个监督小组，由其向证券和投资委员会(SIB)或LAUTRO、FIMBRA、1MRO报告，以保证法律和行业自律条款得以遵守和执行。各行业自律组织有权向其成员派驻业务检查人员，指出寿险中介活动中存在的违规行为，并规定其限期改正，否则将吊销寿险中介的业务许可证。

有的国家还建立了专门的、非盈利性的、独立的投保人保护协会，以维护广大投保人的利益。投保人保护协会通过一定的方式建立专门的、由投保人保护协会管理的基金。如每年按照保险公司净保险费的收入的一定比例收取,或按照保险公司每年利润的一定比例提取,或根据有关资信评估机构对保险公司的资信评估结果确定级差费用率收取。各国投保人保护协会规定,如果保险公司破产,殃及向其投保的客户时,投保人保护协会对该投保人给予补偿。

无论是保险人协会还是保险中介人协会,对保险事业的发展和保险行业的自我管理都起了巨大的作用。

复习思考题

1. 什么是保险需求? 影响保险需求的因素有哪些?
2. 什么是保险供给? 影响保险供给的因素有哪些?
3. 国家对保险业监督管理采取的形式有哪些?
4. 国家对保险公司业务监管的主要内容有哪些?
5. 国家对保险公司偿付能力监管的主要内容有哪些?
6. 国家对保险代理人监管的主要内容有哪些?
7. 请谈谈对保险行业自律的理解。

参 考 书 目

1. 汤俊湘著:《保险学》,台湾三民书局,1984 年。
2. 袁宗蔚著:《保险学》,台湾三民书局,1984 年。
3. 陈继儒编著:《新编保险学》,立信会计出版社,1996 年。
4. 陈继儒主编:《再保险》,西南财经大学出版社,1993 年。
5. (美)特瑞斯·普雷切特等著、孙祁祥等译:《风险管理与保险》,中国社会科学出版社,1998 年。
6. (美)缪里尔·L·克劳福特著、周伏平等译:《人寿与健康保险》,经济科学出版社,2000 年。
7. (美)C·小阿瑟·威廉斯等著、马从辉等译:《风险管理与保险》,经济科学出版社,2000 年。
8. (美)MarkS. Dorfman 著:《风险管理和保险导论(第六版)》(Introduction to Risk Management and Insurance, Sixth Edition),清华大学出版社、Prentice Hall,1998.
9. 上海财经大学编著:《保险学原理》,百家出版社,1991 年。
10. 郝演苏主编:《财产保险》,西南财经大学出版社,1994 年。
11. 何文炯主编:《保险业务全书·保险原理》,中国社会出版社,1997 年。
12. 何文炯:《意外伤害保险》,中国财政经济出版社,2002 年。
13. 何文炯主编:《风险管理》,东北财经大学出版社,1999 年。
14. 孙祁祥编著:《保险学》,北京大学出版社,1996 年。
15. 胡炳志著:《保险数学——保险经营中的计算》,中国金融出版社,1991 年。
16. 马永伟主编:《保险知识读本》,中国金融出版社,2000 年。
17. 冯健身主编:《保险公司财务制度及讲解》,中国财政经济出版社,1999 年。
18. 卞耀武著:《保险法精解》,工商出版社,1996 年。
19. 魏润泉:《国际保险通论》,中国金融出版社,1991 年。
20. 吴小平主编:《保险原理与实务》,中国金融出版社,2002 年。
21. 李玉泉著:《保险法》,法律出版社,1997 年。
22. 姚和贞主编:《再保险业务与经营管理》,中国金融出版社,1996 年。
23. 胡炳志主编:《再保险》,中国金融出版社,1998 年。
24. 中国再保险公司核保部:《再保险信息汇编(1986—1996)》,1996 年。
25. 〔挪威〕卡尔·H·博尔奇著、庹国柱等译:《保险经济学》,商务印书馆,1999 年。
26. 钟明:《国际服务贸易——保险》,上海交通大学出版社,1998 年。
27. 〔英国〕鲍·弗兰科生:《A～Z 保险浅说》,中国经济出版社,1996 年。
28. 〔比利时/美国〕让·勒梅尔:《欧美保险业监管》,经济科学出版社,1998 年。
29. 李继熊主编:《海上保险学》,西南财经大学出版社,1994 年。
30. 〔日本〕加藤修:《国际海上运输货物保险实务》,大连海事大学出版社,1998 年。
31. 许谨良主编:《财产和责任保险》,复旦大学出版社,1993 年。
32. 高鸿业:《现代西方经济学》,经济科学出版社,1995 年。
33. 张维迎著:《博弈论与信息经济学》,上海三联书店、上海人民出版社,2000 年。

34.《中国保险年鉴》(1981—2002),中国保险年鉴编辑部。
35. Mark S. Dorform, Introduction to Risk Management and Insurance, QingHua Univ. Press, 1998 年.
36. George L. Head, Stephen Horn II, Essentials of Risk Management, Second Edition, Insurance Institute of America, 1994.
37. C. Arthur Williams, Jr., Richard M. Heins, Risk Management and Insurance, Fifth Edition, McGraw-Hill Book Company, 1985.
38. Robert I Mehr, Fundamentals of Insurance, Second Edition, Irwin Homewood, Illinois 60430, 1986.

附录一

中华人民共和国保险法

（1995年6月30日第八届全国人民代表大会常务委员会第十四次会议通过　根据2002年10月28日第九届全国人民代表大会常务委员会第三十次会议《关于修改〈中华人民共和国保险法〉的决定》修正）

目　　录

第一章　总　　则

第一条　为了规范保险活动，保护保险活动当事人的合法权益，加强对保险业的监督管理，促进保险事业的健康发展，制定本法。

第二条　本法所称保险，是指投保人根据合同约定，向保险人支付保险费，保险人对于合同约定的可能发生的事故因其发生所造成的财产损失承担赔偿保险金责任，或者当被保险人死亡、伤残、疾病或者达到合同约定的年龄、期限时承担给付保险金责任的商业保险行为。

第三条　在中华人民共和国境内从事保险活动，适用本法。

第四条　从事保险活动必须遵守法律、行政法规，尊重社会公德，遵循自愿原则。

第五条　保险活动当事人行使权利、履行义务应当遵循诚实信用原则。

第六条　经营商业保险业务，必须是依照本法设立的保险公司。其他单位和个人不得经营商业保险业务。

第七条　在中华人民共和国境内的法人和其他组织需要办理境内保险的，应当向中华人民共和国境内的保险公司投保。

第八条　保险公司开展业务，应当遵循公平竞争的原则，不得从事不正当竞争。

第九条　国务院保险监督管理机构依照本法负责对保险业实施监督管理。

第二章　保险合同

第一节　一般规定

第十条　保险合同是投保人与保险人约定保险权利义务关系的协议。

投保人是指与保险人订立保险合同，并按照保险合同负有支付保险费义务的人。

保险人是指与投保人订立保险合同，并承担赔偿或者给付保险金责任的保险公司。

第十一条　投保人和保险人订立保险合同，应当遵循公平互利、协商一致、自愿订立的原则，不得损害社会公共利益。

除法律、行政法规规定必须保险的以外，保险公司和其他单位不得强制他人订立保险合同。

第十二条　投保人对保险标的应当具有保险利益。

投保人对保险标的不具有保险利益的，保险合同无效。

保险利益是指投保人对保险标的具有的法律上承认的利益。

保险标的是指作为保险对象的财产及其有关利益或者人的寿命和身体。

第十三条　投保人提出保险要求，经保险人同意承保，并就合同的条款达成协议，保险合同成立。保险人应当及时向投保人签发保险单或者其他保险凭证，并在保险单或者其他保险凭证中载明当事人双方约定的合同内容。

经投保人和保险人协商同意，也可以采取前款规定以外的其他书面协议形式订立保险合同。

第十四条　保险合同成立后，投保人按照约定交付保险费；保险人按照约定的时间开始承担保险责任。

第十五条 除本法另有规定或者保险合同另有约定外，保险合同成立后，投保人可以解除保险合同。

第十六条 除本法另有规定或者保险合同另有约定外，保险合同成立后，保险人不得解除保险合同。

第十七条 订立保险合同，保险人应当向投保人说明保险合同的条款内容，并可以就保险标的或者被保险人的有关情况提出询问，投保人应当如实告知。

投保人故意隐瞒事实，不履行如实告知义务的，或者因过失未履行如实告知义务，足以影响保险人决定是否同意承保或者提高保险费率的，保险人有权解除保险合同。

投保人故意不履行如实告知义务的，保险人对于保险合同解除前发生的保险事故，不承担赔偿或者给付保险金的责任，并不退还保险费。

投保人因过失未履行如实告知义务，对保险事故的发生有严重影响的，保险人对于保险合同解除前发生的保险事故，不承担赔偿或者给付保险金的责任，但可以退还保险费。

保险事故是指保险合同约定的保险责任范围内的事故。

第十八条 保险合同中规定有关于保险人责任免除条款的，保险人在订立保险合同时应当向投保人明确说明，未明确说明的，该条款不产生效力。

第十九条 保险合同应当包括下列事项：

（一）保险人名称和住所；

（二）投保人、被保险人名称和住所，以及人身保险的受益人的名称和住所；

（三）保险标的；

（四）保险责任和责任免除；

（五）保险期间和保险责任开始时间；

（六）保险价值；

（七）保险金额；

（八）保险费以及支付办法；

（九）保险金赔偿或者给付办法；

（十）违约责任和争议处理；

（十一）订立合同的年、月、日。

第二十条 投保人和保险人在前条规定的保险合同事项外，可以就与保险有关的其他事项作出约定。

第二十一条 在保险合同有效期内，投保人和保险人经协商同意，可以变更保险合同的有关内容。

变更保险合同的，应当由保险人在原保险单或者其他保险凭证上批注或者附贴批单，或者由投保人和保险人订立变更的书面协议。

第二十二条 投保人、被保险人或者受益人知道保险事故发生后，应当及时通知保险人。

被保险人是指其财产或者人身受保险合同保障，享有保险金请求权的人，投保人可以为被保险人。

受益人是指人身保险合同中由被保险人或者投保人指定的享有保险金请求权的人，投保人、被保险人可以为受益人。

第二十三条 保险事故发生后，依照保险合同请求保险人赔偿或者给付保险金时，投保人、被保险人或者受益人应当向保险人提供其所能提供的与确认保险事故的性质、原因、损失程度等有关的证明和资料。

保险人依照保险合同的约定，认为有关的证明和资料不完整的，应当通知投保人、被保险人或者受益人补充提供有关的证明和资料。

第二十四条 保险人收到被保险人或者受益人的赔偿或者给付保险金的请求后，应当及时作出核定，并将核定结果通知被保险人或者受益人；对属于保险责任的，在与被保险人或者受益人达成有关赔偿或者给付保险金额的协议后十日内，履行赔偿或者给付保险金义务。保险合同对保险金额及赔偿或者给付期限有约定的，保险人应当依照保险合同的约定，履行赔偿或者给付保险金义务。

保险人未及时履行前款规定义务的，除支付保险金外，应当赔偿被保险人或者受益人因此受到的损失。

任何单位或者个人都不得非法干预保险人履行赔偿或者给付保险金的义务，也不得限制被保险人或者受益人取得保险金的权利。

保险金额是指保险人承担赔偿或者给付保险金责任的最高限额。

第二十五条 保险人收到被保险人或者受益人的赔偿或者给付保险金的请求后，对不属于保险责任的，应当向被保险人或者受益人发出拒绝赔偿或者拒绝给付保险金通知书。

第二十六条 保险人自收到赔偿或者给付保险金的请求和有关证明、资料之日起六十日内，对其赔偿或者给付保险金的数额不能确定的，应当根据已有证明和资料可以确定的最低数额先予支付；保险人最终确定赔偿或者给付保险金的数额后，应当支付相应的差额。

第二十七条 人寿保险以外的其他保险的被保险人或者受益人，对保险人请求赔偿或者给付保险金的权利，自其知道保险事故发生之日起二年不行使而消灭。

人寿保险的被保险人或者受益人对保险人请求给付保险金的权利，自其知道保险事故发生之日起五年不行使而消灭。

第二十八条 被保险人或者受益人在未发生保险事故的情况下，谎称发生了保险事故，向保险人提出赔偿或者给付保险金的请求的，保险人有权解除保险合同，并不退还保险费。

投保人、被保险人或者受益人故意制造保险事故的，保险人有权解除保险合同，不承担赔偿或者给付保险金的责任，除本法第六十五条第一款另有规定外，也不退还保险费。

保险事故发生后，投保人、被保险人或者受益人以伪造、变造的有关证明、资料或者其他证据，编造虚假的事故原因或者夸大损失程度的，保险人对其虚报的部分不承担赔偿或者给付保险金的责任。

投保人、被保险人或者受益人有前三款所列行为之一，致使保险人支付保险金或者支出费用的，应当退回或者赔偿。

第二十九条 保险人将其承担的保险业务，以分保形式，部分转移给其他保险人的，为再保险。

应再保险接受人的要求，再保险分出人应当将其自负责任及原保险的有关情况告知再保险接受人。

第三十条 再保险接受人不得向原保险的投保人要求支付保险费。

原保险的被保险人或者受益人，不得向再保险接受人提出赔偿或者给付保险金的请求。

再保险分出人不得以再保险接受人未履行再保险责任为由，拒绝履行或者迟延履行其原保险责任。

第三十一条 对于保险合同的条款，保险人与投保人、被保险人或者受益人有争议时，人民法院或者仲裁机关应当作有利于被保险人和受益人的解释。

第三十二条 保险人或者再保险接受人对在办理保险业务中知道的投保人、被保险人、受益人或者再保险分出人的业务和财产情况及个人隐私，负有保密的义务。

第二节 财产保险合同

第三十三条 财产保险合同是以财产及其有关利益为保险标的的保险合同。

本节中的财产保险合同，除特别指明的外，简称合同。

第三十四条 保险标的的转让应当通知保险人，经保险人同意继续承保后，依法变更合同。但是，货物运输保险合同和另有约定的合同除外。

第三十五条 货物运输保险合同和运输工具航程保险合同，保险责任开始后，合同当事人不得解除合同。

第三十六条 被保险人应当遵守国家有关消防、安全、生产操作、劳动保护等方面的规定，维护保险标的的安全。

根据合同的约定，保险人可以对保险标的的安全状况进行检查，及时向投保人、被保险人提出消除不安全因素和隐患的书面建议。

投保人、被保险人未按照约定履行其对保险标的安全应尽的责任的，保险人有权要求增加保险费或者解除合同。

保险人为维护保险标的的安全，经被保险人同意，可以采取安全预防措施。

第三十七条 在合同有效期内，保险标的危险程度增加的，被保险人按照合同约定应当及时通知保险人，保险人有权要求增加保险费或者解除合同。

被保险人未履行前款规定的通知义务的，因保险标的危险程度增加而发生的保险事故，保险人不承担赔偿责任。

第三十八条 有下列情形之一的，除合同另有约定外，保险人应当降低保险费，并按日计算退还相应的保险费：

（一）据以确定保险费率的有关情况发生变化，保险标的危险程度明显减少；

（二）保险标的的保险价值明显减少。

第三十九条 保险责任开始前，投保人要求解除合同的，应当向保险人支付手续费，保险人应当退还保险费。保险责任开始后，投保人要求解除合同的，保险人可以收取自保险责任开始之日起至合同解除之日止期间的保险费，剩余部分退还投保人。

第四十条 保险标的的保险价值，可以由投保人和保险人约定并在合同中载明，也可以按照保险事故发生时保险标的的实际价值确定。

保险金额不得超过保险价值；超过保险价值的，超过的部分无效。

保险金额低于保险价值的，除合同另有约定外，保险人按照保险金额与保险价值的比例承担赔偿责任。

第四十一条 重复保险的投保人应当将重复保险的有关情况通知各保险人。

重复保险的保险金额总和超过保险价值的，各保险人的赔偿金额的总和不得超过保险价值。除合同另有约定外，各保险人按照其保险金额与保险金额总和的比例承担赔偿责任。

重复保险是指投保人对同一保险标的、同一保险利益、同一保险事故分别向二个以上保险人订立保险合同的保险。

第四十二条 保险事故发生时，被保险人有责任尽力采取必要的措施，防止或者减少损失。

保险事故发生后，被保险人为防止或者减少保险标的的损失所支付的必要的、合理的费用，由保险人承担；保险人所承担的数额在保险标的损失赔偿金额以外另行计算，最高不超过保险金额的数额。

第四十三条 保险标的发生部分损失的，在保险人赔偿后三十日内，投保人可以终止合同；除合同约定不得终止合同的以外，保险人也可以终止合同。保险人终止合同的，应当提前十五日通知投保人，并将保险标的未受损失部分的保险费，扣除自保险责任开始之日起至终止合同之日止期间的应收部分后，退还投保人。

第四十四条 保险事故发生后，保险人已支付了全部保险金额，并且保险金额相等于保险价值的，受损保险标的的全部权利归于保险人;保险金额低于保险价值的,保险人按照保险金额与保险价值的比例取得受损保险标的的部分权利。

第四十五条 因第三者对保险标的的损害而造成保险事故的,保险人自向被保险人赔偿保险金之日起,在赔偿金额范围内代位行使被保险人对第三者请求赔偿的权利。

前款规定的保险事故发生后,被保险人已经从第三者取得损害赔偿的,保险人赔偿保险金时,可以相应扣减被保险人从第三者已取得的赔偿金额。

保险人依照第一款行使代位请求赔偿的权利,不影响被保险人就未取得赔偿的部分向第三者请求赔偿的权利。

第四十六条 保险事故发生后,保险人未赔偿保险金之前,被保险人放弃对第三者的请求赔偿的权利的,保险人不承担赔偿保险金的责任。

保险人向被保险人赔偿保险金后,被保险人未经保险人同意放弃对第三者请求赔偿的权利的,该行为无效。

由于被保险人的过错致使保险人不能行使代位请求赔偿的权利的,保险人可以相应扣减保险赔偿金。

第四十七条 除被保险人的家庭成员或者其组成人员故意造成本法第四十五条第一款规定的保险事故以外,保险人不得对被保险人的家庭成员或者其组成人员行使代位请求赔偿的权利。

第四十八条 在保险人向第三者行使代位请求赔偿权利时,被保险人应当向保险人提供必要的文件和其所知道的有关情况。

第四十九条 保险人、被保险人为查明和确定保险事故的性质、原因和保险标的的损失程度所支付的必要的、合理的费用,由保险人承担。

第五十条 保险人对责任保险的被保险人给第三者造成的损害,可以依照法律的规定或者合同的约定,直接向该第三者赔偿保险金。

责任保险是指以被保险人对第三者依法应负的赔偿责任为保险标的的保险。

第五十一条 责任保险的被保险人因给第三者造成损害的保险事故而被提起仲裁或者诉讼的，除合同另有约定外，由被保险人支付的仲裁或者诉讼费用以及其他必要的、合理的费用，由保险人承担。

第三节 人身保险合同

第五十二条 人身保险合同是以人的寿命和身体为保险标的的保险合同。

本节中的人身保险合同，除特别指明的外，简称合同。

第五十三条 投保人对下列人员具有保险利益：

（一）本人；

（二）配偶、子女、父母；

（三）前项以外与投保人有抚养、赡养或者扶养关系的家庭其他成员、近亲属。

除前款规定外，被保险人同意投保人为其订立合同的，视为投保人对被保险人具有保险利益。

第五十四条 投保人申报的被保险人年龄不真实，并且其真实年龄不符合合同约定的年龄限制的，保险人可以解除合同，并在扣除手续费后，向投保人退还保险费，但是自合同成立之日起逾二年的除外。

投保人申报的被保险人年龄不真实，致使投保人支付的保险费少于应付保险费的，保险人有权更正并要求投保人补交保险费，或者在给付保险金时按照实付保险费与应付保险费的比例支付。

投保人申报的被保险人年龄不真实，致使投保人实付保险费多于应付保险费的，保险人应当将多收的保险费退还投保人。

第五十五条 投保人不得为无民事行为能力人投保以死亡为

给付保险金条件的人身保险，保险人也不得承保。

父母为其未成年子女投保的人身保险，不受前款规定限制，但是死亡给付保险金额总和不得超过保险监督管理机构规定的限额。

第五十六条 以死亡为给付保险金条件的合同，未经被保险人书面同意并认可保险金额的，合同无效。

依照以死亡为给付保险金条件的合同所签发的保险单，未经被保险人书面同意，不得转让或者质押。

父母为其未成年子女投保的人身保险，不受第一款规定限制。

第五十七条 投保人于合同成立后，可以向保险人一次支付全部保险费，也可以按照合同约定分期支付保险费。

合同约定分期支付保险费的，投保人应当于合同成立时支付首期保险费，并应当按期支付其余各期的保险费。

第五十八条 合同约定分期支付保险费，投保人支付首期保险费后，除合同另有约定外，投保人超过规定的期限六十日未支付当期保险费的，合同效力中止，或者由保险人按照合同约定的条件减少保险金额。

第五十九条 依照前条规定合同效力中止的，经保险人与投保人协商并达成协议，在投保人补交保险费后，合同效力恢复。但是，自合同效力中止之日起二年内双方未达成协议的，保险人有权解除合同。

保险人依照前款规定解除合同，投保人已交足二年以上保险费的，保险人应当按照合同约定退还保险单的现金价值；投保人未交足二年保险费的，保险人应当在扣除手续费后，退还保险费。

第六十条 保险人对人身保险的保险费，不得用诉讼方式要求投保人支付。

第六十一条 人身保险的受益人由被保险人或者投保人指定。

投保人指定受益人时须经被保险人同意。

被保险人为无民事行为能力人或者限制民事行为能力人的，可以由其监护人指定受益人。

第六十二条 被保险人或者投保人可以指定一人或者数人为受益人。

受益人为数人的，被保险人或者投保人可以确定受益顺序和受益份额；未确定受益份额的，受益人按照相等份额享有受益权。

第六十三条 被保险人或者投保人可以变更受益人并书面通知保险人。保险人收到变更受益人的书面通知后，应当在保险单上批注。

投保人变更受益人时须经被保险人同意。

第六十四条 被保险人死亡后，遇有下列情形之一的，保险金作为被保险人的遗产，由保险人向被保险人的继承人履行给付保险金的义务：

(一)没有指定受益人的；

(二)受益人先于被保险人死亡，没有其他受益人的；

(三)受益人依法丧失受益权或者放弃受益权，没有其他受益人的。

第六十五条 投保人、受益人故意造成被保险人死亡、伤残或者疾病的，保险人不承担给付保险金的责任。投保人已交足二年以上保险费的，保险人应当按照合同约定向其他享有权利的受益人退还保险单的现金价值。

受益人故意造成被保险人死亡或者伤残的，或者故意杀害被保险人未遂的，丧失受益权。

第六十六条 以死亡为给付保险金条件的合同，被保险人自杀的，除本条第二款规定外，保险人不承担给付保险金的责任，但对投保人已支付的保险费，保险人应按照保险单退还其现金价值。

以死亡为给付保险金条件的合同，自成立之日起满二年后，如果被保险人自杀的,保险人可以按照合同给付保险金。

第六十七条 被保险人故意犯罪导致其自身伤残或者死亡的,保险人不承担给付保险金的责任。投保人已交足二年以上保险费的,保险人应当按照保险单退还其现金价值。

第六十八条 人身保险的被保险人因第三者的行为而发生死亡、伤残或者疾病等保险事故的,保险人向被保险人或者受益人给付保险金后,不得享有向第三者追偿的权利。但被保险人或者受益人仍有权向第三者请求赔偿。

第六十九条 投保人解除合同,已交足二年以上保险费的,保险人应当自接到解除合同通知之日起三十日内,退还保险单的现金价值;未交足二年保险费的,保险人按照合同约定在扣除手续费后,退还保险费。

第三章 保险公司

第七十条 保险公司应当采取下列组织形式:

(一)股份有限公司;

(二)国有独资公司。

第七十一条 设立保险公司,必须经保险监督管理机构批准。

第七十二条 设立保险公司,应当具备下列条件:

(一)有符合本法和公司法规定的章程;

(二)有符合本法规定的注册资本最低限额;

(三)有具备任职专业知识和业务工作经验的高级管理人员;

(四)有健全的组织机构和管理制度;

(五)有符合要求的营业场所和与业务有关的其他设施。

保险监督管理机构审查设立申请时,应当考虑保险业的发展和公平竞争的需要。

第七十三条 设立保险公司,其注册资本的最低限额为人民币二亿元。

保险公司注册资本最低限额必须为实缴货币资本。

保险监督管理机构根据保险公司业务范围、经营规模，可以调整其注册资本的最低限额。但是，不得低于第一款规定的限额。

第七十四条 申请设立保险公司，应当提交下列文件、资料：

(一)设立申请书，申请书应当载明拟设立的保险公司的名称、注册资本、业务范围等；

(二)可行性研究报告；

(三)保险监督管理机构规定的其他文件、资料。

第七十五条 设立保险公司的申请经初步审查合格后，申请人应当依照本法和公司法的规定进行保险公司的筹建。具备本法第七十二条规定的设立条件的，向保险监督管理机构提交正式申请表和下列有关文件、资料：

(一)保险公司的章程；

(二)股东名册及其股份或者出资人及其出资额；

(三)持有公司股份百分之十以上的股东资信证明和有关资料；

(四)法定验资机构出具的验资证明；

(五)拟任职的高级管理人员的简历和资格证明；

(六)经营方针和计划；

(七)营业场所和与业务有关的其他设施的资料；

(八)保险监督管理机构规定的其他文件、资料。

第七十六条 保险监督管理机构自收到设立保险公司的正式申请文件之日起六个月内，应当作出批准或者不批准的决定。

第七十七条 经批准设立的保险公司，由批准部门颁发经营保险业务许可证，并凭经营保险业务许可证向工商行政管理机关办理登记，领取营业执照。

第七十八条 保险公司自取得经营保险业务许可证之日起六

个月内无正当理由未办理公司设立登记的，其经营保险业务许可证自动失效。

第七十九条 保险公司成立后应当按照其注册资本总额的百分之二十提取保证金，存入保险监督管理机构指定的银行，除保险公司清算时用于清偿债务外，不得动用。

第八十条 保险公司在中华人民共和国境内外设立分支机构，须经保险监督管理机构批准，取得分支机构经营保险业务许可证。

保险公司分支机构不具有法人资格，其民事责任由保险公司承担。

第八十一条 保险公司在中华人民共和国境内外设立代表机构，须经保险监督管理机构批准。

第八十二条 保险公司有下列变更事项之一的，须经保险监督管理机构批准：

(一)变更名称；

(二)变更注册资本；

(三)变更公司或者分支机构的营业场所；

(四)调整业务范围；

(五)公司分立或者合并；

(六)修改公司章程；

(七)变更出资人或者持有公司股份百分之十以上的股东；

(八)保险监督管理机构规定的其他变更事项。

保险公司更换董事长、总经理，应当报经保险监督管理机构审查其任职资格。

第八十三条 保险公司的组织机构，适用公司法的规定。

第八十四条 国有独资保险公司设立监事会。监事会由保险监督管理机构、有关专家和保险公司工作人员的代表组成，对国有独资保险公司提取各项准备金、最低偿付能力和国有资产保值增值等情况以及高级管理人员违反法律、行政法规或者章程的行为和损害公司利益的行为进行监督。

第八十五条 保险公司因分立、合并或者公司章程规定的解散事由出现，经保险监督管理机构批准后解散。保险公司应当依法成立清算组，进行清算。

经营有人寿保险业务的保险公司，除分立、合并外，不得解散。

第八十六条 保险公司违反法律、行政法规，被保险监督管理机构吊销经营保险业务许可证的，依法撤销。由保险监督管理机构依法及时组织清算组，进行清算。

第八十七条 保险公司不能支付到期债务，经保险监督管理机构同意，由人民法院依法宣告破产。保险公司被宣告破产的，由人民法院组织保险监督管理机构等有关部门和有关人员成立清算组，进行清算。

第八十八条 经营有人寿保险业务的保险公司被依法撤销的或者被依法宣告破产的，其持有的人寿保险合同及准备金，必须转移给其他经营有人寿保险业务的保险公司；不能同其他保险公司达成转让协议的，由保险监督管理机构指定经营有人寿保险业务的保险公司接受。

转让或者由保险监督管理机构指定接受前款规定的人寿保险合同及准备金的，应当维护被保险人、受益人的合法权益。

第八十九条 保险公司依法破产的，破产财产优先支付其破产费用后，按照下列顺序清偿：

（一）所欠职工工资和劳动保险费用；

（二）赔偿或者给付保险金；

（三）所欠税款；

（四）清偿公司债务。

破产财产不足清偿同一顺序清偿要求的，按照比例分配。

第九十条 保险公司依法终止其业务活动，应当注销其经营保险业务许可证。

第九十一条 保险公司的设立、变更、解散和清算事项，本法未作规定的，适用公司法和其他有关法律、行政法规的规定。

第四章 保险经营规则

第九十二条 保险公司的业务范围：

（一）财产保险业务，包括财产损失保险、责任保险、信用保险等保险业务；

（二）人身保险业务，包括人寿保险、健康保险、意外伤害保险等保险业务。

同一保险人不得同时兼营财产保险业务和人身保险业务；但是，经营财产保险业务的保险公司经保险监督管理机构核定，可以经营短期健康保险业务和意外伤害保险业务。

保险公司的业务范围由保险监督管理机构依法核定。保险公司只能在被核定的业务范围内从事保险经营活动。

保险公司不得兼营本法及其他法律、行政法规规定以外的业务。

第九十三条 经保险监督管理机构核定，保险公司可以经营前条规定的保险业务的下列再保险业务：

（一）分出保险；

（二）分入保险。

第九十四条 保险公司应当根据保障被保险人利益、保证偿付能力的原则，提取各项责任准备金。

保险公司提取和结转责任准备金的具体办法由保险监督管理机构制定。

第九十五条 保险公司应当按照已经提出的保险赔偿或者给付金额，以及已经发生保险事故但尚未提出的保险赔偿或者给付金额，提取未决赔款准备金。

第九十六条 除依照前二条规定提取准备金外，保险公司应当依照有关法律、行政法规及国家财务会计制度的规定提取公积金。

第九十七条 为了保障被保险人的利益，支持保险公司稳健经营，保险公司应当按照保险监督管理机构的规定提存保险保障基金。

保险保障基金应当集中管理，统筹使用。

保险保障基金管理使用的具体办法由保险监督管理机构制定。

第九十八条 保险公司应当具有与其业务规模相适应的最低偿付能力。保险公司的实际资产减去实际负债的差额不得低于保险监督管理机构规定的数额；低于规定数额的，应当增加资本金，补足差额。

第九十九条 经营财产保险业务的保险公司当年自留保险费，不得超过其实有资本金加公积金总和的四倍。

第一百条 保险公司对每一危险单位，即对一次保险事故可能造成的最大损失范围所承担的责任，不得超过其实有资本金加公积金总和的百分之十；超过的部分，应当办理再保险。

第一百零一条 保险公司对危险单位的计算办法和巨灾风险安排计划，应当报经保险监督管理机构核准。

第一百零二条 保险公司应当按照保险监督管理机构的有关规定办理再保险。

第一百零三条 保险公司需要办理再保险分出业务的，应当优先向中国境内的保险公司办理。

第一百零四条 保险监督管理机构有权限制或者禁止保险公司向中国境外的保险公司办理再保险分出业务或者接受中国境外再保险分入业务。

第一百零五条 保险公司的资金运用必须稳健，遵循安全性原则，并保证资产的保值增值。

保险公司的资金运用，限于在银行存款、买卖政府债券、金融债券和国务院规定的其他资金运用形式。

保险公司的资金不得用于设立证券经营机构，不得用于设立保险业以外的企业。

保险公司运用的资金和具体项目的资金占其资金总额的具体比例，由保险监督管理机构规定。

第一百零六条 保险公司及其工作人员在保险业务活动中不得有下列行为：

（一）欺骗投保人、被保险人或者受益人；

（二）对投保人隐瞒与保险合同有关的重要情况；

（三）阻碍投保人履行本法规定的如实告知义务，或者诱导其不履行本法规定的如实告知义务；

（四）承诺向投保人、被保险人或者受益人给予保险合同规定以外的保险费回扣或者其他利益；

（五）故意编造未曾发生的保险事故进行虚假理赔，骗取保险金。

第五章　保险业的监督管理

第一百零七条 关系社会公众利益的保险险种、依法实行强制保险的险种和新开发的人寿保险险种等的保险条款和保险费率，应当报保险监督管理机构审批。保险监督管理机构审批时，遵循保护社会公众利益和防止不正当竞争的原则。审批的范围和具体办法，由保险监督管理机构制定。

其他保险险种的保险条款和保险费率，应当报保险监督管理机构备案。

第一百零八条 保险监督管理机构应当建立健全保险公司偿付能力监管指标体系，对保险公司的最低偿付能力实施监控。

第一百零九条 保险监督管理机构有权检查保险公司的业务状况、财务状况及资金运用状况，有权要求保险公司在规定的期限内提供有关的书面报告和资料。

保险公司依法接受监督检查。

保险监督管理机构有权查询保险公司在金融机构的存款。

第一百一十条 保险公司未按照本法规定提取或者结转各项准备金，或者未按照本法规定办理再保险，或者严重违反本法关于资金运用的规定的，由保险监督管理机构责令该保险公司采取下列措施限期改正：

(一)依法提取或者结转各项准备金；

(二)依法办理再保险；

(三)纠正违法运用资金的行为；

(四)调整负责人及有关管理人员。

第一百一十一条 依照前条规定，保险监督管理机构作出限期改正的决定后，保险公司在限期内未予改正的，由保险监督管理机构决定选派保险专业人员和指定该保险公司的有关人员，组成整顿组织，对该保险公司进行整顿。

整顿决定应当载明被整顿保险公司的名称、整顿理由、整顿组织和整顿期限，并予以公告。

第一百一十二条 整顿组织在整顿过程中，有权监督该保险公司的日常业务。该保险公司的负责人及有关管理人员，应当在整顿组织的监督下行使自己的职权。

第一百一十三条 在整顿过程中，保险公司的原有业务继续进行，但是保险监督管理机构有权停止开展新的业务或者停止部分业务，调整资金运用。

第一百一十四条 被整顿的保险公司经整顿已纠正其违反本

法规定的行为，恢复正常经营状况的，由整顿组织提出报告，经保险监督管理机构批准，整顿结束。

第一百一十五条 保险公司违反本法规定，损害社会公共利益，可能严重危及或者已经危及保险公司的偿付能力的，保险监督管理机构可以对该保险公司实行接管。

接管的目的是对被接管的保险公司采取必要措施，以保护被保险人的利益，恢复保险公司的正常经营。被接管的保险公司的债权债务关系不因接管而变化。

第一百一十六条 接管组织的组成和接管的实施办法，由保险监督管理机构决定，并予公告。

第一百一十七条 接管期限届满，保险监督管理机构可以决定延期，但接管期限最长不得超过二年。

第一百一十八条 接管期限届满，被接管的保险公司已恢复正常经营能力的，保险监督管理机构可以决定接管终止。

接管组织认为被接管的保险公司的财产已不足以清偿所负债务的，经保险监督管理机构批准，依法向人民法院申请宣告该保险公司破产。

第一百一十九条 保险公司应当于每一会计年度终了后三个月内，将上一年度的营业报告、财务会计报告及有关报表报送保险监督管理机构，并依法公布。

第一百二十条 保险公司应当于每月月底前将上一月的营业统计报表报送保险监督管理机构。

第一百二十一条 保险公司必须聘用经保险监督管理机构认可的精算专业人员，建立精算报告制度。

第一百二十二条 保险公司的营业报告、财务会计报告、精算报告及其他有关报表、文件和资料必须如实记录保险业务事项，不得有虚假记载、误导性陈述和重大遗漏。

第一百二十三条 保险人和被保险人可以聘请依法设立的独

立的评估机构或者具有法定资格的专家，对保险事故进行评估和鉴定。

依法受聘对保险事故进行评估和鉴定的评估机构和专家，应当依法公正地执行业务。因故意或者过失给保险人或者被保险人造成损害的，依法承担赔偿责任。

依法受聘对保险事故进行评估和鉴定的评估机构收取费用，应当依照法律、行政法规的规定办理。

第一百二十四条　保险公司应当妥善保管有关业务经营活动的完整账簿、原始凭证及有关资料。

前款规定的账簿、原始凭证及有关资料的保管期限，自保险合同终止之日起计算，不得少于十年。

第六章　保险代理人和保险经纪人

第一百二十五条　保险代理人是根据保险人的委托，向保险人收取代理手续费，并在保险人授权的范围内代为办理保险业务的单位或者个人。

第一百二十六条　保险经纪人是基于投保人的利益，为投保人与保险人订立保险合同提供中介服务，并依法收取佣金的单位。

第一百二十七条　保险人委托保险代理人代为办理保险业务的，应当与保险代理人签订委托代理协议，依法约定双方的权利和义务及其他代理事项。

第一百二十八条　保险代理人根据保险人的授权代为办理保险业务的行为，由保险人承担责任。

保险代理人为保险人代为办理保险业务，有超越代理权限行为，投保人有理由相信其有代理权，并已订立保险合同的，保险人应当承担保险责任；但是保险人可以依法追究越权的保险代理人的责任。

第一百二十九条 个人保险代理人在代为办理人寿保险业务时，不得同时接受两个以上保险人的委托。

第一百三十条 因保险经纪人在办理保险业务中的过错，给投保人、被保险人造成损失的，由保险经纪人承担赔偿责任。

第一百三十一条 保险代理人、保险经纪人在办理保险业务活动中不得有下列行为：

（一）欺骗保险人、投保人、被保险人或者受益人；

（二）隐瞒与保险合同有关的重要情况；

（三）阻碍投保人履行本法规定的如实告知义务，或者诱导其不履行本法规定的如实告知义务；

（四）承诺向投保人、被保险人或者受益人给予保险合同规定以外的其他利益；

（五）利用行政权力、职务或者职业便利以及其他不正当手段强迫、引诱或者限制投保人订立保险合同。

第一百三十二条 保险代理人、保险经纪人应当具备保险监督管理机构规定的资格条件，并取得保险监督管理机构颁发的经营保险代理业务许可证或者经纪业务许可证，向工商行政管理机关办理登记，领取营业执照，并缴存保证金或者投保职业责任保险。

第一百三十三条 保险代理人、保险经纪人应当有自己的经营场所，设立专门账簿记载保险代理业务或者经纪业务的收支情况，并接受保险监督管理机构的监督。

第一百三十四条 保险代理手续费和经纪人佣金，只限于向具有合法资格的保险代理人、保险经纪人支付，不得向其他人支付。

第一百三十五条 保险公司应当设立本公司保险代理人登记簿。

第一百三十六条 保险公司应当加强对保险代理人的培训和

管理，提高保险代理人的职业道德和业务素质，不得唆使、误导保险代理人进行违背诚信义务的活动。

第一百三十七条 本法第一百零九条、第一百一十九条的规定，适用于保险代理人和保险经纪人。

第七章 法律责任

第一百三十八条 投保人、被保险人或者受益人有下列行为之一，进行保险欺诈活动，构成犯罪的，依法追究刑事责任：

（一）投保人故意虚构保险标的，骗取保险金的；

（二）未发生保险事故而谎称发生保险事故，骗取保险金的；

（三）故意造成财产损失的保险事故，骗取保险金的；

（四）故意造成被保险人死亡、伤残或者疾病等人身保险事故，骗取保险金的；

（五）伪造、变造与保险事故有关的证明、资料和其他证据，或者指使、唆使、收买他人提供虚假证明、资料或者其他证据，编造虚假的事故原因或者夸大损失程度，骗取保险金的。

有前款所列行为之一，情节轻微，尚不构成犯罪的，依照国家有关规定给予行政处罚。

第一百三十九条 保险公司及其工作人员在保险业务中隐瞒与保险合同有关的重要情况，欺骗投保人、被保险人或者受益人，或者拒不履行保险合同约定的赔偿或者给付保险金的义务，构成犯罪的，依法追究刑事责任；尚不构成犯罪的，由保险监督管理机构对保险公司处以五万元以上三十万元以下的罚款；对有违法行为的工作人员，处以二万元以上十万元以下的罚款；情节严重的，限制保险公司业务范围或者责令停止接受新业务。

保险公司及其工作人员阻碍投保人履行如实告知义务，或者诱导其不履行如实告知义务，或者承诺向投保人、被保险人或者受益人给予非法的保险费回扣或者其他利益，构成范罪的，依法追究刑事责任；尚不构成犯罪的，由保险监督管理机构责令改正，对保险公司处以五万元以上三十万元以下的罚款；对有违法行为的工作人员，处以二万元以上十万元以下的罚款；情节严重的，限制保险公司业务范围或者责令停止接受新业务。

第一百四十条 保险代理人或者保险经纪人在其业务中欺骗保险人、投保人、被保险人或者受益人，构成犯罪的，依法追究刑事责任；尚不构成犯罪的，由保险监督管理机构责令改正，并处以五万元以上三十万元以下的罚款；情节严重的，吊销经营保险代理业务许可证或者经纪业务许可证。

第一百四十一条 保险公司及其工作人员故意编造未曾发生的保险事故进行虚假理赔，骗取保险金，构成犯罪的，依法追究刑事责任。

第一百四十二条 违反本法规定，擅自设立保险公司或者非法从事商业保险业务活动的，由保险监督管理机构予以取缔；构成犯罪的，依法追究刑事责任；尚不构成犯罪的，由保险监督管理机构没收违法所得，并处以违法所得一倍以上五倍以下的罚款；没有违法所得或者违法所得不足二十万元的，处以二十万元以上一百万元以下的罚款。

第一百四十三条 违反本法规定，超出核定的业务范围从事保险业务或者兼营本法及其他法律、行政法规规定以外的业务，构成犯罪的，依法追究刑事责任；尚不构成犯罪的，由保险监督管理机构责令改正，责令退还收取的保险费，没收违法所得，并处以违法所得一倍以上五倍以下的罚款；没有违法所得或者违法所得不足十万元的，处以十万元以上五十万元以下的罚款；逾期不改正或者造成严重后果的，责令停业整顿或者吊销经营保险业务许可证。

第一百四十四条 违反本法规定，未经批准，擅自变更保险公司的名称、章程、注册资本、公司或者分支机构的营业场所等事项的，由保险监督管理机构责令改正，并处以一万元以上十万元以下的罚款。

第一百四十五条 违反本法规定，有下列行为之一的，由保险监督管理机构责令改正，并处以五万元以上三十万元以下的罚款；情节严重的，可以限制业务范围、责令停止接受新业务或者吊销经营保险业务许可证：

（一）未按照规定提存保证金或者违反规定动用保证金的；

（二）未按照规定提取或者结转各项责任准备金或者未按照规定提取未决赔款准备金的；

（三）未按照规定提取保险保障基金、公积金的；

（四）未按照规定办理再保险分出业务的；

（五）违反规定运用保险公司资金的；

（六）未经批准设立分支机构或者代表机构的；

（七）未经批准分立、合并的；

（八）未按照规定将应当报送审批的险种的保险条款和保险费率报送审批的。

第一百四十六条 违反本法规定，有下列行为之一的，由保险监督管理机构责令改正，逾期不改正的，处以一万元以上十万元以下的罚款：

（一）未按照规定报送有关报告、报表、文件和资料的；

（二）未按照规定将应当报送备案的险种的保险条款和保险费率报送备案的。

第一百四十七条 违反本法规定，有下列行为之一，构成犯罪的，依法追究刑事责任；尚不构成犯罪的，由保险监督管理机构责令改正，处以十万元以上五十万元以下的罚款；情节严重的，可以限制业务范围、责令停止接受新业务或者吊销经营保险业务许可证：

（一）提供虚假的报告、报表、文件和资料的；

（二）拒绝或者妨碍依法检查监督的。

第一百四十八条 违反本法规定，有下列行为之一的，由保险监督管理机构责令改正，处以五万元以上三十万元以下的罚款：

（一）超额承保，情节严重的；

（二）为无民事行为能力人承保以死亡为给付保险金条件的保险的。

第一百四十九条 违反本法规定，未取得经营保险代理业务许可证或者经纪业务许可证，非法从事保险代理业务或者经纪业务活动的，由保险监督管理机构予以取缔；构成犯罪的，依法追究刑事责任；尚不构成犯罪的，由保险监督管理机构没收违法所得，并处以违法所得一倍以上五倍以下的罚款，没有违法所得或者违法所得不足十万元的，处以十万元以上五十万元以下的罚款。

第一百五十条 对违反本法规定尚未构成犯罪的行为负有直接责任的保险公司高级管理人员和其他直接责任人员，保险监督管理机构可以区别不同情况予以警告，责令予以撤换，处以二万元以上十万元以下的罚款。

第一百五十一条 违反本法规定，给他人造成损害的，应当依法承担民事责任。

第一百五十二条 对不符合本法规定条件的设立保险公司的申请予以批准，或者对不符合保险代理人、保险经纪人条件的申请予以批准，或者有滥用职权、玩忽职守的其他行为，构成犯罪的，依法追究刑事责任；尚不构成犯罪的，依法给予行政处分。

第八章 附 则

第一百五十三条 海上保险适用海商法的有关规定；海商法未作规定的，适用本法的有关规定。

第一百五十四条 中外合资保险公司、外资独资保险公司、外国保险公司分公司适用本法规定;法律、行政法规另有规定的,适用其规定。

第一百五十五条 国家支持发展为农业生产服务的保险事业,农业保险由法律、行政法规另行规定。

第一百五十六条 本法规定的保险公司以外的其他性质的保险组织,由法律、行政法规另行规定。

第一百五十七条 本法施行前按照国务院规定经批准设立的保险公司继续保留,其中不完全具备本法规定的条件的,应当在规定的期限内达到本法规定的条件。具体办法由国务院规定。

第一百五十八条 本法自1995年10月1日起施行。

附录二

保险常用术语英汉对照表

A

abandonment　委付

absolute liability　绝对责任

accident insurance　意外保险

actual cash value　实际现金价值

actuarial　精算

actuary　精算师

adhesion　附和性

adjustable policies　可调整保单

adjustable premium　可调整保费

adjuster　理算师

adjustment of average　海损理算

advance freight　预付运费

adverse selection　逆选择

affirmative representation　确认告知

agent　代理人

aggregate limits　累积限额

agreed value　约定价值

agriculture insurance　农业保险

aircraft hull insurance　飞机机体保险

aircraft passenger legal liability insurance　飞机乘客责任险

aleatory　射幸性、机会性

all risks(A. R.)　一切险

annuitant　年金受领人

annuity insurance　年金保险

applicant　投保人
application form　投保单
arbitration clause　仲裁条款
assessment　估值
automobile insurance　汽车保险
automatic premium loan provision　自动贷款条款
aviation insurance　航空保险
aviation personal accident insurance　航空人身意外保险

B

bailee　受托人
bailment　委托保管
bailor　委托人
beneficiary　受益人
beneficiary provision　受益人条款
binders　暂保单
blanket insurance　综合保险
blanket policy　综合保单
boiler and pressure plant cover　锅炉和压力容器保险
broker　保险经纪人
builder's risk hull insurance　船舶建造保险
business interruption insurance　营业中断险
business risk　企业风险
buyer's credit insurance　买方信贷保险

C

cancellation　注销
captive insurance company　自保公司
cargo insurance　货物保险
carrier liability insurance　承运人责任保险
cash value　现金价值

catastrophe risks　巨灾风险
ceded company　分入公司
ceding company　分出公司
certificate of insurance　保险凭证
Chartered Insurance Institute(CII)　特许保险协会
claim　索赔、理赔
claim adjuster　理赔员
claim department　理赔部
claim reserve　赔款准备金
class rates　级差费率
coinsurance　共同保险
collision clause　碰撞条款
commission　佣金
computer insurance　计算机保险
compulsory insurance　强制保险
concealment　隐瞒
constructive total loss　推定全损
contingent interests　或然利益
contingent liability　或有责任
contract bond　履约保证书
contractor's all risks insurance　建筑工程一切险
contract of indemnity　补偿合同
contract provisions　合同条款
country risk　国家风险
contribution　分摊
Cost Insurance and Freight(CIF)　成本保险和运费
counter guarantee　反担保
coupon insurance　息票保险
credit insurance　信用保险
crisis management　危机管理
crop insurance　农作物收成保险

D

date of issue 签单日期
declaration 声明
deductible 免赔额
defence cost 辩护费用
deferred annuities 延期年金
degree of risk 风险程度
demurrage 滞期费
disability 残疾,失能
dividend options 红利任选条款
dynamic risk 动态风险

E

earned premium 已赚保费
earthquake 地震
economic risk 经济风险
effective date 生效日
employer's liability 雇主责任保险
endorsements 批单
endowment insurance 两全保险
engineering insurance 工程保险
erection all risks 安装工程一切险
estoppel 禁止反言、禁止抗辩
evaluation of risks 风险评估
excess loss 超额赔款
expenses 经营费用
exclusions and exceptions 除外责任
Ex gratia payment 通融赔付
export credit insurance 出口信用保险
exposure unit 风险单位

express warranties　明示保证
expropriation insurance　征用保险
extended cover clause　延展承保条款

F

facultative reinsurance　临时再保险
family risk　家庭风险
fidelity guarantee　忠诚保证保险
fiduciary bond　信托保证保险、受托保证
financial liquidity　流动比率
fire insurance　火灾保险
fixed annuity　固定年金
fixed premium　固定保费
fleet policy　船队保险
floating policy(fire)　流动保单(火灾)
floating policy (marine)　流动保单(水险)
flood　洪水
foreign exchange risk insurance　汇率风险保险
franchise deductible　相对免赔额
Free from Particular Average(FPA)　平安险
full insurance　足额保险
fundamental risk　基本风险

G

general agent　总代理人
general average　共同海损
general average sacrifice　共同海损牺牲
general exception　一般除外责任条款
general principles　一般原则
geographical limits　地域界限
grace period　宽限期

gross premium　毛总保费
gross profit　毛利润

H

Hague Rules/Hague-Visby Rules　海牙规则/海牙-维斯比规则
hail insurance　冰雹保险
hazard　风险因素
hazardous pursuits　危险职业
health insurance　健康保险
health risk　健康风险
house holder's insurance　居家保险
hull insurance　船舶保险

I

illness insurance　疾病保险
immediate annuity　即期年金
implied warranties　默示保证
incontestable provision　不可争条款
indemnity　损害补偿
independent adjuster　独立理赔员
individual annuity　个人年金保险
industrial all risks　工业一切险
industrial life insurance　简易人身保险
insurable interest　可保利益
insurance　保险
insurance clause　保险条款
insurance company　保险公司
insurance contract　保险合同
insurance rate　保险费率
insured　被保险人
insured value　保险价值

insurer　保险人
intangible hazards　无形风险因素
intermediary　中间人
involuntary insurance　强制保险

J

jettison　抛弃
joint annuity　联合年金保险
joint and last survivor annuity　最后生存者年金保险
joint life insurance　联合人寿保险

L

law of large numbers　大数定律
legal costs　法律费用
legal expenses insurance　法律费用保险
level premium　均衡保费
liability insurance　责任保险
liability insurance limits　责任保险限额
liability interests　责任利益
liability risk　责任风险
life insurance　人寿保险
life risk　生命风险
limits of liability　责任限额
liquidation　清算
litigation bonds　诉讼保证保险
livestock insurance　牲畜保险
Lloyd's　劳埃德
loss　损失
loss control　损失控制
loss exposure　损失暴露单位
loss prevention and reduction　防损与减损

loss probability　损失概率

loss ratio　赔付率

lost or not lost clause　不论灭失与否条款

M

macro-risk　总体风险

malicious damage　恶意损害

manageable risk　可管理风险

mandatory insurance　强制保险

marine insurance　海上保险

master policy　总保单

material fact　重要事实

maximum probable loss　最大可能损失

mean　均值

medium & long-term export credit insurance　中长期出口信用保险

micro-risk　个体风险

misrepresentation　误告

misstatement of age　年龄误告条款

moral hazards　道德风险因素

morale hazards　心理风险因素

mortality table　生命表

mortgagee clause　抵押权人条款

mutual insurance company　相互保险公司

N

named peril　指明风险

natural premium　自然保费

negligence　疏忽

net written premium　净承保保险

new for old　以新换旧

no claim discount　无赔款优待条款

no cure, no pay　无效果,无报酬
non-contribution clause　不分摊条款
non-disclosure　未声明
nonforfeiture values and options　不丧失价值的任选条款
non-manageable risk　不可管理风险
nonproportional reinsurance　非比例再保险
notice of cancellation　注销通知
notice of claims　索赔通知
notification　通知
nuclear exclusion　核风险除外责任

O

object of insurance　保险标的
occupational disease　职业病
occurrence basis　期内发生式
ocean marine insurance　海上保险
offer and acceptance　要约和承诺
onus of proof　举证责任
open policy　预约保险单
ordinary or straight life　普通人寿险
original beneficiary　原始受益人
over insurance　超额保险
owner /policy-owner/policy-holder　保单所有人/保单持有人
ownership provision　所有权条款

P

package policy　一揽子保单
paid-up insurance　缴清保险
particular average　单独海损
particular risk　特定风险
pay-as-you-go　现收现付制

pension plan　养老金计划

performance bond　履约保证保险

peril　风险事故、灾难

period of coverage　保险期限

periodic premiums　分期缴费年金保险

permanent partial disability　永久性局部伤残

permanent total disability　永久性全部伤残

personal insurance　人身保险

personal liability insurance　个人责任保险

personal risk　人身风险

physical hazards　实质风险因素

physical risk　自然风险

policy　保单

policy loan　保单贷款

political risk　政治风险

premises liability insurance　场所责任保险

premium　保费

premium adjustment　保费调整

premium rate　保险费率

premium tariff　保险费率表

present value　现值

primary/excess insurance　顺序责任

primary insurance　原保险

principal　被保证人、委托人、本人

pro rata liability　比例责任

probability　概率

probability distribution　概率分布

product guarantee　产品保证

product liability insurance　产品责任保险

professional liability　职业责任保险

project insurance　工程保险

property damage　财产损失

property insurance　财产保险

property risk　财产风险

proportional reinsurance　比例再保险

protection and indemnity insurance　保障和赔偿保险

proximate cause　近因

public liability insurance　公众责任保险

pure assessment mutual　纯摊收保费的相互公司

pure endowment　单纯的生存保险

pure premium　纯保费

pure risk　纯粹风险

Q

quota share reinsurance　成数再保险

R

refund annuity　保费返还年金保险

reinsurance　再保险

reinsurer　再保险人

reinsurance group　再保险人

renewable　续保

replacement cost　重置成本

representation　告知

retention　自留额

retrocession　转分保

retrocessionaire　转分保人

rider　附加条款、批单

risk　风险

risk control　风险控制

risk handling　风险处理

risk identification　风险识别

risk management　风险管理
risk management evaluation　风险管理效果评价
risk manager　风险管理者、风险经理
risk measurement　风险衡量
running down clause　碰撞责任条款

S

salvage charge　救助费用
sea-worthiness admitted clause　适航认可条款
self insurance　自保
seller's credit insurance　卖方信贷保险
settlement of claims　理赔
settlement options　保险金给付的任选条款
settling agent　理赔代理人
ship insurance　船舶保险
short-term export credit insurance　短期出口信用保险
single premium　趸缴保费
sister-ship clause　姐妹船条款
social insurance　社会保险
social risk　社会风险
solvency　偿付能力
speculative risk　投机风险
spontaneous combustion　自燃
standard policy　标准保单
statement of general average　共同海损理算书
static risk　静态风险
stock insurance company　股份保险公司
straight deductible　绝对免赔额
straight life annuity　无返还终身年金保险
subagent　次代理人
subrogation　代位追偿

sue and labour　施救费用
suicide provision　自杀条款
sum insured　保险金额
surety bond　担保书
surrender　退保
surrender value　退保金

T

temporary total disability　临时性全部伤残
term life　定期死亡保险
termination　合同终止
the principle of indemnity　补偿原则
theft insurance　盗窃保险
third part liability　第三者责任
three-fourths running down clause　四分之三碰撞责任条款
transfer　风险转移
transportation insurance　运输保险
treaty reinsurance　合同再保险

U

umbrella policy　综合保单
uncertainty　不确定性
under insurance　不足额保险
underwriter　承保人
underwriting agency　承保代理
underwriting capacity　承保能力
underwriting guide　承保指南
underwriting management　承保管理
underwriting process　承保过程
unearned premium　未赚保费
unearned premium reserve　未到期责任准备金

unemployment insurance 失业保险
uninsurable risk 不可保风险
utmost good faith 最大诚信

V

valuation 估价
valued policy 定值保险合同
variable annuity 变额年金保险
variable life insurance 变额寿险
voluntary insurance 自愿保险
voyage policy 航程保险

W

waiting period 等待期
waiver 弃权
war risks 战争风险
warehouse to warehouse 仓至仓
warranty 保证
whole life 终身寿险
whole life annuity 终身年金保险
with average 水渍险
worker's compensation 劳工赔偿
written premium 承保保费

Y

yacht insurance 游艇保险
York Antwerp Rules 约克·安特卫普规则

附录三

中国人寿保险业经验生命表(1990—1993)

China Life Insurance Mortality Table(1990—1993)

非养老金业务男表　CL1(1990—1993)

年龄	死亡率	生存人数	死亡人数	生存人年数		平均余寿
(x)	q_x	l_x	d_x	L_x	T_x	$\mathring{e}_x$
0	0.003 037	1000 000	3 037	998 482	73 641 337	73.64
1	0.002 157	996 963	2 150	995 888	72 642 855	72.86
2	0.001 611	994 813	1 603	994 011	71 646 967	72.02
3	0.001 250	993 210	1 242	992 589	70 652 956	71.14
4	0.001 000	991 968	992	991 472	69 660 367	70.22
5	0.000 821	990 976	814	990 570	68 668 894	69.29
6	0.000 690	990 163	683	989 821	67 678 325	68.35
7	0.000 593	989 480	587	989 186	66 688 504	67.40
8	0.000 520	988 893	514	988 636	65 699 317	66.44
9	0.000 468	988 379	463	988 147	64 710 682	65.47
10	0.000 437	987 916	432	987 700	63 722 534	64.50
11	0.000 432	987 484	427	987 271	62 734 834	63.53
12	0.000 458	987 058	452	986 832	61 747 563	62.56
13	0.000 516	986 606	509	986 351	60 760 731	61.59
14	0.000 603	986 097	595	985 799	59 774 380	60.62
15	0.000 706	985 502	696	985 154	58 788 581	59.65
16	0.000 812	984 806	800	984 406	57 803 427	58.70
17	0.000 907	984 007	892	983 560	56 819 020	57.74
18	0.000 981	983 114	964	982 632	55 835 460	56.79
19	0.001 028	982 150	1 010	981 645	54 852 828	55.85
20	0.001 049	981 140	1 029	980 625	53 871 183	54.91
21	0.001 048	980 111	1 027	979 597	52 890 558	53.96
22	0.001 030	979 084	1 008	978 579	51 910 961	53.02
23	0.001 003	978 075	981	977 585	50 932 381	52.07
24	0.000 972	977 094	950	976 619	49 954 797	51.13
25	0.000 945	976 144	922	975 683	48 978 178	50.18
26	0.000 925	975 222	902	974 771	48 002 494	49.22
27	0.000 915	974 320	892	973 874	47 027 723	48.27
28	0.000 918	973 428	894	972 982	46 053 849	47.31
29	0.000 933	972 535	907	972 081	45 080 868	46.35
30	0.000 963	971 627	936	971 160	44 108 787	45.40
31	0.001 007	970 692	977	970 203	43 137 627	44.44
32	0.001 064	969 714	1 032	969 198	42 167 424	43.48
33	0.001 136	968 682	1 100	968 132	41 198 226	42.53
34	0.001 222	967 582	1 182	966 991	40 230 094	41.58

（续表）

年龄	死亡率	生存人数	死亡人数	生存人年数		平均余寿
(x)	q_x	l_x	d_x	L_x	T_x	$\mathring{e}_x$
35	0.001 321	966 400	1 277	965 761	39 263 103	40.63
36	0.001 436	965 123	1 386	964 430	38 297 341	39.68
37	0.001 565	963 737	1 508	962 983	37 332 911	38.74
38	0.001 710	962 229	1 645	961 406	36 369 928	37.80
39	0.001 872	960 583	1 798	959 684	35 408 522	36.86
40	0.002 051	958 785	1 966	957 802	34 448 838	35.93
41	0.002 250	956 819	2 153	955 742	33 491 036	35.00
42	0.002 470	954 666	2 358	953 487	32 535 294	34.08
43	0.002 713	952 308	2 584	951 016	31 581 807	33.16
44	0.002 981	949 724	2 831	948 309	30 630 791	32.25
45	0.003 276	946 893	3 102	945 342	29 682 482	31.35
46	0.003 601	943 791	3 399	942 092	28 737 140	30.45
47	0.003 958	940 393	3 722	938 532	27 795 048	29.56
48	0.004 352	936 670	4 076	934 632	26 856 516	28.67
49	0.004 784	932 594	4 462	930 363	25 921 884	27.80
50	0.005 260	928 133	4 882	925 692	24 991 521	26.93
51	0.005 783	923 251	5 339	920 581	24 065 829	26.07
52	0.006 358	917 911	5 836	914 993	23 445 248	25.22
53	0.006 991	912 075	6 375	908 887	22 230 255	24.37
54	0.007 686	905 699	6 961	902 218	21 321 368	23.54
55	0.008 449	898 738	7 593	894 941	20 419 149	22.72
56	0.009 288	891 144	8 277	887 006	19 524 208	21.91
57	0.010 210	882 867	9 014	878 360	18 637 202	21.11
58	0.011 222	873 853	9 806	868 950	17 758 842	20.32
59	0.012 333	864 047	10 656	858 719	16 889 892	19.55
60	0.013 553	853 391	11 566	847 608	16 031 173	18.79
61	0.014 892	841 825	12 536	835 556	15 183 565	18.04
62	0.016 361	829 288	13 568	822 504	14 348 009	17.30
63	0.017 972	815 720	14 660	808 390	13 525 504	16.58
64	0.019 740	801 060	15 813	793 154	12 717 114	15.88
65	0.021 677	785 247	17 022	776 736	11 923 961	15.18
66	0.023 800	768 225	18 284	759 084	11 147 224	14.51
67	0.026 125	749 942	19 592	740 146	10 388 141	13.85
68	0.028 671	730 349	20 940	719 879	9 647 995	13.21
69	0.031 457	709 410	22 316	698 252	8 928 116	12.59
70	0.034 504	687 094	23 707	675 240	8 229 864	11.98
71	0.037 835	663 386	25 099	650 837	7 554 624	11.39
72	0.041 474	638 287	26 472	625 051	6 903 788	10.82
73	0.045 446	611 815	27 805	597 912	6 278 737	10.26
74	0.049 779	584 010	29 071	569 474	5 680 825	9.73

（续表）

年龄	死亡率	生存人数	死亡人数	生存人年数		平均余寿
(x)	q_x	l_x	d_x	L_x	T_x	$\mathring{e}_x$
75	0.054 501	554 939	30 245	539 816	5 111 350	9.21
76	0.059 644	524 694	31 205	500 047	4 571 534	8.71
77	0.065 238	493 399	32 188	477 305	4 062 487	8.23
78	0.071 317	461 211	32 892	444 765	3 585 182	7.77
79	0.077 916	428 319	33 373	411 623	3 140 418	7.33
80	0.085 069	394 946	33 598	378 147	2 728 786	6.91
81	0.092 813	361 348	33 538	344 579	2 350 639	6.51
82	0.101 184	327 810	33 169	311 226	2 006 060	6.12
83	0.110 218	294 641	32 475	278 404	1 694 834	5.75
84	0.119 951	262 166	31 447	246 443	1 416 430	5.40
85	0.130 418	230 719	30 090	215 674	1 169 987	5.07
86	0.141 651	200 629	28 419	186 420	954 313	4.76
87	0.153 681	172 210	26 465	158 977	767 893	4.46
88	0.166 534	145 745	24 271	133 609	608 916	4.18
89	0.180 233	121 473	21 893	110 526	475 307	3.91
90	0.194 795	99 580	19 398	89 881	364 781	3.66
91	0.210 233	80 182	16 857	71 754	274 900	3.43
92	0.226 550	63 325	14 346	56 152	203 146	3.21
93	0.243 742	48 979	11 938	43 010	146 994	3.00
94	0.261 797	37 041	9 697	32 192	103 985	2.81
95	0.280 694	27 344	7 675	23 506	71 793	2.63
96	0.300 399	19 668	5 908	16 714	48 287	2.46
97	0.320 871	13 760	4 415	11 552	31 573	2.29
98	0.342 055	9 345	3 196	7 747	20 020	2.14
99	0.363 889	6 148	2 237	5 030	12 274	2.00
100	0.386 299	3 911	1 511	3 156	7 244	1.85
101	0.409 200	2 400	982	1 909	4 088	1.70
102	0.432 503	1 418	613	1 111	2 179	1.54
103	0.456 108	805	367	621	1 068	1.33
104	0.479 911	438	210	333	446	1.02
105	1.000 000	228	228	114	114	0.50

附录四

财产保险综合险条款

（中国人民银行颁布，1996年7月1日起执行）

保险标的范围

第一条 下列财产可在保险标的范围以内：

（一）属于被保险人所有或与他人共有而由被保险人负责的财产；

（二）由被保险人经营管理或替他人保管的财产；

（三）其他具有法律上承认的与被保险人有经济利害关系的财产。

第二条 下列财产非经被保险人与保险人特别约定，并在保险单上载明，不在保险标的范围以内：

（一）金银、珠宝、钻石、玉器、首饰、古币、古玩、古书、古画、邮票、艺术品、稀有金属等珍贵财物；

（二）堤堰、水闸、铁路、道路、涵洞、桥梁、码头；

（三）矿井、矿坑内的设备和物资。

第三条 下列财产不在保险标的范围以内：

（一）土地、矿藏、矿井、矿坑、森林、水产资源以及未经收割或收割后尚未入库的农作物；

（二）货币、票证、有价证券、文件、账册、图表、技术资料、电脑资料、枪支弹药以及无法鉴定价值的财产；

（三）违章建筑、危险建筑、非法占用的财产；

（四）在运输过程中的物资；

（五）领取执照并正常运行的机动车；

（六）牲畜、禽类和其他饲养动物。

保险责任

第四条 由于下列原因造成保险标的的损失，保险人依照本条款约定负责赔偿：

（一）火灾、爆炸；

（二）雷击、暴雨、洪水、台风、暴风、龙卷风、雪灾、雹灾、冰凌、泥石流、崖崩、突发性滑坡、地面突然塌陷；

（三）飞行物体及其他空中运行物体坠落。

第五条 保险标的的下列损失，保险人也负责赔偿：

（一）被保险人拥有财产所有权的自用的供电、供水、供气设备因保险事故遭受损坏，引起停电、停水、停气以致造成保险标的直接损失；

（二）在发生保险事故时，为抢救保险标的或防止灾害蔓延，采取合理的必要的措施而造成保险标的的损失。

第六条 保险事故发生后，被保险人为防止或者减少保险标的的损失所支付的必要的、合理的费用，由保险人承担。

责任免除

第七条 由于下列原因造成保险标的的损失，保险人不负责赔偿：

（一）战争、敌对行为、军事行动、武装冲突、罢工、暴动；

（二）被保险人及其代表的故意行为或纵容所致；

（三）核反应、核子辐射和放射性污染。

第八条 保险人对下列损失也不负责赔偿：

（一）保险标的遭受保险事故引起的各种间接损失；

(二)地震所造成的一切损失;

(三)保险标的本身缺陷、保管不善导致的损毁;保险标的的变质、霉烂、受潮、虫咬、自然磨损、自然损耗、自燃、烘焙所造成的损失;

(四)堆放在露天或罩棚下的保险标的以及罩棚,由于暴风、暴雨造成的损失;

(五)由于行政行为或执法行为所致的损失。

第九条 其他不属于保险责任范围内的损失和费用。

保险金额与保险价值

第十条 固定资产的保险金额由被保险人按照账面原值或原值加成数确定,也可按照当时重置价值或其他方式确定。

固定资产的保险价值是出险时重置价值。

第十一条 流动资产(存货)的保险金额由被保险人按最近12个月任意月份的账面余额确定或由被保险人自行确定。

流动资产的保险价值是出险时账面余额。

第十二条 账外财产和代保管财产可以由被保险人自行估价或按重置价值确定。

账外财产和代保管财产的保险价值是出险时重置价值或账面余额。

赔 偿 处 理

第十三条 保险标的发生保险责任范围内的损失,保险人按照保险金额与保险价值的比例承担赔偿责任,按以下方式计算赔偿金额:

(一)全部损失

保险金额等于或高于保险价值时，其赔偿金额以不超过保险价值为限；保险金额低于保险价值时，按保险金额赔偿。

（二）部分损失

保险金额等于或高于保险价值时，其赔偿金额按实际损失计算；保险金额低于保险价值时，其赔偿金额按保险金额与保险价值比例计算。

（三）若本保险单所载财产不止一项时，应分项按照本条款规定处理。

第十四条　发生保险事故时，被保险人所支付的必要、合理的施救费用的赔偿金额在保险标的损失以外另行计算，最高不超过保险金额的数额。若受损保险标的按比例赔偿时，则该项费用也按与财产损失赔款相同的比例赔偿。

第十五条　保险标的遭受损失后的残余部分，协议作价折归被保险人，在赔款中，作价折归被保险人的金额按第十四条所定的比例扣除。

第十六条　被保险人向保险人申请赔偿时，应当提供保险单、财产损失清单、技术鉴定证明、事故报告书、救护费用发票及必要的账簿、单据和有关部门的证明，各项单证、证明必须真实、可靠，不得有任何欺诈。被保险人欺诈行为给保险人造成损失的，应当承担赔偿责任。保险人收到单证后应当迅速审定、核实。

第十七条　因第三者对保险标的的损害而造成保险事故的，保险人自向被保险人赔偿保险金之日起，在赔偿金额范围内代位行使被保险人对第三者请求赔偿的权利。

第十八条　保险标的遭受部分损失经保险人赔偿后，其保险金额应相应减少，被保险人需恢复保险金额时，应补交保险费，由保险人出具批单批注。保险当事人均可依法终止合同。

第十九条　若本保险单所保财产存在重复保险时，本保险人仅负按照比例分摊损失的责任。

被保险人义务

第二十条 投保人应当在保险合同生效前按约定交付保险费。

第二十一条 被保险人应当履行如实告知义务，如实回答保险人就保险标的或者被保险人的有关情况提出的询问。

第二十二条 被保险人应当遵照国家有关部门制定的保护财产安全的各项规定，对安全检查中发现的各种灾害事故隐患，在接到安全主管部门或保险人提出的整改通知书后，必须认真付诸实施。

第二十三条 在保险合同有效期内，如有被保险人名称变更、保险标的占用性质改变、保险标的地址变动、保险标的危险程度增加、保险标的的权利转让等情况，被保险人应当事前书面通知保险人，并根据保险人的有关规定办理批改手续。

第二十四条 保险标的遭受损失时，被保险人应当积极抢救，使损失减少至最低程度，同时保护现场，并立即通知保险人，协助查勘。

第二十五条 被保险人如果不履行第二十条至第二十四条约定的各项义务，保险人有权拒绝赔偿，或从解约通知书送达 15 日后终止保险合同。

其他事项

第二十六条 被保险人与保险人之间因本保险事宜发生争议，可通过协商解决，也可申请仲裁或提起诉讼。

第二十七条 凡涉及本保险的约定均采用书面形式。

附录五

英国伦敦保险人协会海上货物运输保险条款(A)

(FOR USE ONLY WITH THE NEW MARINE POLICY FORM)

INSTITUTE CARGO CLAUSES(A)

(1/1/1982)

RISKS COVERED

(*Risks Clause*)

1 This insurance covers all risks of loss of or damage to the subject-matter insured except as provided in Clauses 4, 5, 6 and 7 below.

(*General Average Clause*)

2 This insurance covers general average and salvage charges, adjusted or determined according to the contract of affreightment and/or the governing law and practice, incurred to avoid or in connection with the avoidance of loss from any cause except those excluded in Clauses 4, 5, 6 and 7 or elsewhere in this insurance.

("*Both to Blame Collision*" *Clause*)

3 This insurance is extended to indemnify the Assured against such proportion of liability under the contract of affreightment "Both to Blame Collision" Clause as is in respect of a loss recoverable hereunder. In the event of any claim by shipowners under the said Clause the Assured agree to notify the Under writers who shall have the right, at their own cost and expense, to defend the Assured against such claim.

EXCLUSIONS

(*General Exclusions Clause*)

4 In no case shall this insurance cover

4.1 loss damage or expense attributable to wilful misconduct of the Assured

4.2 ordinary leakage, ordinary loss in weight or volume, or ordinary wear and tear of the subject-matter insured

4.3 loss damage or expense caused by insufficiency or unsuitability of packing or preparation of the subject-matter insured (for the purpose of this Clause 4.3 "packing" shall be deemed to include stowage in a container or liftvan but only when such stowage is carried out prior to attachment of this insurance or by the Assured or their servants)

4.4 loss damage or expense caused by inherent vice or nature of the subject-matter insured

4.5 loss damage or expense proximately caused by delay, even though the delay be caused by a risk insured against(except expenses payable under Clause 2 above)

4.6 loss damage or expense arising from insolvency or financial default of the owners managers charterers or operators of the vessel

4.7 loss damage or expense arising from the use of any weapon of war employing atomic or unclear fission and/or fusion or other like reaction or radioactive force or matter.

(*Unseaworthiness and Unfitness Exclusion Clause*)

5 5.1 In no case shall this insurance cover loss damage or ex-

pense arising from

unseaworthiness of vessel or craft, unfitness of vessel craft conveyance container or liftvan

for the safe carriage of the subject-matter insured, where the Assured or their servants are privy to such unseaworthiness or unfitness, at the time the subject-matter insured is loaded therein.

5.2 The Underwriters waive any breach of the implied warranties of seaworthiness of the ship and fitness of the ship to carry the subject-matter insured to destination, unless the Assured or their servants are privy to such unseaworthiness or unfitness.

(*War Exclusion Clause*)

6 In no case shall this insurance cover loss damage or expense caused by

6.1 war civil war revolution rebellion insurrection, or civil strife arising therefrom, or any hostile act by or against a belligerent power

6.2 capture seizure arrest restraint or detainment (piracy excepted), and the consequences thereof or any attempt thereat

6.3 derelict mines torpedoes bombs or other derelict weapons of war.

(*Strikes Exclusion Clause*)

7 In no case shall this insurance cover loss damage or expense

7.1 caused by strikers, locked-out workmen, or persons taking part in labour disturbances, riots or civil commotions

7.2 resulting from strikes, lock-outs, labour disturbances, riots or civil commotions

7.3 caused by any terrorist or any person acting from a political motive.

DURATION

(*Transit Clause*)

8 8.1 This insurance attaches from the time the goods leave the warehouse or place of storage at the place named herein for the commencement of the transit, continues during the ordinary course of transit and terminates either

8.1.1 on delivery to the Consignees' or other final warehouse or place of storage at the destination named herein

8.1.2 on delivery to any other warehouse or place of storage, whether prior to or at the destination named herein, which the Assured elect to use either

8.1.2.1 for storage other than in the ordinary course of transit or

8.1.2.2 for allocation or distribution,

or

8.1.3 on the expiry of 60 days after completion of discharge overside of the goods hereby insured from the oversea vessel at the final port of discharge,

whichever shall first occur.

8.2 If, after discharge overside from the oversea vessel at the final port of discharge, but prior to termination of this insurance, the goods are to be forwarded to a destination other than that to which they are insured hereunder, this insurance, whilst remaining subject to termination as provided for above, shall not extend beyond the commencement of transit to such other destination.

8.3 This insurance shall remain in force (subject to termination as provided for above and to the provisions of Clause 9 below) during delay beyond the control of the Assured, any deviation, forced discharge, reshipment or transhipment and during any variation of the adventure arising from the exercise of a liberty granted to shipowners or charterers under the contract of affreightment.

(*Termination of Contract of Carriage Clause*)

9 If owing to circumstances beyond the control of the Assured either the contract of carriage is terminated at a port or place other than the destination named therein or the transit is otherwise terminated before delivery of the goods as provided for in Clause 8 above, then this insurance shall also terminate *unless prompt notice is given to the Underwriters and continuation of cover is requested when the insurance shall remain in force, subject to an additional premium if required by the Underwriters*, either

9.1 until the goods are sold and delivered at such port or place, or, unless otherwise specially agreed, until the expiry of 60 days after arrival of the goods hereby insured at such port or place, whichever shall first occur,

or

9.2 if the goods are forwarded within the said period of 60 days (or any agreed extension thereof) to the destination named herein or to any other destination, until terminated in accordance with the provisions of Clause 8 above.

(*Change of Voyage Clause*)

10 Where, after attachment of this insurance, the destination is changed by the Assured, *held covered at a premium and on conditions to be arranged subject to prompt notice being given to the Underwriters.*

CLAIMS

(*Insurable Interest Clause*)

11 11.1 In order to recover under this insurance the Assured must have an insurable interest in the subject-matter insured at the time of the loss.

11.2 Subject to 11.1 above, the Assured shall be entitled to recover for insured loss occurring during the period covered by this insurance, notwithstanding that the loss occurred before the contract of insurance was concluded, unless the Assured were aware of the loss and the Underwriters were not.

(*Forwarding Charges Clause*)

12 Where, as a result of the operation of a risk covered by this insurance, the insured transit is terminated at a port or place other than that to which the subject-matter is covered under this insurance, the Underwriters will reimburse the

Assured for any extra charges properly and reasonably incurred in unloading storing and forwarding the subject-matter to the destination to which it is insured hereunder.

This Clause 12, which does not apply to general average or salvage charges, shall be subject to the exclusions contained in Clauses 4, 5, 6 and 7 above and shall not include charges arising from the fault negligence insolvency or financial default of the Assured or their servants.

(*Constructive Total Loss Clause*)

13 No claim for Constructive Total Loss shall be recoverable hereunder unless the subject-matter insured is reasonably abandoned either on account of its actual total loss appearing to be unavoidable or because the cost of recovering, reconditioning and forwarding the subject-matter to the destination to which it is insured would exceed its value on arrival.

(*Increased Value Clause*)

14 14.1 If any Increased Value insurance is effected by the Assured on the cargo insured herein the agreed value of the cargo shall be deemed to be increased to the total amount insured under this insurance and all Increased Value insurances covering the loss and liability under this insurance shall be in such proportion as the sum insured herein bears to such total amount insured.

In the event of claim the Assured shall provide the Underwriters with evidence of the amounts insured under all other insurances.

14.2 Where this insurance is on Increased Value the following clause shall apply:

The agreed value of the cargo shall be deemed to be equal to the total amount insured under the primary insurance and all Increased Value insurances covering the loss and effected on the cargo by the Assured, and liability under this insurance shall be in such proportion as the sum insured herein bears to such total amount insured.

In the event of claim the Assured shall provide the Underwriters with evidence of the amounts insured under all other insurances.

BENEFIT OF INSURANCE

(*Not to Inure Clause*)

15 This insurance shall not inure to the benefit of the carrier or other bailee.

MINIMISING LOSSES

(*Duty of Assured Clause*)

16 It is the duty of the Assured and their servants and agents in respect of loss recoverable hereunder

16.1 to take such measures as may be reasonable for the purpose of averting or minimising such loss, and

16.2 to ensure that all rights against carriers, bailees or other third parties are properly preserved and exercised

and the Underwriters will, in addition to any loss recoverable hereunder, reimburse the Assured for any charges properly and reasonably incurred in pursuance of these duties.

(*Waiver Clause*)

17 Measures taken by the Assured or the Underwriters with the object of saving, protecting or recovering the subject-matter insured shall not be considered as a waiver or acceptance of abandonment or otherwise prejudice the rights of either party.

AVOIDANCE OF DELAY

(*Reasonable Despatch Clause*)

18 It is a condition of this insurance that the Assured shall act with reasonable despatch in all circumstances within their control.

LAW AND PRACTICE

(*English Law and Practice Clause*)

19 This insurance is subject to English law and practice.

NOTE:—It is necessary for the Assured when they become aware of an event which is "held covered" under this insurance to give prompt notice to the Underwriters and the right to such cover is dependent upon compliance with this obligation.

附录六

中国人民保险公司

财产保险综合险保险单（正本）　　　　保险单号：

鉴于　　　　　　　　（以下称被保险人）已向本公司投保财产保险综合险以及附加　　　　　　险，并按本保险条款约定缴纳保险费，本公司特签发本保险单并同意依照财产保险综合险条款和附加险条款及其特别约定条件，承担被保险人下列标的的保险责任。

	投保标的项目	以何种价值投保	保险金额（元）	费率（‰）	保险费（元）
综合险					
	特约保险标的				
总保险金额（大写）			（小写）		
附加险					
总保险费（大写）			（小写）		
保险责任期限自　　年　　月　　日零时起至　　年　　月　　日二十四时止					
特别约定					

被保险人地址：
电　话：
邮政编码：
行　业：
所有制：
占有性质：
标的坐落地址：
共　　个地址

中国人民保险公司（签章）
年　月　日

经（副）理：　　　　会计：　　　　复核：　　　　制单：

被保险人收到本保险单后请即核对，如有错误立即通知本公司。

附录七　美国标准火灾保险单

STANDARD FIRE INSURANCE POLICY for Alabama, Alaska, Arizona, Arkansas, Colorado, Connecticut, Delaware, District of Columbia, Florida, Georgia, Hawaii, Idaho, Illinois, Indiana, Iowa, Kansas, Kentucky, Louisiana, Maine, Maryland, Michigan, Mississippi, Missouri, Montana, Nebraska, Nevada, New Hampshire, New Jersey, New Mexico, New York, North Carolina, North Dakota, Ohio, Oklahoma, Pennsylvania, Rhode Island, South Carolina, South Dakota, Tennessee, Utah, Vermont, Virginia, Washington, West Virginia, Wisconsin and Wyoming

NO. NONASSESSABLE

STANDARD FIRE POLICY

Insured's Name and Mailing Address

Policy Term: INCEPTION(MO. Day Year)　EXPIRATION(MO. Day Year)　YEARS

$

DIV. On Exp. Pol　Renewal of

It is important that the written portions of all policies covering the same property read exactly alike. If they do not, they should be made uniform at once.

INSURANCE IS PROVIDED AGAINST ONLY THOSE PERILS AND FOR ONLY THOSE COVERAGES INDICATED BELOW BY A PREMIUM CHARGE AND AGAINST OTHER PERILS AND FOR OTHER COVERAGES ONLY WHEN ENDORSED HEREON OR ADDED HERETO.

Item No.	DESCRIPTION AND LOCATION OF PROPERTY COVERED Show address (NO. Street, City, County, State, Zip Code). Construction, type of roof and occupancy of building(s) covered or containing property covered. If occupied as a dwelling state if building is a seasonal or farm dwelling. If commercial state exact nature of product (and whether manufacturer, wholesaler or retailer) or the service or activity involved	Protection class	Dwelling Business Only			
			NO. of Families	Feet From Hydrant	Miles From Fire Dept.	Zone
1						

Item NO.	PERIL(S) INSURED AGAINST AND COVERAGE(S) PROVIDED (INSERT NAME OF EACH)	Per Cent of Co-Insurance Applicable	Deductible Amount	Amount of Insurance	Rate	Prepaid or Installment Premium Due At Inception	Installment Premium Due At Each Anniversary
1	FIRE AND LIGHTNING EXTENDED COVERAGE			$ ×××		$	$
						TOTAL(S) $	$
						TOTAL PREMIUM FOR POLICY TERM PAID IN INSTALLMENTS	$

special provision applicable only in state of Mississippi-Total Insurance-See form attached-Item 1, $　;Item2, $　;Item 3, $

Special provision applicable only in state of So. Carolina-Valuation Clause-See form attached-Item 1, $　;Item2, $　;Item 3, #

Subject to Form No(s).

INSERT FORM NUMBER(S) AND EDITION DATE(S)

Mortgage Clause: Subject to the provisions of the mortgage clause attached hereto. Loss, if any, on building items, shall be payable to:

INSERT NAME(S) ON MORTGAGEE(S) AND MAILING ADDRESS(ES)

COUNTERSIGNATURE DATE	AGENCY AT	AGENT

IN CONSIDERATION OF THE PROVISIONS AND STIPULATIONS HEREIN OR ADDED HERETO AND OF the premium above specified, this Company, for the term of years specified above from inception date shown above At Noon(Standard Time) to expiration date shown above At Noon(standard Time) at location of property involved, to an amount not exceeding the amounts, above specified, does insure the insured named above and legal representatives, to the extent of the actual cash value of the property at the time of loss, but not exceeding the amount which it would cost to repair or replace the property with material or like kind and quality within a reasonable time after such loss, without allowance for any increased cost of repair or reconstruction by reason of any ordinance or law regulating construction or repair, and without compensation for loss resulting from interruption of business or manufacture, nor in any event for more than the interest of insured, against all DIRECT LOSS BY FIRE, LIGHTNING AND BY REMOVAL FROM PREMISES ENDANGERED BY THE PERILS INSURED AGAINST IN THIS POLICY, EXCEPT AS HEREINAFTER PROVIDED, to the property described herein while located or contained as described in this policy, or pro rata for five days, at each proper place to which any of the property shall necessarily be removed for preservation from the perils insured against in this policy, but not elsewhere.

Assignment of this policy shall not be valid except with the written consent of this Company.

This policy is made and accepted subject to the foregoing provisions and stipulations and those hereinafter stated, which are hereby made a part of this policy together with such other provisions, stipulations and agreements as may be added hereto. as provided in this policy

TAB-3

编 写 说 明

一、本书是一本保险学基础教科书，着重介绍保险的基本原理和基本实务，可供高等学校保险学专业和其他专业教学之用，也可供保险实务部门员工进修提高之用。本书内容较多且部分内容有一定难度，教师可根据教学要求适当取舍。

二、本书是新浙江大学保险学专业课程建设的成果之一。1993 年，原杭州大学开办保险学专业，“保险学原理”是该专业的主干课程。1996 年，“保险学原理”被首批列入原杭州大学“百课工程”，成为学校重点建设的课程。1998 年 9 月，原浙江大学、杭州大学、浙江农业大学、浙江医科大学四校合并成立新的浙江大学，保险学科继续受到重视。1999 年，“‘保险学原理’教学内容改革研究”被列为“浙江省高等教育面向 21 世纪教学内容和课程体系改革”项目；本书的出版则得到了浙江大学教材基金的资助。

三、本书是浙江大学保险研究室集体的劳动成果。何文炯担任主编，蒋庆荣、刘春杰为副主编。本书初稿的编写者为：何文炯(第 5、7 章)、何文炯、吴可昊(第 10 章)、蒋庆荣(第 2、8 章)、刘春杰(第 1、3 章)、楼淑鸣(第 9 章)、倪永清(第 4 章、第 6 章第 1、2、3、6、7 节)、施红(第 11 章、第 6 章第 4、5 节、附录二)。全书由何文炯统稿。

四、本书在编写过程中参考了国内外同行的教学和科研成果，并得到许多专家的帮助；本书的出版，得到了浙江大学出版社的热情支持。在此一并致谢。著名学者、中央财经大学保险系陈继儒教授特为本书作序并给予鼓励，我们深深地向他表示敬意。

五、本书于 2003 年上半年修订。修订过程中，浙江大学保险研究室林平老师提出了许多有益的修改意见，浙江大学经济学院研究生张畅玲、刘荣、蔡青、陈英姿、王洁等协助主编做了大量工作，谨致谢意。

六、书中如有错误或不当之处，恳请读者批评指正。

编 者

2003 年 6 月